# 我的手编休闲毛衣

张翠 主编

辽宁科学技术出版社
·沈阳·

主　　编：张　翠
编组成员：张燕华　吴则陈　伍　密　蔡　爽　妮　雅　景　梅
　　　　　金晓湄　高　珊　李　莉　刘金萍　陈月霞　卢学英
　　　　　周　琼　镜花水月　兰心蕙质　享乐无痕　幸福云朵

**图书在版编目（CIP）数据**

我的手编休闲毛衣 / 张翠主编.——沈阳：辽宁科
学技术出版社，2011.7
　　ISBN 978－7-5381-7040-5

　　Ⅰ.①我 … Ⅱ.张 … Ⅲ. ①毛衣—编织—图集
Ⅳ. ①TS941.763－64

　　中国版本图书馆CIP数据核字（2011）第122614号

---

**出版发行**：辽宁科学技术出版社
　　　　　　（地址：沈阳市和平区十一纬路29号　邮编：110003）
**印 刷 者**：利丰雅高印刷（深圳）有限公司
**经 销 者**：各地新华书店
**幅面尺寸**：210mm×285mm
**印　　张**：13
**字　　数**：100千字
**印　　数**：1~11000
**出版时间**：2011年7月第1版
**印刷时间**：2011年7月第1次印刷
**责任编辑**：赵敏超
**封面设计**：幸琦琪
**版式设计**：廖　俊
**责任校对**：李淑敏

---

**书　　号**：ISBN 978-7-5381-7040-5
**定　　价**：39.80元

**联系电话**：024－23284367
**邮购热线**：024－23284502
E-mail：473074036@qq.com
http://www.lnkj.com.cn
**本书网址**：www.lnkj.cn/uri.sh/7040

**敬告读者**：
本书采用兆信电码电话防伪系统，书后贴有防伪标签，全国统一防伪查询电
话16840315或8008907799（辽宁省内）

# Contents 目录

# 本书作品 使用的针法  💛💛❤️
## *Stitch*

**| =下针**(又称为正针、低针或平针)

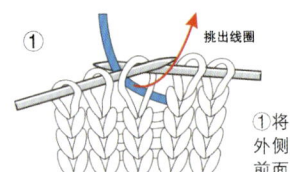

①将毛线放在织物外侧,右针尖端由前面穿入活结。

②挑出挂在右针尖上的线圈,同时此活结由左针滑脱。

**一 或 □ =上针**(又称为反针或高针)

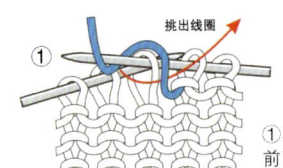

①将毛线放在织物前面,右针尖端由后面穿入活结。

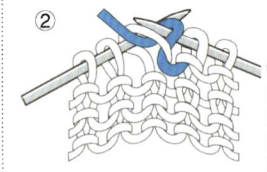

②挂上毛线并挑出挂在右针尖上的线圈,同时此活结由左针滑脱。上针完成。

**○ =空针**(又称为:加针或挂针)

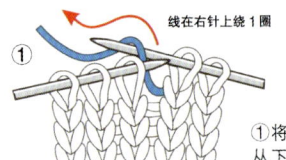

①将毛线在右针上从下到上绕1次,并带紧线。

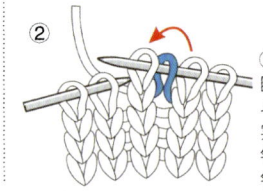

②继续编织下一个针圈。到次行时此针圈与其他针圈同样织。实际意义是增加了1针,所以又称为加针。

---

**Ω =扭针**

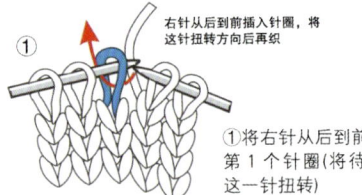

①将右针从后到前插入第1个针圈(将待织的这一针扭转)

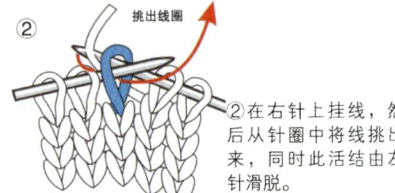

②在右针上挂线,然后从针圈中将线挑出来,同时此活结由左针滑脱。

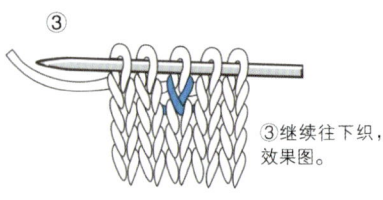

③继续往下织,这是效果图。

**Ω =上针扭针**

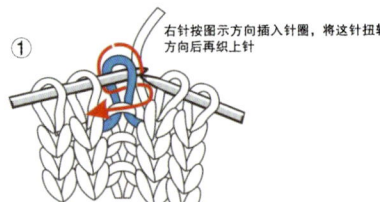

①将右针按图示方向插入第1个针圈(将待织的这一针扭转)

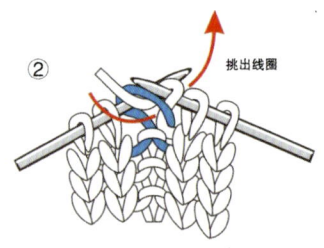

②在右针上挂线,然后从针圈中将线挑出来。

**◎ =下针绕3圈**

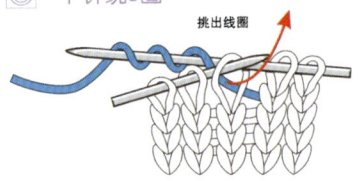

在正常织下针时,将毛线在右针上绕3圈后从针圈中带出,使线圈拉长。

**◎ =下针绕2圈**

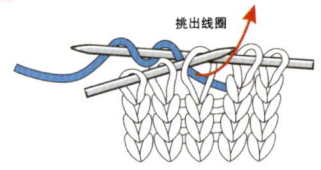

在正常织下针时,将毛线在右针上绕2圈后从针圈中带出,使线圈拉长。

---

**∩ =滑针**

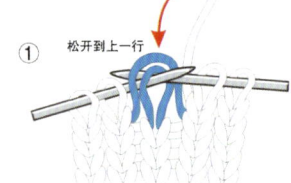

①将左针上第1个针圈退出并松开再滑到上一行(根据花形的需要也可以滑出多行),退出的针圈和松开的上一行毛线用右针挑起。

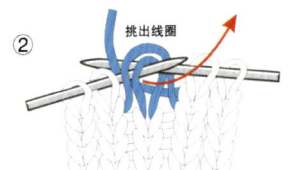

②右针从退出的针圈和松开的上一行毛线中挑出毛线使这形成1个针圈。

③继续编织下一个针圈。

**Ⅴ = 上浮针**

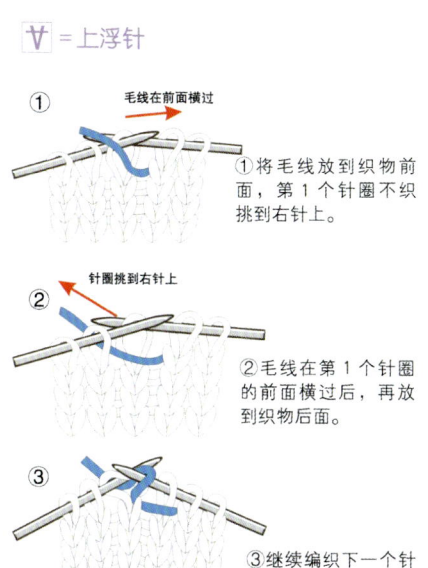

① 毛线在前面横过

①将毛线放到织物前面，第1个针圈不织挑到右针上。

② 针圈挑到右针上

②毛线在第1个针圈的前面横过后，再放到织物后面。

③继续编织下一个针圈。

**Ｖ = 下浮针**

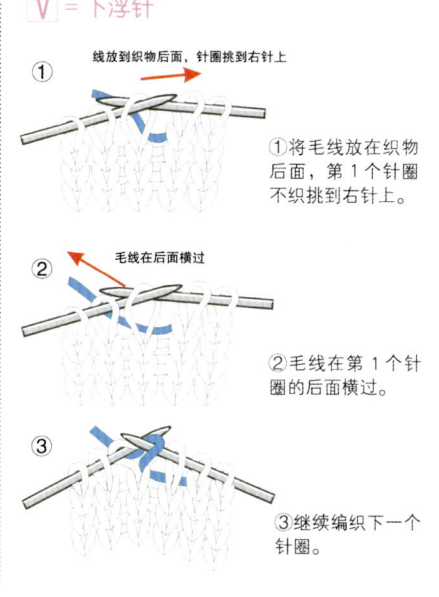

① 线放到织物后面，针圈挑到右针上

①将毛线放在织物后面，第1个针圈不织挑到右针上。

② 毛线在后面横过

②毛线在第1个针圈的后面横过。

③继续编织下一个针圈。

**〇 = 锁针**

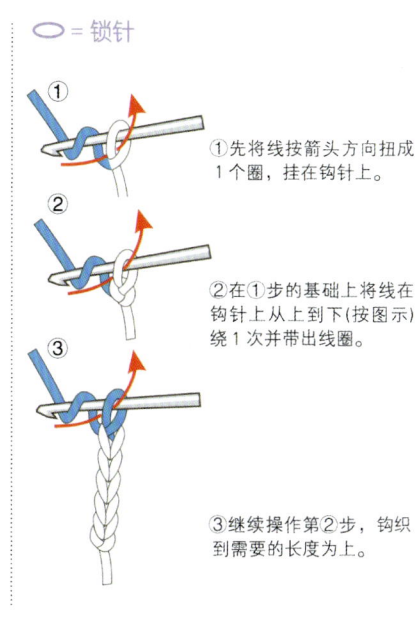

①先将线按箭头方向扭成1个圈，挂在钩针上。

②在①步的基础上将线在钩针上从上到下(按图示)绕1次并带出线圈。

③继续操作第②步，钩织到需要的长度为上。

**✕ = 短针**

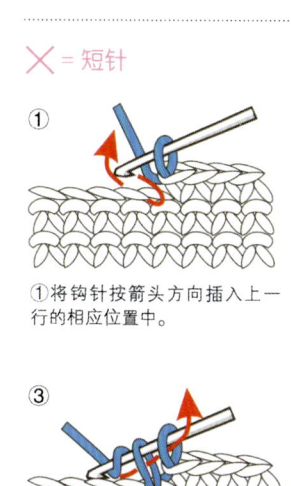

①将钩针按箭头方向插入上一行的相应位置中。

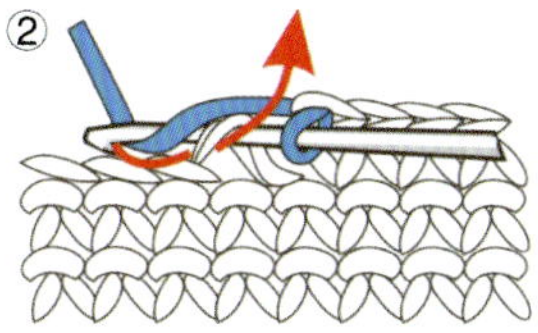

②在①步的基础上将线在钩针上从上到下(按图示)绕1次并带出线圈。

③继续将线在钩针上从上到下(按图示)再绕1次并带出线圈。

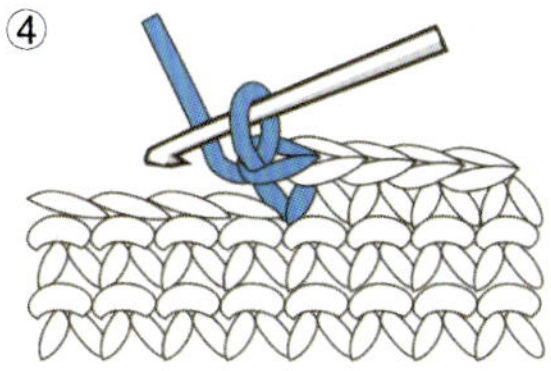

④1针"短针"操作完成。

**⊕ = 枣针**(3针长针并为1针)

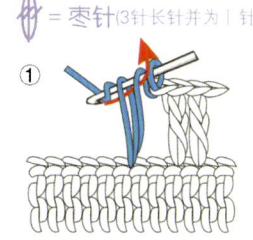
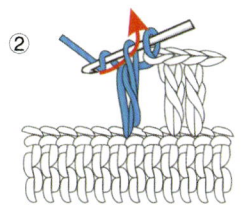
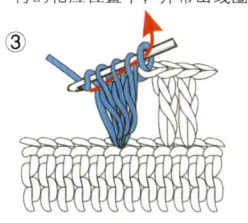
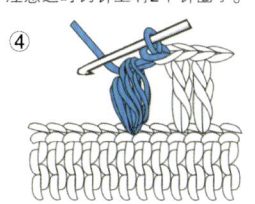

①将线先在钩针上从上到下(按图示)绕1次，再将钩针按箭头方向插入上一行的相应位置中，并带出线圈。

②在①步的基础上将线在钩针上从上到下(按图示)绕1次并带出线圈。注意这时钩针上有2个针圈了。

③继续操作第②步两次，这时钩针上就有4个针圈了。

④将线在钩针上从上到下(按图示)绕一次并从这4个针圈中带出线圈。1针"枣"操作完成。

**Ｙ = 左加针**

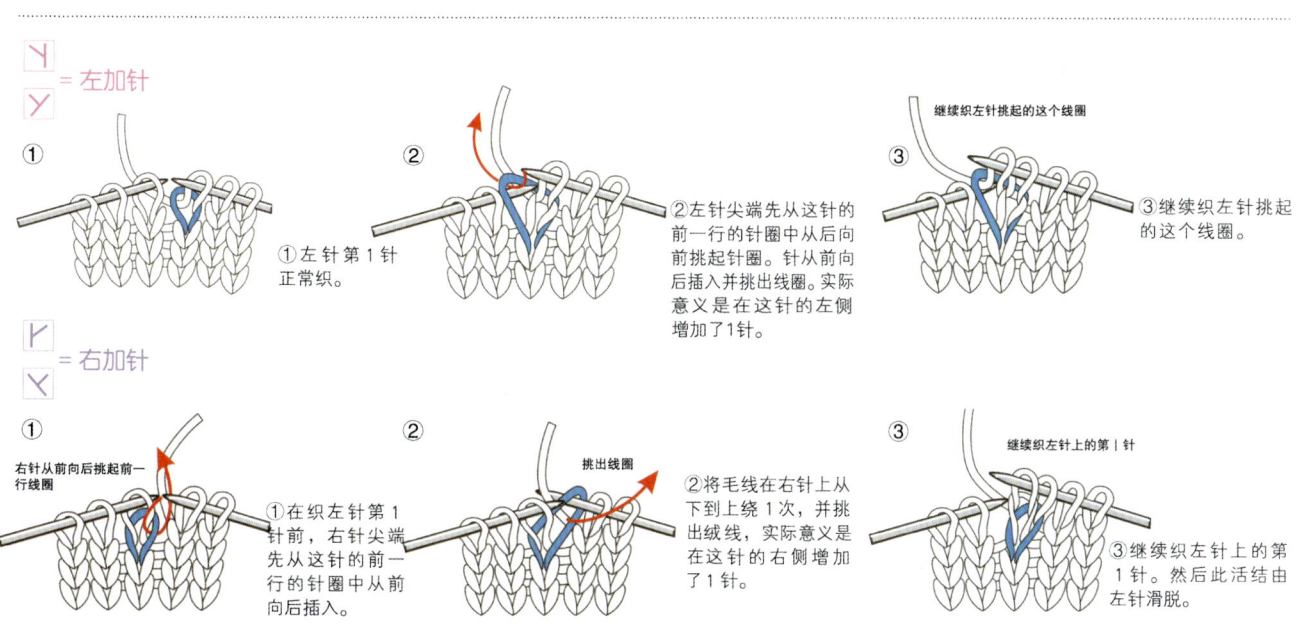

①左针第1针正常织。

②左针尖端先从这针的前一行的针圈中从后向前挑起针圈。针从前向后插入并挑出线圈。实际意义是在这针的左侧增加了1针。

③继续织左针挑起的这个线圈。

继续织左针挑起的这个线圈

**Ｙ = 右加针**

①右针从前向后挑起前一行线圈

①在织左针第1针前，右针尖端先从这针的前一行的针圈中从前向后插入。

②挑出线圈

②将毛线在右针上从下到上绕1次，并挑出绒线，实际意义是在这针的右侧增加了1针。

③继续织左针上的第1针

③继续织左针上的第1针。然后此活结由左针滑脱。

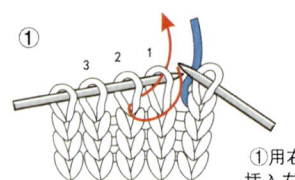 = 中上3针并为1针

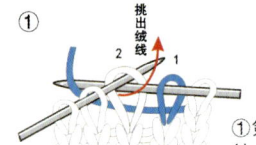 = 右上2针并为1针 (又称为拔收1针)

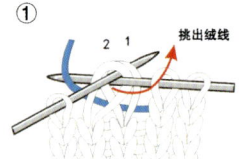 = 左上2针并为1针

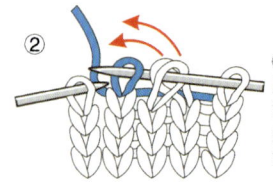

①用右针尖从前往后插入左针的第2、第1针中，然后将左针退出。

②将绒线从织物的后面带过，正常织第3针。再用左针尖分别将第2针、第1针挑过套住第3针。

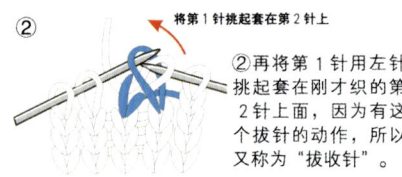

①第1针不织移到右针上，线从后带过正常织第2针。

②再将第1针用左针挑起套在刚才织的第2针上面，因为有这个拔针的动作，所以又称为"拔收针"。

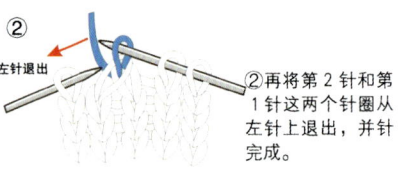

①右针按箭头的方向从第2针、第1针插入两个针圈中，挑出绒线。

②再将第2针和第1针这两个针圈从左针上退出，并针完成。

 = 1针下针右上交叉

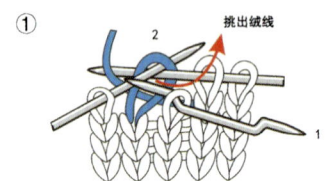

①第1针不织移到曲针上，右针按箭头的方向从第2针针圈中挑出绒线。

②再正常织第1针(注意：第1针是在织物前面经过)。

③右上交叉针完成。

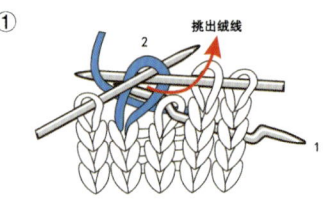 = 1针下针左上交叉

①第1针不织移到曲针上，右针按箭头的方向从第2针针圈中挑出绒线。

②再正常织第1针(注意：第1针是在织物后面经过)。

③左上交叉针完成。

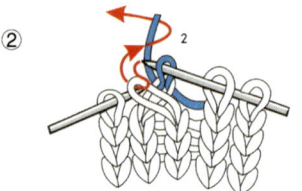

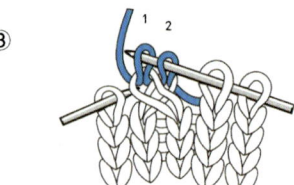

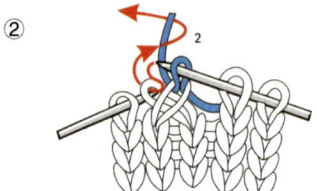

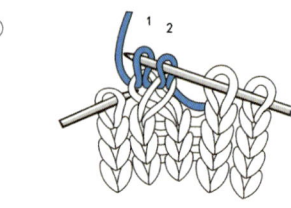

= 1针下针和1针上针左上交叉

= 1针下针和1针上针右上交叉

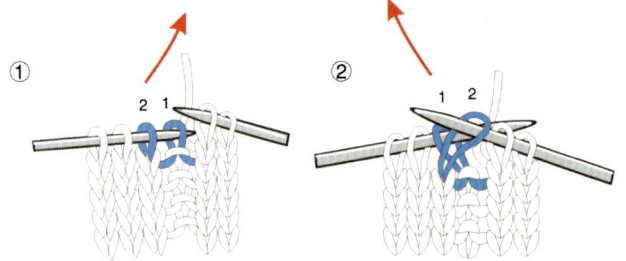

①先将第2针下针拉长从织物前面经过第1针上针。

②先织好第2针下针，再来织第1针上针。"1针下针和1针上针左上交叉"完成。

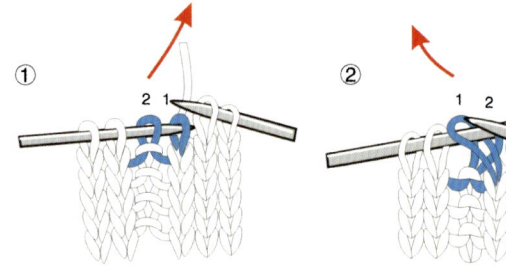

①先将第2针上针拉长从织物后面经过第1针下针。

②先织好第2针上针，再来织第1针下针。"1针下针和1针上针右上交叉"完成。

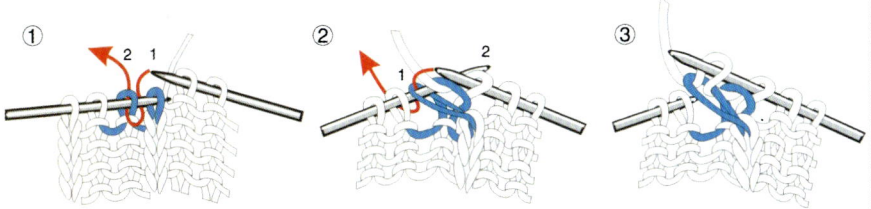 = 1针扭针和1针上针右上交叉

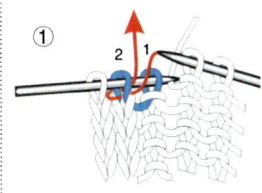 = 1针扭针和1针上针左上交叉

① ②① 第 1 针暂时不织，右针按箭头方向从第 1 针前插入第 2 针针圈中（这样操作后这个针圈式是被扭转了方向的）。

①第1针暂不织，右针按箭头方向从第1针插入第2针针圈中。

②在①步的第 2 针针圈中正常织上针。

③ ③再将第 1 针扭转方向后，右针从上向下插入第 1 针的针圈中带出线圈（正常织下针）。

② ②在①步的第 2 针针圈中正常织下针。然后再在第 1 针针圈中织上针。

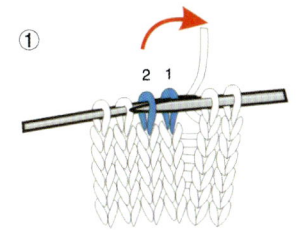 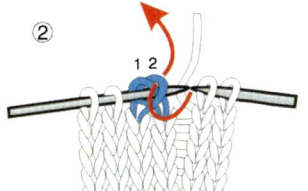 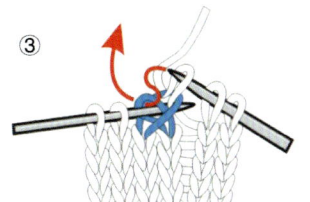 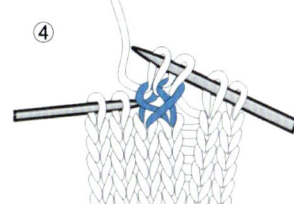

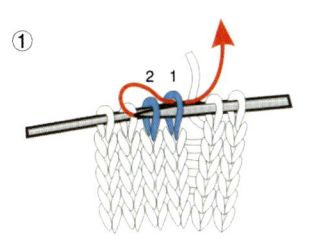 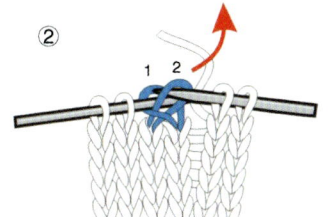 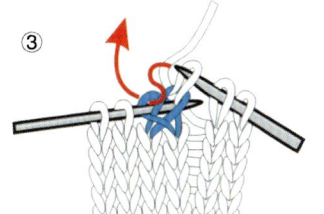 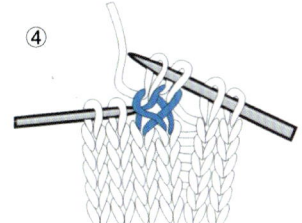

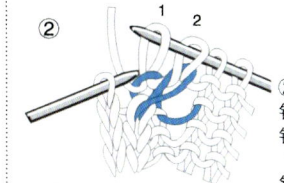 = 1针左上套交叉

①将第 2 针挑起套过第 1 针。

②再将右针由前向后插入第 2 针并挑出线圈。

③正常织第 1 针。

④ "1针左上套交叉" 完成。

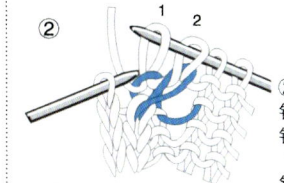 = 1针右上套交叉

①右针从第 1、第 2 针插入将第 2 针挑起从第 1 针的针圈中通过并挑出。

②再将右针由前向后插入第 2 针并挑出线圈。

③正常织第 1 针。

④ "1针右上套交叉" 完成。

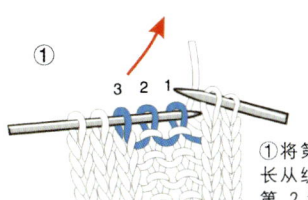 = 1针下针和2针上针左上交叉

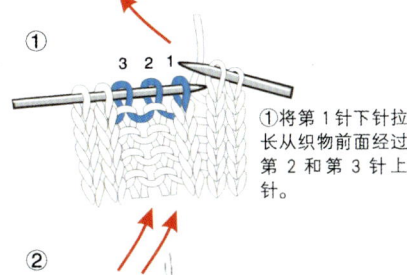 = 1针下针和2针上针右上交叉

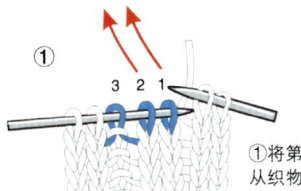 = 2针下针和1针上针右下交叉

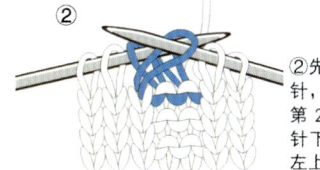
①将第 3 针下针拉长从织物前面经过第 2 和第 1 针上针。

②先织好第 3 针下针，再织第 1 和第 2 针上针。"1 针下针和2针上针左上交叉"完成。

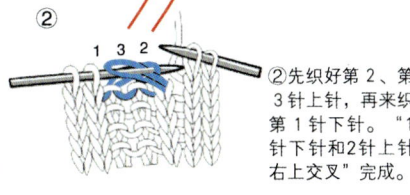
①将第 1 针下针拉长从织物前面经过第 2 和第 3 针。

②先织好第 2、第 3 针上针，再来织第 1 针下针。"1针下针和2针上针右上交叉"完成。

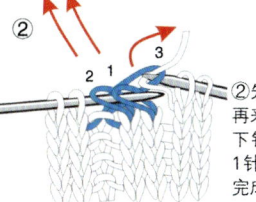
①将第 3 针上针拉长从织物后面经过第 2 和第 1 针下针。

②先织第 3 针上针，再来织第 1 和第 2 针下针。"2针下针和1针上针右上交叉"完成。

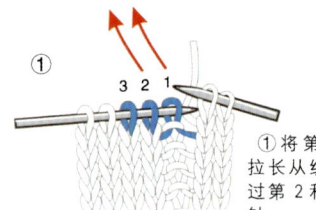 ＝2针下针和1针上针左上交叉

① 将第1针上针拉长从织物后面经过第2和第3针下针。

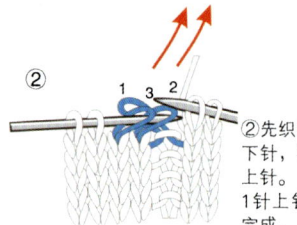

② 先织第2和第3针下针，再来织第1针上针。"2针下针和1针上针左上交叉"完成。

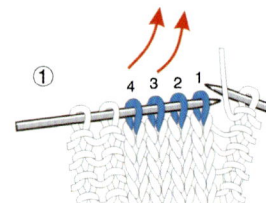 ＝2针下针右上交叉

① 先将第3、第4下针从织物后面经过并分别织好它们，再将第1和第2下针从织物前面经过并分别织好第1和第2下针(在上面)。

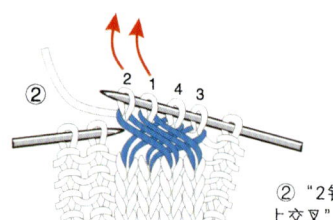

② "2针下针右上交叉"完成。

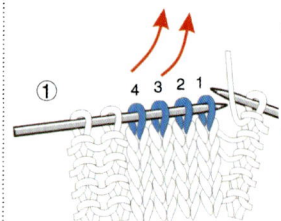 ＝2针下针左上交叉

① 先将第3、第4下针从织物前面经过并分别织好它们，再将第1和第2下针从织物后面经过并分别织好第1和第2下针(在下面)。

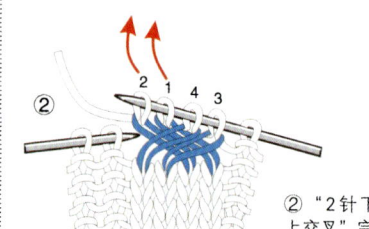

② "2针下针左上交叉"完成。

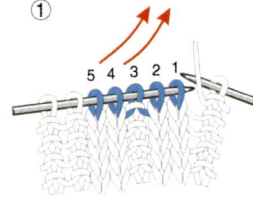 ＝2针下针右上交叉，中间1针上针在下面

① 先织第4、第5下针，再织第3针上针(在下面)，最后将第2、第1下针拉长从织物的前面经过后再分别织第1和第2下针。

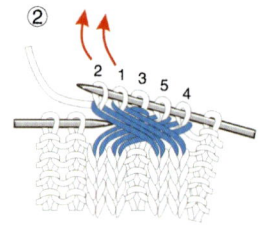

② "2针下针右上交叉，中间1针上针在下面"完成。

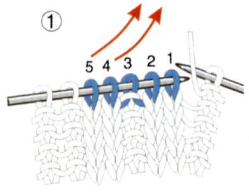 ＝2针下针左上交叉，中间1针上针在下面

① 先将第4、第5下针从织物前面经过，再分别织好第4、第5下针，再织第3针上针(在下面)，最后将第2、第1下针拉长从第3上针的前面经过，并分别织好第1和第2下针。

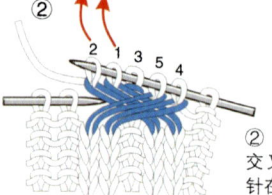

② "2针下针左上交叉，中间1针上针在下面"完成。

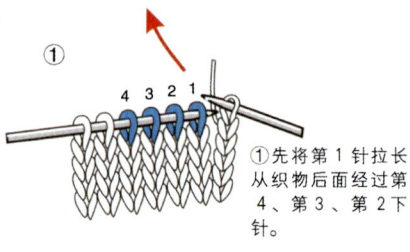 ＝3针下针和1针下针左上交叉

① 先将第1针拉长从织物后面经过第4、第3、第2下针。

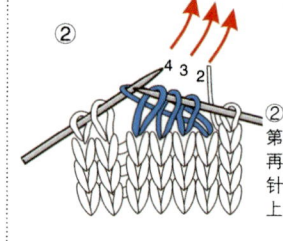

② 分别织好第2、第3和第4下针，再织第1下针。"3针下针和1针下针左上交叉"完成。

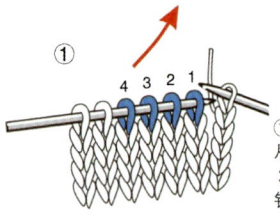 ＝3针下针和1针下针右上交叉

① 先将第4针拉长从织物后面经过第3、第2、第1针。

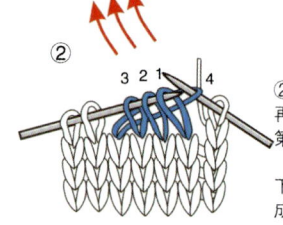

② 先织第4下针，再分别织好第1、第2和第3下针。"3针下针和1针下针右上交叉"完成。

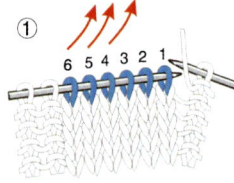 ＝3针下针右上交叉

① 先将第4、第5、第6下针从织物后面经过并分别织好它们，再将第1、第2、第3下针从织物前面经过并分别织好第1、第2和第3下针(在上面)。

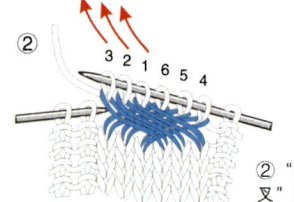

② "3针下针右上交叉"完成。

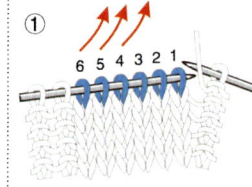 ＝3针下针左上交叉

① 先将第4、第5、第6下针从织物前面经过并分别织好它们，再将第1、第2、第3下针从织物后面经过并分别织好第1、第2和第3下针(在下面)。

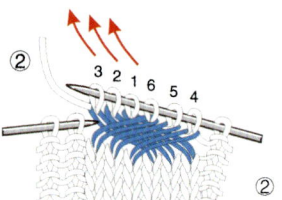

② "3针下针左上交叉"完成。

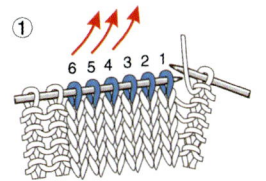 ＝3针下针左上套交叉

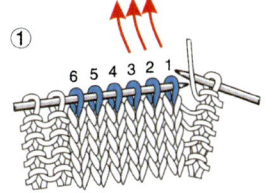 ＝3针下针右上套交叉

① 先将第4、第5、第6下针拉长并套过第1、第2、第3下针。

② 再正常分别织好第4、第5、第6下针和第1、第2、第3下针，"3针下针左上套交叉"完成。

① 先将第1、第2、第3下针拉长并套过第4、第5、第6下针。

② 再正常分别织好第4、第5、第6下针和第1、第2、第3下针，"3针下针右上套交叉"完成。

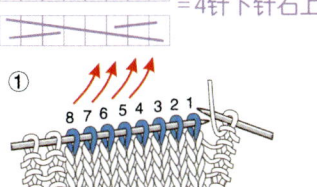 ＝4针下针右上交叉

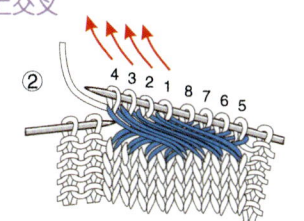 ＝4针下针左上交叉

① 先将第5、第6、第7、第8下针从织物后面经过并分别织好它们，再将第1、第2、第3、第4下针从织物前面经过并分别织好第1、第2、第3和第4下针(在上面)。

② "4针下针右上交叉"完成。

① 先将第5、第6、第7、第8下针从织物前面经过并分别织好它们，再将第1、第2、第3、第4下针从织物后面经过并分别织好第1、第2、第3和第4下针(在下面)。

② "4针下针左上交叉"完成。

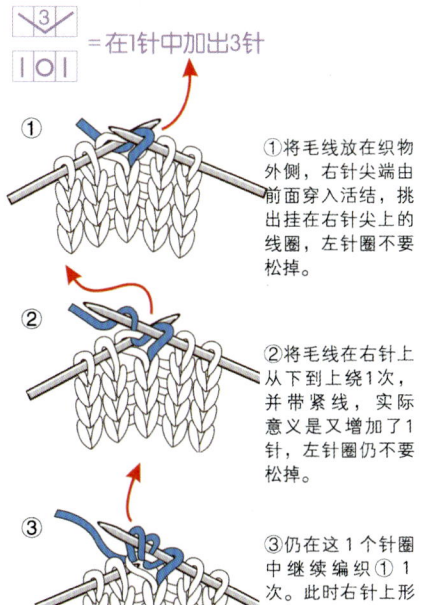 ＝在1针中加出3针

① 将毛线放在织物外侧，右针尖端由前面穿入活结，挑出挂在右针尖上的线圈，左针圈不要松掉。

② 将毛线在右针上从下到上绕1次，并带紧线，实际意义是又增加了1针，左针圈仍不要松掉。

③ 仍在这1个针圈中继续编织①1次。此时右针上形成了3个针圈。然后此活结由左针滑脱。

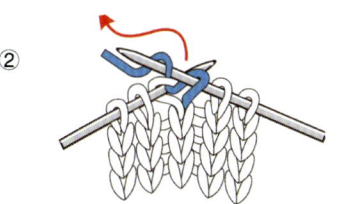 ＝在1针中加出5针

① 将毛线放在织物外侧，右针尖端由前面穿入活结，挑出挂在右针尖上的线圈，左针圈不要松掉。

② 将毛线在右针上从下到上绕1次，并带紧线，实际意义是又增加了1针，左针圈仍不要松掉。

③ 在这1个针圈中继续编织①1次。此时右针上形成了3个针圈。左针圈仍不要松掉。

④ 仍在这1个针圈中继续编织②和①1次。此时右针上形成了5个针圈，然后将此活结由左针滑脱。

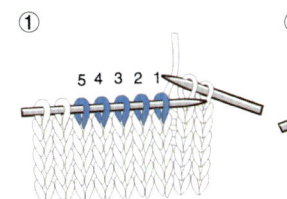 ＝5针并为1针，又加成5针

① 右针由前向后从第5、第4、第3、第2、第1针(5个针圈中)插入。

② 将毛线在右针尖端从下往上绕过，并挑出挂在右针尖上的线圈，左针5个针圈不要松掉。

③ 将毛线在右针上从下到上绕1次，并带紧线，实际意义是又增加了1针，左针5个针圈不要松掉。

④ 仍在这5个针圈上继续编织②和①各1次。此时右针上形成了5个针圈。然后将这5个针圈由左针滑脱。

做法：P81~82

Knitting Sweaters 1

# 宽松版
# 圆领毛衣

三种花样的交织，整齐而有层次，显得明朗干净。宽松得近似方形的衣身和自然卷的圆领，将衣服的随意感表现得淋漓尽致。

做法：P82~83
*Knitting Sweaters 2*

# 性感
# U领背心

　　大大的U领，完美展现美丽而修长的脖子，显得性感而妩媚。深深的咖啡色，突显棱角分明的个性和冷傲不可侵犯的气质。

# 简约
# V领背心

　　活力的橙色搭配简约的款式，穿出健康自然的休闲风，黑色衣边和V领，则显得更有气质。

做法：P83~84
*Knitting Sweaters 3*

做法：P84~85

Knitting Sweaters 4

# 休闲短袖衫

干净利落的作风，带给人明净爽朗的感觉。简约的休闲款，让你在举手投足间都洋溢着大方豪爽的感觉。

背面

编织是一种心情，是一种抒发，编织物中往往能看到每个作者独特的心思。

正面

背面

正面

# 一字领
# 修身毛衣

　　美艳的玫红色加上露肩的一字领，衬得你愈发明艳妩媚，修身束腰的款式，则又带来端庄的感觉。
　　胸前两条线条感极强的波浪纹交叉，显得很大气。

做法：P85~86
Knitting Sweaters 5

做法：P87
Knitting Sweaters 6

# 简约
## 帅气背心

简约的款式，单纯的颜色，让衣服有种简单到极致的潇洒帅气，翻开的V领和腰间的小小装饰花纹，则增添了一丝柔美的感觉。

简单的东西让人觉得轻松，也因为简单，所以容易满足、容易快乐。

# 叶子纹斜穿衣

　　一片片叶子斜斜地排列着，就像夏日里被风吹动一般，欢快地唱着歌，享受着难得的清凉。

做法：P88~89

Knitting Sweaters 7

　　生活中难得有随心所欲的快乐，但是编织却能让人的生活随心而动，自由演绎自己的快乐和时尚。

# 双色
# 横纹毛衣

白色与灰色搭配，织出整齐的横纹，将衣服完美分割，简洁中富于变化。横纹中的小花样像贝壳散落在沙滩上一样，美丽而浪漫。

做法：P90

*Knitting sweaters 8*

大气而随意的女生往往不拘小节，但她们总是在举手投足的小细节中，不经意地流露出美丽与可爱。

做法：P91~92

Knitting Sweaters 9

# 可爱少女装

　　连帽的无袖款式，打造自然休闲风，前面的大口袋
和领口的三枚扣子，则显得纯真可爱，淡淡的蓝色更使
得衣服看上去青春活泼。
　　用一颗纯真简单的心，去体验生活的快乐和美好。

# 清爽小吊带

纯净的蓝色，看起来温柔安静，巧妙地运用两种针法的不同特点分两部分编织，上部贴身有弹性，下部则用镂空针法制造出飘逸的裙摆效果，两部分完美结合，成就了这款清爽又独特的小吊带。

# 清新小背心

简洁的款式，浅浅的蓝色，目之所及，是那样的清新淡雅。你在水边轻轻一笑，所有鱼儿为你沉醉。

做法：P92~93

Knitting Sweaters 10

做法：P93

Knitting Sweaters 11

# 波浪纹
# 圆领衫

　　层层推开的波浪纹是这件衣服最大的特色，波浪纹上的扇形花样像散开的晚霞一样，映照在水面上，宁静而温馨。

做法：P94
Knitting Sweaters 12

# 蓝色
# 修身上装

　　单纯的蓝色，让人感觉到高远宁静的蓝天气息，简约的款式，精致的花纹，给人带来干净清爽的视觉感受。

做法：P95
Knitting Sweaters 13

# 淡雅小坎肩

　　淡雅的粉色，小巧的款式，显得格外清丽可爱，搭配黑色的打底衣，可爱中加一丝性感。

做法：P96
Knitting Sweaters 14

　　贯穿始终的菱形花纹，精致而优雅，而且不会很难学哦。

# 鹅黄秀雅
# 小坎肩

淡淡的鹅黄色柔美秀雅，宽大的领片和偏襟的设计时尚而个性，衣身镂空的斜纹如湖面上的粼粼波光，清新动感。

正面

背面

做法：P97~98

Knitting Sweaters 15

做法：P99~100

## 淡雅
## 蓝色短袖衫

　　简约的浅蓝色短袖衫，淡雅清新，纯净得不染一丝杂尘。蓝色上装配上浅色长裙，更显清丽脱俗。

## 迷人收腰小马甲

　　小巧收腰的效果，让你看起来可爱迷人，帽子上一圈白色的毛条更突显了这种效果。遍布衣身的花样像是一个个小花苞，精致而充满生命的活力。

做法：P100~101

# 清爽白色毛衣

　　宽松的款式，简单的花样，配上清清爽爽的白色，潇洒而不乏时尚。穿着它去逛街，轻松闲适，引路人嫉妒无限。
　　秋日的午后，约上闺中密友，去过一个愉快的周末吧。

做法：P101~102
Knitting Sweaters 18

# 精致小外套

衣服全身散布着各种花样，比如袖口的花枝，
背后菱形框内的花朵，这些小细节都让衣服显得更
加精致美丽。

背面

连帽的短款，带来随意而灵巧的
休闲感，初秋天凉时最适宜穿着。

正面

# 修身
# 无袖装

高领无袖的修身款，显得气质出众。段染使简单的衣服有了变化感，带来生动和活跃的气息。

做法：P106~107

Knitting Sweaters 20

# 简约
# 翻领毛衣

紧身的衣型，将女性的曲线美完美地展现，侧开口的翻领，显得时尚可爱。

做法：P107~108

Knitting Sweaters 21

做法：P108~109

Knitting Sweaters 22

# 休闲拉链装

　　宽松的拉链装将休闲完美地演绎，灰色则带来时尚的感觉，让你的闲暇时光也变得与众不同。

# 清雅连帽开衫

　　浅浅的绿色，清新淡雅，宽松的开襟款式，显得舒适而随意，带上一顶帽子，更有一种自然休闲的味道。

做法：P109~110
Knitting Sweaters 23

　　年轻的女子，大多已不会编织，有余闲的时光，不妨拿起针和线编织一份美好心情。

## 可爱娃娃装

娃娃装的款式，穿出你的青春与活力，你朝气蓬勃、充满希望，因此，愈显可爱活泼。衣服只能成为你的陪衬，却不会成为你性格的主宰。

做法：P111~112

*Knitting Sweaters 24*

## 菱形纹休闲装

圆润的菱形纹相互交错，像是一群群鱼儿在小溪中游弋，单纯而快乐。米白色看起来温和含蓄，一如你安静时的美好。

做法：P112~113

*Knitting Sweaters 25*

# 明艳连帽马甲

　　明艳的大红色，光彩照人，配上黑色的衣边、黑色的牛角扣、黑色的打底衣，使得这红色愈加美丽高贵。马甲的小巧，以及帽子顶端的小绒球，则又增添了几分俏皮娇媚。

正面

背面

做法：P114

Knitting sweaters 26

做法: P114~116
*Knitting Sweaters 27*

# 清凉
# 小背心

　　"野有蔓草，零露溥兮，有美一人，婉兮清扬"，仿佛是诗经里走出来的姣美女子，让人忘却今夕是何年。

# 俏皮粉色
# 小背心

　　柔柔嫩嫩的粉色，本显得温柔宁静，搭配一顶红色细纹的帽子，则有了一种俏皮可爱的活泼感。

做法: P116~117
*Knitting Sweaters 28*

# 绚丽披肩式毛衣

绚丽的色彩，让你在萧索的季节里光彩照人，大大的披肩款式，别具一格，显得大气而时尚。

穿上它，走在深秋漫天的黄叶里，留下一抹斑斓的美丽。

做法：P117

# 超个性蝙蝠衫

　　宽大厚重版的蝙蝠衫，大气又有个性，给人另类的时尚感，穿出你的独一无二和豪气洒脱。

做法：P118

Knitting Sweaters 30

　　用你独特的心思，
带给人无限的惊喜。

做法：P120~121
Knitting Sweaters 31

## 温暖短款
## 小外套

很温暖厚实的小外套，浅蓝色带给人轻松愉悦的心情，小巧的短款又增添一份俏皮可爱。

## 典雅
## 紫色开衫

淡淡的紫色，有着典雅的浪漫，修身的开衫款式，则增添了端庄含蓄的淑女之美，衣领和袖口精致的花边，更将优雅演绎到极致。

做法：P119~120
Knitting Sweaters 32

## 叶子花
## 圆肩衣

从上往下织的叶子花，一行行蔓延，一行行生长，组成了衣服的肩部，美丽而精致。修身的款式，穿出你的小巧纤细。

**做法：P121~122**
*Knitting Sweaters 33*

## 叶子花
## 淑女装

精致的叶子花，修身的款式，无瑕的白色，显得清纯可人，而又优雅端淑。

**做法：P122~123**
*Knitting Sweaters 34*

# 独特V领休闲装

　　领口是这件衣服最大的亮点，用罗纹横织出有曲线感的衣领，领边又织出自然卷的效果，整个领口看上去圆润而柔和，与衣服整体硬朗的感觉完美融合，刚柔相济，别有一番风味。

做法：P123~124

*Knitting Sweaters 35*

做法：P124~125
Knitting Sweaters 36

## 活力小披肩

充满活力的棕色披肩，配上一顶棒球帽，更显帅气逼人，粗大的扭花纹和宽宽的罗纹边使衣服看起来更大气。

## 艳丽
## 扭花纹披肩

亮丽的红色明艳热情，已足够吸引人的眼球了，再加上独特的造型和收腰的设计，更加魅力四射。

做法：P125~126
Knitting Sweaters 37

# 宽松对襟毛衣

　　宽大的造型，厚重的质感，再加上独特的花样，在感受温暖舒适的同时，也感受到了女性的美丽无处不在。

做法：P126~127

Knitting sweaters 38

做法: P128
Knitting Sweaters 39

# 竖纹休闲装

　　一目了然的整齐竖纹，清晰而简洁，插肩袖的
款式，则使从上往下的一致竖纹有了些许变化，但
仍然保持简洁利落的风格。

　　喜欢简单的东西，
因为青春不需要烦琐来牵
绊，不需要华丽来修饰。

做法：P129~130
*Knitting Sweaters 40*

# 简约
# 紫色圆领衫

　　简约的款式，宁静的颜色，精致的花纹，让你可以美得这样简单清爽。圆领的样式，有着圆润柔和的效果，穿出你端庄秀雅的淑女气质。

# 特色
# 短袖衫

　　两种花样组合，成就了这款短袖衫。衣服上半部分的花样有着独特的分割线条，看起来像一件小披肩，又像是一只展翅欲飞的蝴蝶，独特而美不胜收。衣服的下半部分则尽量修饰腰身，并营造出飘逸的效果，灵动而优雅。

做法：P130
*Knitting Sweaters 41*

# 休闲V领背心

　　宽大的男款，穿出休闲味儿十足的随意潇洒感。在大大的衣服中，更显得女性的娇小柔美，别有一番韵味。

　　悠闲的周末，换下束缚了一周的那些正装，只想尽情享受轻松随意的宽松。

做法：P131~132

Knitting Sweaters 42

# 配色蝙蝠衫

　　黑、灰、白，三色组合，有着经典的和谐、低调的
时尚，像是单色的彩虹，虽然没有七色的绚烂，却有着
含蓄沉静的优雅。

做法：P133~134
*Knitting Sweaters 43*

　　蝙蝠衫的款式，让衣服显
得更为大气而且有个性。

做法：P134
Knitting Sweaters 44

## 特色
## 休闲背心

背心上勾勒的几圈红色圆圈，像是灿烂的光环一样围绕在你身边，明亮抢眼。

## 喇叭袖
## 淑女装

简约的开衫款式，因为喇叭袖和微敞的下摆，而显得与众不同，清新飘逸、秀美可爱。

做法：P135~137
Knitting Sweaters 45

# 深色
## 中袖上装

　　深沉的色彩组合，如同夜色映照下的水面，纵有万家灯火摇曳，而你自清冷孤寂，寂寞得妩媚妖娆。

做法：P138~139
Knitting Sweaters 46

# 斑斓
## 段染短袖衫

　　色彩斑斓，看得人眼花缭乱，颜色变换，捉摸不定，像是敏感的女人的心，细腻而多愁善感。

做法：P138
Knitting Sweaters 47

正面

# 舒适竖纹开衫

伸缩性很好的竖形花样，让衣服看起来柔软而舒适，竖纹从领口发散开来，有种活力无限的美感，带来健康的运动气息。

做法：P139~140
Knitting Sweaters 48

喜爱编织的人们大多热爱生活，因为她们用心感受生活，才有了无限的创意和优美的作品。

背面

衣服背后的大大笑脸很可爱，织出乐观积极的生活态度。

# 巧克力女孩装

这样的颜色充满浓郁的巧克力味道，美丽却不高傲，充满了温馨和美的生活气息。

# 配色
# 插肩毛衣

　　这样温暖贴身的毛衣适合在深秋里穿着，无论是外穿还是打底都是不错的选择。几种深色的搭配含蓄不张扬，显得典雅沉静。

做法：P142

Knitting Sweaters 50

# 荷叶领
# 羊绒衫

　　宽大的翻领像是荷叶一般将肩部覆盖，优雅而美丽，一段下垂的飘带增加了飘逸的美感，衣摆和袖口的花边，更显衣服的精致和轻盈。

做法：P143~144

Knitting Sweaters 51

# 特色扭花纹上装

细小的麻花组成方形，展开在面前，胳膊肘处也同样织出麻花方形，在简洁中富于变化，而且有布艺的时尚味道。

做法：P144~145
Knitting Sweaters 52

简洁而有创意的特色毛衣，穿出你不一样的气质，而且并不复杂，新手不妨大胆尝试。

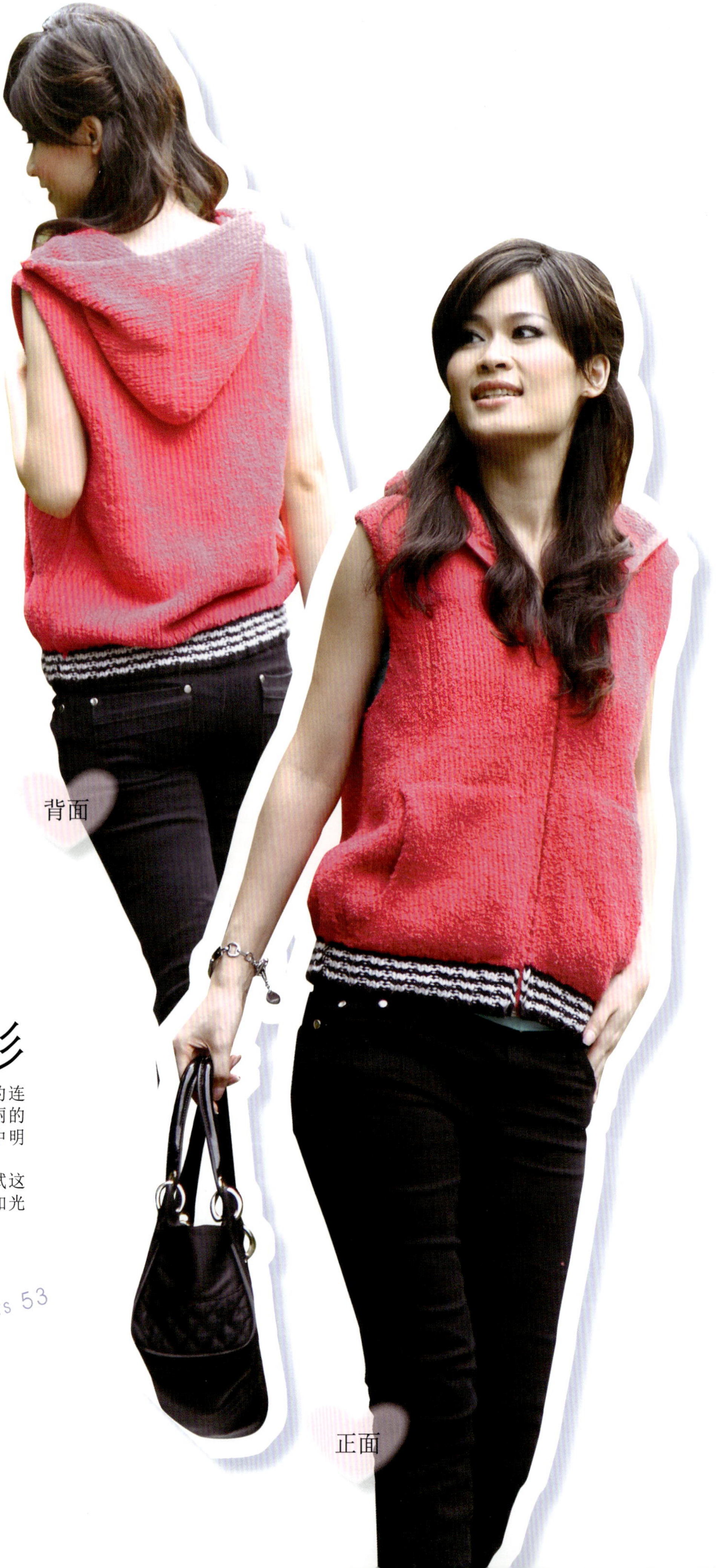

背面

# 艳丽连帽衫

　　小巧的运动款，带拉链的连帽设计，休闲味十足，而艳丽的玫红色，则会使你成为人群中明亮的风景。
　　皮肤白皙的你，不妨尝试这样艳丽的颜色，定会让你更加光彩照人。

做法：P146

正面

# 亮丽条纹毛衣

红色明亮抢眼，衬得你愈加美丽动人，白色的条纹增加了衣服的变化感和运动感，让红色似乎也跟着线条流动起来。

做法：P147~148

Knitting Sweaters 54

小巧的款式，在初秋里，给你轻松贴心的温暖。

做法：P148~150

Knitting sweaters 55

# 帅气休闲装

很帅气的一款毛衣。质朴的深蓝色，配上红白相间的衣边，运动休闲感十足，右边衣袖上一个凸起的口袋，时尚而个性。

衣服背后两个数字错落编织，带来不一样的视觉效果。

# 性感
# 小吊带

修身的挂脖吊带，性感
而妩媚，清新的粉蓝色，又
带来一丝清纯可爱的气息，
你就是那百变的小魔女。

**做法：P151~152**
Knitting Sweaters 56

# 淡雅
# 短袖衫

浅紫色清爽淡雅，
穿出清秀可爱的感觉，
两条蝴蝶结系带显得轻
灵柔美，更衬出穿者的
甜美可人。

**做法：P150~151**
Knitting Sweaters 57

# 圆肩金鱼衣

彩虹的颜色，鲜艳夺目，绚丽而温暖，圆肩的款式，带来披肩的效果，增加一种华丽又飘逸的美感。

正面

背面

做法：P152~153
Knitting Sweaters 58

肩部一圈金鱼，仿佛在彩虹的长河里游动，逍遥又快乐。

# 精致
# 淑女装

细心编织的树枝纹，
精致美丽，线条圆润柔和
的翻领，以及和谐的蓝白
搭配，带来一股温和柔
美、清新自然的淑女风。

做法：P154~157

*Knitting Sweaters 59*

# 叶子花
# 高领毛衣

修身的高领款毛衣，可
外穿，也可作打底毛衣。在
转瞬即逝的秋季里，终于有
机会秀秀美丽的毛衣了，然
而，冬季忽的就来了，于是
只好把它暂时藏在里面吧。

做法：P158

*Knitting Sweaters 60*

做法：P160

Knitting Sweaters 61

# 清凉
# 吊带衫

在炎热的夏天，青翠欲滴的颜色，让人感觉清凉得要沁出水来，心情也跟着快乐起来。

# 青翠
# 小坎肩

青翠的颜色，清新得如同清晨里的一缕风，简约的款式，让心情也变得轻松愉悦，白色的细条纹则又带来一丝活泼俏皮的感觉。

做法：P159

Knitting Sweaters 62

# 拼色马甲

轻巧的款式，穿起来轻松不觉厚重。浅绿色和黑色新颖的搭配，清新可爱。

秋高气爽，在这美好的季节里，本就该笑容明媚。

做法：P161

Knitting Sweaters 62

背面

# 休闲提花毛衣

高领的插肩款毛衣，温暖而贴身，提花图案则增加了衣服或柔美或俏皮的味道，带来精美而低调的休闲风。

正面

做法：P161~163
Knitting Sweaters 64

背面

年轻时总喜欢一些暗淡的颜色，似乎青春的光彩完全不需要绚丽来修饰。

# 修身短上装

小巧贴身的T恤，紧致而修身，搭配一条牛仔短裙，穿出你的健康与活力。

背面

正面

做法：P164~165

Knitting Sweaters 65

黑色线像是一圈圈的波浪在流动，带来生动的动态美。

# 古典美人装

鹅黄色清雅而高贵，束结在腰间的腰带式花样，黄色的叶子外加一抹灰色，使衣服更显精致优雅，带来古典的华美，蝴蝶袖的款式则增加了轻盈的飘逸感。

做法：P165~167

款式的新颖、细节的精致，让你美得独一无二。

# 亮丽时尚马甲

　　亮丽的西瓜红，有着天然的青春时尚气息，衣服上凸起的小球，像是一个个花骨朵立在枝头，饱满得随时准备绽放，充满了生命蓬勃的朝气。

做法：P167~168

Knitting Sweaters 67

　　菠萝针的精致和质感，使衣服显得更个性时尚。

# 帅气
## 韩版上装

连帽的长款马甲，配上黑色打底衣和深色紧身牛仔裤，看起来酷酷的，再戴上一顶休闲鸭舌帽，显得更加帅气个性。

正面

背面

深灰色线中加入银丝，闪闪的，让深色也活跃跳动起来。

做法：P168~170

# 竖纹圆领衫

　　从上往下织的竖纹短袖衫，有着光线散射的自然美感，领口和下摆的花样精致美丽，配上淡淡的蓝色，更显清秀甜美。

做法：P170~172
Knitting Sweaters 69

　　清凉舒适的圆领衫，搭配一条牛仔裙，轻松展现你的青春靓丽。

背面

正面

# 麻花V领背心

　　嫩嫩的鹅黄色，像是初春里绽放的迎春花儿，清新可爱。简洁的背心款式，只有麻花在领口和前方缠绕，不枝不蔓，清清爽爽。

做法：P172~173
Knitting Sweaters 70

　　家庭的幸福温暖，是我们追求的简单快乐，我们用心用双手经营呵护。

# 清新
# 雅致小坎肩

浅浅的绿色一点也不张扬，古朴中透着清新，在绿得化不开的夏日，这样的浅淡雅致仿佛让人感受到田园或山涧的清凉气息。

做法：P174

*Knitting Sweaters 71*

领口的花边精致优雅，温馨柔和中又透着俏皮可爱。

背面

正面

做法：P175~176

Knitting Sweaters 72

背面

正面

# 优雅竖纹上装

竖纹短袖的款式，简洁而且修身，再加上浅浅淡淡的紫色，使衣服更显得清新优雅。

简洁的上装配上淑女的裙子，你优雅得如同清晨里的一枝兰花。

# 清新
# 彩虹衣

五种颜色换线编织，成就了这款"工程浩大"的彩虹衣，虽然织起来很辛苦，可是这样的成果却绝对让人欣慰。

做法：P176~177

# 修身款
# 针织衫

很显身材的一款针织衫，流畅的线条，将曲线美完美展现，宽松的下摆则带来裙摆的飘逸感。

做法：P177~179

做法：P179~180
Knitting Sweaters 75

# 双色雪花上装

紫色和白色层次分明的搭配，让衣服看起来温暖又明亮，颜色交接处，一排雪花图案的出现，使衣服不再单调。

做法：P181~182
Knitting Sweaters 76

# 竹叶情短袖衫

对竹叶的钟爱似乎与生俱来，那修长青翠的叶子，总是让人忍不住想亲近。

做法：P182~183
Knitting Sweaters 77

# 精美中袖
# 小外套

衣服由一层层的花样组成，有云海，有水草，有桃心，花样逐层变化而又上下对称，细节精致，整体和谐，非常精美。

# 两穿式
# 实用披肩

非常实用的一款衣服，既可以作披肩，又可以当半身裙来穿，两种穿法各有各的美丽。

做法：P184
Knitting Sweaters 78

# 特色
# V领上装

衣领是这件衣服极富
特色的地方，插肩款的袖子
直接取代了衣领的位置，秀
出独特的前后V领效果，简
洁而新颖。

做法：P185~187

Knitting Sweaters 79

做法：P188~189

Knitting Sweaters 80

# 圆摆小开衫

鲜艳的颜色，修身的款式，穿出你的好气色好身
材。下部的小圆摆，从前面看，有燕尾服的优雅，从后
面看，则像荷叶般柔美有风情。

做法: P190

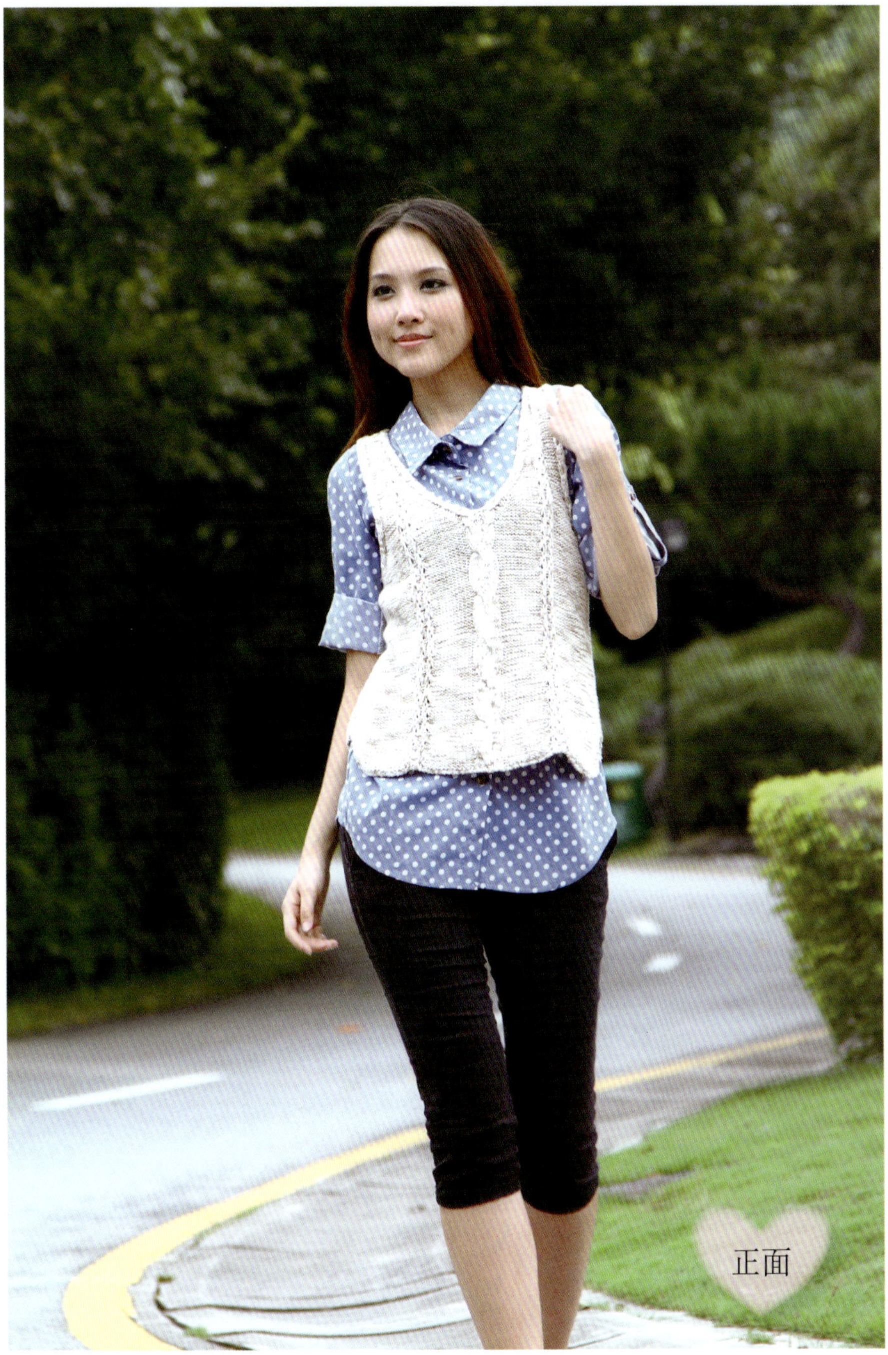

简约的款式、休闲的风格，
是初秋出游的必备单品哦。

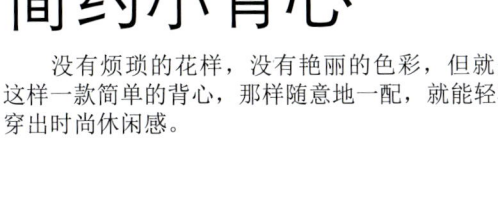

正面

# 简约小背心

　　没有烦琐的花样，没有艳丽的色彩，但就是
这样一款简单的背心，那样随意地一配，就能轻松
穿出时尚休闲感。

背面

# 时尚带帽马甲

　　嫩嫩的鹅黄色，清纯而温柔。麻花与太阳花交替排列，突显精致细腻的美感。衣服帽子的顶角凸出，像是水珠欲落还挂，个性而时尚。

做法：P191~192
Knitting Sweaters 82

　　年轻的女孩子，面对动辄成百上千的美衣，不免要遗憾哀叹，可是，为什么不充分利用起你的巧手呢？让美丽和时尚在自己手中诞生。

# 简洁V领毛衣

男生穿上这款毛衣，应该可以用温文尔雅、潇洒倜傥之类的词来形容吧，因为它是这样的简洁而清爽！女生穿着它，则显出俏皮又随意的娇媚。

衣服织法很简单，初学编织的你，肯定可以为你的他织出来哦。

做法：P192~193
Knitting Sweaters 83

# 气质高领毛衣

小小的麻花在胸前排列组成菱形，简单而干练，配上时尚而略显随意的灰色，穿出你利落洒脱的气质。

厚重不再是冬天的代名词，织一件紧身的毛衣，也可以将自己打扮得紧致利落。

做法：P193~194

Knitting Sweaters 84

# 创意
# 竹编纹休闲装

　　衣服的花样像是将竹篾编制物的纹路放大了，新颖而独特，深深的咖啡色，使得这些纹路看上去又像一块块的巧克力，散发着浓浓的香甜。

做法：P194~196
Knitting Sweaters 85

　　善于观察和借鉴，这是创新的必备品质。认真体验你的生活吧，你将发现生活总会带给你惊喜无限。

做法: P196~197
Knitting Sweaters 86

# 运动款毛衣

　　宽大的毛衣，穿出随意休闲感，深沉的黑色，则又带来成熟稳重的味道。

　　本是运动感十足的大毛衣，搭配一双高跟鞋，则显得性感又妩媚。

做法：P198~201
Knitting Sweaters 87

背面

正面

# 宽松扭花纹毛衣

宽松的款式穿着舒适，高领连帽的款式还可以帮你抵御凛冽的寒风，温暖一冬季。

时尚而保暖的毛衣，适合凉意未深的秋季，当然也可以作大外套的打底毛衣。

# 韩式
# 长款背心

　　顺着衣领而下的大麻花，以及夹在各条小麻花之间的小球，这些凸凹有致的花样使衣服显得更精致美丽，有着韩款美衣的时尚优雅。

做法：P202~203
Knitting Sweaters 88

背面

聪明的女子善于用自己的
双手将美丽和快乐化为己有。

# 优雅小披肩

　　黑色小披肩，演绎优雅和神秘。独特的形似方格的花样，在神秘中透着端庄和大气，小巧的款式，又在优雅中暗藏着俏皮不羁。

做法：P203~204

*Knitting Sweaters 89*

　　百搭的小披肩，低调地散发着美丽，让人着迷。

做法：P205
Knitting Sweaters 90

# 个性小披肩

　　凉风乍起的秋日，换去夏装嫌太早，那么，就用这样一款披肩来保暖吧，让你在夏末秋初里尽情演绎个性十足的时尚。

正面

背面

　　并不复杂的披肩，如果你也心动，就拿起针与线开始编织吧。

背面

正面

# 活力小圆球开衫

鲜艳的橙色,如此的热情而明艳,仿佛能给人带来无穷的活力和激情。衣服上凸起的小圆球则增加了跳跃的动态美和活泼感。

做法: P206~207
Knitting Sweaters 91

大V领以及宽松的中袖款式,让衣服显得随意而时尚。

# 独特配色长毛衣

　　不同颜色变换织成方块组合的样子，富有创意而显得独特，衣身前后中心的棕色菱形图案整齐排列，让衣服在变化中又有着突出的和谐统一。

毛衣看起来厚重而温暖，还带着一股运动的活力，是秋冬季节里的不错装备哦。

做法：P208

Knitting Sweaters 92

**宽松版圆领毛衣**

【成品规格】衣长66cm，下摆宽47cm，袖长55cm

【工　　具】13号棒针

【编织密度】34针×42行=10cm²

【材　　料】灰色羊毛线共600g

### 前片/后片制作说明：

1. 棒针编织法。衣服分为前片、后片来编织完成。

2. 先织后片。双罗纹针起针法。起159针，织花样A，共织30行后，改织花样B，织至158行，第159行起改为12针花样C与15针花样D组合编织，组合方法如图示，同时两侧开始袖窿减针，方法为1-8-1、2-1-10，各减18针，余下123针不加减针往上织至260行，第261行起，将织片中间留取47针不织，两侧减针织成后领，方法为2-1-4，织至268行，最后两肩部各余下34针，收针断线。

3. 编织前片。双罗纹针起针法。起159针，织花样A，共织30行后，改织花样B，织至158行，第159行起改为12针花样C与15针花样D组合编织，组合方法如图示，同时两侧开始袖窿减针，方法为1-8-1、2-1-10，各减18针，余下123针不加减针往上织至222行，第223行起，将织片中间留取27针不织，两侧减针织成前领，方法为2-2-4、2-1-6，织至268行，最后两肩部各余下34针，收针断线。

4. 前片与后片的两侧缝对应缝合，两肩部对应缝合。

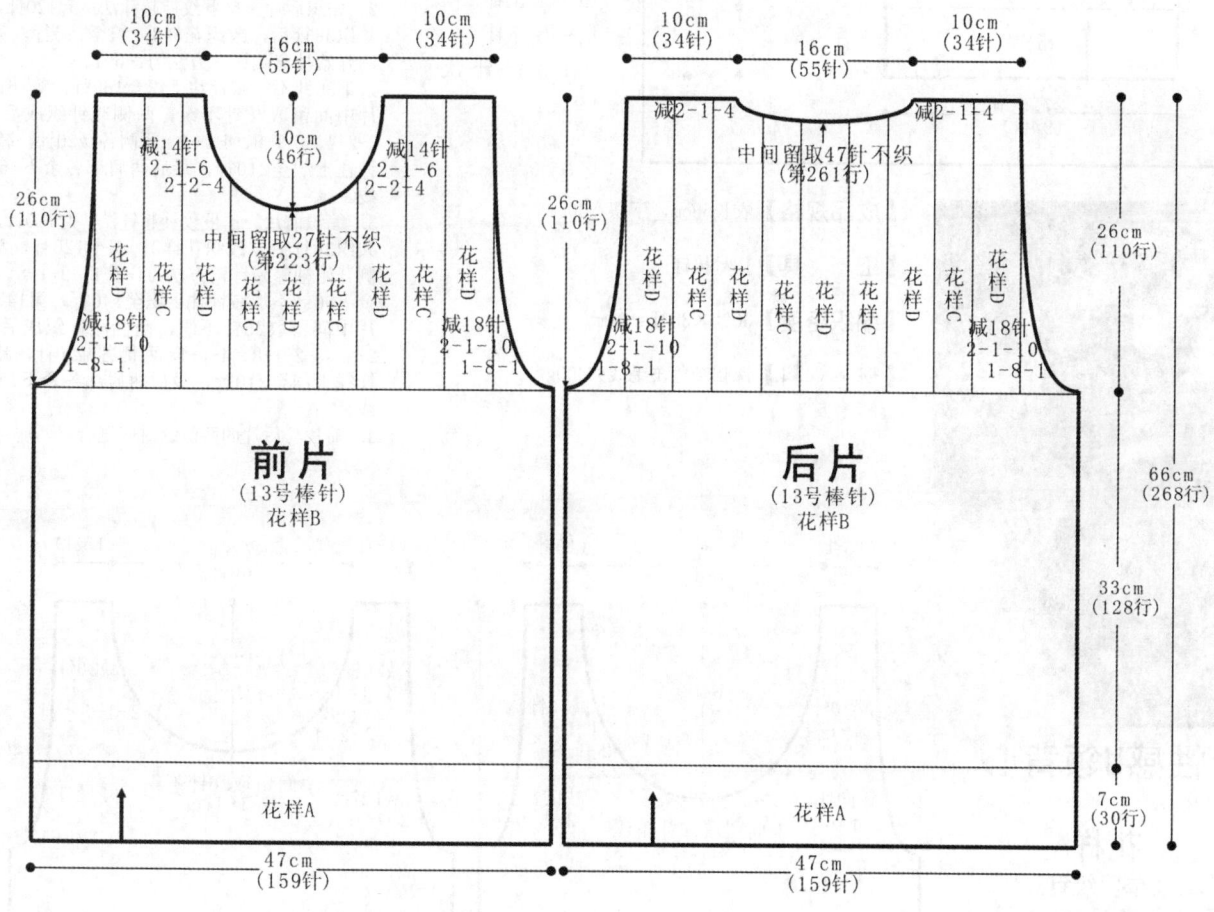

### 领片制作说明：

1. 棒针编织法，圈织。

2. 沿着前后衣领边挑针编织，挑起148针，织花样A，共织12行的高度，改织花样B，织8行后收针断线。

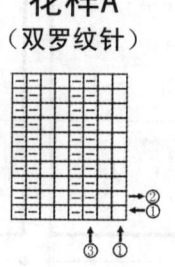

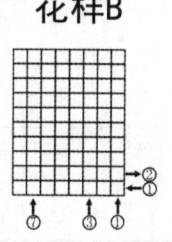

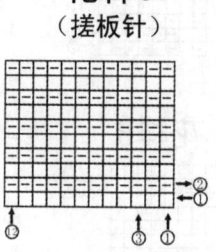

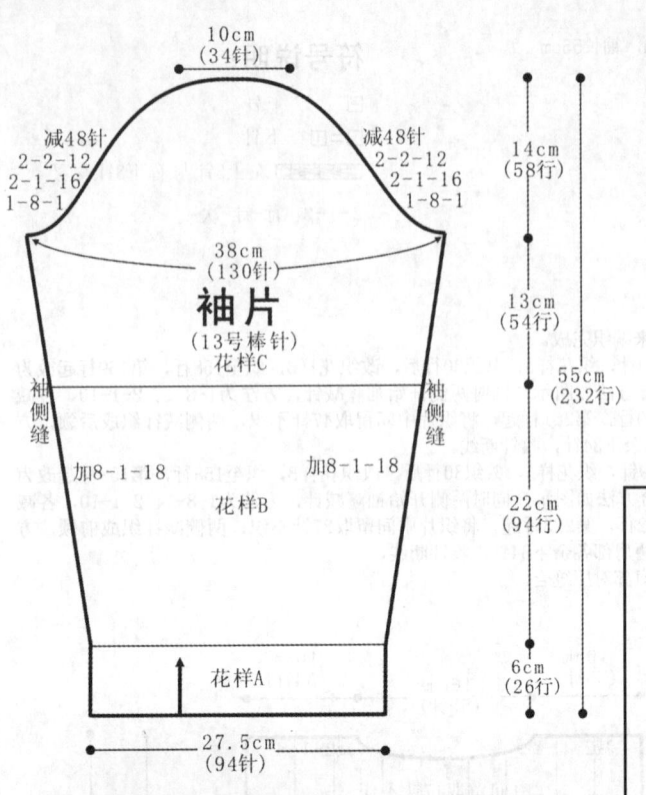

10cm
(34针)

减48针
2-2-12
2-1-16
1-8-1

减48针
2-2-12
2-1-16
1-8-1

38cm
(130针)

袖片
(13号棒针)
花样C

袖侧缝

袖侧缝

加8-1-18

加8-1-18

花样B

花样A

27.5cm
(94针)

14cm
(58行)

13cm
(54行)

55cm
(232行)

22cm
(94行)

6cm
(26行)

### 袖片制作说明：

1. 棒针编织法，编织两片袖片。从袖口起织。
2. 起94针，织花样A，织26行后，改织花样B，两侧同时加针，加8-1-18，两侧的针数各增加18针，织至120行，改织花样C，继续往上织至174行，将织片织成130针，接着就编织袖山，袖山减针编织，两侧同时减针，方法为1-8-1、2-1-16、2-2-12，两侧各减少48针，最后织片余下34针，收针断线。
3. 同样的方法再编织另一片袖片。
4. 缝合方法：将袖山对应前片与后片的袖窿线，用线缝合，再将两袖侧缝对应缝合。

花样D

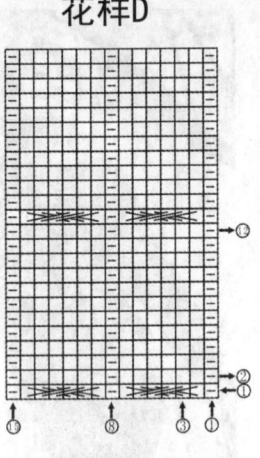

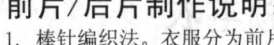

### 符号说明：

口　　上针
口=工　下针

2-1-3　行-针-次

### 前片/后片制作说明：

1. 棒针编织法。衣服分为前片、后片来编织完成。
2. 先织后片。单罗纹针起针法，起120针，织花样A，共织38行后，改织花样B，织至126行。第127行起两侧开始袖窿减针，方法为1-6-1、2-1-6，各减12针，余下96针不加减针往上织至160行，第161行起，将织片中间留取26针不织，两侧减针织成后领，方法为2-2-4、2-1-8、4-1-4，两侧各减20针，减针后不加减针往上织至210行，最后两肩部各余下15针，收针断线。
3. 编织前片。单罗纹针起针法，起120针，织花样A，共织38行后，改织花样B，织至126行，第127行起两侧开始袖窿减针，方法为1-6-1、2-1-6，各减12针，余下96针不加减针往上织至146行，第147行起，将织片中间留取26针不织，两侧减针织成后领，方法为2-2-4、2-1-8、4-1-4，两侧各减20针，减针后不加减针往上织至210行，最后两肩部各余下15针，收针断线。
4. 前片与后片的两侧缝对应缝合，两肩部对应缝合。

【成品规格】衣长55cm，下摆宽40cm

【工　　具】13号棒针

【编织密度】30针×38行=10cm²

【材　　料】深咖啡色羊毛线共400g

## 性感U领背心

花样A
（单罗纹针）

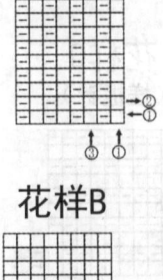

花样B

(15针)

22cm
(66针)

(15针)

17cm
(64行)

减20针
4-1-4
2-1-8
2-2-4

减20针
4-1-4
2-1-8
2-2-4

减12针
2-1-6
1-6-1

减12针
2-1-6
1-6-1

中间留取26针不织
（第147行）

前片
(13号棒针)
花样B

花样A

40cm
(120针)

(15针)

22cm
(66针)

(15针)

13cm
(50行)

减20针
4-1-4
2-1-8
2-2-4

减20针
4-1-4
2-1-8
2-2-4

减12针
2-1-6
1-6-1

减12针
2-1-6
1-6-1

中间留取26针不织
（第161行）

后片
(13号棒针)
花样B

花样A

40cm
(120针)

22cm
(84行)

55cm
(210行)

23cm
(88行)

10cm
(38行)

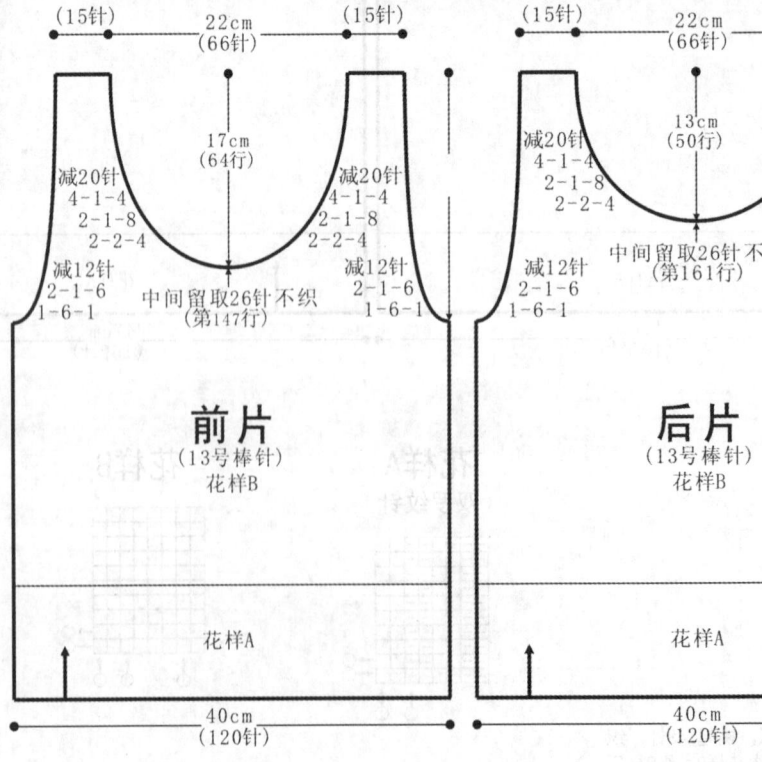

**花样B**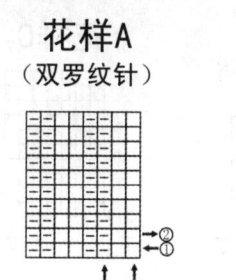

**花样A**
（双罗纹针）

**花样C**
（搓板针）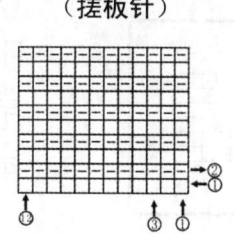

**花样D**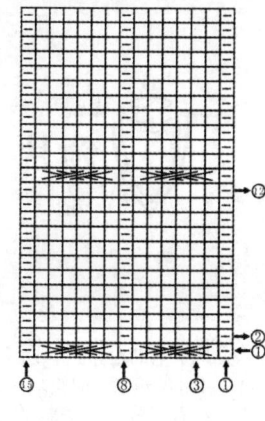

214针　1.5cm（6行）

**领片**
（13号棒针）
花样A

### 领片/袖边制作说明：

1. 棒针编织法，圈织。
2. 先织衣领。沿着前后衣领边挑针编织，挑起214针，织花样A，共织6行的高度，收针断线。
3. 编织袖窿边。沿着一侧袖窿挑针编织，挑126针，织花样A，共织6行，收针断线。同样的方法挑织另一袖窿边。

**简约V领背心**

【成品规格】衣长54cm，下摆宽43cm

【工　具】12号棒针

【编织密度】23针×32行=10cm²

【材　料】橙色棉线350g，黑色棉线50g

### 前片/后片制作说明：

1. 棒针编织法，衣服分为前片、后片来编织完成。
2. 先织后片。双罗纹针起针法，橙色线起98针，织花样A，2行橙色2行黑色间隔编织，共织14行后，从第19行起将织片分配花样，由花样B与花样C组成，花样B共9个，花样C共10个，见结构图所示，两侧各2针下针，分配好花样针数后，重复花样往上编织，共织104行。从第105行起，两侧开始袖窿减针，方法为1-4-1、2-2-5，各减14针，余下70针不加减针往上至170行。第171行起，将织片中间留取26针不织，两侧减针织成后领，方法为2-1-2，织至174行。最后两肩部各余下20针，收针断线。
3. 编织前片。双罗纹针起针法，起98针，织花样A，共织14行后，从第19行起将织片分配花样，由花样B、花样D与花样E组成，花样D共3个，花样E共4个，中间用4针花样B间隔，两侧各编织8针下针，间隔1针上针，见结构图所示。分配好花样针数后，重复花样往上编织，共织104行，从第105行起，两侧开始袖窿减针，方法为1-4-1、2-2-5，各减14针，余下70针不加减针往上至122行。第123行起，将织片从中间分成左右两片分别编织，两侧减针织成前领，方法为2-1-15，减针后不加减针往上编织至174行。最后两肩部各余下20针，收针断线。
4. 前片与后片的两侧缝对应缝合，两肩部对应缝合。

### 符号说明：

- □ 上针
- □=① 下针
- ▨ 左上2针与左下1针交叉
- ▨ 左上2针与右下1针交叉
- 2-1-3 行-针-次

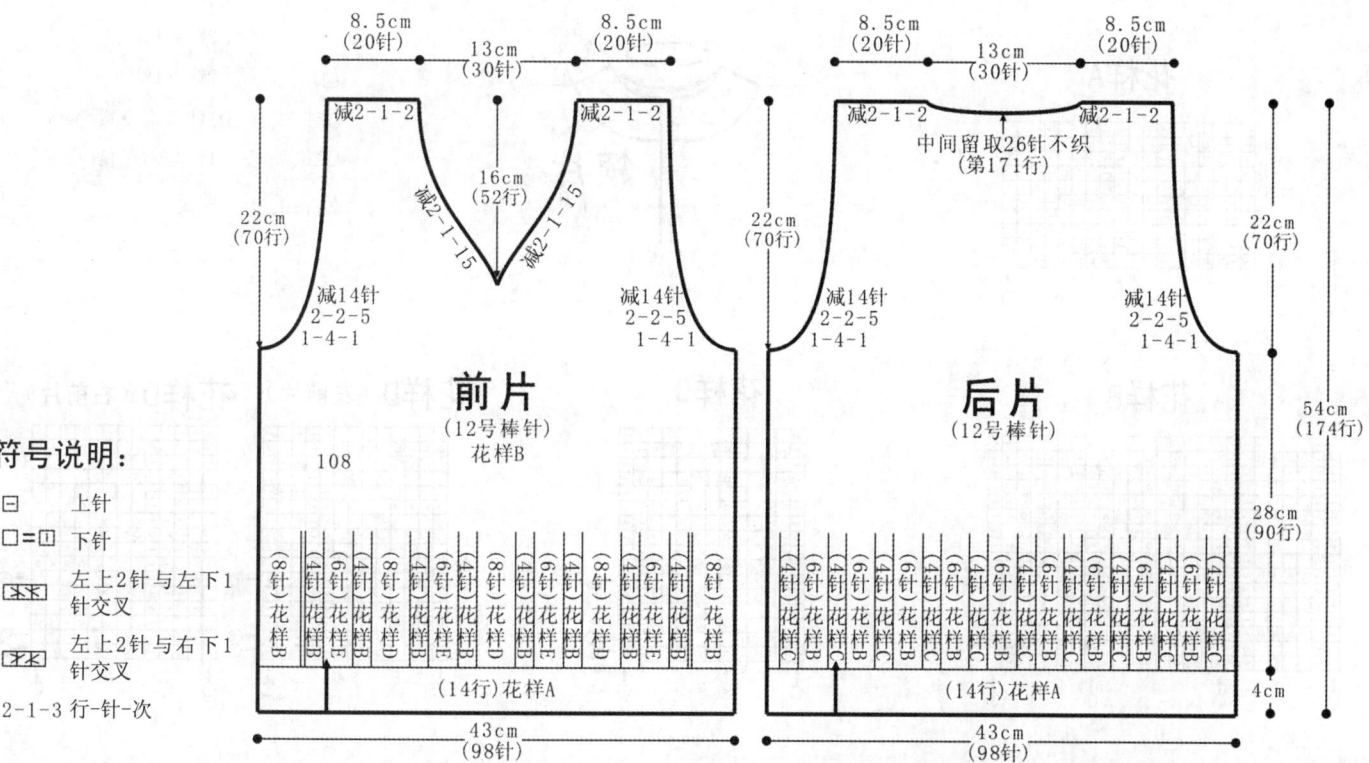

**前片**（12号棒针）花样B
108

**后片**（12号棒针）

8.5cm（20针）　13cm（30针）　8.5cm（20针）

减2-1-2

16cm（52行）
减2-1-15

22cm（70行）

减14针 2-2-5 1-4-1

中间留取26针不织（第171行）

54cm（174行）

28cm（90行）

4cm

（14行）花样A

43cm（98针）

83

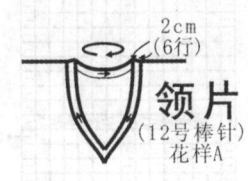

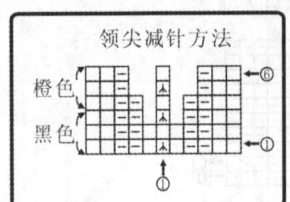

### 花样A
（双罗纹针）

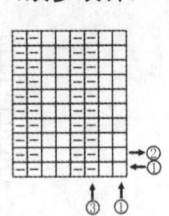

### 花样C

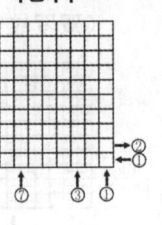

### 花样B

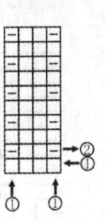

### 花样E

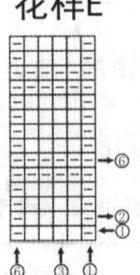

### 花样D

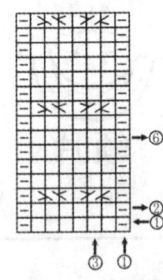

### 领片/袖边制作说明：

1. 棒针编织法，圈织。
2. 沿着前后衣领边挑针编织，挑织137针织花样A，2行橙色2行黑色间隔编织，领尖处一边织一边减针，减针方法如图所示，共织6行的高度，双罗纹针收针法收针断线。
3. 沿着左右袖窿分别挑针编织，挑织112针织花样A，共织6行的高度，双罗纹针收针法收针断线。

---

### 休闲短袖衫

【成品规格】衣长50cm，下摆宽44cm，插肩连袖长24cm

【工　　具】12号棒针

【编织密度】24针×34行=10cm²

【材　　料】灰色棉线共400g

### 符号说明：

| 符号 | 说明 |
|---|---|
| □ | 上针 |
| □=□ | 下针 |
| ◎ | 镂空针 |
| ☑ | 左上2针并1针 |
| ☒ | 右上2针并1针 |
| ⊠ | 右上1针与左下1针交叉 |
| ⊠ | 左上1针与右下1针交叉 |
| 2-1-3 | 行-针-次 |

### 花样A

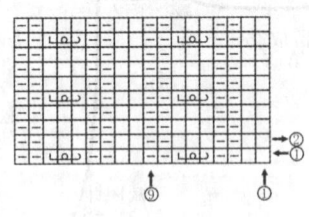

（领片图示）5cm（18行）

### 领片
（12号棒针）
花样A

### 花样B

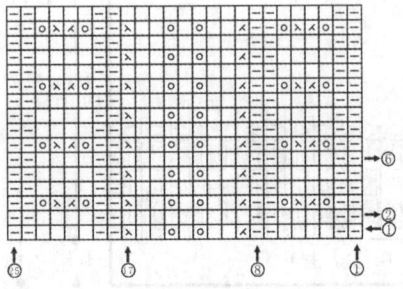

### 花样C

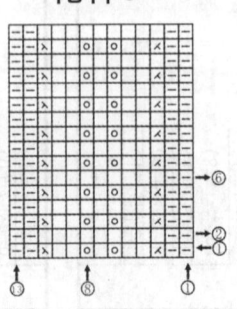

### 花样D（左前片）　花样D（右前片）

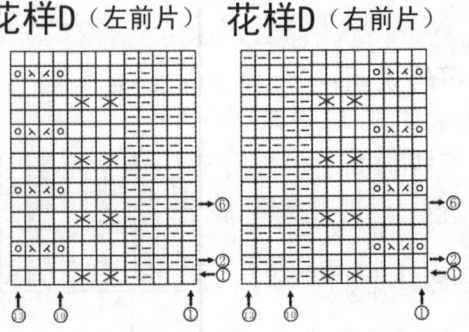

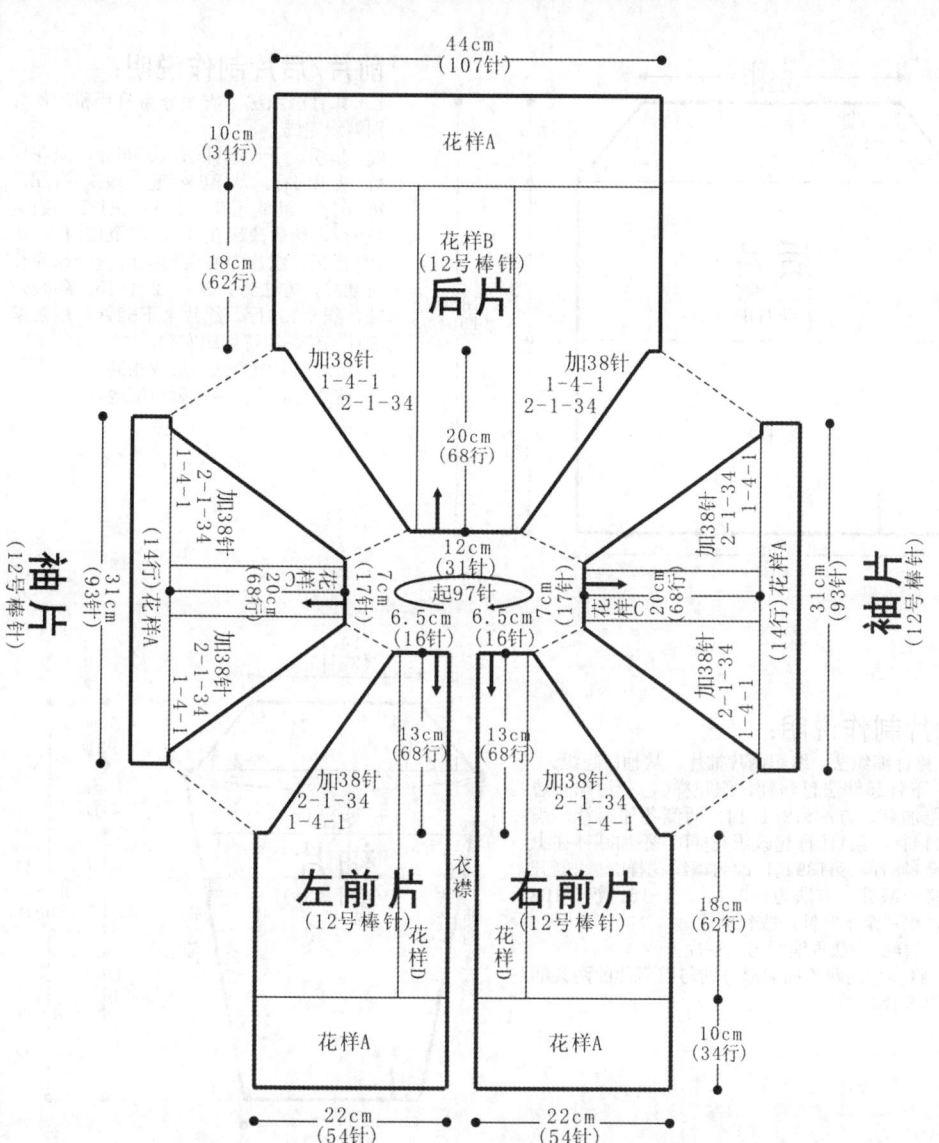

44cm
(107针)

10cm
(34行)

花样A

18cm
(62行)

花样B
(12号棒针)

后片

加38针
1-4-1
2-1-34

加38针
1-4-1
2-1-34

20cm
(68行)

袖片
(12号棒针)

加38针
1-4-1
2-1-34

2-1-34
1-4-1

12cm
(31针)

7cm
(17行)

起97针

7cm
(17行)

加38针
2-1-34
1-4-1

(14行)花样A

袖片
(12号棒针)

31cm
(93针)

31cm
(93针)

20cm
(68行)

花样C

6.5cm
(16针)

6.5cm
(16针)

20cm
(68行)

花样C

加38针
2-1-34
1-4-1

加38针
2-1-34
1-4-1

衣襟

13cm
(68行)

13cm
(68行)

加38针
2-1-34
1-4-1

加38针
2-1-34
1-4-1

左前片
(12号棒针)
花样D

右前片
(12号棒针)
花样D

18cm
(62行)

花样A

花样A

10cm
(34行)

22cm
(54针)

22cm
(54针)

前片/后片/袖片制作说明：

1. 棒针编织法。从上往下织，织至袖窿以下，分出两个衣袖，前后身片连起来编织完成。
2. 衣领起织。单罗纹针起针法，起97针，起织花样A，共织18行，从第19行起，将织片分为左前片、左袖片、后片、右袖片、右前片五部分，针数分别为16+17+31+17+16针，五织片接缝处为四条插肩缝，一边织一边在插肩缝两侧加针，方法为2-1-34、1-4-1。编织花样顺序为：先织左前片13针花样D，再织5针下针，再织13针花样C，再织5针下针，再织25针花样B，再织5针下针，再织13针花样C，5针下针，最后织13针花样D，重复往上编织花样至68行，织片变为369针，左右袖片各留起85针不织，将左前片、后片、右前片连起来编织衣身。
3. 分配前后片的针眼共199针到棒针上，先织左前片50针，完成后加起8针，然后织后片99针，再加起8针，最后织右前片50针，往返编织，左右衣襟处仍然编织13针花样D，后片中间编织25针花样B，其余针眼编织下针，不加减针往下编织62行的高度，织片全部改织花样A，织34行后，收针断线。
4. 编织袖口。分配袖片的85针到棒针上，袖底挑起8针环织，织花样A，织14行后，收针断线。同样的方法编织另一衣袖袖口。

一字领修身毛衣

【成品规格】衣长38cm，下摆宽35cm，袖长35cm

【工　　具】12号棒针

【编织密度】花样A：38针×37行=10cm²；

　　　　　　花样B：27针×37行=10cm²；

　　　　　　花样C：27针×48行=10cm²

【材　　料】红色棉线共500g

符号说明：

□　　上针

□=□　下针

⊙　　镂空针

☒　　左上2针并1针

☒　　右上2针并1针

2-1-3　行-针-次

花样A

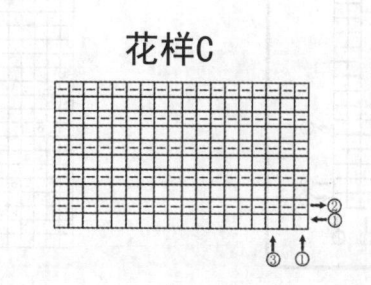

花样C

花样D

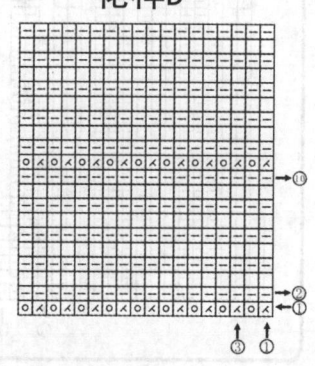

85

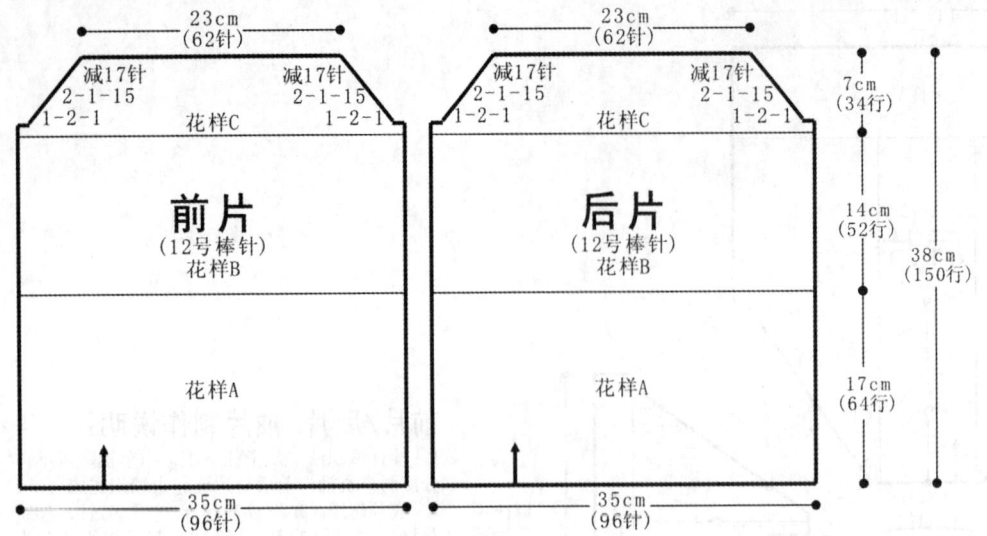

前片/后片制作说明：
1. 棒针编织法。衣服分为前片和后片分别编织完成。
2. 起织。下针起针法，起96针，织花样A，共织64行。从第65行起，改织花样B，每16针一组单元花，共6组花样B，织至116行，然后改织花样C，织至120行。第121行起，织片左右两侧同时减针织成插肩袖窿，方法为1-2-1、2-1-15，各减17针，织至150行。织片余下62针，用防解别针扣住，留待编织衣领。
3. 前片的编织方法与后片相同。
4. 前片与后片的两侧缝对应缝合。

袖片制作说明：
1. 棒针编织法，编织两片袖片。从袖口起织。
2. 下针起针法起44针，织花样C，一边织一边两侧加针，方法为8-1-14，两侧各加14针，织至114行，第115行起改织花样D，不加减针往上织至138行，第139起，改为编织花样B，两侧开始插肩减针，方法为1-2-1、2-1-15，织至168行，织片余下38针，收针断线。
3. 同样的方法再编织另一袖片。
4. 将袖片的两条插肩缝分别与前后片的两条插肩缝缝合。

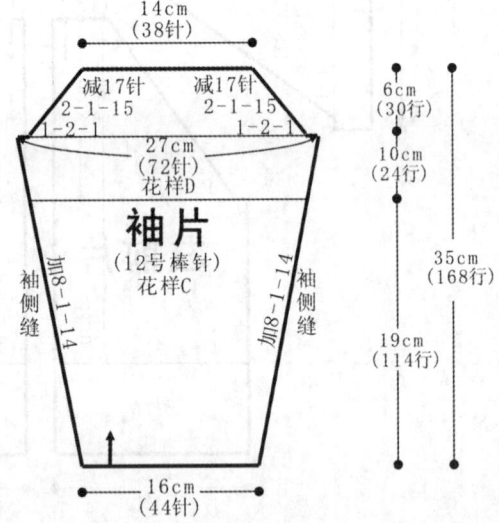

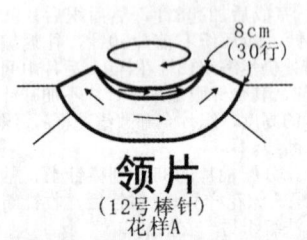

领片制作说明：
1. 棒针编织法，环形编织。
2. 沿着前后衣领边及袖顶挑针编织，挑起200针编织花样A，详细编织图解及减针方法见领片花样图解。共织30行的高度，收针断线。

花样B

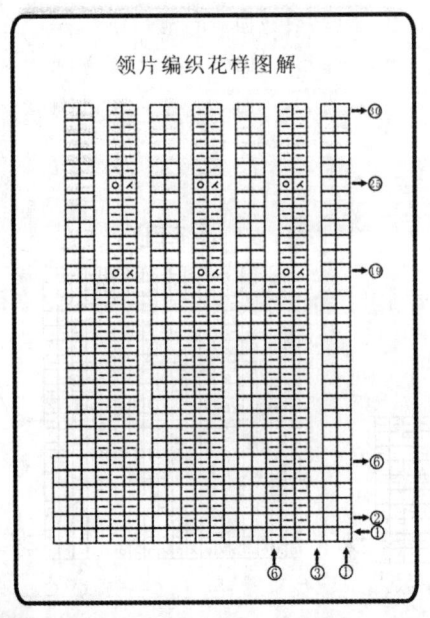

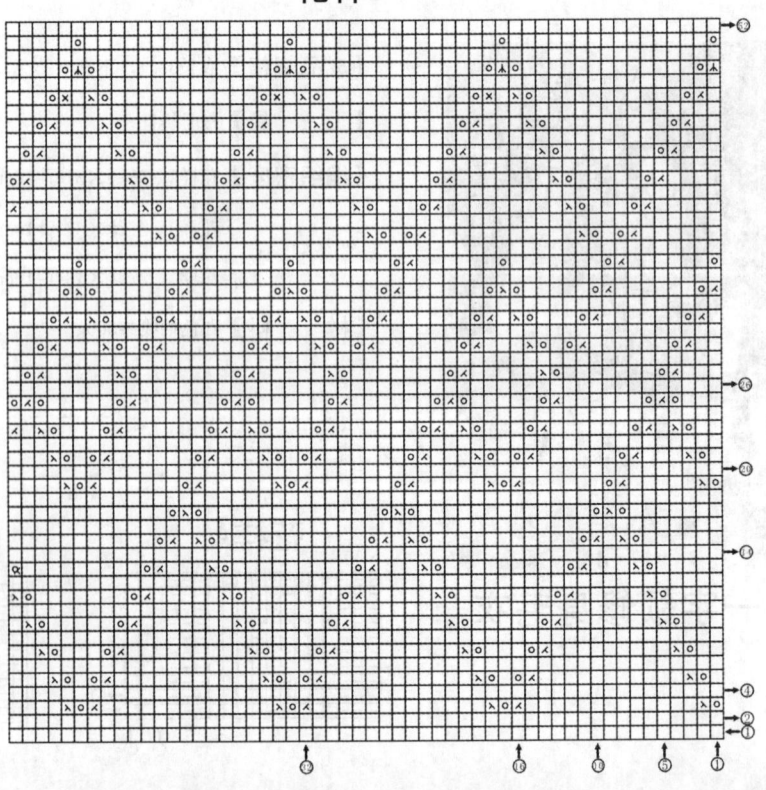

简约帅气背心

【成品规格】衣长63cm，下摆宽43cm

【工　　具】10号棒针，10号环形针

【编织密度】下针花样：28针×34行=10cm²；

双罗纹花样：28针×40行10cm²

【材　　料】深褐色晴纶线400g

前片/后片/袖片制作说明：

1. 棒针编织法。袖窿以下一片环织，袖窿以下分成前片与后片各自编织。
2. 起针。双罗纹起针法，起256针，首尾连接，环织。分成64组双罗纹编织。不加减针，编织32行的高度后，分配花样，将织片对折，分配成两边是双罗纹针，中间是下针的组合。起织，编织26针双罗纹，然后编织102针下针，再织26针双罗纹针，然后织102针下针，连接起织端。然后照此分配，不加减针，编织116行的高度，至袖窿，以下共织成148行。
3. 袖窿以上的编织。分成前片与后片，各自编织，各128针。
（1）前片的编织。两边同时减针，各减4针，然后每织2行减1针，共减9次，织成18行。余下102针，然后不加减针织8行下针，下一行时将102针分成两半，各51针，各自编织，以右片为例，将51针全改织花样A双罗纹针，不加减针，编织36行的高度，至肩部，全用防解别针扣住，相同的方法编织左片。
（2）后片的编织。两边同时减针，各减4针，然后每织2行减1针，共减9次，织成18行，余下102针，下一行起全改织花样A双罗纹针，不加减针织36行的高度至肩部。
（3）肩部的缝合。前片的左片，在右边选24针，右片在左边选24，再在后片的两边各选24针，与前片对应的肩部缝合。
（4）余下未缝合的针数，前片左右两片各27针，后片54针，连在一起往上编织衣领，总针数共108针，不加减针，继续编织双罗纹针，编织16行的高度后，收针断线。
4. 袖片的编织。沿着袖窿边，挑出90针，环织，织4行下针，再织4行搓板针，图解见花样C，同样的方法去编织另一袖片。衣服完成。

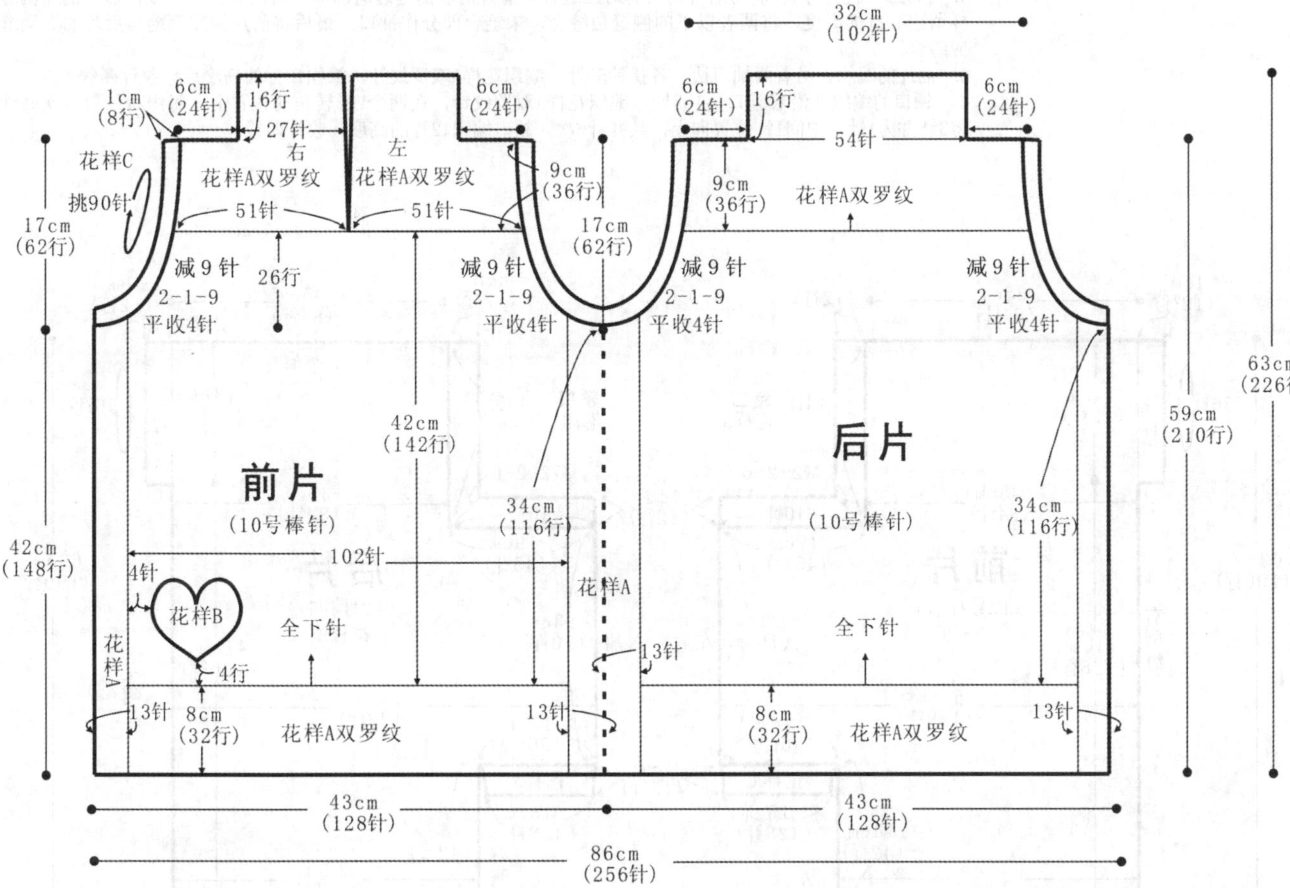

32cm
（102针）

6cm
（24针）　16行　　6cm
27针　（24针）

1cm
（8行）

花样C
挑90针

右
花样A双罗纹　左
花样A双罗纹

9cm
（36行）

17cm
（62行）

51针　　　51针

减9针
2-1-9
平收4针

减9针
2-1-9
平收4针

26行

42cm
（142行）

前片
（10号棒针）

102针

花样A

花样B
4针

4行

全下针

花样A

13针　8cm
（32行）

花样A双罗纹

34cm
（116行）

13针

6cm
（24针）　16行　　6cm
54针　（24针）

花样A双罗纹

9cm
（36行）

减9针
2-1-9
平收4针

减9针
2-1-9
平收4针

63cm
（226行）

59cm
（210行）

17cm
（62行）

后片
（10号棒针）

34cm
（116行）

全下针

8cm
（32行）

花样A双罗纹　13针

13针

42cm
（148行）

43cm
（128针）

43cm
（128针）

86cm
（256针）

花样A
（双罗纹针）

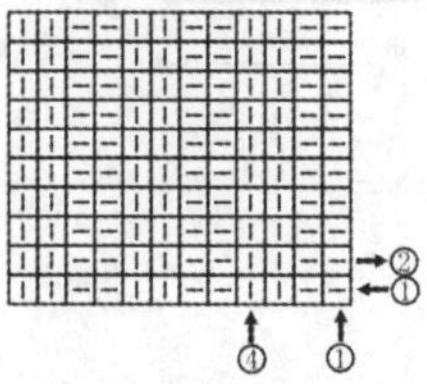

4针一花样

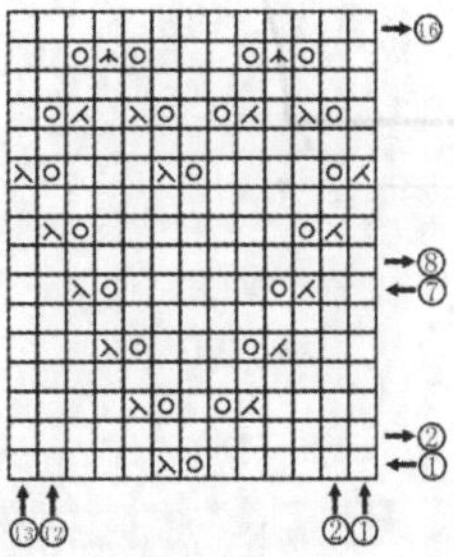

花样B

花样C
（袖口花边）

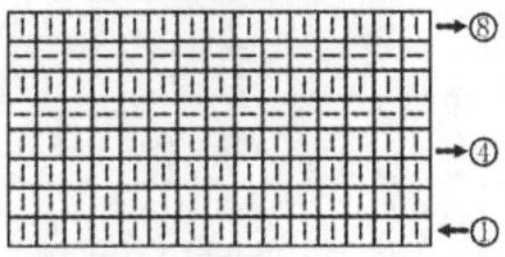

87

**叶子纹斜穿衣**

【成品规格】衣长62cm，下摆宽40cm

【工　　具】12号棒针

【编织密度】24针×30.5行=10cm²

【材　　料】深灰色羊毛线350g

**符号说明：**

☐　上针

□=⊡　下针

2-1-3　行-针-次

↑ 编织方向

⊠　左并针

⊠　右并针

⊡　镂空针

⬛　中上3针并1针

**前片/后片/袖片制作说明：**

1. 棒针编织法，款式很特别的一件衣服，但织法特别简单，只分成前片和后片各自单独编织，缝合后，再编织袖口和领口。

2. 前片的编织。起针，双罗纹起针法，起78针，来回编织，不加减针，编织22行的高度，在编织第22行时，均匀地分散加针，加15针，将针数加至93针，下一行时，将93针按照花样B图解进行编织，不加减针，编织42行，下一行时，前片向右边加针，单起针法，起36针，依照图解编织70行的高度，将右边算起45针，用防解别针扣住不织。余下的84针，依照花样B图解继续编织，再织42行的高度时，将84针用防解别针扣住不织。进入后片的编织。

3. 后片的编织。后片的编织方法与前片相同，只是加针的方向不同，后片的加针在左边，袖口的减针是从左往右减，相同织成190行的高度后，余下的84针，与前片的84针，1针对应1针地缝合。

4. 拼接。将前片的左肩与后片的右肩对应缝合，前片的右侧缝近肩部端，留出42行的高度，后片的左侧缝同样留出42行的高度，将两者以下的侧缝边缝合，未缝合部分作袖口。最后将前片的左侧缝与后片的右侧缝对应缝合。

5. 袖片的编织。沿着两袖口边，各挑针56针，编织花样A双罗纹针，编织12行的高度后，收针断线。

6. 领口的编织。沿着领口挑168针，编织花样A双罗纹针，在两个V形转角的位置上，每织2行进行1次并针，将3针并为1针，中间1针位置向上，共并针6次。领口编织12行的高度，收针断线。

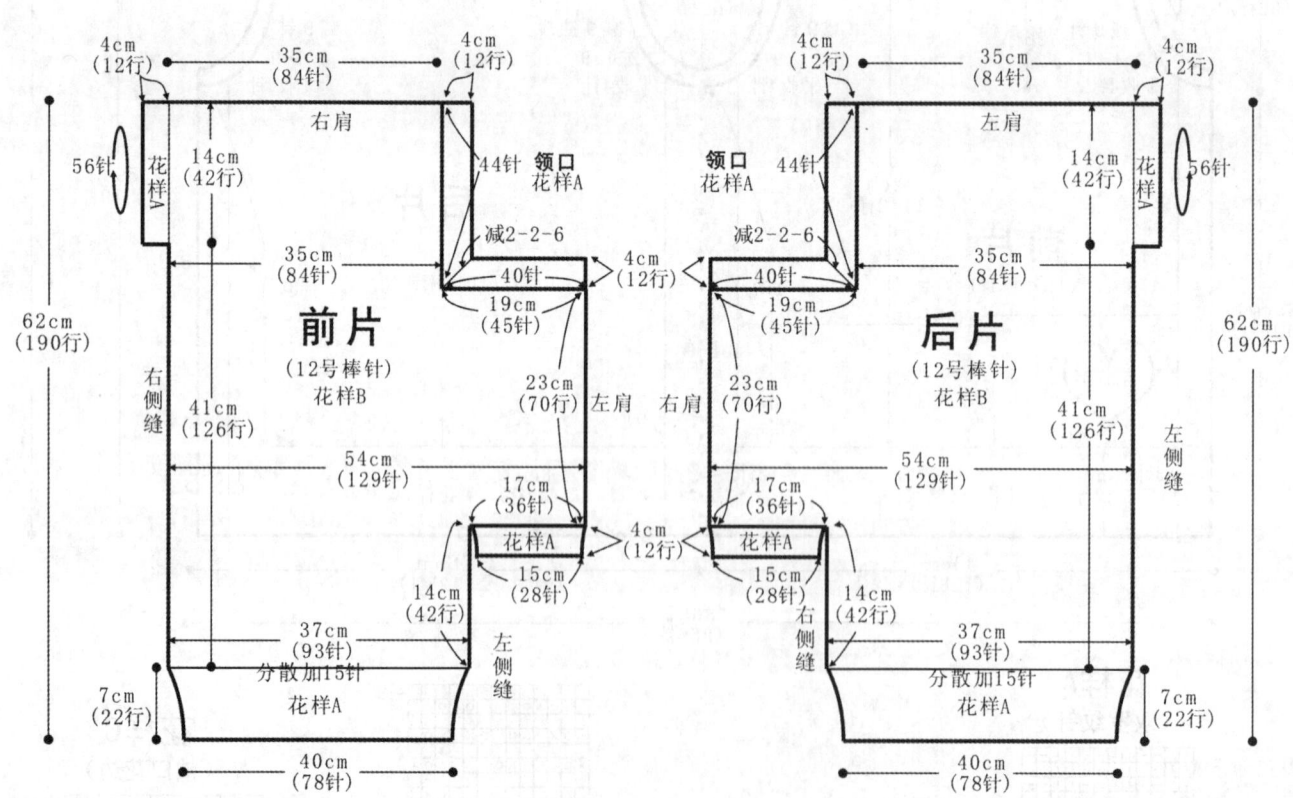

88

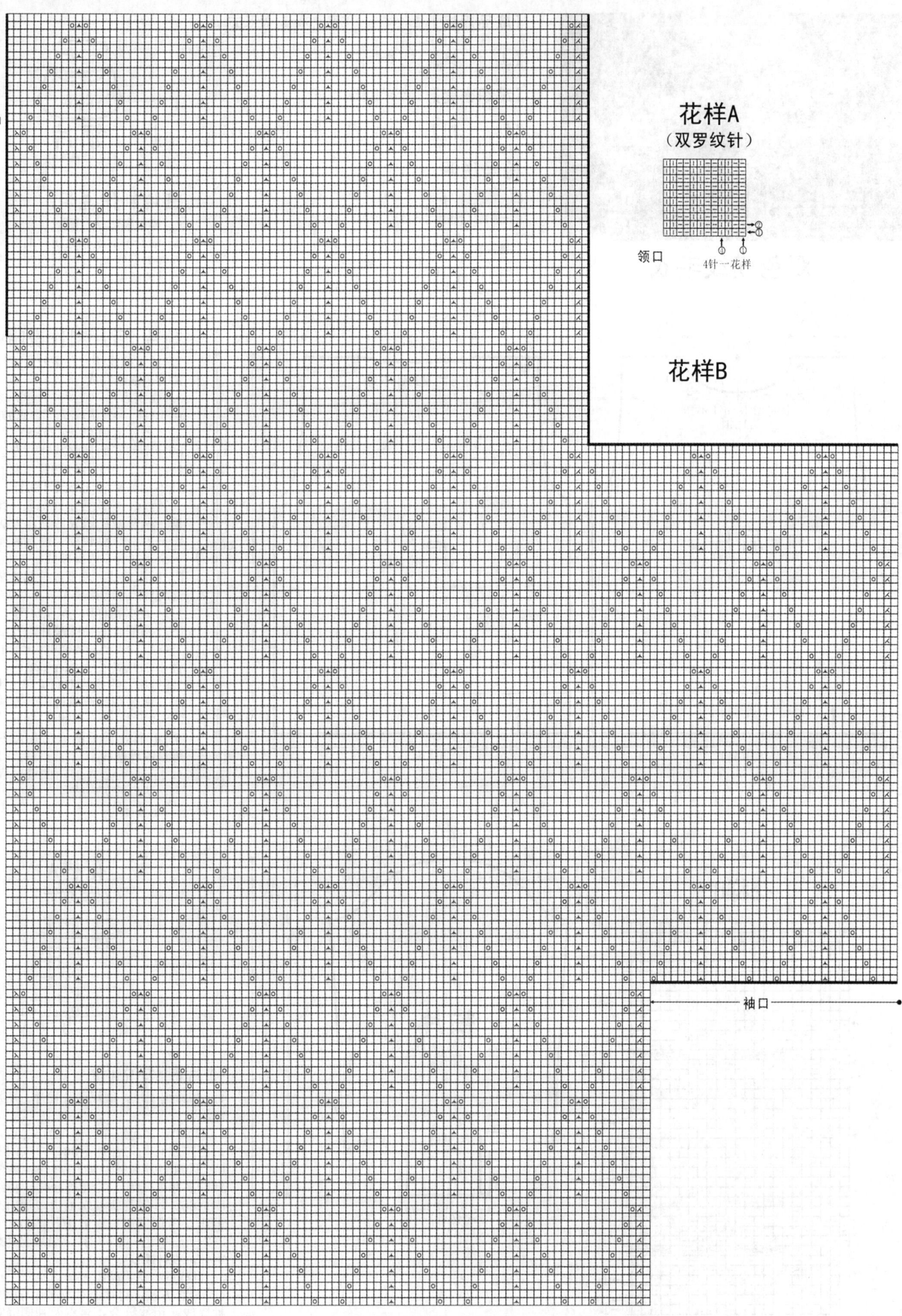

花样A
（双罗纹针）

领口　　　4针一花样

花样B

袖口

【成品规格】衣长66cm，下摆宽53cm，袖长55cm

【工　　具】11号棒针

【编织密度】17针×21行=10cm²

【材　　料】灰色羊毛线共600g，白色羊毛线共50g

符号说明：

▢　上针

▢=▢　下针

▤▤▤▤▤▤　左上3针与右下3针交叉

2-1-3　行-针-次

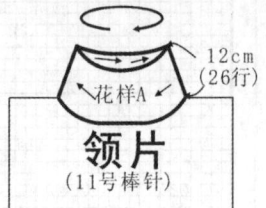

12cm
(26行)

花样A

领片
(11号棒针)

## 领片制作说明：

1. 棒针编织法，圈织。

2. 沿着前后衣领边挑针编织，挑起68针编织花样A，共织26行的高度，收针断线。

双色横纹毛衣

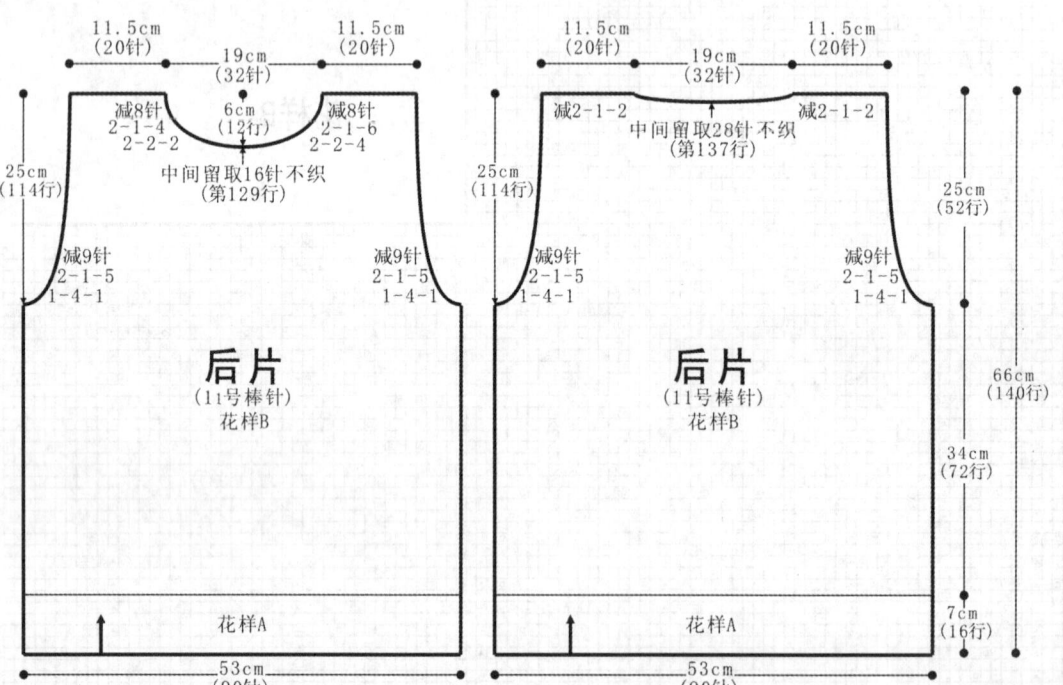

## 前片/后片制作说明：

1. 棒针编织法。衣服分为前片、后片来编织完成。

2. 先织后片。双罗纹针起针法，起90针，织花样A，共织16行后，改织花样B，织至88行，第89行两侧开始袖窿减针，方法为1-4-1、2-1-5，各减9针，余下72针不加减针往上织至136行，第137行起，将织片中间留取28针不织，两侧减针织成后领，方法为2-1-2，织至140行，最后两肩部各余下20针，收针断线。

3. 编织前片。双罗纹针起针法，起90针，织花样A，共织16针后，改织花样B，织至88行，第89行两侧开始袖窿减针，方法为1-4-1、2-1-5，各减9针，余下72针不加减针往上织至128行，第129行起，将织片中间留取16针不织，两侧减针织成前领，方法为2-2-2、2-1-4，两侧各减8针，织至140行，最后两肩部各余下20针，收针断线。

4. 前片与后片的两侧缝对应缝合，两肩部对应缝合。

花样B

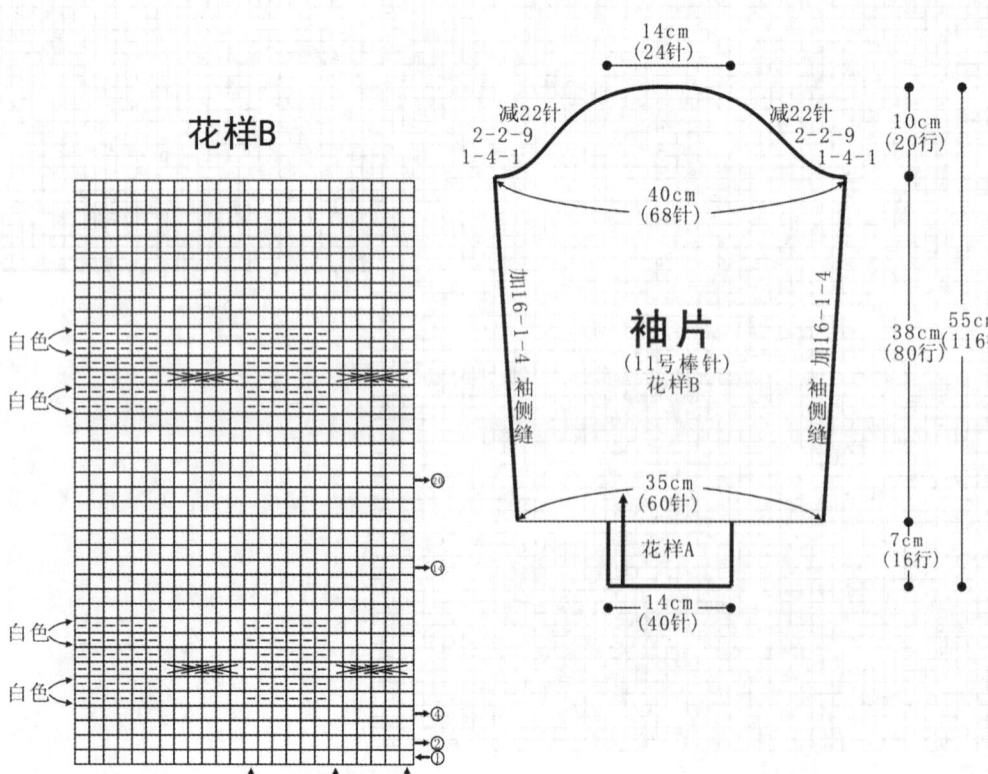

花样A
（双罗纹针）

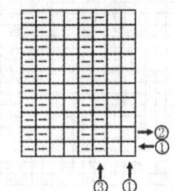

## 袖片制作说明：

1. 棒针编织法，编织两片袖片。从袖口起织。

2. 起40针，起织花样A，织16行后，第17行将织片均匀加针至60针，改织花样B，两侧同时加针，加16-1-4，两侧的针数各增加4针，织至96行时，将织片织成68针，接着就编织袖山，袖山减针编织，两侧同时减针，方法为1-4-1、2-2-9，两侧各减少22针，最后织片余下24针，收针断线。

3. 同样的方法再编织另一袖片。

4. 缝合方法：将袖山对应前片与后片的袖窿线，用线缝合，再将两袖侧缝对应缝合。

**【成品规格】**衣长58cm，下摆宽49cm

**【工　　具】**10号棒针

**【编织密度】**14针×28行=10cm²

**【材　　料】**浅蓝色棉线400g，纽扣3枚

## 可爱少女装

8.5cm 3cm 8.5cm
(12针)(5针)(12针)

花样C

**帽子 帽子**
(10号棒针) (10号棒针)
花样B 花样B

帽襟

7cm
(10针)

7cm
(10针)

18cm
(50行)

减6针
2-1-3
1-3-1

减6针
2-1-3
1-3-1

43cm
(60针)

**前片**
(10号棒针)
花样B

减20-1-4

减20-1-4

(4针)
花样C

17cm
(24针)

(4针)
花样C

14cm
(40行)

减5针
8-1-3
4-1-2

减5针
8-1-3
4-1-2

4cm
(12针)

30cm
(42针)

4cm
(12行)

(2行)花样A

49cm
(68针)

6.5cm 6.5cm
(9针) (9针)

减2-1-5 减2-1-5

**帽子**
(10号棒针)
花样B

7cm
(10针)

7cm
(10针)

减2-1-2 减2-1-2
中间留取24针不织
(第159行)

减6针
2-1-3
1-3-1

减6针
2-1-3
1-3-1

43cm
(60针)

**后片**
(10号棒针)
花样B

减20-1-4

减20-1-4

(2行)花样A

49cm
(68针)

31cm
(86行)

21cm
(58行)

58cm
(162行)

37cm
(104行)

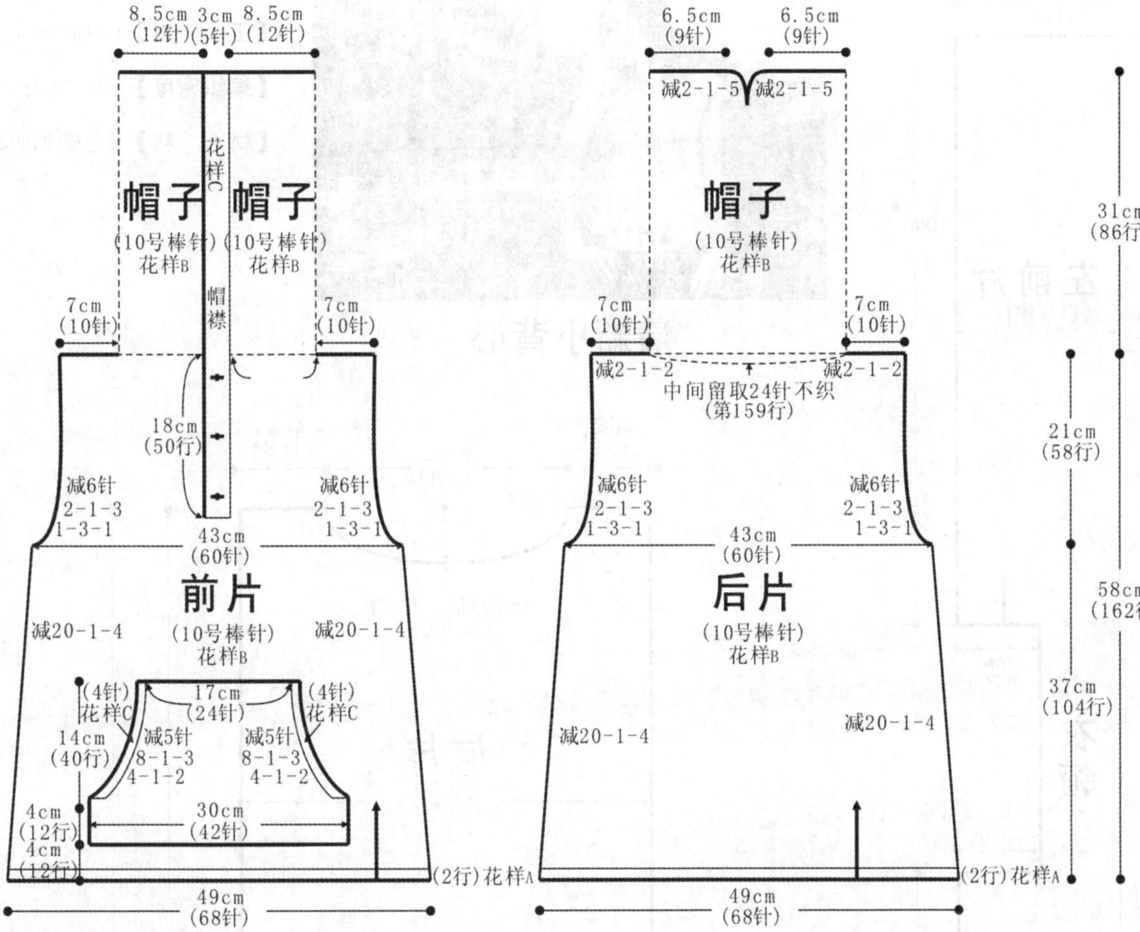

## 前片/后片制作说明：

1. 棒针编织法。衣服分为前后两片分别编织。

2. 编织后片。单罗纹针起针法起68针，先织2行花样A，然后改织花样B，一边织一边两侧减针，方法为20-1-4，织至104行，织片余下60针，第105行起，两侧需要同时减针织成袖窿，减针方法为1-3-1、2-1-3，两侧针数各减少6针，余下48针继续编织，两侧不再加减针，织至第159行，将织片中间留起24针不织，用防解别针扣住，两侧减针编织，方法为2-1-2，两侧各减2针，最后两肩部各收下10针，收针断线。

3. 编织前片。单罗纹针起针法起68针，先织2行花样A，然后改织花样B，一边织一边两侧减针，方法为20-1-4，织至12针，第13行时在织片中间加起42针，加起的针眼用防解别针扣住暂时不织，继续往上织至24行，第25行起，将织片分为左中右三部分，左片和右片各取12针，用防解别针扣住，暂时不织，分配中片的42针到棒针上，两侧各取4针花样C，中间34针编织花样B，花样B的两侧一边织一边减针，方法为4-1-2、8-1-3，共织40行，织片余下32针，用防解别针扣住暂时不织。另起线编织中间加起的42针，织12行后，与左右片各留起的12针连起来编织，织至64行，第65行将口袋留起的32针对应织片合并编织，织至104行，第105行起，两侧需要同时减针织成袖窿，减针方法为1-3-1、2-1-3，两侧针数各减少6针，余下48针继续编织，两侧不再加减针，织至第113行，将织片分成左右两片分别编织。

4. 编织右前片。分配织片右侧的24针到棒针上，其中21针编织花样B，余下的3针编织花样C搓板针，再往右前片内侧挑出3针编织花样C，重复往上编织，织6行后，在帽襟的中间留起一个扣眼，往上每隔20行留一个扣眼，共3个扣眼，织至162行的总高度，将织片右侧10针收针，左侧17针用防解别针扣住，留待编织帽子。

5. 编织左前片。同右前片。

6. 完成后将前片与后片的两侧缝对应缝合，两肩部对应缝合，口袋两侧边缝合。

7. 编织帽子。沿领口挑针起织，挑起62针，两侧帽襟编织5针花样C，中间编织花样B，织76行后，将织片从中间分成左右两片单独编织，中间的两侧减针编织，方法为2-1-5，织至86行，最后左右各余下26针，收针，将帽顶缝合。

8. 挑织袖窿边。沿袖窿挑针起织，挑起30针圈织，编织花样A，织3行后，收针断线。同样的方法编织另一袖窿边。

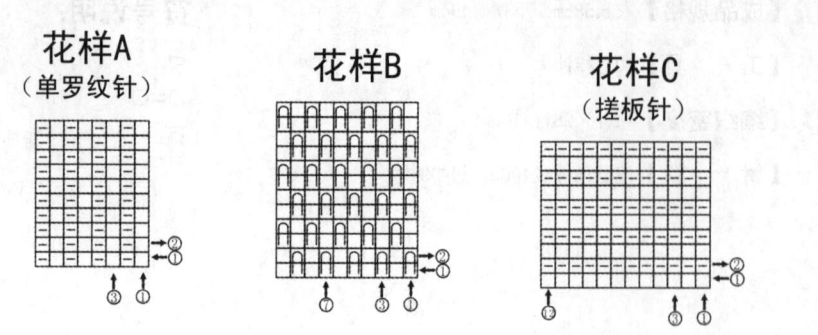

花样A
（单罗纹针）

花样B

花样C
（搓板针）

清新小背心

【成品规格】衣长52cm，下摆宽38cm

【工　　具】11号棒针

【编织密度】22针×23行=10cm²

【材　　料】蓝色棉线400g，纽扣3枚

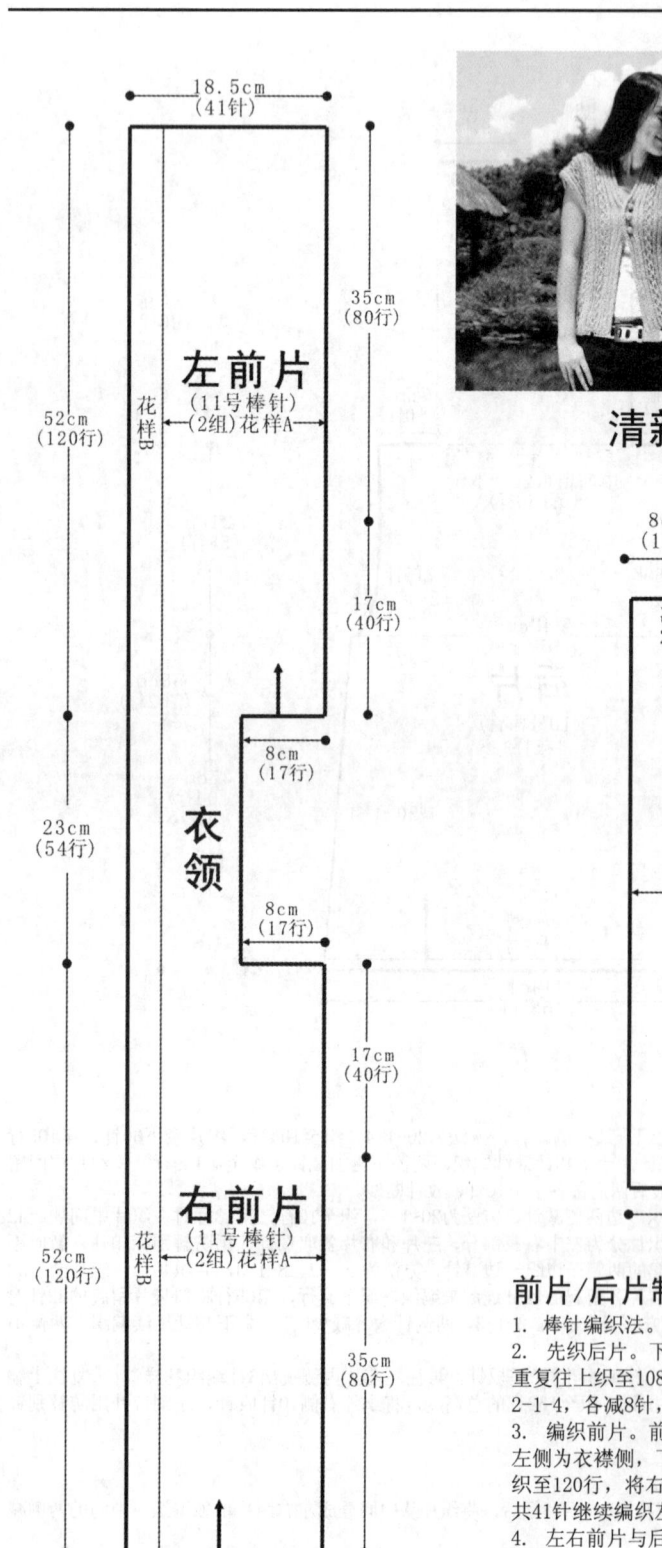

18.5cm
（41针）

左前片
（11号棒针）
（2组）花样A

花样B

35cm
（80行）

52cm
（120行）

17cm
（40行）

8cm
（17行）

衣领

23cm
（54行）

8cm
（17行）

右前片
（11号棒针）
（2组）花样A

花样B

17cm
（40行）

52cm
（120行）

35cm
（80行）

18.5cm
（41针）

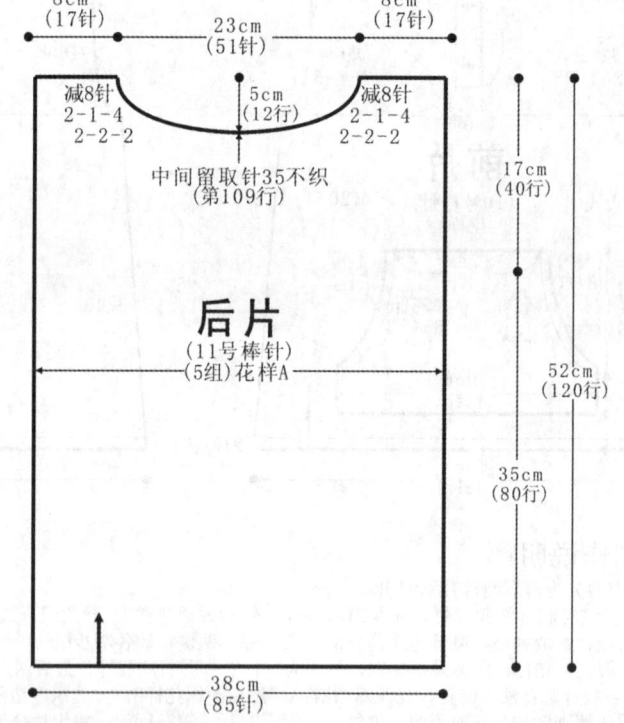

8cm
（17针）

23cm
（51针）

8cm
（17针）

减8针
2-1-4
2-2-2

5cm
（12针）

减8针
2-1-4
2-2-2

中间留取针35不织
（第109行）

17cm
（40行）

后片
（11号棒针）
（5组）花样A

52cm
（120行）

35cm
（80行）

38cm
（85针）

前片/后片制作说明：
1. 棒针编织法。衣服分为前片、后片来编织完成。
2. 先织后片。下针起针法，起85针，织花样A，每17针为一组花样，共织5组花样，不加减针重复往上织至108行，第109行起，织片中间留起35针不织两侧减针织成后领，方法为2-2-2、2-1-4，各减8针，织至120行，两肩部各余下17针，收针断线。
3. 编织前片。前片分为左前片和右前片两部分，由衣领连起来编织，右前片起织，右前片的左侧为衣襟侧，下针起针法起41针，先织2组花样A，余下针数编织花样B双罗纹针，重复往上织至120行，将右侧17针收针，左侧24针继续编织，织53行后，第54行在织片右侧加起17针，共41针继续编织左前片，织120行后，下针收针法，收针断线。
4. 左右前片与后片的两侧缝对应缝合35cm的高度，留起17cm作为袖窿，缝合前后片肩缝及后领。

花样A

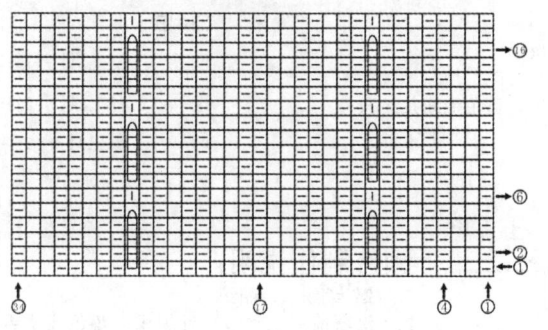

花样B

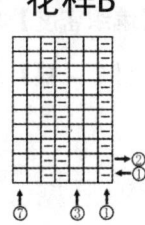

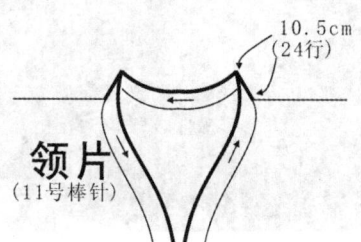

10.5cm
(24行)

领片
（11号棒针）

【成品规格】衣长46cm，下摆宽50cm

【工　具】10号棒针，1.75mm钩针

【编织密度】20针×20行=10cm²

【材　料】蓝色棉线共300g

符号说明：

| ⊟ | 上针 |
|---|---|
| □=Ⅰ | 下针 |
| ⋌ | 左上2针并1针 |
| ⋋ | 右上2针并1针 |
| ⊡ | 镂空针 |
| 2-1-3 | 行-针-次 |

清爽小吊带

花样A

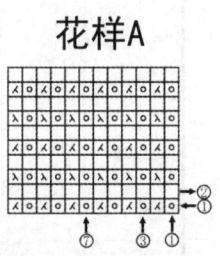

花样B
（双罗纹针）

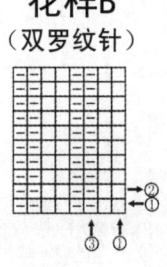

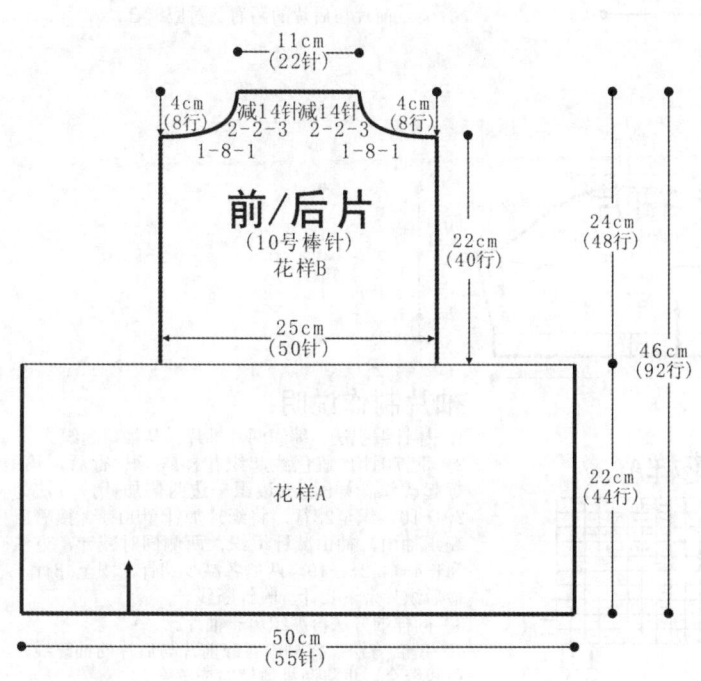

11cm
(22针)

4cm
(8行)　减14针减14针　4cm
2-2-3　2-2-3　(8行)
1-8-1　　　1-8-1

前/后片
（10号棒针）
花样B

22cm
(40行)

24cm
(48行)

25cm
(50针)

花样A

46cm
(92行)

22cm
(44行)

50cm
(55针)

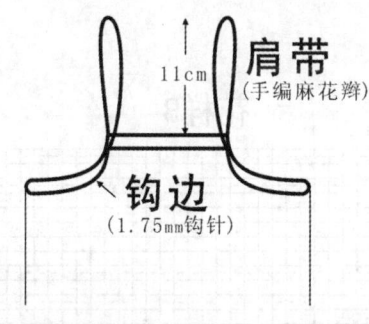

11cm

肩带
（手编麻花辫）

钩边
（1.75mm钩针）

前片/后片制作说明：
1. 棒针编织法。衣服分为前片、后片来编织完成。
2. 先织后片。下针起针法，起55针，织花样A，共织44行后，将织片均匀减针为50针，改织花样B，不加减针往上织至84行，第85行两侧开始袖窿减针，方法为1-8-1、2-2-3，各减14针，共织92行，余下22针，收针断线。
3. 同样的方法编织前片，完成后将前片与后片的两侧缝对应缝合。
4. 用三股粗线钩织领边及袖窿边，钩1行短针，如图所示。分别编织2条长约22cm的肩带，缝合于前后领侧位置。

波浪纹圆领衫

【成品规格】衣长54cm，下摆宽34cm

【工　　具】12号棒针

【编织密度】32针×40行=10cm²

【材　　料】灰色毛线共200g，蓝色毛线共200g

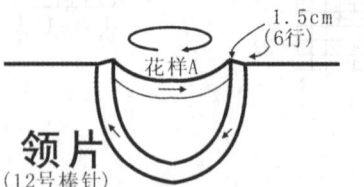

领片
（12号棒针）

1.5cm
（6行）

花样A

领片制作说明：

1. 棒针编织法，圈织。

2. 沿着前后衣领边挑针编织，蓝色线挑织152针织花样A，共织6行，双罗纹针收针法收针断线。

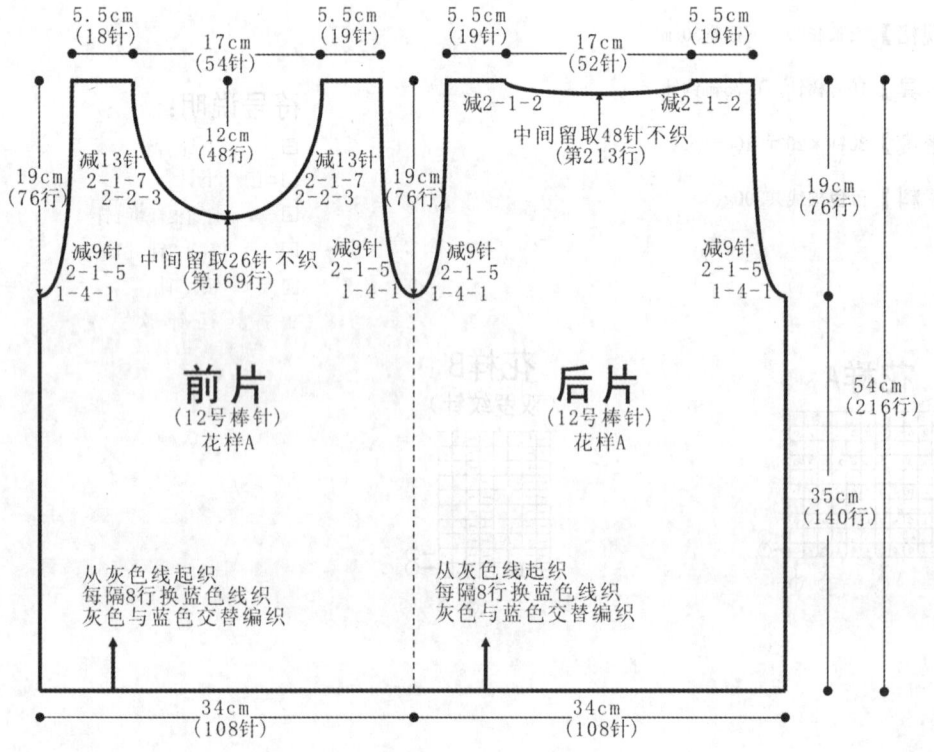

5.5cm
（18针）

17cm
（54针）

5.5cm
（19针）

5.5cm
（19针）

17cm
（52针）

5.5cm
（19针）

减2-1-2　　　减2-1-2
中间留取48针不织
（第213行）

12cm
（48行）

19cm
（76行）

减13针
2-1-7
2-2-3

减13针
2-1-7
2-2-3

19cm
（76行）

19cm
（76行）

减9针
2-1-5
1-4-1

中间留取26针不织
（第169行）

减9针
2-1-5
1-4-1

减9针
2-1-5
1-4-1

减9针
2-1-5
1-4-1

前片
（12号棒针）
花样A

后片
（12号棒针）
花样A

54cm
（216行）

35cm
（140行）

从灰色线起织
每隔8行换蓝色线织
灰色与蓝色交替编织

从灰色线起织
每隔8行换蓝色线织
灰色与蓝色交替编织

34cm
（108针）

34cm
（108针）

前片/后片制作说明：

1. 棒针编织法。袖窿以下一片环形编织完成，袖窿以上分为前片、后片来编织完成。

2. 起织。灰色线起216针环形编织，每18针8行为一个花样，共12个花样，采用灰色线和蓝色线间隔编织，每8行换一次线，重复往往上织至140行，将织片分成前片和后片分别编织，前后片各取108针，先织后片，前片针数留起暂时不织。

3. 编织后片。起织两侧减针织成袖窿，方法为1-4-1、2-1-5，各减9针，余下90针不加减针往上织至212行，第213行起，将织片中间留取48针不织，两侧减针编织，方法为2-1-2，织至216行，两侧各余下19针，收针断线。

4. 编织前片。起织两侧减针织成袖窿，方法为1-4-1、2-1-5，各减9针，余下90针不加减针往上织至168行，第169行起，将织片中间留取26针不织，两侧减针编织，方法为2-2-3、2-1-7，织至216行，两侧各余下19针，收针断线。

5. 前片与后片的两肩部对应缝合。

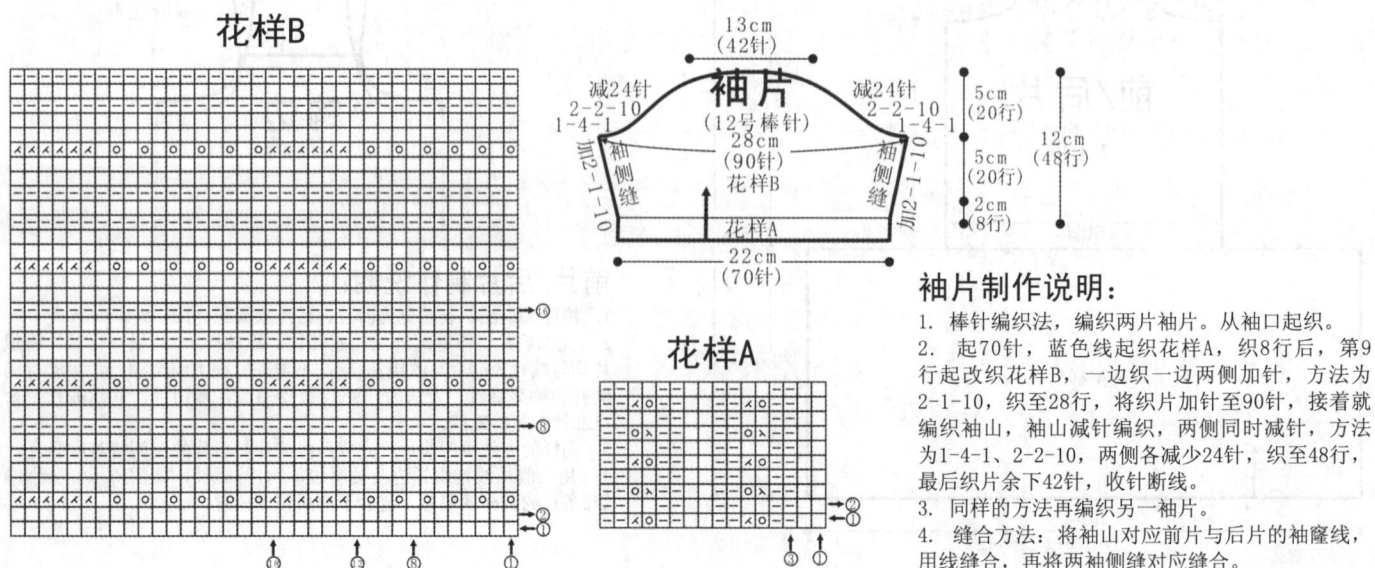

花样B

13cm
（42针）

减24针
2-2-10
1-4-1

袖片
（12号棒针）
28cm
（90针）
花样B

减24针
2-2-10
1-4-1

5cm
（20行）

5cm
（20行）

12cm
（48行）

加2-1-10
袖侧缝

花样A

加2-1-10
袖侧缝

2cm
（8行）

22cm
（70针）

花样A

袖片制作说明：

1. 棒针编织法，编织两片袖片。从袖口起织。

2. 起70针，蓝色线起织花样A，织8行后，第9行起改织花样B，一边织一边两侧加针，方法为2-1-10，织至28行，将织片加针至90针，接着就编织袖山，袖山减针编织，两侧同时减针，方法为1-4-1、2-2-10，两侧各减少24针，织至48行，最后织片余下42针，收针断线。

3. 同样的方法再编织另一袖片。

4. 缝合方法：将袖山对应前片与后片的袖窿线，用线缝合，再将两袖侧缝对应缝合。

【成品规格】衣长51cm，下摆宽38cm

【工　　具】12号棒针

【编织密度】28针×42行=10cm²

【材　　料】蓝色棉线共450g

## 蓝色修身上装

### 花样A

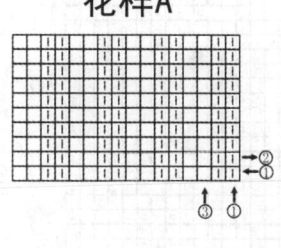

### 花样B

### 花样C

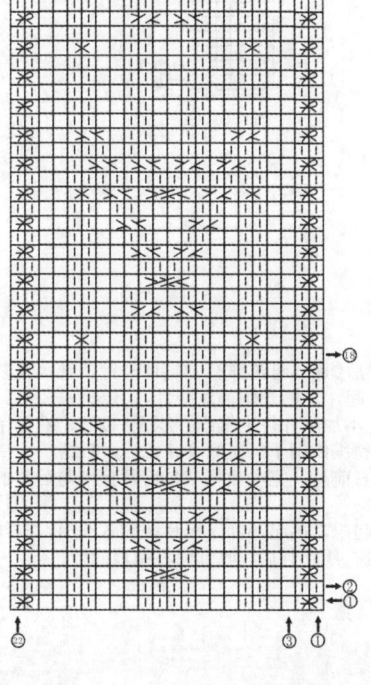

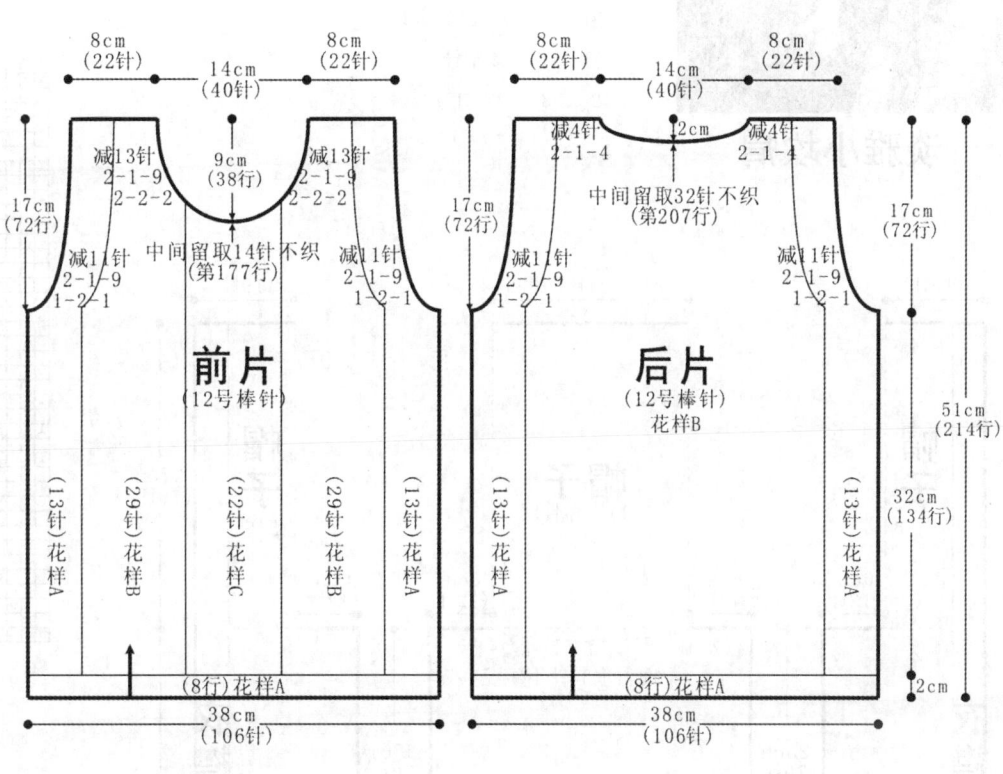

前片
(12号棒针)

后片
(12号棒针)
花样B

8cm(22针)　14cm(40针)　8cm(22针)　　8cm(22针)　14cm(40针)　8cm(22针)

减13针 2-1-9 2-2-2　9cm(38行)　减13针 2-1-9 2-2-2

减4针 2-1-4　2cm　减4针 2-1-4

中间留取32针不织(第207行)

17cm(72行)

减11针 2-1-9 1-2-1　中间留取14针不织(第177行)　减11针 2-1-9 1-2-1

减11针 2-1-9 1-2-1　减11针 2-1-9 1-2-1

51cm(214行)

32cm(134行)

2cm

(13针)花样A　(29针)花样B　(22针)花样C　(29针)花样B　(13针)花样A　(13针)花样A　(13针)花样A

(8行)花样A　(8行)花样A

38cm(106针)　38cm(106针)

### 前片/后片制作说明：

1. 棒针编织法。衣服分为前片、后片来编织完成。

2. 先织后片。双罗纹针起针法，起106针，织花样A，共织8行后，两侧各织13针花样A，中间80针改织花样B全上针，重复往上编织至142行，第143行两侧开始袖隆减针，方法为1-2-1、2-1-9，各减11针，减针时两侧各11针花样A继续编织，在花样B的两侧减针，如结构图所示，减针后不加针往上编织至206行，第207行起，将织片中间留取32针不织，两侧减针织成后领，方法为2-1-4，各减4针，织至214行，最后两肩部各余下22针，收针断线。

3. 编织前片。双罗纹针起针法，起106针，织花样A，共织8行后，第9行起改为花样A、花样B、花样C组合编织，方法为先织13针花样A，29针花样B，22针花样C，29针花样B，13针花样A，重复往上编织至142行，第143行两侧开始袖隆减针，方法为1-2-1、2-1-9，各减11针，减针时两侧各11针花样A继续编织，在花样B的两侧减针，如结构图所示，减针后不加针往上编织至176行，第177行起，将织片中间留取14针不织，两侧减针织成后领，方法为2-2-2、2-1-9，各减13针，织至214行，最后两肩部各余下22针，收针断线。

4. 前片与后片的两侧缝对应缝合，两肩部对应缝合。

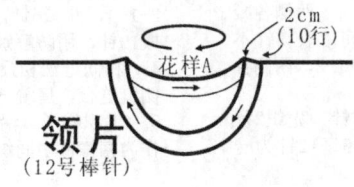

2cm(10行)
花样A

领片
(12号棒针)

### 领片制作说明：

1. 棒针编织法，圈织。

2. 沿着前后衣领边挑针编织，挑织110针织花样A，共织10行的高度，双罗纹针收针法收针断线。

**淡雅小坎肩**

【成品规格】衣长40cm，下摆宽36cm

【工　　具】12号棒针

【编织密度】20针×28行=10cm²

【材　　料】粉红色棉线350g

**符号说明：**

□　　　　上针

□＝1　　下针

⚠　　　　中上3针并1针

◎　　　　镂空针

2-1-3　　行-针-次

花样A
**花样A**
（搓板针）

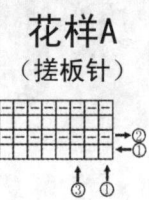

**花样B**

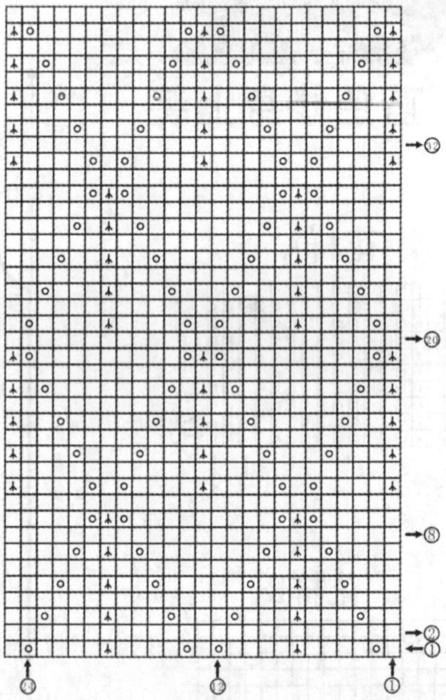

**花样C**

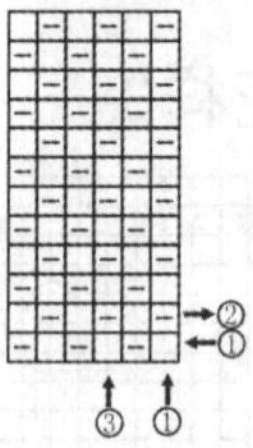

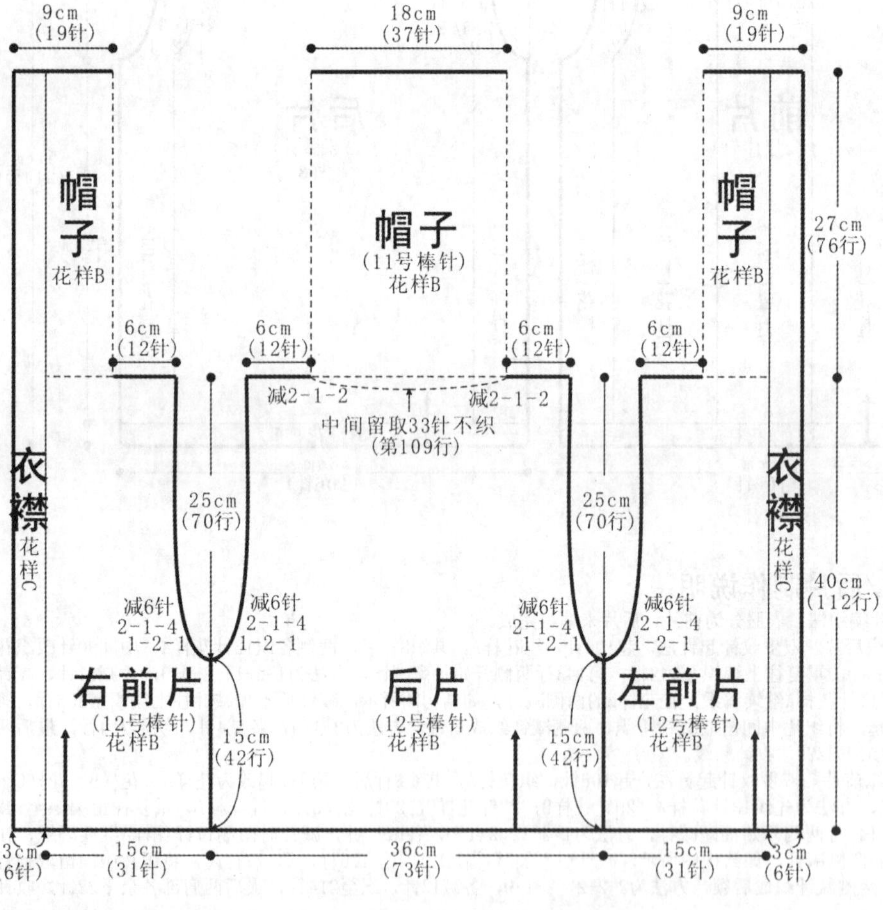

（图示：右前片、后片、左前片、帽子等编织尺寸图）

9cm（19针）　　18cm（37针）　　9cm（19针）

**帽子** 花样B　　**帽子**（11号棒针）花样B　　**帽子** 花样B

6cm（12针）　6cm（12针）　　6cm（12针）　6cm（12针）

减2-1-2　　减2-1-2

中间留取33针不织（第109行）

27cm（76针）

25cm（70行）　　　　25cm（70行）

**衣襟** 花样C　　　　　　　　　　　　**衣襟** 花样C

40cm（112行）

减6针 2-1-4 1-2-1　减6针 2-1-4 1-2-1　　减6针 2-1-4 1-2-1　减6针 2-1-4 1-2-1

**右前片**（12号棒针）花样B　　**后片**（12号棒针）花样B　　**左前片**（12号棒针）花样B

15cm（42行）　　　　　15cm（42行）

3cm（6针）　15cm（31针）　　36cm（73针）　　15cm（31针）　3cm（6针）

**前片/后片制作说明：**

1. 棒针编织法。衣服分为左前片、右前片和后片分别编织而成。

2. 起织后片。下针起针法起73针，先织2行花样A，即搓板针，然后改织花样B，每12针为一组花样，起织1针下针，共织6组花样，重复往上编织至42行后，第43行起，两侧开始袖窿减针，方法为1-2-1、2-1-4，两侧各减6针，余下61针不加减针往上编织，织至108行，第109行中间留取33针不织，用防解别针扣住留待编织帽子，两侧减针编织，方法为2-1-2，两侧各减2针，最后两肩部各余下12针，收针断线。

3. 起织左前片。左前片的右侧为衣襟侧，下针起针法起37针，先织2行花样A，即搓板针，然后改织花样B、花样C组合编织，花样B每12针为一

组花样，先织6针花样C，然后织2.5组花样B，最后织1针下针，重复往上编织至42行后，第43行起，左侧开始袖窿减针，方法为1-2-1、2-1-4，共减6针，余下31针不加减针往上编织，织至112行，右侧取19针，用防解别针扣住留待编织帽子，左侧收针12针，断线。

4. 相同方法相反方向编织右前片，完成后将左右前片分别与后片的侧缝缝合，肩缝缝合。

5. 编织帽子。沿领口挑针起织，挑起75针，织片两侧各织6针花样C作为帽襟，中间织63针花样B，织76行后，收针，将帽顶缝合。

【成品规格】衣长51cm

【工　　具】11号棒针

【编织密度】17针×25.5行=10cm²

【材　　料】淡鹅黄色棉线350g

## 鹅黄秀雅小坎肩

### 左片/右片制作说明：

1. 棒针编织法。衣服分为左片和右片分别编织，缝合而成。从衣襟往后背横向编织。

2. 起织右片。从衣襟处起织，单罗纹针起针法起78针，编织花样A，左起11针为衣领，衣领每织12行，衣身部分加织2行，重量复往上编织至62行，将织片第18~49针收针，余下针数分别往上编织，各织4行，第67行在刚才收针的位置加起32针，继续往上编织至120行，收针断线。

3. 相同的方法，相反方向编织左片，完成后与右片对应缝合。

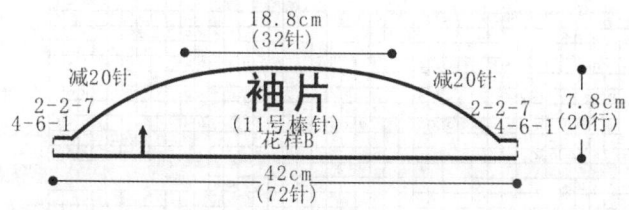

### 袖片制作说明：

1. 棒针编织法，编织两片袖片。从留针处挑针起织。

2. 挑起72针环织，编织花样B，织4行后，将袖底12针收针，织片改为往返编织，两侧一边织一边减针，方法为2-2-7，各减14针，织至20行，将织片余下32针，收针断线。

3. 同样的方法再编织另一袖片。

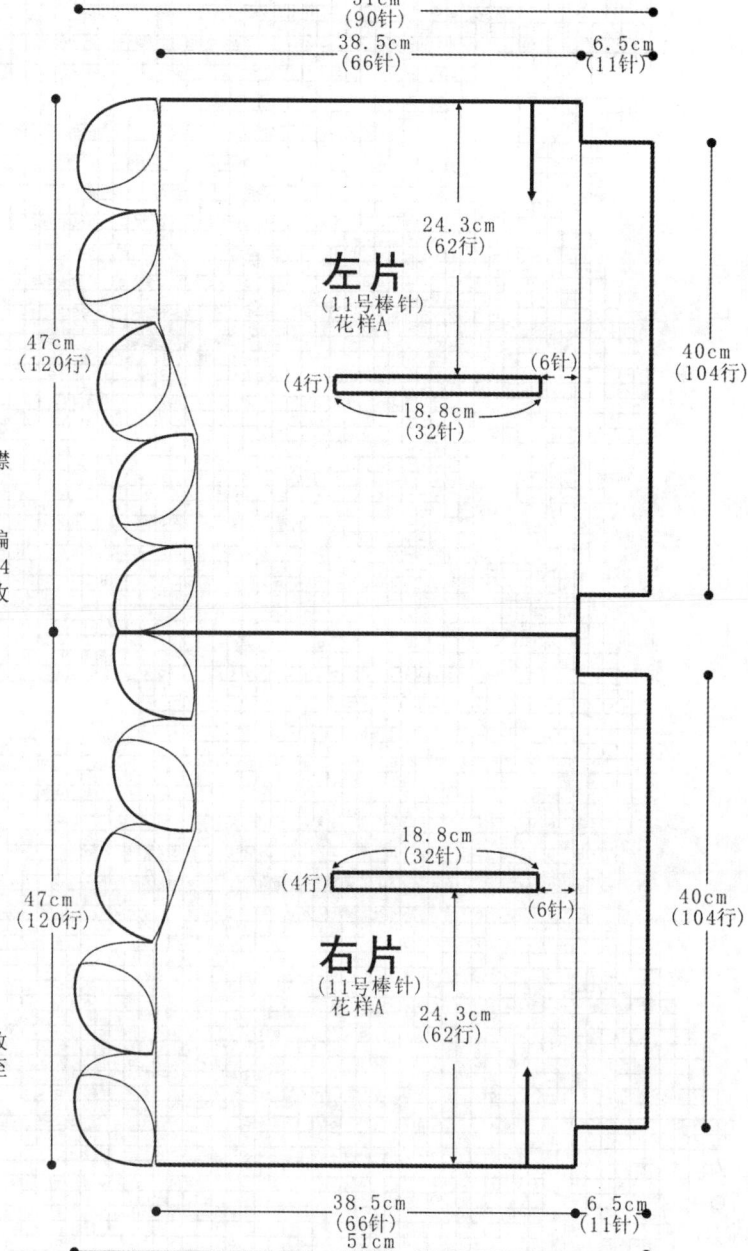

## 花样B
### （袖片编织图解）

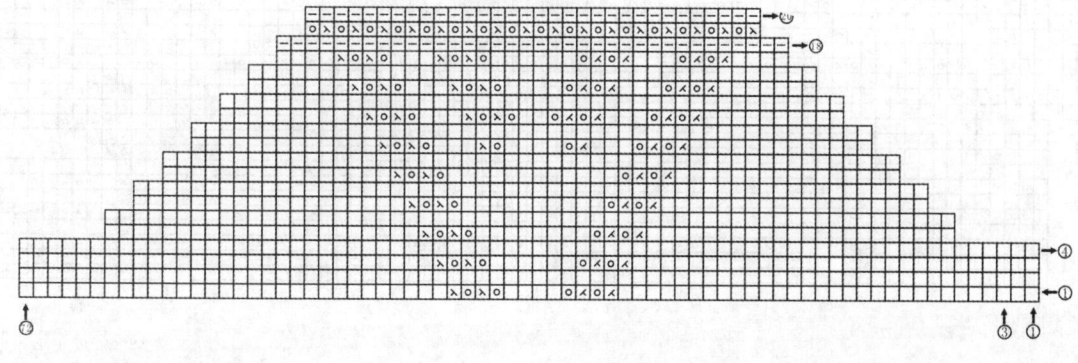

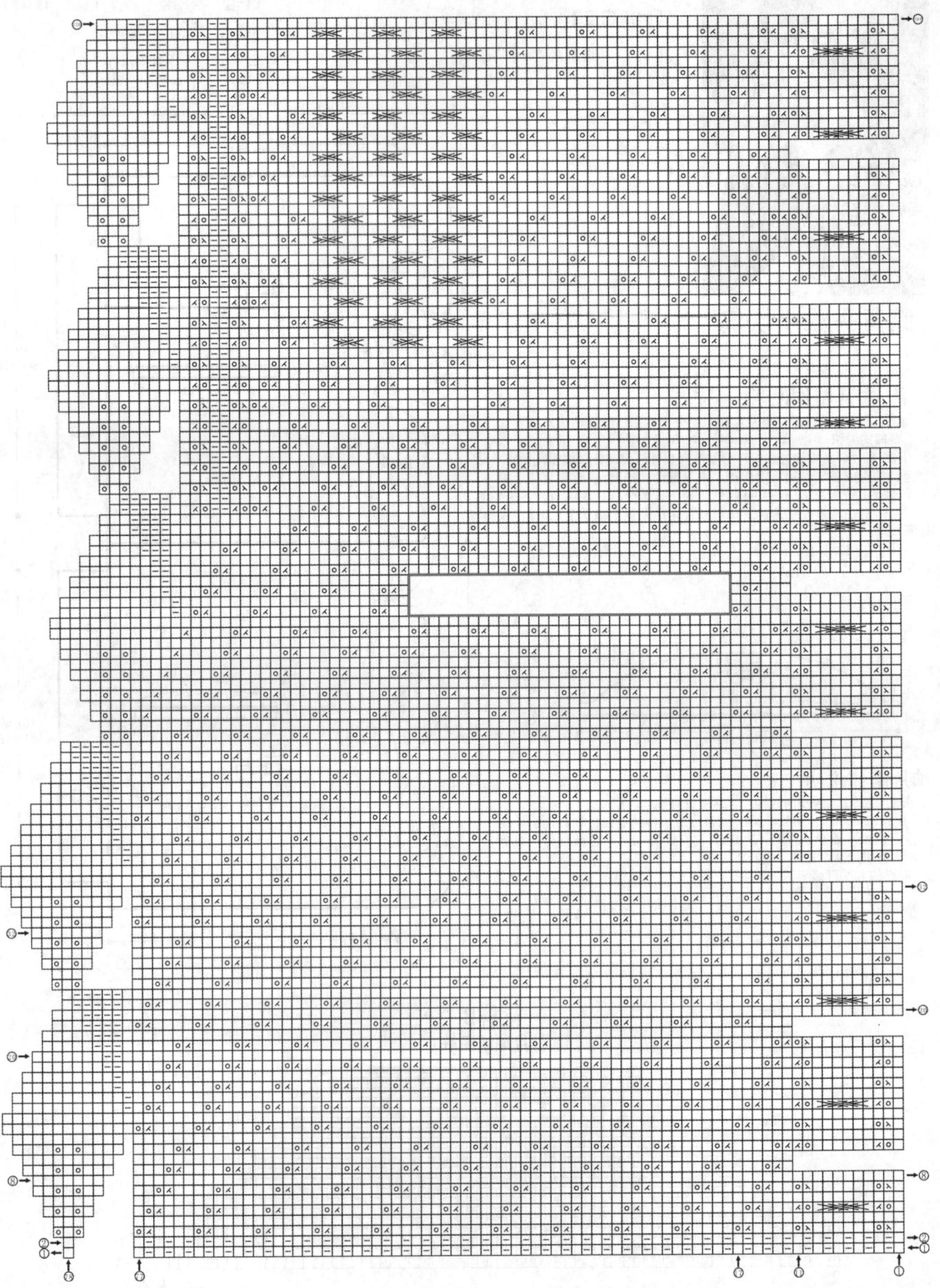

98

# 淡雅蓝色短袖衫

【成品规格】衣长60cm，下摆宽54cm

【工　　具】12号棒针，1.25mm钩针

【编织密度】38.7针×44行=10cm²

【材　　料】浅蓝色冰丝线400g

## 前片/后片/衣摆/袖片制作说明：

1. 棒针编织法。从衣摆起织，分成前片、后片，两袖片各自单独编织。

2. 前片的编织。

（1）起针。单起针法，起209针，来回编织。

（2）袖窿以下的编织。起针后，分配花样，依照前片的结构图所标注的花样及针数进行编织，由花样A中的花a和下针组成，花a7针，相间的下针为17针。分配花样后往上编织。两边侧缝进行减针，每织6行减1针，共减17次，此时织片针数为175针，然后不加减针再织10行后，进行加针编织，每织8行加1针，共加8次，织片加成191针，至袖窿，共织成176行。

（3）袖窿以上的编织。第177行两边同时收针，各收15针，然后两边同时进行袖窿减针，减针的位置在两边往内算的第2针位置上，边上的1针作插肩缝，每织4行减2针，共减26次，每边各减掉52针。而前衣领是在减针编织时，织成56行后开始减针，中间选取23针收针，两边分成两半各自编织，衣领减针方法，先每织2行减2针，共减2次，然后每织4行减1针，共减12次，一边衣领减掉16针，织至最后余下1针。另一边的织法相同。完成前片的编织。

3. 后片的编织。后片从起针至袖窿下，织法与前片完全相同，袖窿以上时，无后衣领减针，将两边袖窿减针减掉52针后，织成104行，完成后片的编织。

4. 袖片的编织。起122针，参照结构图中右袖片的花样分配进行编织，两边同时加针，加针部分织下针，每织2行加1针，共加成15针，织成30行，织片的针数为152针，两边同时收针15针，然后进行两袖山减针，两边上的1针作插肩缝，内侧第2针作减针，每织4行减2针，共减26次，减掉52针，织成104行，袖肩余下18针，收针断线。相同的方法编织另一袖片。

5. 拼接。将前片与后片的侧缝对应缝合，将两袖片的袖窿边与衣身的袖窿边对应缝合。

6. 领片的编织。单起针法，起200针，首尾连接，环织，起织4行下针后，第5行织一行上针，这行上针在编织过程中，边织边与衣身的衣领边拼接，完成拼接后，再织4行下针，与第1行拼接，形成包边领，然后将200针分成50组双罗纹进行编织，不加减针织12行后，收针断线。

7. 分别沿着衣摆边、袖口边，用钩针沿边挑针钩织花样C网眼花样，共钩织4行，完成后，断线，藏好线尾。

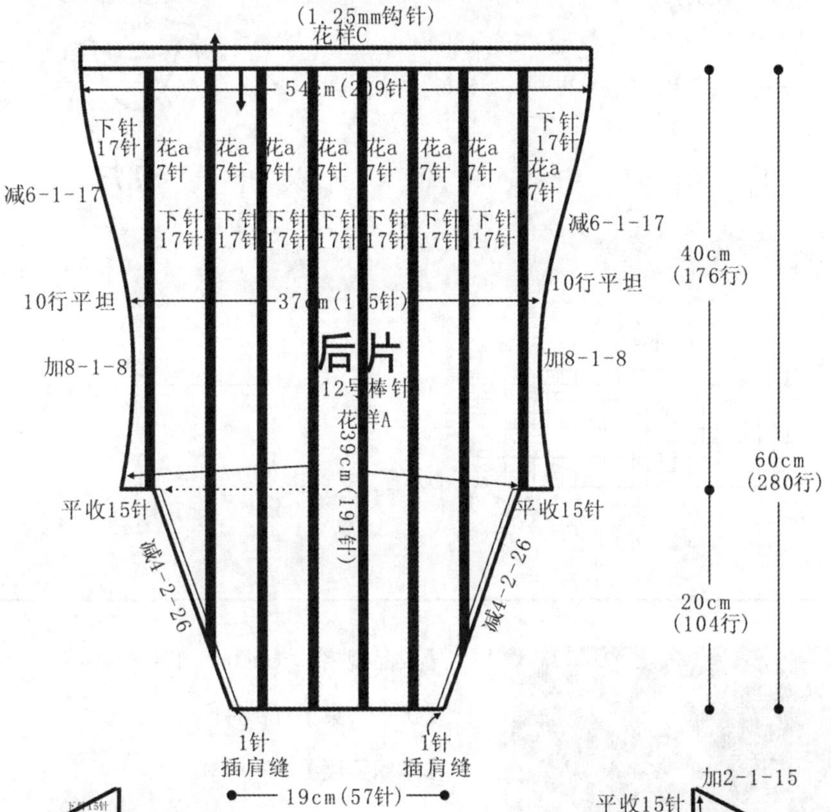

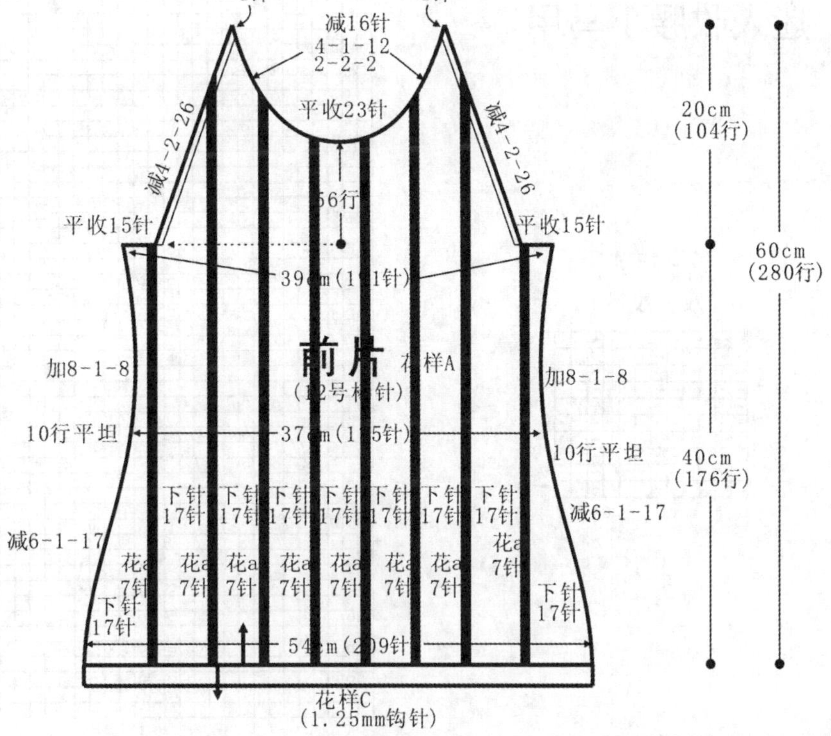

### 后片结构图

（1.25mm钩针）
花样C
←54cm（209针）→

下针17针　花a7针　花a7针　花a7针　花a7针　花a7针　花a7针　下针17针 花a7针

下针17针　下针17针　下针17针　下针17针　下针17针　下针17针　下针17针

减6-1-17　　　　　　　　　　　　　　　　　　　　　减6-1-17

10行平坦　　←37cm（135针）→　　10行平坦

加8-1-8　　　　　　　　　　　　　　　　　　　　　加8-1-8

后片　12号棒针　花样A
←39cm（191针）→

平收15针　　　　　　　　　　　　　平收15针

减4-2-26　　　　　　　　　　　　　减4-2-26

1针插肩缝　　　　　　　　1针插肩缝

←19cm（57针）→

40cm（176行）

60cm（280行）

20cm（104行）

### 右袖片 / 左袖片结构图

加2-1-15

平收15针

减4-2-26　　　　　　　减4-2-26

下针17针 花a7针
下针17针 花a7针
右袖片（下针12针 花a7针）
下针17针 花a7针
下针17针 花a7针

花样C

插肩缝1针
5cm（16针）
插肩缝1针

30cm（152针）
左袖片（12号棒针）
20cm（122针）

减4-2-26　　　　　　减4-2-26

平收15针

4行（1.25mm钩针）

7cm（30行）

20cm（104行）

←19cm（57针）→　　←20cm（104行）→

### 前片结构图

插肩缝1针　　　插肩缝1针

减16针
4-1-12
2-2-2

平收23针

减4-2-26　　　　　　　　　减4-2-26

平收15针　56行　平收15针

←39cm（191针）→

前片（12号棒针）花样A

←37cm（135针）→

加8-1-8　　　　　　　　　　　　　　加8-1-8

10行平坦　　　　　　　　　　　　　10行平坦

减6-1-17　　　　　　　　　　　　　减6-1-17

下针17针　下针17针　下针17针　下针17针　下针17针　下针17针　下针17针

花a7针　花a7针　花a7针　花a7针　花a7针　花a7针　花a7针　下针17针
下针17针

←54cm（209针）→

花样C
（1.25mm钩针）

20cm（104行）

60cm（280行）

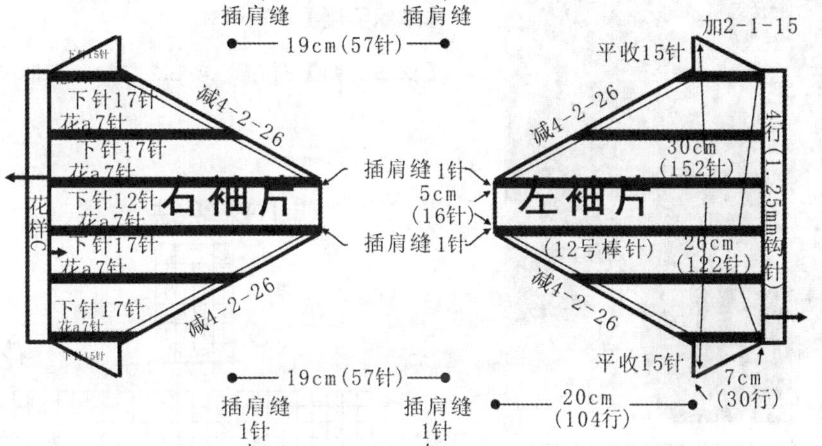

40cm（176行）

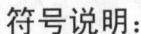

符号说明：

□ 上针      ◩ 上针左上2针

□=国 下针      匚OB 铜针花

2-1-3 行-针-次      ┼ 短针

↑ 编织方向      ⌇ 长针

       ∞ 锁针

花样A

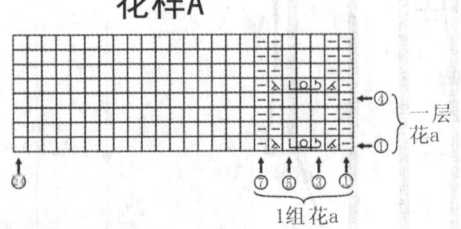

①一层花a

1组花a

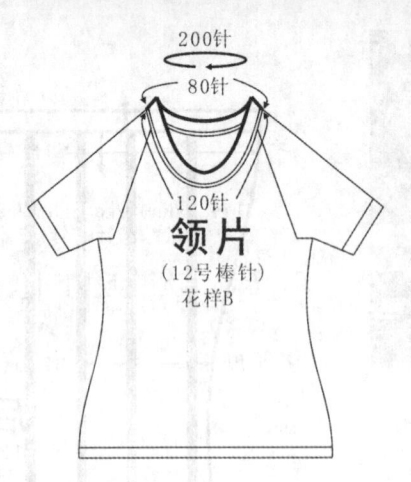

200针

80针

领片
（12号棒针）
花样B

120针

花样B
（衣领图解）

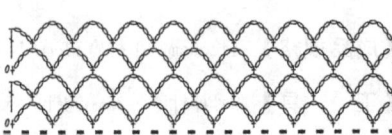

以这行为
中心对折
（包边领）

花样C
（衣边花样）

---

【成品规格】衣长41cm，下摆宽35cm

【工　　具】11号棒针

【编织密度】20针×28行=10cm²

【材　　料】孔雀蓝色羊毛线共500g，纽扣6枚

迷人收腰小马甲

小球织法

■ =

符号说明：

□ 上针

□=国 下针

▣ = 匚OᒣOᒣ 1针编出5针
的加针（下挂下挂下）

▣ = 中上5针并1针

◹ 右上2针并1针

◸ 左上2针并1针

◎ 镂空针

2-1-3 行-针-次

花样A
（双罗纹针）

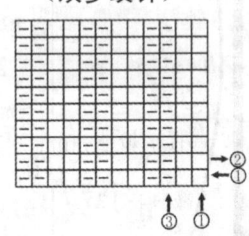

花样B

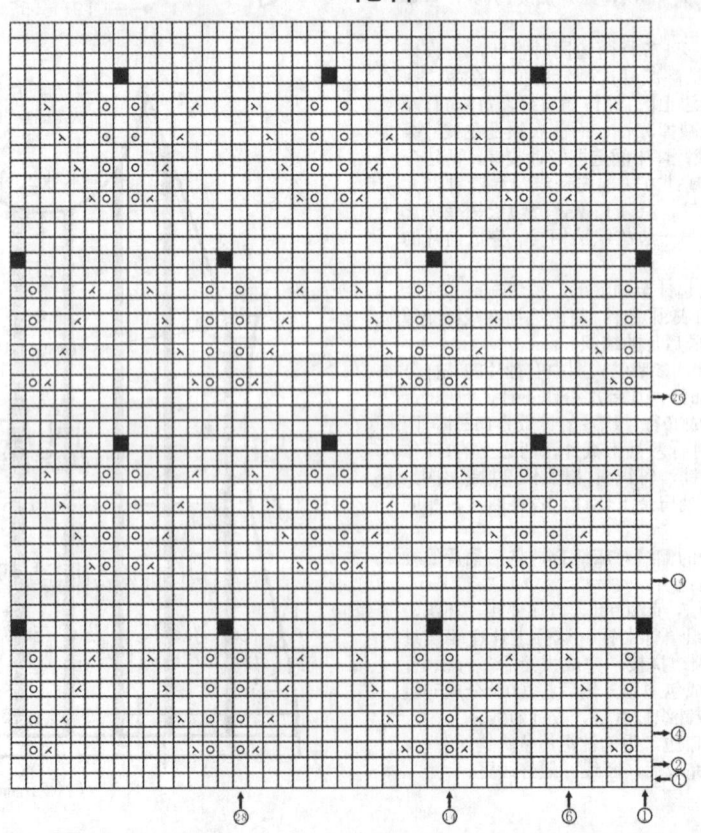

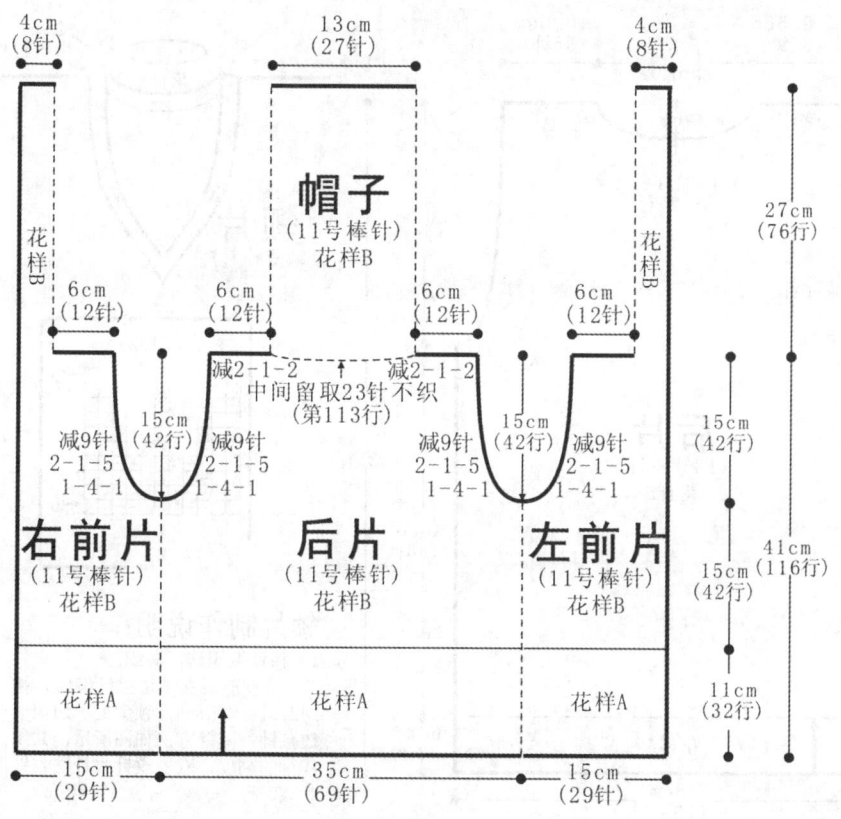

4cm（8针）　13cm（27针）　4cm（8针）

帽子
（11号棒针）
花样B

27cm（76行）

花样B　6cm（12针）　6cm（12针）　6cm（12针）　6cm（12针）　花样B

减2-1-2
中间留取23针不织
（第113行）　减2-1-2

15cm（42行）　15cm（42行）

减9针 2-1-5 1-4-1　减9针 2-1-5 1-4-1　减9针 2-1-5 1-4-1　减9针 2-1-5 1-4-1

右前片
（11号棒针）
花样B

后片
（11号棒针）
花样B

左前片
（11号棒针）
花样B

15cm（42行）

41cm（116行）

花样A　花样A　花样A

11cm（32行）

15cm（29针）　35cm（69针）　15cm（29针）

## 前片/后片制作说明：

1. 棒针编织法。袖窿以下一片编织完成，袖窿起分为左前片、右前片、后片来编织。织片较大，可采用环形针编织。

2. 起织。双罗纹针起针法，起127针，织花样A双罗纹针，共织32行，从第33行起，改织花样B，每14针为一组花样，共织9组花样，重复往上编织至74行，从第75行起将织片分片，分为右前片、左前片和后片，右前片与左前片各取29针，后片取69针编织。先编织后片，而右前片与左前片的针眼用防解别针扣住，留待编织帽子。

3. 分配后身片的针数到棒针上，用11号针编织，起织时两侧需要同时减针织成袖窿，减针方法为1-4-1、2-1-5，两侧针数各减少9针，余下针继续编织，两侧不再加针，织至第113行时，中间留取23针不织，用防解别针扣住，两端相反方向减针编织，各减少2针，方法为2-1-2，最后两肩部余下12针，收针断线。

4. 左前片与右前片的编织。两者编织方法相同，但方向相反，以右前片为例，右前片的左侧为衣襟边，起织时不加减针，右侧要减针织成袖窿，减针方法为1-4-1、2-1-5，针数减少9针，余下20针继续编织，当衣襟侧编织至42行时，将袖窿侧收针12针，余下8针，用防解别针扣住，留待挑织帽子。

5. 前片与后片的两肩部对应缝合。

6. 挑起左前片留起的8针，后片留起的27针及右前片留起的8针，共43针连起来编织，织花样B，共织3组花样，重复往上织76行后，收针，将帽顶缝合。

7. 挑织衣襟。沿左右前片及帽边挑针织起，先织左前片衣襟及帽襟，挑起144针，编织花样A双罗纹针，织14行后，收针断线。同样的方法挑织右前片的衣襟，在右边衣襟要制作6个扣眼，方法是在一行收起两针，在下一行重起这两针，形成一个眼。

8. 将兔毛边缝合于帽侧边沿。

---

清爽白色毛衣

【成品规格】衣长72cm，下摆宽48cm，袖长67cm

【工　　具】13号棒针

【编织密度】33针×47行=10cm²

【材　　料】白色羊毛线共600g

## 袖片制作说明：

1. 棒针编织法，编织两片袖片。从袖口起织。

2. 起68针，起织花样A，织28行后，第29行均匀加针至78针，改织花样B，两侧同时加针，加8-1-21，两侧的针数各增加21针，织至244行时，将织片织成120针，接着就编织袖山，袖山减针编织，两侧同时减针，方法为1-8-1、2-1-30、2-2-4，两侧各减少46针，最后织片余下28针，收针断线。

3. 同样的方法再编织另一袖片。

4. 缝合方法：将袖山对应前片与后片的袖窿线，用线缝合，再将两袖侧缝对应缝合。

## 符号说明：

□　上针

□=□　下针

⊠　右上1针与左下1针交叉

右上3针与左下3针交叉

左上3针与右下3针交叉

2-1-3　行-针-次

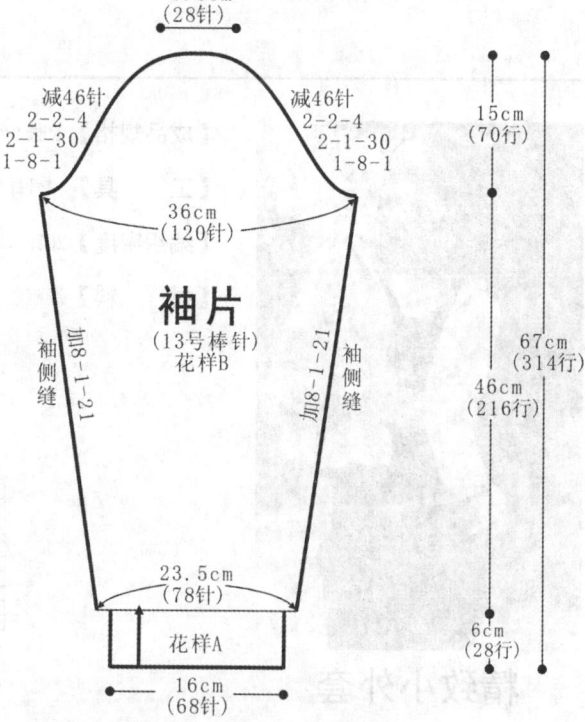

8.5cm（28针）

减46针 2-2-4 2-1-30 1-8-1　减46针 2-2-4 2-1-30 1-8-1

15cm（70行）

36cm（120针）

袖片
（13号棒针）
花样B

袖侧缝　加8-1-21　加8-1-21　袖侧缝

67cm（314行）

46cm（216行）

23.5cm（78针）

花样A

16cm（68针）

6cm（28行）

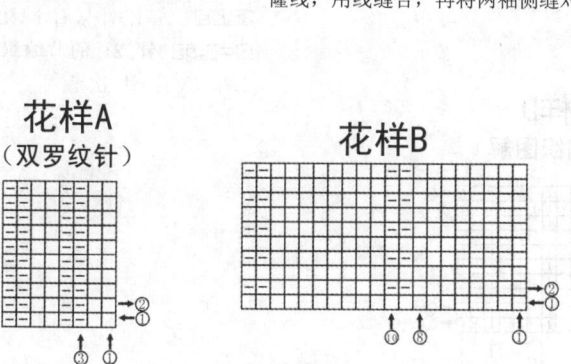

花样A
（双罗纹针）

花样B

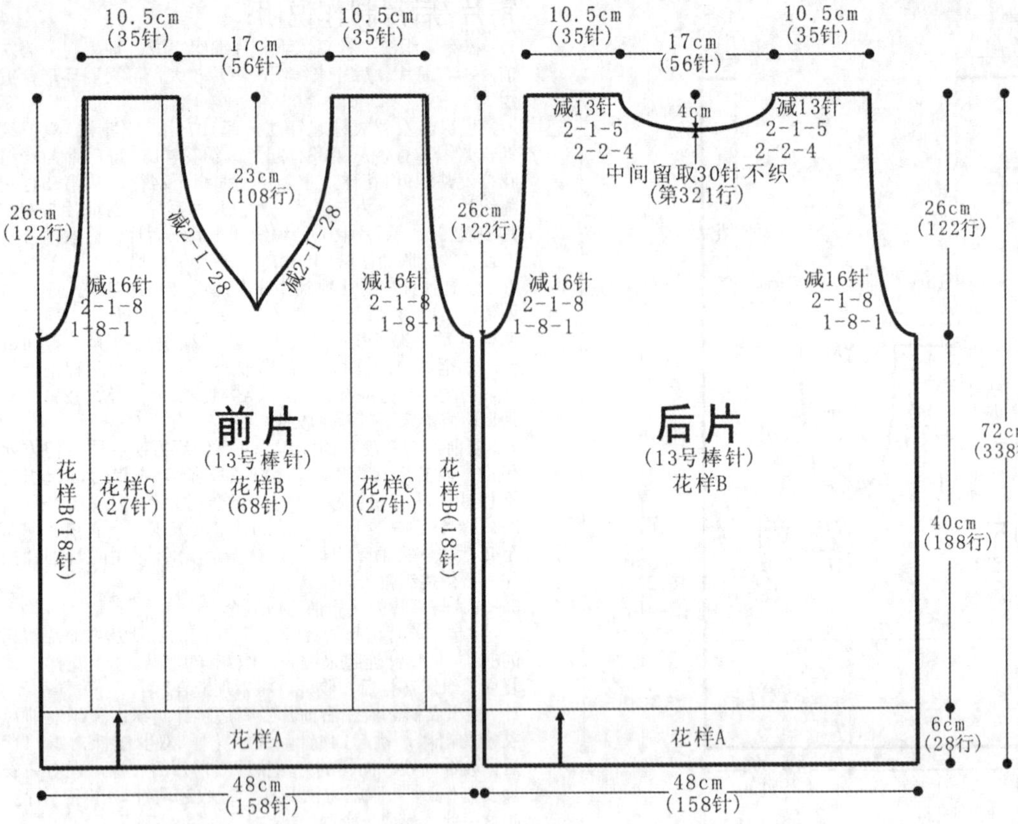

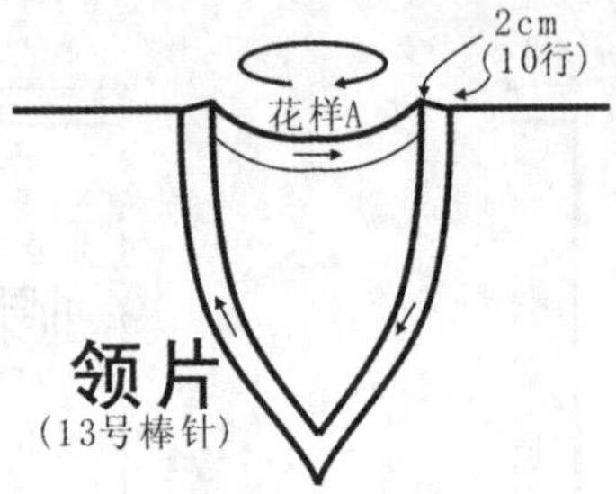

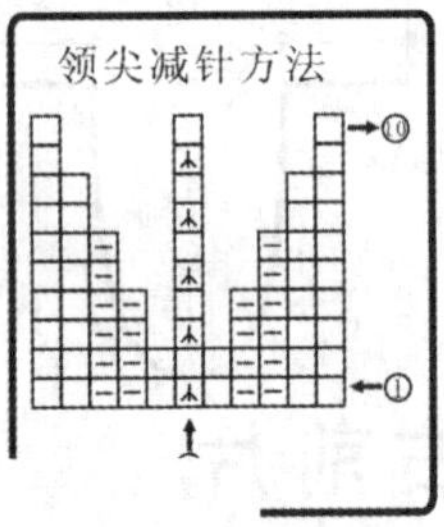

10.5cm
(35针)
17cm
(56针)
10.5cm
(35针)

10.5cm
(35针)
17cm
(56针)
10.5cm
(35针)

2cm
(10行)

减13针
2-1-5
2-2-4

4cm

减13针
2-1-5
2-2-4

花样A

中间留取30针不织
(第321行)

26cm
(122行)

23cm
(108行)

减2-1-28

减2-1-28

26cm
(122行)

26cm
(122行)

领片
(13号棒针)

减16针
2-1-8
1-8-1

减16针
2-1-8
1-8-1

减16针
2-1-8
1-8-1

减16针
2-1-8
1-8-1

领尖减针方法

前片
(13号棒针)
花样B
(68针)

后片
(13号棒针)
花样B

72cm
(338行)

花样B(18针)

花样C
(27针)

花样C
(27针)

花样B(18针)

40cm
(188行)

花样A

花样A

6cm
(28行)

48cm
(158针)

48cm
(158针)

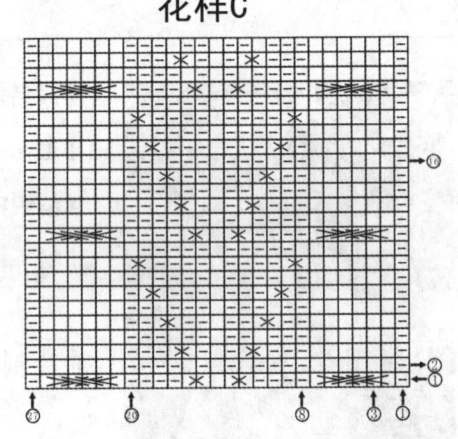

领片制作说明：
1. 棒针编织法，圈织。
2. 沿着前后衣领边挑针编织，挑织219针织花样A，领尖处一边织一边减针，减针方法如图所示，共织10行的高度，双罗纹针收针法收针断线。

花样C

前片/后片制作说明：
1. 棒针编织法。衣服分为前片、后片来编织完成。
2. 先织后片。双罗纹针起针法，起158针，织花样A，共织28行后，改织花样B，织至216行，第217行两侧开始袖窿减针，方法为1-8-1、2-1-8，各减16针，余下126针不加减针往上织至320行，第321行起，将织片中间留取30针不织，两侧减针织成后领，方法为2-2-4、2-1-5，各减13针，织至338行，最后两肩部各余下35针，收针断线。
3. 编织前片。双罗纹针起针法，起158针，织花样A，共织28行后，改织花样B、花样C组合编织，组合方法如结构图所示，织至216行，第217行两侧开始袖窿减针，方法为1-8-1、2-1-8，各减16针，余下126针不加减针往上织至230行，第231行起，将织片从中间分开成左右两片分别编织。先织左片，左片的右侧需要减针织成前领，方法为2-1-28，减针后不加针织至338行，最后肩部余下35针，收针断线。同样的方法相反方向编织右片。
4. 前片与后片的两侧缝对应缝合，两肩部对应缝合。

【成品规格】衣长46cm，下摆宽39cm，插肩连袖长44cm

【工　　具】12号棒针

【编织密度】20针×30.5行=10cm²

【材　　料】浅蓝色棉线共600g

花样D
(衣襟编织图解)

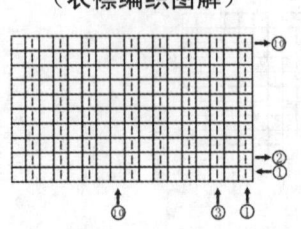

符号说明：
□=⊟　上针
Ⅰ　下针
右上3针与左下2针交叉
右上3针与左下1针交叉
左上3针与右下1针交叉
□=⊟　3针，2行的节编织
2-1-3　行-针-次

精致小外套

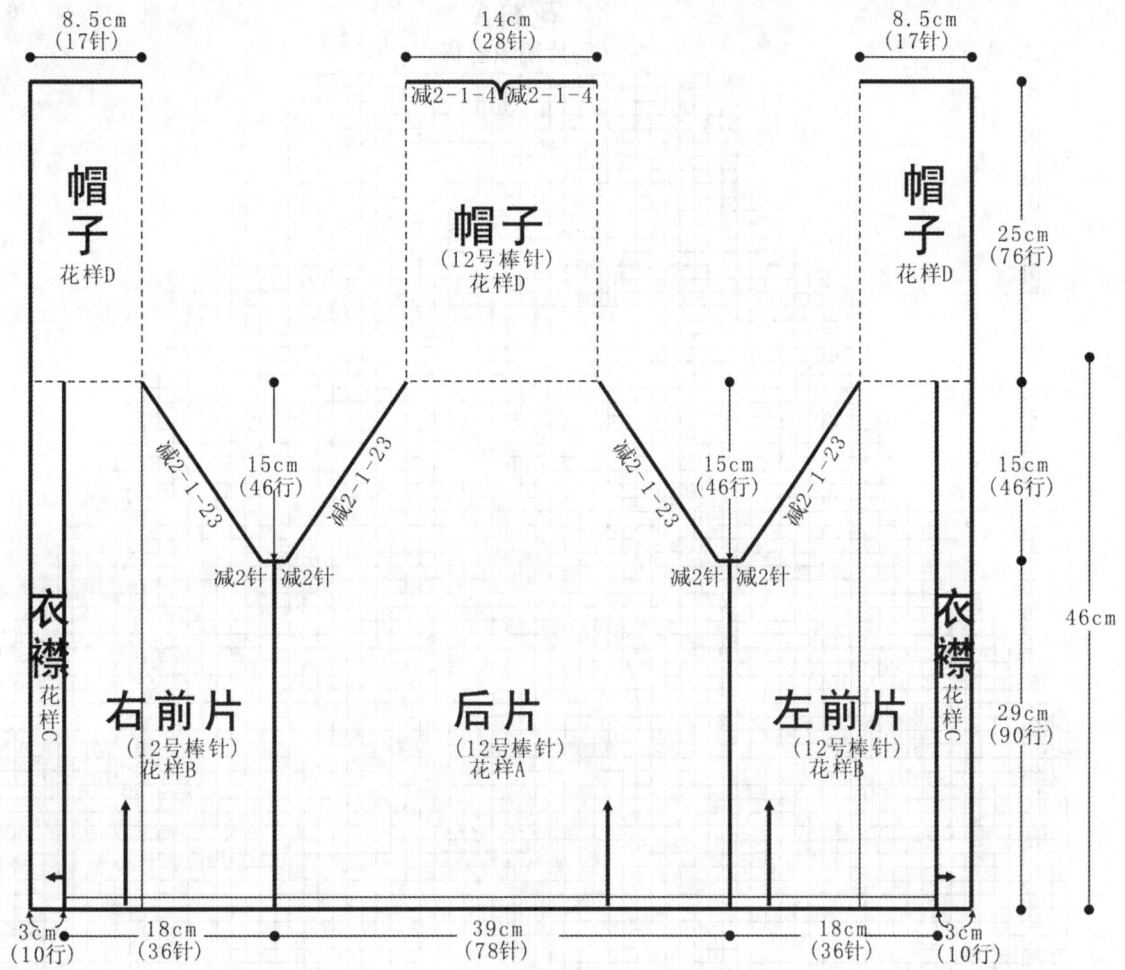

8.5cm
(17针)

14cm
(28针)

8.5cm
(17针)

减2-1-4  减2-1-4

帽子
花样D

帽子
(12号棒针)
花样D

帽子
花样D

25cm
(76行)

减2-1-23  减2-1-23

15cm
(46行)

减2-1-23  减2-1-23

15cm
(46行)

15cm
(46行)

减2针  减2针

减2针  减2针

46cm

衣襟
花样C

右前片
(12号棒针)
花样B

后片
(12号棒针)
花样A

左前片
(12号棒针)
花样B

衣襟
花样C

29cm
(90行)

3cm
(10行)

18cm
(36针)

39cm
(78针)

18cm
(36针)

3cm
(10行)

## 前片/后片制作说明:

1. 棒针编织法。衣服分为左前片、右前片和后片分别编织而成。
2. 起织后片。单罗纹针起针法起78针,详细编织图解见花样A,编织至90行后,第91行起,两侧各收针2针然后开始插肩减针,方法为2-1-23,两侧各减25针,共织136行,余下28针用防解别针扣住留待编织帽子。
3. 起织左前片。左前片的右侧为衣襟侧,单罗纹针起针法起36针,详细编织图解见花样B,编织至90行后,第91行起,左侧收针2针然后开始插肩减针,方法为2-1-23,共减25针,共织136行,余下11针用防解别针扣住留待编织帽子。
4. 相同方法相反方向编织右前片,完成后将左右前片分别与后片的侧缝缝合,肩缝缝合。
5. 编织帽子。沿领口挑针起织,挑起62针,详细编织图解见花样D,织68行后,将织片从中间分开成左右两片分别编织,中间减针,减2-1-4,织至76行收针,将帽顶缝合。

## 袖片制作说明:

1. 棒针编织法,编织两片袖片。从袖口起织。
2. 起36针,详细编织图解见花样E,一边织一边两侧加针,加针方法为8-1-11,两侧的针数各增加11针,织至90行时,将织片织成58针,第91行两侧各收针2针,接着就编织插肩,插肩减针编织,两侧同时减针,方法为2-1-23,两侧各减少25针,最后织片余下8针,收针断线。
3. 同样的方法再编织另一袖片。
4. 缝合方法:将衣袖两侧插肩线分别对应前片与后片的插肩线,用线缝合,再将两袖侧缝对应缝合。

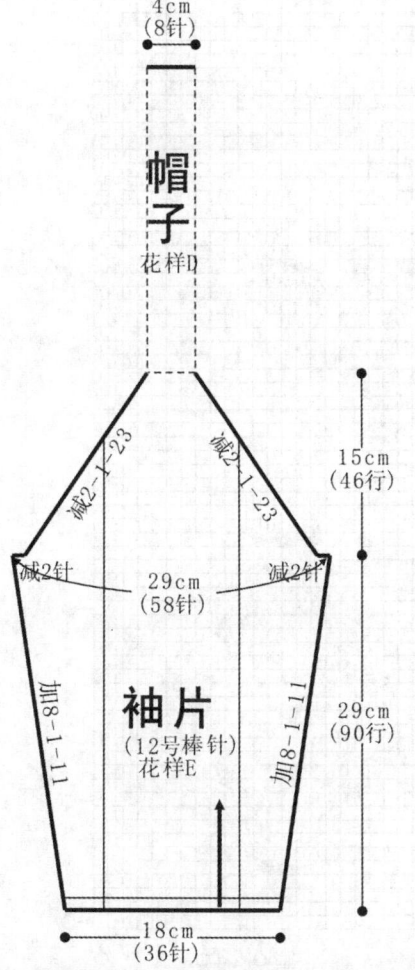

4cm
(8针)

帽子
花样D

减2-1-23  减2-1-23

15cm
(46行)

减2针  减2针

29cm
(58针)

加8-1-11  加8-1-11

袖片
(12号棒针)
花样E

29cm
(90行)

18cm
(36针)

花样A
（后片编织图解）

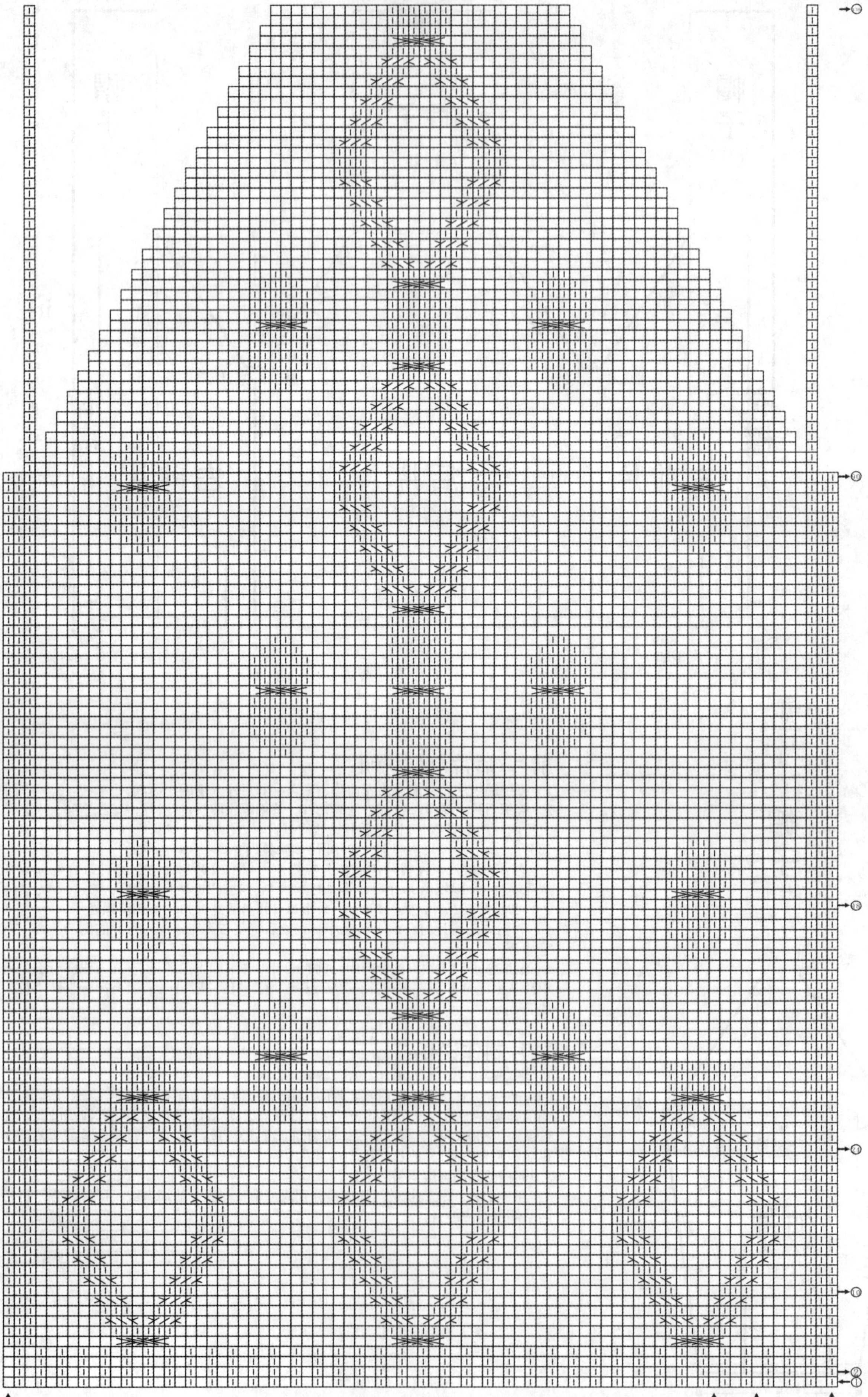

花样A
（后片编织图解）

104

花样B（左前片编织图解）

花样E（袖片编织图解）

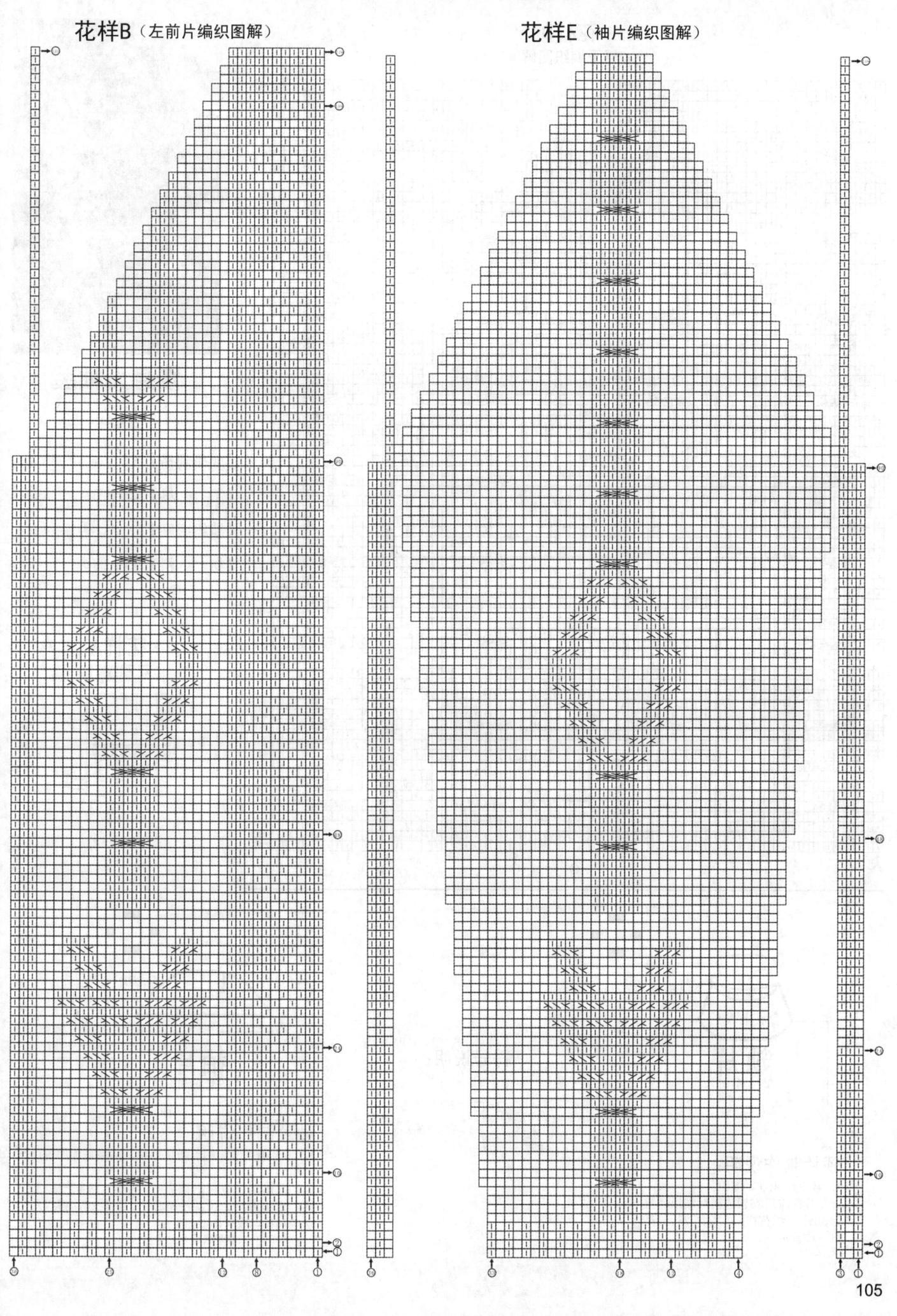

## 花样D
### （帽子编织图解）

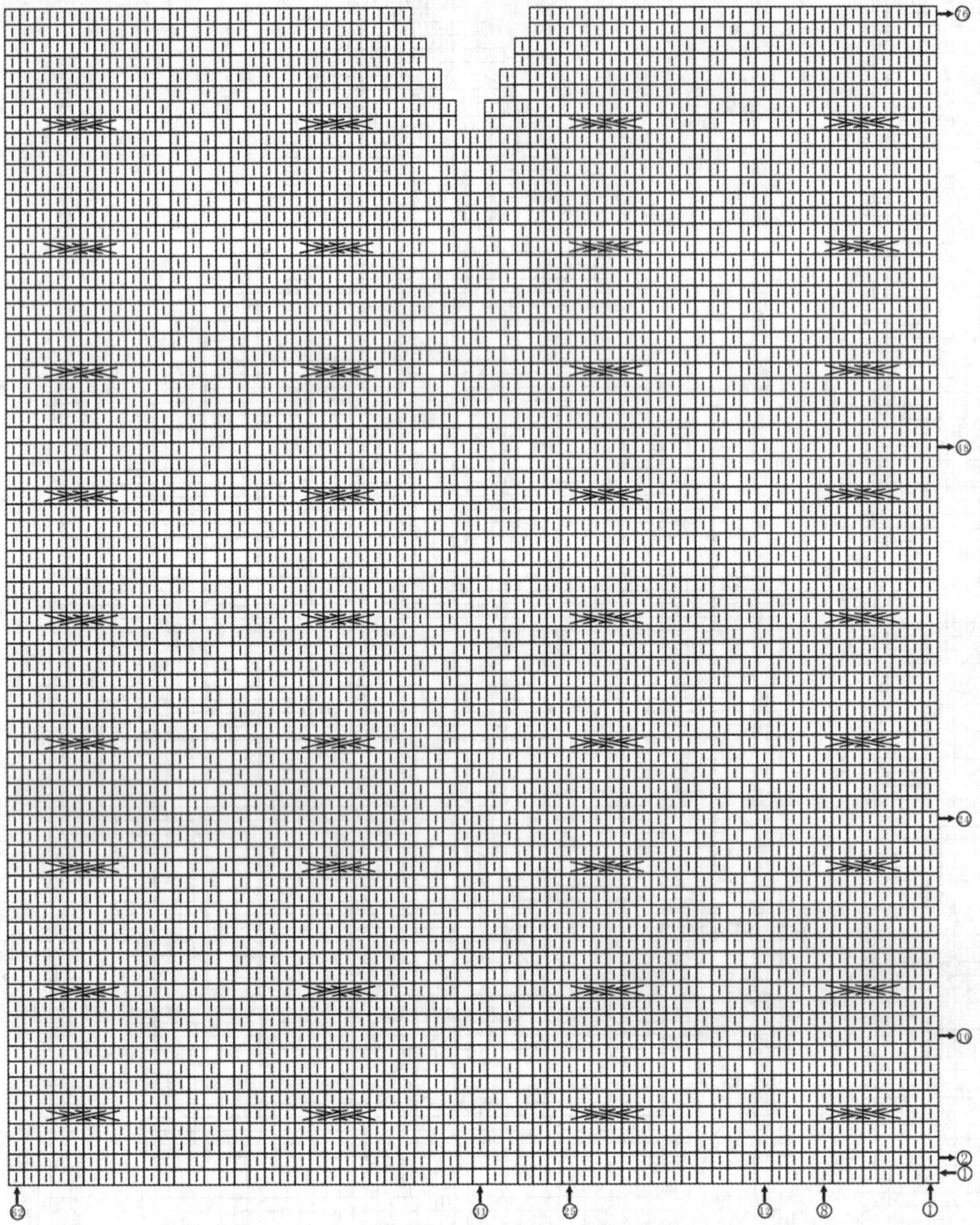

## 修身无袖装

【成品规格】衣长52cm，下摆宽34cm

【工　　具】12号棒针

【编织密度】23.5针×32行=10cm²

【材　　料】花棉线300g

## 花样A
### （双罗纹针）

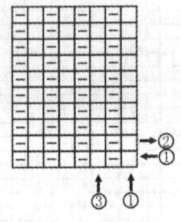

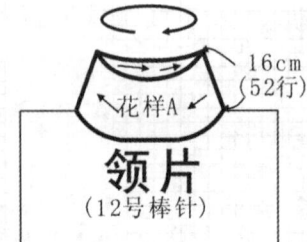

## 领片
### （12号棒针）

16cm
（52行）

花样A

## 符号说明：

□　上针

□=□　下针

2-1-3　行-针-次

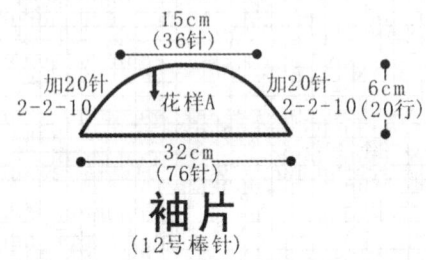

15cm
（36针）

花样A

加20针
2-2-10

加20针
2-2-10

6cm
（20行）

32cm
（76针）

## 袖片
### （12号棒针）

### 领片制作说明：

1. 棒针编织法，圈织。

2. 沿着前后衣领边挑针编织，挑起88针编织花样A，共织52行的高度，收针断线。

### 袖片制作说明：

1. 棒针编织法，编织两片袖片。从袖窿顶部挑针起织。

2. 挑起36针，起织花样A，两侧一边织一边加针，方法为2-2-10，各加20针，织至20，将织片织成76针，收针断线。

3. 同样的方法再编织另一袖片。

106

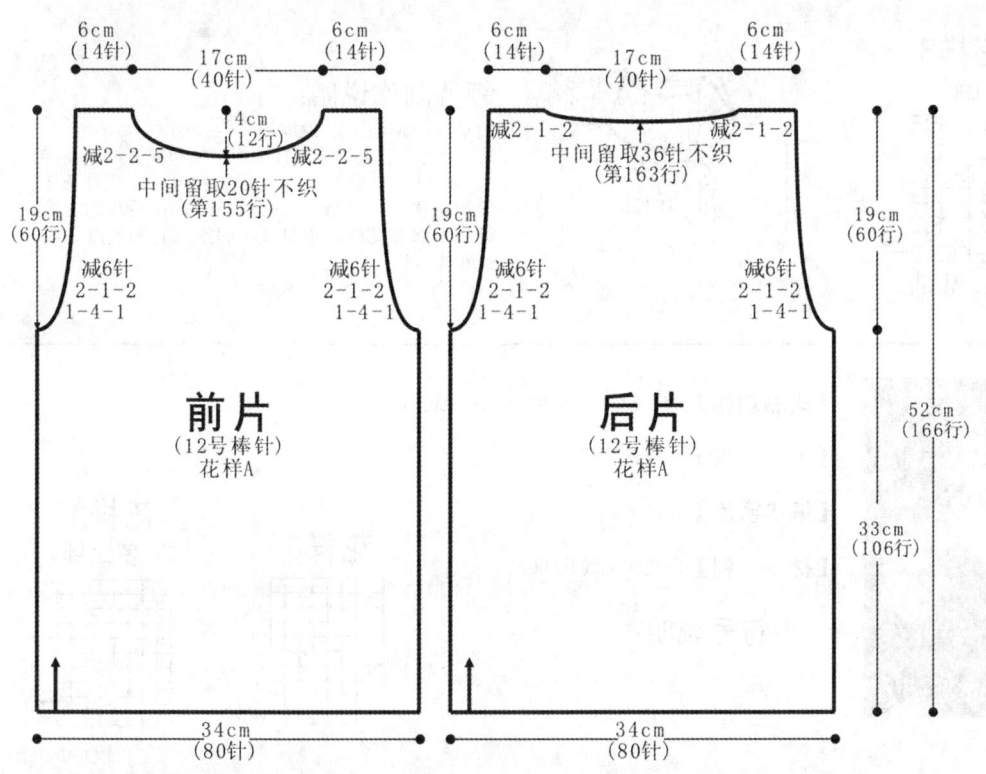

6cm
(14针)

17cm
(40针)

6cm
(14针)

6cm
(14针)

17cm
(40针)

6cm
(14针)

减2-2-5
4cm
(12行)
减2-2-5
中间留取20针不织
(第155行)

减2-1-2
中间留取36针不织
(第163行)
减2-1-2

19cm
(60行)

减6针
2-1-2
1-4-1

减6针
2-1-2
1-4-1

减6针
2-1-2
1-4-1

减6针
2-1-2
1-4-1

19cm
(60行)

前片
(12号棒针)
花样A

后片
(12号棒针)
花样A

52cm
(166行)

33cm
(106行)

34cm
(80针)

34cm
(80针)

## 前片/后片制作说明:

1. 棒针编织法，衣服分为前片、后片来编织完成。

2. 先织后片。单罗纹针起针法，起80针，织花样A，不加减针往上编织，共织106行，从第107行起，两侧开始袖窿减针，方法为1-4-1、2-1-2，各减6针，余下68针不加减针往上织至162行，第163行起，将织片中间留取36针不织，两侧减针织成后领，方法为2-1-2，织至166行，最后两肩部各余下14针，收针断线。

3. 编织前片，单罗纹针起针法，起80针，织花样A，不加减针往上编织，共织106行，从第107行起，两侧开始袖窿减针，方法为1-4-1、2-1-2，各减6针，余下68针不加减针往上织至154行，第155行起，将织片中间留取20针不织，两侧减针织成前领，方法为2-2-5，织至166行，最后两肩部各余下14针，收针断线。

4. 前片与后片的两侧缝对应缝合，两肩部对应缝合。

---

简约翻领毛衣

【成品规格】衣长49cm，下摆宽35cm

【工　　具】10号棒针

【编织密度】17针×22行=10cm²

【材　　料】花棉线300g

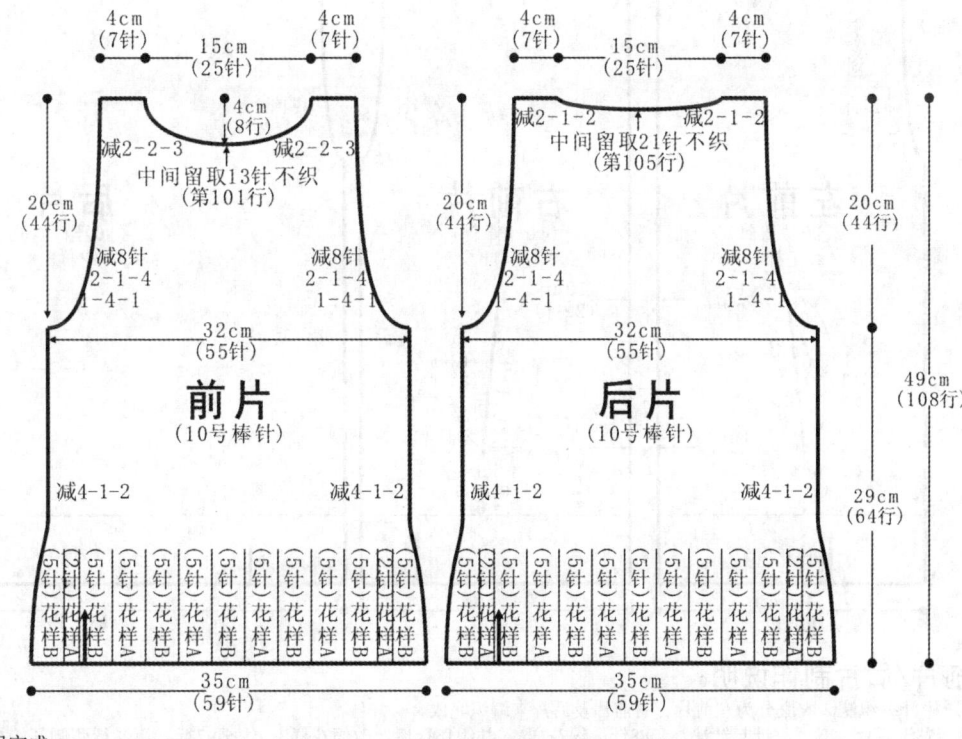

4cm
(7针)

15cm
(25针)

4cm
(7针)

4cm
(7针)

15cm
(25针)

4cm
(7针)

减2-2-3
4cm
(8行)
减2-2-3
中间留取13针不织
(第101行)

减2-1-2
中间留取21针不织
(第105行)
减2-1-2

20cm
(44行)

减8针
2-1-4
1-4-1

减8针
2-1-4
1-4-1

减8针
2-1-4
1-4-1

减8针
2-1-4
1-4-1

20cm
(44行)

32cm
(55针)

32cm
(55针)

前片
(10号棒针)

后片
(10号棒针)

49cm
(108行)

减4-1-2

减4-1-2

减4-1-2

减4-1-2

29cm
(64行)

5针花样B 22针花样B 5针花样B 5针花样B 5针花样B 5针花样B 5针花样B 5针花样B 5针花样B 5针花样B 22针花样B 5针花样B

5针花样B 22针花样B 5针花样B 5针花样B 5针花样B 5针花样B 5针花样B 5针花样B 5针花样B 5针花样B 22针花样B 5针花样B

35cm
(59针)

35cm
(59针)

## 前片/后片制作说明:

1. 棒针编织法，衣服分为前片、后片来编织完成。

2. 先织后片。下针起针法，起59针，织花样A，与花样B组合编织，组合方法如结构图所示，不加减针往上编织20行，从第21行起，两侧同时减针编织，减针方法为4-1-2，各减2针，减针后不加减针织至64行，针数为55针。第65行起，两侧开始袖窿减针，方法为1-4-1、2-1-4，各减8针，余下39针不加减针往上织至104行，第105行起，将织片中间留取21针不织，两侧减针织成后领，方法为2-1-2，织至108行，最后两肩部各余下7针，收针断线。

3. 编织前片，下针起针法，起59针，织花样A，与花样B组合编织，组合方法如结构图所示，不加减针往上编织20行，从第21行起，两侧同时减针编织，减针方法为4-1-2，各减2针，减针后不加减针织至64行，针数为55针。第65行起，两侧开始袖窿减针，方法为1-4-1、2-1-4，各减8针，余下39针不加减针往上织至100行，第101行起，将织片中间留取13针不织，两侧减针织成后领，方法为2-2-3，织至108行，最后两肩部各余下7针，收针断线。

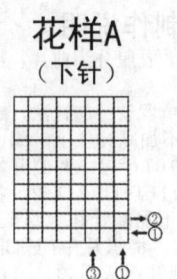

花样A
（下针）

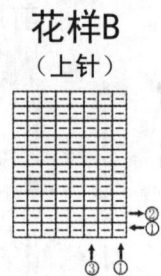

花样B
（上针）

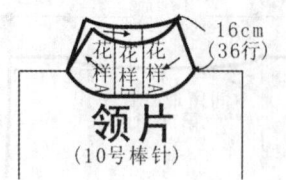

16cm
（36行）

花样 花样 花样

领片
（10号棒针）

**领片制作说明：**

1. 棒针编织法，往返编织。
2. 沿着前后衣领边挑针编织，挑起54针编织花样A、花样B组合编织，前片及后片中间5针顺着花样编织花样B，其他针眼编织花样A，在后片的右肩缝处留起领侧缝，重复往上编织36行的高度，收针断线。

---

休闲拉链装

【成品规格】衣长62cm，下摆宽49cm，袖长53cm

【工　　具】10号棒针

【编织密度】18针×26行=10cm²

【材　　料】灰色羊毛线共600g

**符号说明：**

□　　上针

□=□　下针

2-1-3　行-针-次

花样B

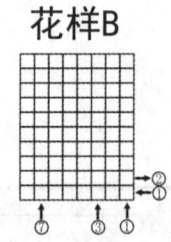

花样A
（双罗纹针）

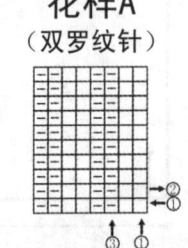

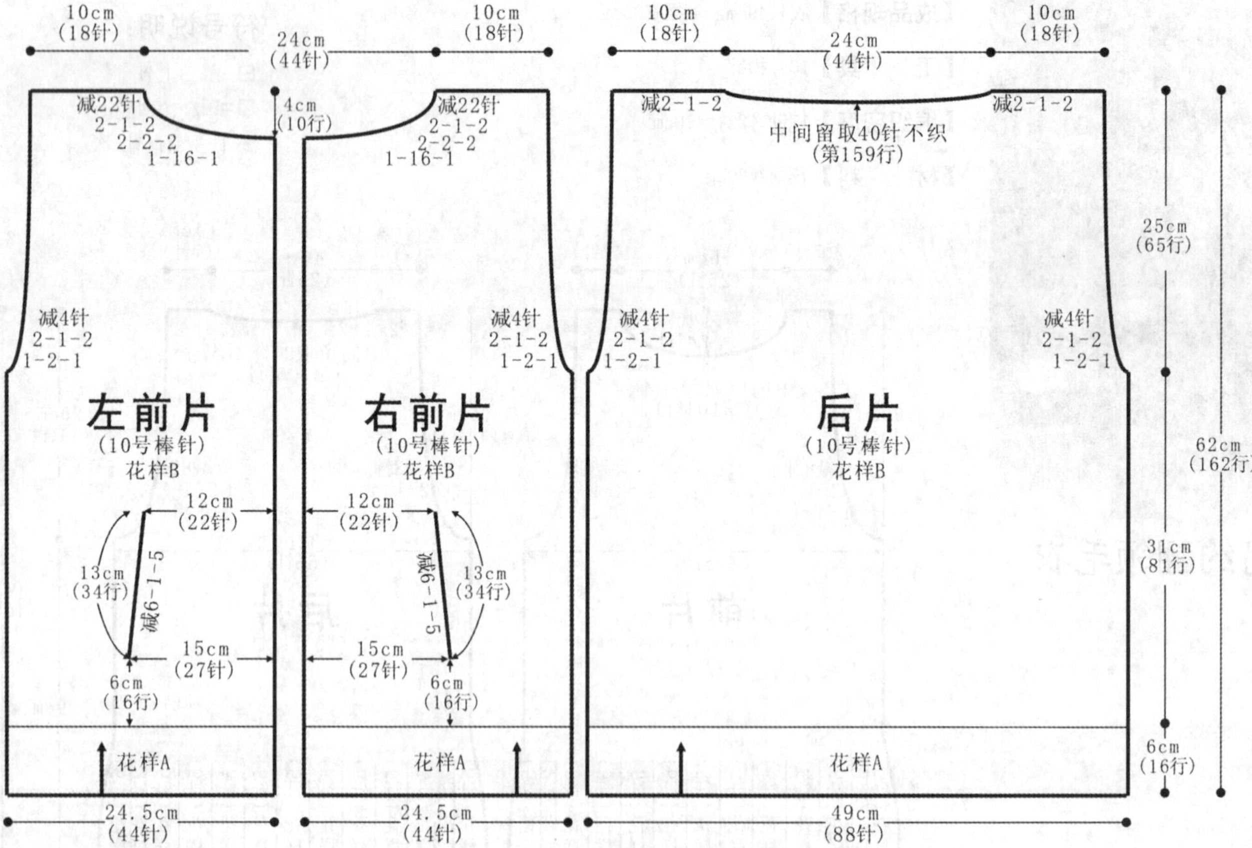

左前片（10号棒针）花样B

10cm（18针）　24cm（44针）　10cm（18针）

减22针
2-1-2
2-2-2
1-16-1

12cm（22针）
13cm（34行）
减6-1-5
15cm（27针）
6cm（16行）

花样A

24.5cm（44针）

右前片（10号棒针）花样B

4cm（10行）

减22针
2-1-2
2-2-2
1-16-1

减4针
2-1-2
1-2-1

12cm（22针）
减6-1-5
13cm（34行）
15cm（27针）
6cm（16行）

花样A

24.5cm（44针）

后片（10号棒针）花样B

10cm（18针）　24cm（44针）　10cm（18针）

减2-1-2
中间留取40针不织
（第159行）
减2-1-2

25cm（65行）

减4针
2-1-2
1-2-1

减4针
2-1-2
1-2-1

62cm（162行）

31cm（81行）

花样A

6cm（16行）

49cm（88针）

**前片/后片制作说明：**

1. 棒针编织法。衣服分为左前片、右前片及后片来编织完成。
2. 先织后片。双罗纹针起针法，起88针，织花样A，共织16行后，改织花样B，织至97行，第98行两侧开始袖窿减针，方法为1-2-1、2-1-2，各减4针，余下80针不加减针往上织至158行，第159行起，将织片中间留取40针不织，两侧减针织成后领，方法为2-1-2，织至162行，最后两肩部各余下18针，收针断线。
3. 编织左前片。双罗纹针起针法，起44针，织花样A，共织16行后，改织花样B，编织至32行，第33行起将织片从第27针处分开成两片，先编织衣襟侧共27针，一边织一边左侧减针，方法为6-1-5，织至66行，织片余下22针，另起线编织袖窿侧织片共17针，一边织一边右侧加针，方法为6-1-5，同样织至66行，织片变成22针，第67行将两片连起来编织，织至97行，第98行起左侧开始袖窿减针，方法为1-2-1、2-1-2，共减4针，余下40针不加减针往上织至152行，第153行起，织片右侧减针织成前领，方法为1-16-1、2-2-2、2-1-2，左前片共织162行，最后肩部余下18针，收针断线。
4. 同左前片相反方向编织右前片，完成后将左右前片与后片的两侧缝对应缝合，两肩部对应缝合。

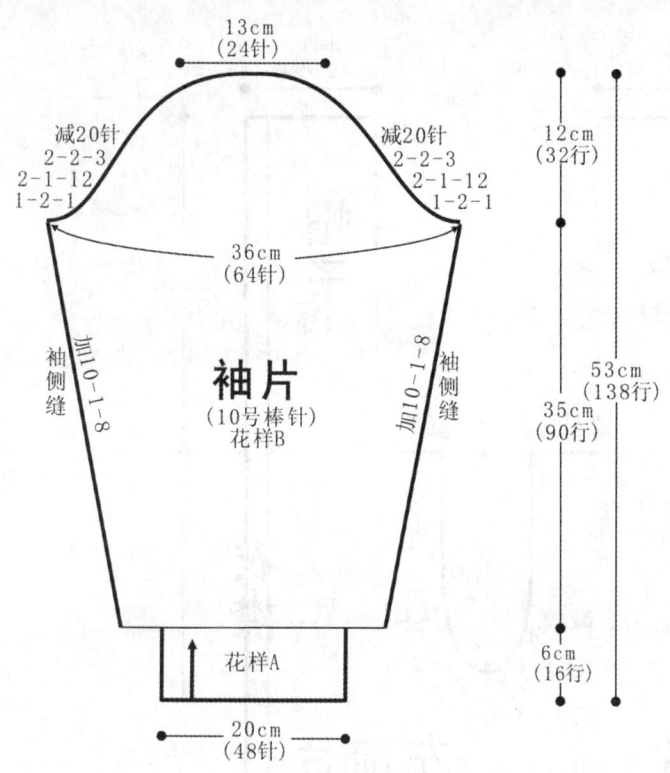

13cm
(24针)

减20针
2-2-3
2-1-12
1-2-1

减20针
2-2-3
2-1-12
1-2-1

36cm
(64针)

12cm
(32行)

53cm
(138行)

35cm
(90行)

袖侧缝

加10-1-8

加10-1-8

袖侧缝

**袖片**
（10号棒针）
花样B

花样A

6cm
(16行)

20cm
(48针)

**袖片制作说明：**

1. 棒针编织法，编织两片袖片。从袖口起织。
2. 起48针，起织花样A，织16行后，改织花样B，两侧同时加针，加10-1-8，两侧的针数各增加8针，织至106行时，将织片织成64针，接着就编织袖山，袖山减针编织，两侧同时减针，方法为1-2-1、2-1-12、2-2-3，两侧各减少20针，最后织片余下24针，收针断线。
3. 同样的方法再编织另一袖片。
4. 缝合方法：将袖山对应前片与后片的袖窿线，用线缝合，再将两袖侧缝对应缝合。

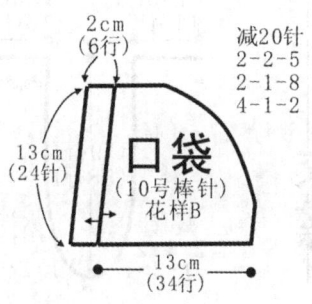

2cm
(6行)

减20针
2-2-5
2-1-8
4-1-2

13cm
(24针)

**口袋**
（10号棒针）
花样B

13cm
(34行)

**口袋制作说明：**

1. 棒针编织法，编织两个口袋。
2. 在左前片内里，沿着织片留起的袋口，挑针环织，挑起48针，编织花样B，选取口袋顶部的1针，在其两侧同时减针编织，将口袋的上面织出圆形角，减针方法为4-1-2、2-1-8、2-2-5，共织34行，将袋底缝合。
3. 在左前片外部，沿袋口挑针起织袋边，挑起24针，编织花样A，织6行后，收针，将袋边两侧与前片缝合。
4. 同样的方法，相反方向编织右前片的口袋。

5cm
(13行)

**领片制作说明：**

1. 棒针编织法，往返编织。
2. 沿着前后衣领边挑针编织，挑起94针编织花样A，共织26行的高度，向内与起针合并成双层衣领，收针断线。
2. 衣襟处缝好拉链。

**领片**
（10号棒针）
花样A

---

**【成品规格】**衣长53cm，下摆宽40cm，袖长47cm

**【工　　具】**12号棒针

**【编织密度】**22针×30行=10cm²

**【材　　料】**花棉线500g

**符号说明：**

□　　上针

□=□　　下针

2-1-3　　行-针-次

**清雅连帽开衫**

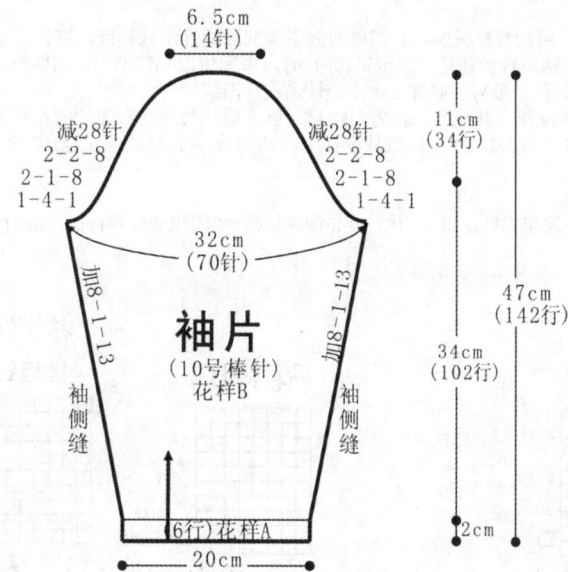

6.5cm
(14针)

减28针
2-2-8
2-1-8
1-4-1

减28针
2-2-8
2-1-8
1-4-1

32cm
(70针)

11cm
(34行)

47cm
(142行)

34cm
(102行)

加8-1-13

加8-1-13

袖侧缝

袖侧缝

**袖片**
（10号棒针）
花样B

6行)花样A

2cm

20cm
(44针)

**袖片制作说明**

1. 棒针编织法，编织两片袖片。从袖口起织。
2. 起44针，起织花样A，织6行后，第7行起改织花样B，两侧同时加针，加8-1-13，两侧的针数各增加13针，织至108行时，将织片织成70针，接着就编织袖山，袖山减针编织，两侧同时减针，方法为1-4-1、2-1-8、2-2-8两侧各减少28针，最后织片余下14针，收针断线。
3. 同样的方法再编织另一袖片。
4. 缝合方法：将袖山对应前片与后片的袖窿线，用线缝合，再将两袖侧缝对应缝合。

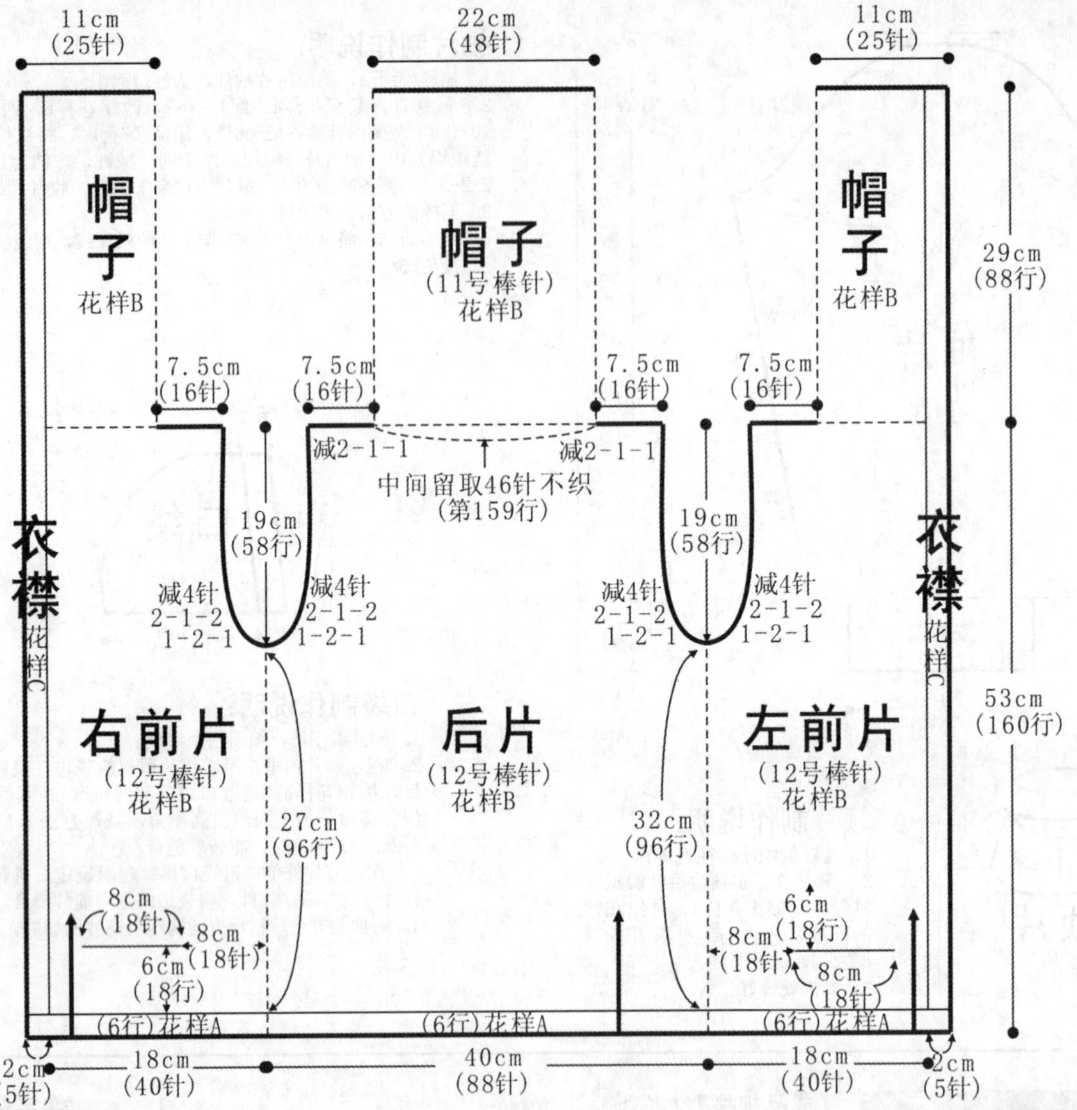

前片/后片制作说明：

1. 棒针编织法。袖窿以下一片编织完成，袖窿起分为左前片、右前片和后片分别编织而成。
2. 起织。单罗纹针起针法起针178针，先织6行花样A，然后改织花样B，两侧各编织5针花样C，作为衣襟，织至24行，第25行的第10～27针，第152～169针编织2段上针，其他编织花样B，第26行起全部编织花样B，重复往上编织至102行后，第103行起，将织片分片，分为右前片、左前片和后片，右前片与左前片各45针，后片取88针编织。先编织后片，而右前片与左前片的针眼用防解别针扣住，暂时不织。
3. 分配后身片的针数到棒针上，用12号针编织，起织时两侧需要同时减针织成袖窿，减针方法为1-2-1、2-1-2，两侧针数各减少4针，余下80针继续编织，两侧不再加减针，织至第159行时，中间留取46针不织，用防解别针扣住留待编织帽子，两侧减针编织，方法为2-1-1，两侧各减1针，最后两肩部各余下16针，收针断线。
4. 左前片与右前片的编织，两者编织方法相同，但方向相反，以右前片为例，右前片的左侧为衣襟边，起织时不加减针，右侧要减针织成袖窿，减针方法为1-2-1、2-1-2，针数减少4针，然后不加减针继续编织至160行，将右侧肩部16针收针，左侧25针用防解别针扣住留待编织帽子。
5. 前片与后片的两肩部对应缝合。
6. 编织帽子。沿领口挑针起织，挑起98针，织片两侧各织5针花样C，中间织88针花样B，织88行后，收针，将帽顶缝合。

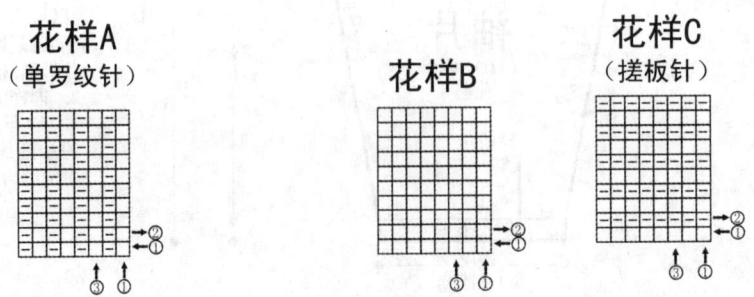

花样A（单罗纹针）　　花样B　　花样C（搓板针）

110

**可爱娃娃装**

【成品规格】衣长47cm，下摆宽45cm，袖长34cm

【工　　具】10号棒针

【编织密度】11针×18行=10cm²

【材　　料】灰色棉线400g，黑、灰、白、红色线各少量

符号说明：

□　　上针

□=□　　下针

2-1-3　　行-针-次

花样A
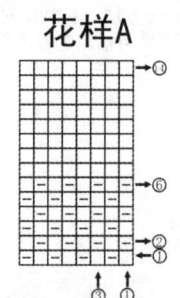

花样B
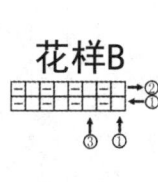

花样C
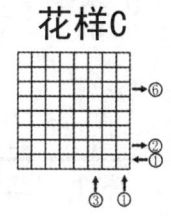

花样D
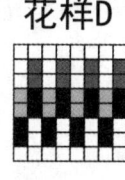

■ 黑色
▨ 灰色
▨ 红色

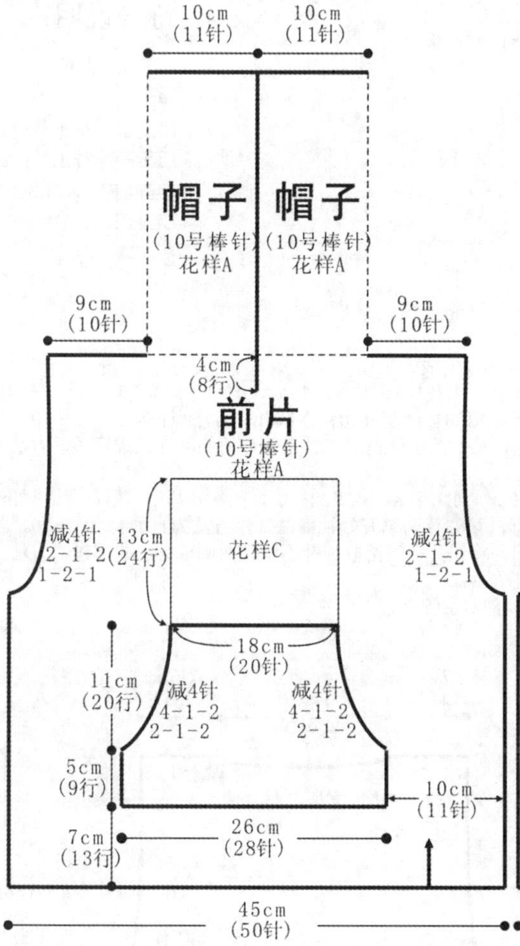

帽子
(10号棒针)
花样A

10cm
(11针)

10cm
(11针)

7cm
(8针)

7cm
(8针)

减2-1-3　减2-1-3

帽子
(10号棒针)
花样A

帽子
(10号棒针)
花样A

9cm
(10针)

9cm
(10针)

9cm
(10针)

9cm
(10针)

25cm
(45行)

4cm
(8行)

减2-1-1　　减2-1-1

中间留取20针不织
(第83行)

前片
(10号棒针)
花样A

后片
(10号棒针)
花样A

21cm
(38行)

减4针
2-1-2(24行)
1-2-1

13cm

花样C

减4针
2-1-2
1-2-1

减4针
2-1-2
1-2-1

减4针
2-1-2
1-2-1

47cm
(84行)

18cm
(20针)

11cm
(20行)

减4针
4-1-2
2-1-2

减4针
4-1-2
2-1-2

5cm
(9行)

10cm
(11针)

26cm
(46行)

7cm
(13行)

26cm
(28针)

45cm
(50针)

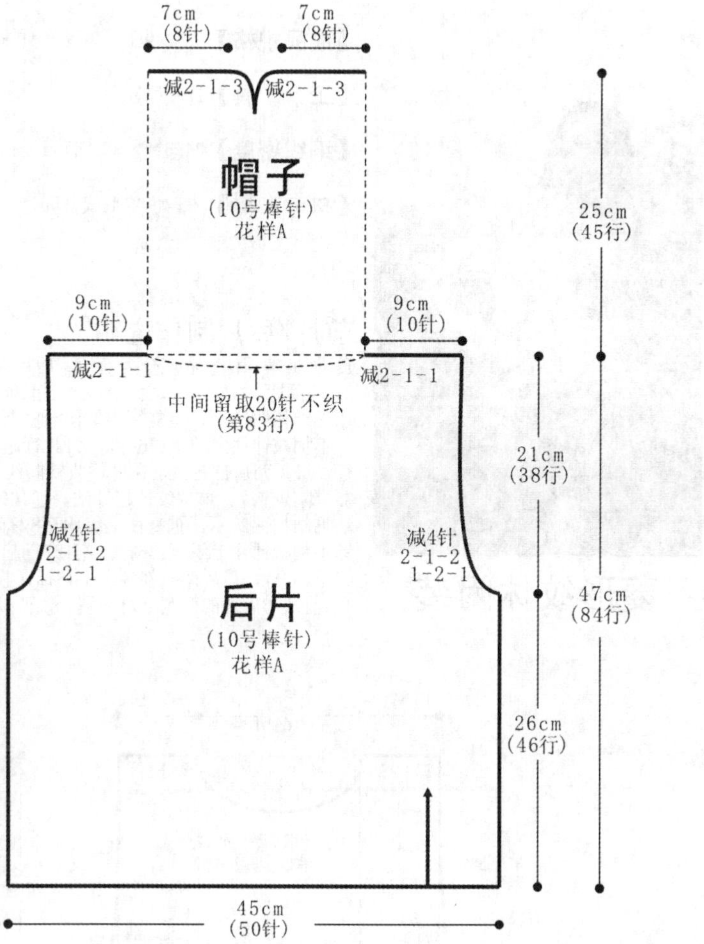

45cm
(50针)

**前片/后片制作说明：**

1. 棒针编织法。衣服分为前后两片分别编织。

2. 编织后片。下针起针法起50针，编织花样A，不加减针织46行后，第47行起，两侧需要同时减针织成袖隆，减针方法为1-2-1、2-1-2，两侧针数各减少4针，余下42针继续编织，两侧不再加减针，织至第83行，将织片中间留起20针不织，用防解别针扣住，两侧减针编织，方法为2-1-1，两侧各减1针，最后两肩部各余下10针，收针断线。

3. 编织前片。下针起针法起50针，编织花样A，织13行，第14行时在织片中间加起28针，加起的针眼用防解别针扣住暂时不织，继续往上织至22行，第23行起，将织片分为左中右三部分，左片和右片各取11针，用防解别针扣住，暂时不织，分配中片的28针到棒针上，继续编织花样A，两侧一边织一边减针，方法为2-1-2、4-1-2，共织20行，织片余下20针，用防解别针扣住暂时不织。另起线编织中间加起的28针，织9行后，与左右片各留起的11针连起来编织，织至42行，第43行将口袋留起的20针对应织片合并编织，中间20针编织花样C，即全下针，两侧针数继续编织花样A，织至46行，第47行起，两侧需要同时减针织成袖隆，减针方法为1-2-1、2-1-2，两侧针数各减少4针，余下42针继续编织，两侧不再加减针，织至66行，第67行起，全部改为编织花样A，织至第77行，将织片分成左右两片分别编织，各取21针，织至84行的高度，将左右肩部各10针收针，中间留针编织帽子。

4. 完成后将前片与后片的两侧缝对应缝合，两肩部对应缝合，口袋两侧边缝合。用黑色线在前片胸前绣上图案。在衣摆上侧边绣上花样D。

5. 编织帽子。沿领口挑针起针，挑针44针，编织花样A，织39行后，将织片从中间分成左右两片单独编织，中间的两侧减针编织，方法为2-1-3，织至45行，最后左右各余下19针，收针，将帽顶缝合。

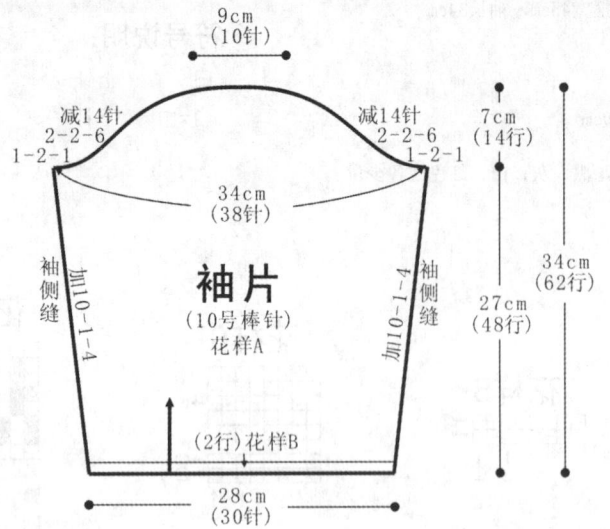

9cm
（10针）

减14针
2-2-6
1-2-1

减14针
2-2-6
1-2-1

7cm
（14行）

34cm
（38针）

**袖片**
（10号棒针）
花样A

袖侧缝
加10-1-4

袖侧缝
加10-1-4

34cm
（62行）

27cm
（48行）

（2行）花样B

28cm
（30针）

**袖片制作说明：**
1. 棒针编织法，编织两片袖片。从袖口起织。
2. 起30针，起织花样B，织2行后，第3行起改织花样A，两侧同时加针，加10-1-4，两侧的针数各增加4针，织至48行时，将织片织成38针，接着就编织袖山，袖山减针编织，两侧同时减针，方法为1-2-1、2-2-6，两侧各减少14针，最后织片余下10针，收针断线。
3. 同样的方法再编织另一袖片。
4. 缝合方法：将袖山对应前片与后片的袖窿线，用线缝合，再将两袖侧缝对应缝合。

---

**菱形纹休闲装**

【成品规格】衣长49cm，下摆宽41cm，袖长48cm

【工　　具】12号棒针

【编织密度】24.5针×30.5行=10cm²

【材　　料】米白色羊毛线共500g

**前片/后片制作说明：**
1. 棒针编织法。衣服分为前片、后片来编织完成。
2. 先织后片。单罗纹针起针法，起100针，织花样A，共织22行后，改织花样B、花样C、花样D组合编织，组合方法见结构图所示，重复往上编织至82行，第83行两侧开始袖窿减针，方法为1-4-1、2-1-10，各减14针，余下72针不加减针往上织至146行，第147行起，将织片中间留取32针不织，两侧减针织成后领，方法为2-1-2，织至150行，最后两肩部各余下18针，收针断线。
3. 编织前片。单罗纹针起针法，起100针，织花样A，共织22行后，改织花样B、花样C、花样D组合编织，组合方法见结构图所示，重复往上编织至82行，第83行两侧开始袖窿减针，方法为1-4-1、2-1-10，各减14针，余下72针不加减针往上织至136行，第137行起，将织片中间留取12针不织，两侧减针织成前领，方法为2-2-4、2-1-4，织至150行，最后两肩部各余下18针，收针断线。
4. 前片与后片的两侧缝对应缝合，两肩部对应缝合。

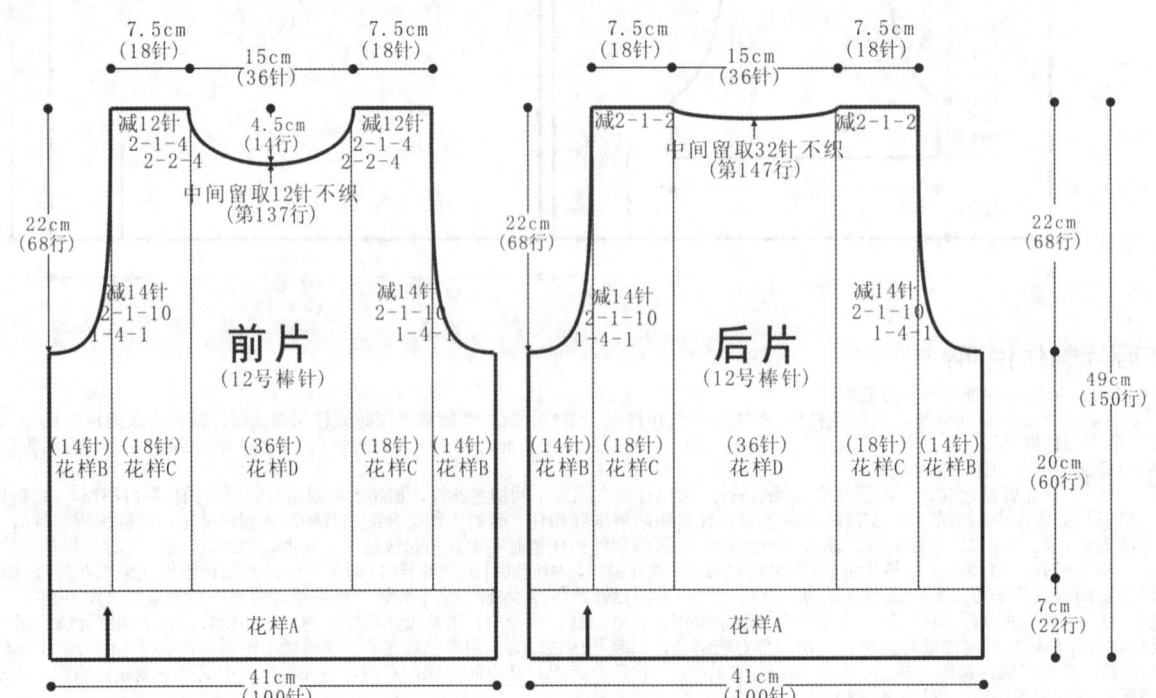

7.5cm
（18针）

15cm
（36针）

7.5cm
（18针）

7.5cm
（18针）

15cm
（36针）

7.5cm
（18针）

减12针
2-1-4
2-2-4

4.5cm
（14行）

减12针
2-1-4
2-2-4

减2-1-2

减2-1-2

中间留取32针不织
（第147行）

中间留取12针不织
（第137行）

22cm
（68行）

22cm
（68行）

22cm
（68行）

减14针
2-1-10
1-4-1

减14针
2-1-10
1-4-1

减14针
2-1-10
1-4-1

减14针
2-1-10
1-4-1

**前片**
（12号棒针）

**后片**
（12号棒针）

49cm
（150行）

（14针）
花样B

（18针）
花样C

（36针）
花样D

（18针）
花样C

（14针）
花样B

（14针）
花样B

（18针）
花样C

（36针）
花样D

（18针）
花样C

（14针）
花样B

20cm
（60行）

花样A

花样A

7cm
（22行）

41cm
（100针）

41cm
（100针）

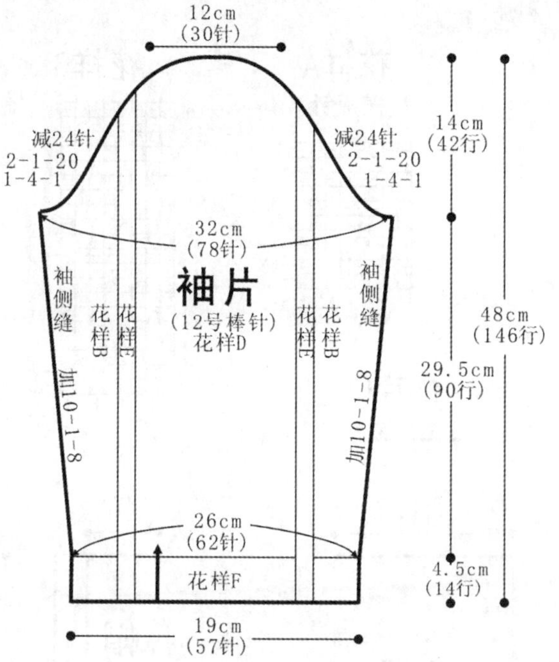

## 袖片制作说明：

1. 棒针编织法，编织两片袖片。从袖口起织。
2. 起57针，起织花样F，织14行后，加针至62针，详细编织方法见袖口花样图解，第15行起，改为花样B、花样E、花样D组合花样编织，两侧同时加针，加10-1-8，两侧的针数各增加8针，织至104行时，将袖片织成78针，接着就编织袖山，袖山减针编织，两侧同时减针，方法为1-4-1、2-1-20，两侧各减少24针，最后织片余下30针，收针断线。
3. 同样的方法再编织另一片袖片。
4. 缝合方法：将袖山对应前片与后片的袖窿线，用线缝合，再将两袖侧缝对应缝合。

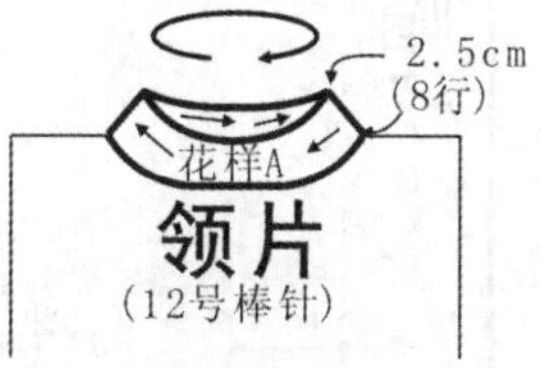

**袖片**
（12号棒针）
花样D

12cm
（30针）

减24针
2-1-20
1-4-1

减24针
2-1-20
1-4-1

32cm
（78针）

袖侧缝
花样B
花样E

花样E
花样B
袖侧缝

加10-1-8

加10-1-8

26cm
（62针）

花样F

19cm
（57针）

14cm
（42行）

48cm
（146行）

29.5cm
（90行）

4.5cm
（14行）

2.5cm
（8行）

花样A

**领片**
（12号棒针）

## 领片制作说明：

1. 棒针编织法，圈织。
2. 沿着前后衣领边挑针编织，挑起70针编织花样A，共织8行的高度，单罗纹针收针法收针断线。

## 花样A
（单罗纹针）

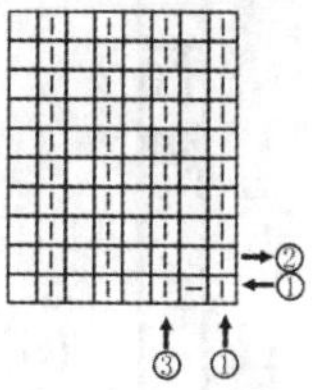

## 花样B

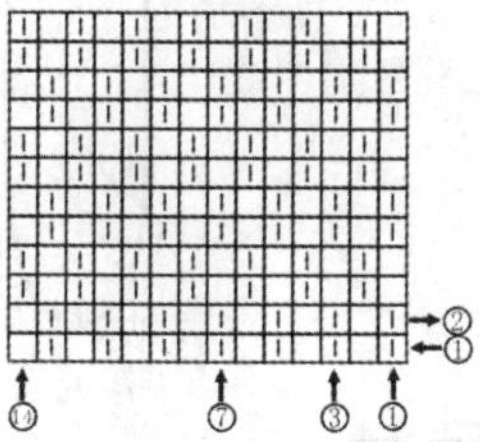

## 花样E
（左）　　　（右）

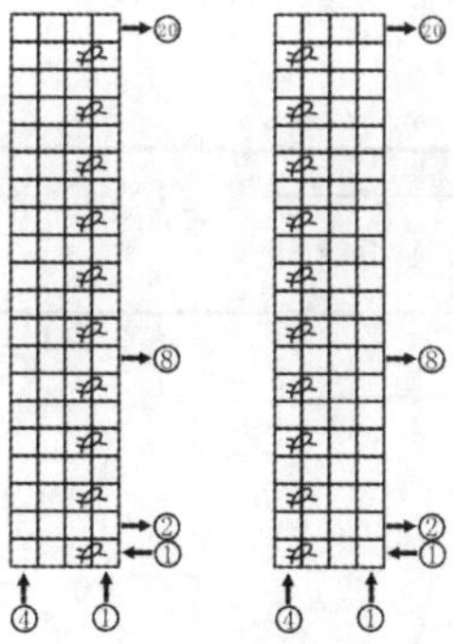

## 花样C

## 花样D

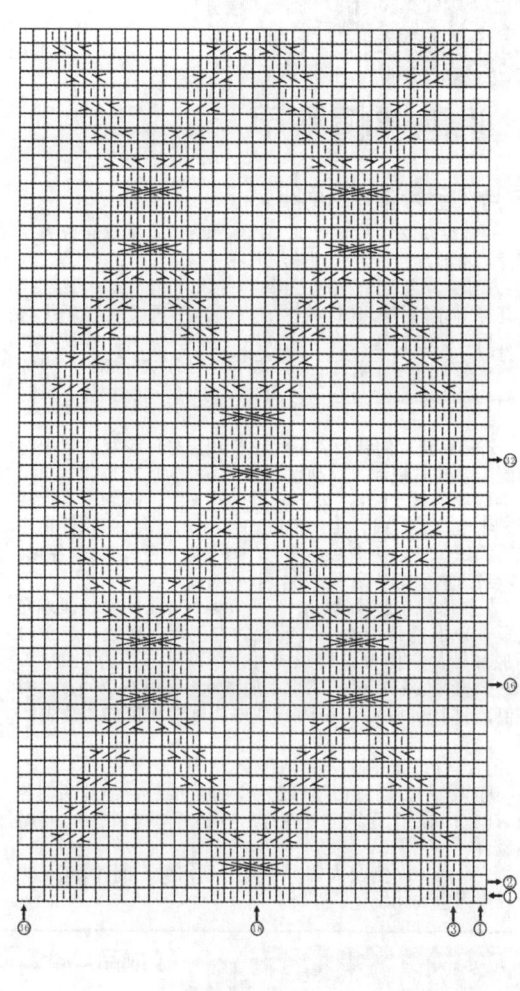

## 花样F（袖口编织图解）

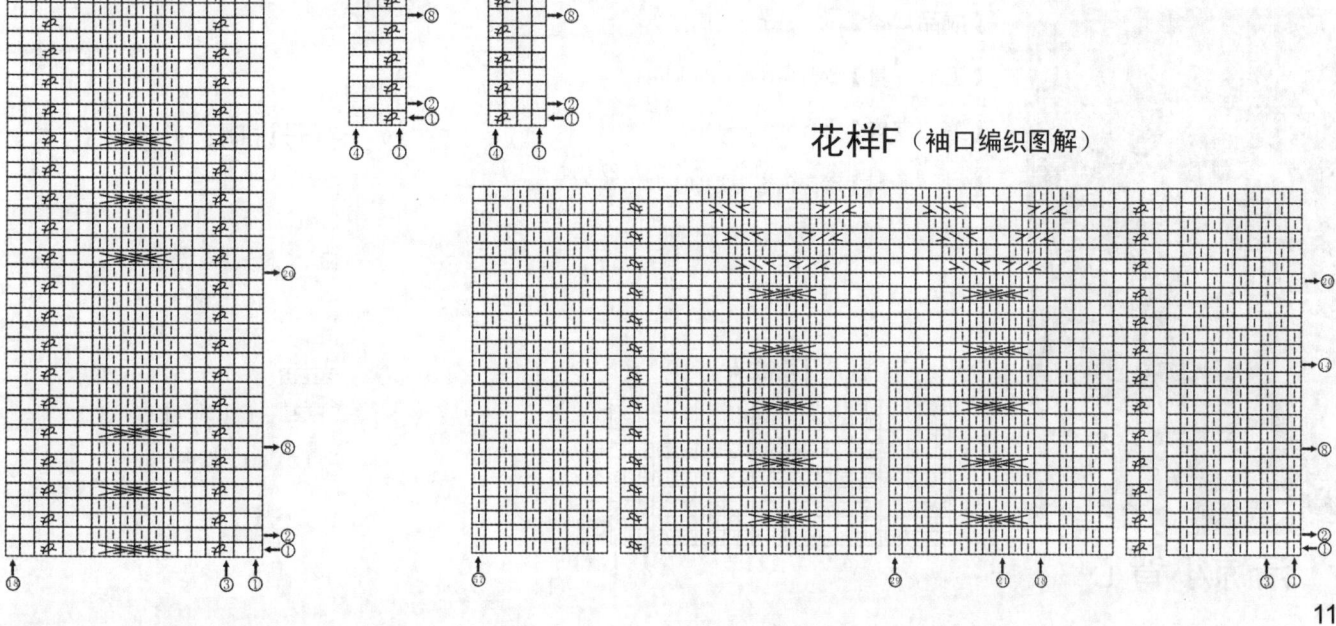

【成品规格】衣长44cm，下摆宽33cm，肩宽26.5cm

【工　　具】11号棒针，1.75mm钩针

【编织密度】18针×22行＝10cm²

【材　　料】红色棉线400g，黑色线少量，牛角扣5枚

符号说明：

☐　　上针

☐＝①　下针

🔲　　下针延伸针

2-1-3　行-针-次

＋　　短针

花样A
（搓板针）

花样B

花样C

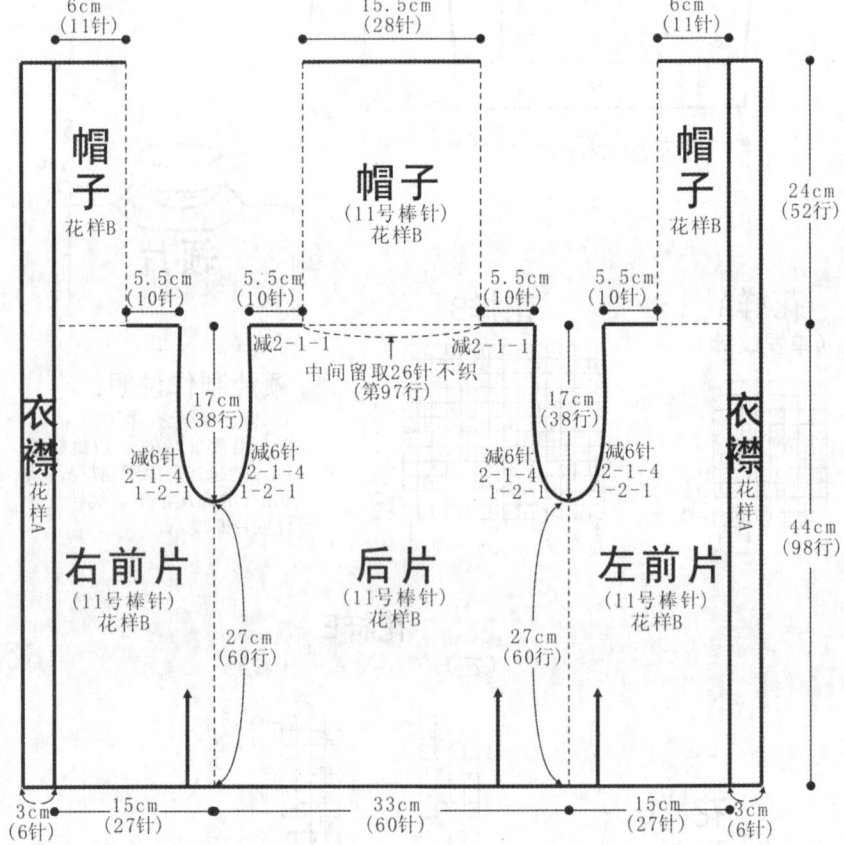

## 明艳连帽马甲

### 前片/后片制作说明：

1. 棒针编织法。袖隆以下一片编织完成，袖隆起分为左前片、右前片和后片分别编织而成。

2. 起织。下针起针法起126针，先织6针花样A，再织114针花样B，最后编织6针花样A，不加减重复往上编织至60行后，第61行起，将织片分片，分为右前片，左前片和后片，右前片与左前片各取33针，后片取60针编织。先编织后片，而右前片与左前片的针眼用防解别针扣住，暂时不织。

3. 分配后身片的针数到棒针上，用11号针编织，起织时两侧需要同时减针织成袖隆，减针方法为1-2-1、2-1-4，两侧针数各减少6针，余下48针继续编织，两侧不再加减针，织至第97行时，中间留取26针不织，用防解别针扣住留待编织帽子，两侧减针编织，方法为2-1-1，两侧各减1针，最后两肩部各余下10针，收针断线。

4. 左前片与右前片的编织。两者编织方法相同，但方向相反。以右前片为例，右前片的左侧为衣襟边，起织时不加减针，右侧要减针织成袖隆，减针方法为1-2-1、2-1-4，针数减少6针，然后不加减针继续编织至98行，将右侧肩部10针收针，左侧17针用防解别针扣住留待编织帽子。

5. 前片与后片的两肩部对应缝合。

6. 编织帽子。沿领口挑针起织，挑起62针，织片两侧各织6针花样A，中间织50针花样B，织52行后，收针，将帽顶缝合。

7. 沿衣襟、帽侧及衣摆、袖隆分别钩织一圈花样C逆短针。用黑色线钩织。

## 清凉小背心

【成品规格】衣长54cm，下摆宽33cm

【工　　具】14号棒针，1.25mm钩针

【编织密度】42针×46行＝10cm²

【材　　料】粉红色丝光线400g

符号说明：

☐　　上针

☐＝①　下针

☑　　左上2针并1针

☒　　右上2针并1针

◎　　镂空针

⊞⊞⊞⊞　左上2针与右下2针交叉

⊞⊞⊞⊞　右上2针与左下2针交叉

2-1-3　行-针-次

｜　　长针

＋　　短针

〰　　锁针

花样A

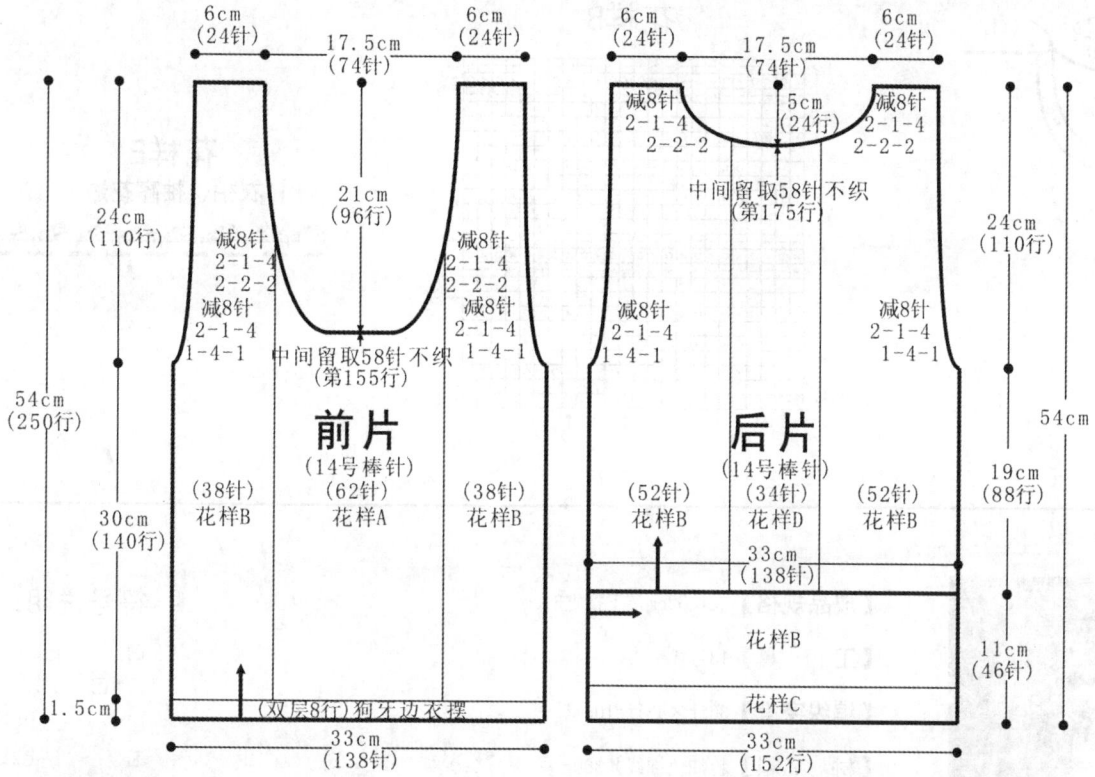

6cm
(24针)
17.5cm
(74针)
6cm
(24针)
6cm
(24针)
17.5cm
(74针)
6cm
(24针)

24cm
(110行)

21cm
(96行)

减8针
2-1-4
2-2-2

5cm
(24针)

减8针
2-1-4
2-2-2

减8针
2-1-4
2-2-2

中间留取58针不织
(第175行)

减8针
2-1-4
2-2-2

24cm
(110行)

54cm
(250行)

减8针
2-1-4
1-4-1

中间留取58针不织
(第155行)

减8针
2-1-4
1-4-1

减8针
2-1-4
1-4-1

减8针
2-1-4
1-4-1

54cm

前片
(14号棒针)

后片
(14号棒针)

30cm
(140行)

(38针)
花样B

(62针)
花样A

(38针)
花样B

(52针)
花样B

(34针)
花样D

(52针)
花样B

19cm
(88行)

33cm
(138针)

1.5cm

(双层8行)狗牙边衣摆

花样B

11cm
(46针)

花样C

33cm
(138针)

33cm
(152行)

## 前片/后片制作说明：

1. 棒针编织法。衣服分为前片、后片分别编织完成。
2. 起织前片。下针起针法，起138针编织全下针，织6行后，第7行织狗牙针，第8行起改织全下针，织至16行，与起针合并成双层衣摆，继续编织前片，前片由花样A与花样B组合编织，中间织62针花样A，两侧各织38针花样B，重复往上编织至140行，两侧开始袖窿减针，方法为1-4-1、2-1-4，各减8针，余下122针不加减针继续往上编织至154行，第155行起，将织片中间留起58针不织，两侧减针，方法为2-2-2、2-1-4，减针后不加减针往上编织至250行，两肩部各余下24针，收针断线。
3. 编织后片。下针起针法，起46针，编织花样C与花样B组合编织，先织12针花样C，再织34针花样B，重复往右编织至152行，收针。在花样B的侧边挑针起织，挑起138针，编织花样B与花样D组合编织，中间织34针花样D，两侧各织52针花样B，重复往上编织至88行，两侧开始袖窿减针，方法为1-4-1、2-1-4，各减8针，余下122针不加减针继续往上编织至174行，第175行起，将织片中间留取58针不织，两侧减针，方法为2-2-2、2-1-4，减针后不加减针往上编织至198行，两肩部各余下24针，收针断线。
4. 前片与后片的两侧缝对应缝合，两肩部对应缝合。
5. 钩针沿衣领及两侧袖窿钩织花样E，收针断线。

花样D

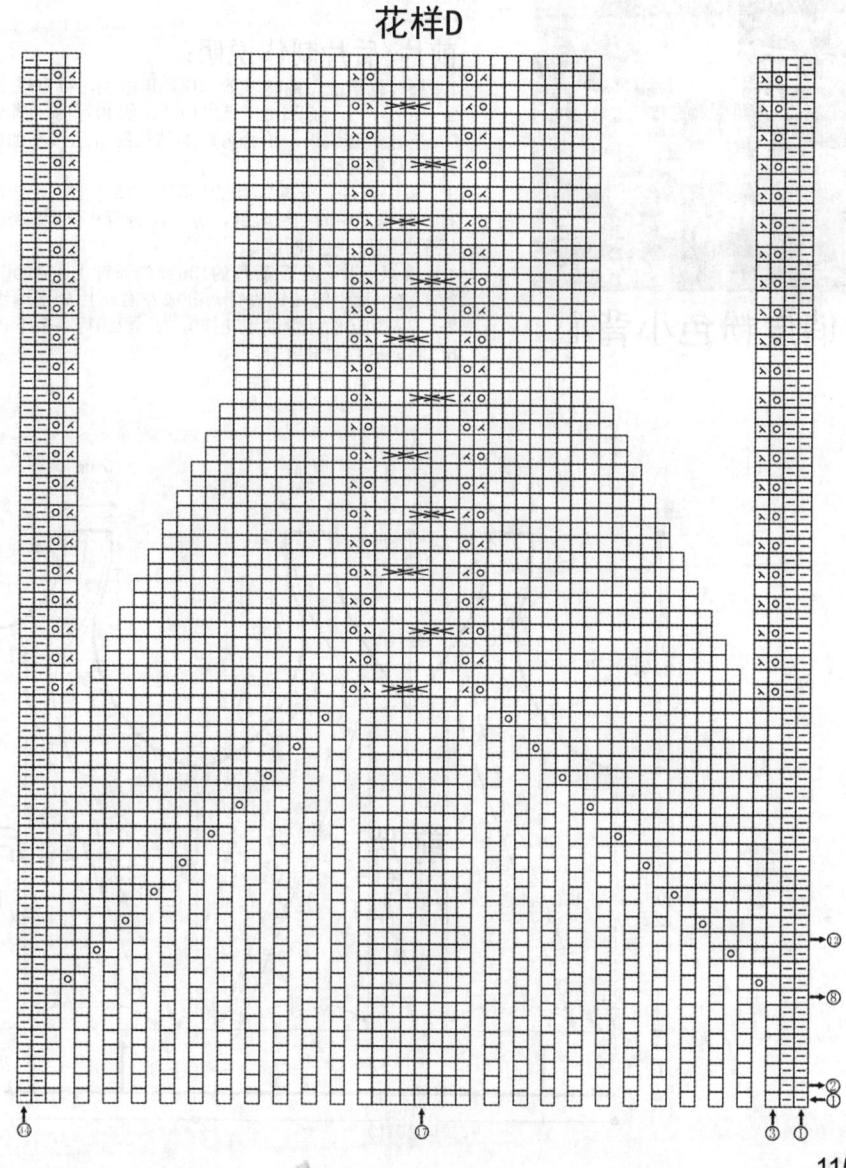

花样C

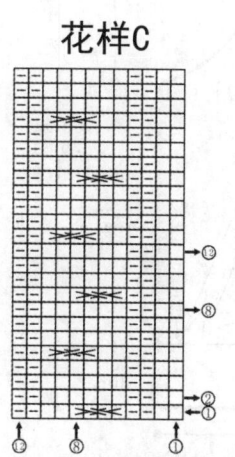

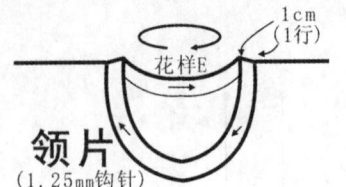

领片
（1.25mm钩针）

花样B

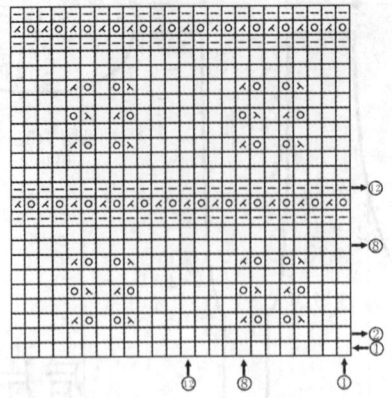

花样E
（衣袖、袖窿花边）

俏皮粉色小背心

【成品规格】衣长62cm，下摆宽34cm

【工　　具】13号棒针

【编织密度】36针×42行=10cm²

【材　　料】粉红色棉线共300g

符号说明：

| □ | 上针 |
|---|---|
| □=□ | 下针 |
| ☒ | 左上2针并1针 |
| ☒ | 右上2针并1针 |
| ◎ | 镂空针 |

前片/后片制作说明：

1. 棒针编织法。袖窿以下一片环形编织，袖窿以上分为前片、后片来编织完成。
2. 起织。下针起针法，起240针，织30行后，第31行将织片均匀加针至270针，改为花样B与花样C，花样D，下针组合编织，给合方法如结构图所示，不加减针往上织至152行，将织片分为前后片分别编织，前后片各取135针编织。
3. 编织前片。分配前片的135针到棒针上，起织时两侧减针织成袖窿，方法为1-9-1、2-1-41，织至168行，将织片中间一针收针，分成左右两片分别编织，织至234行，两侧袖窿减针完成，余下17针不加减针编织至260行，收针断线。
4. 编织后片。分配后片的135针到棒针上，起织时两侧减针织成袖窿，方法为1-9-1、2-1-41，织至216行，将织片中间19针收针，分成左右两片分别编织，两侧减针，方法为2-2-3，袖窿侧同时加针，方法为2-1-7，加起的针数编织花样D，织至260行，余下17针，收针断线。
5. 将前后片肩缝缝合。

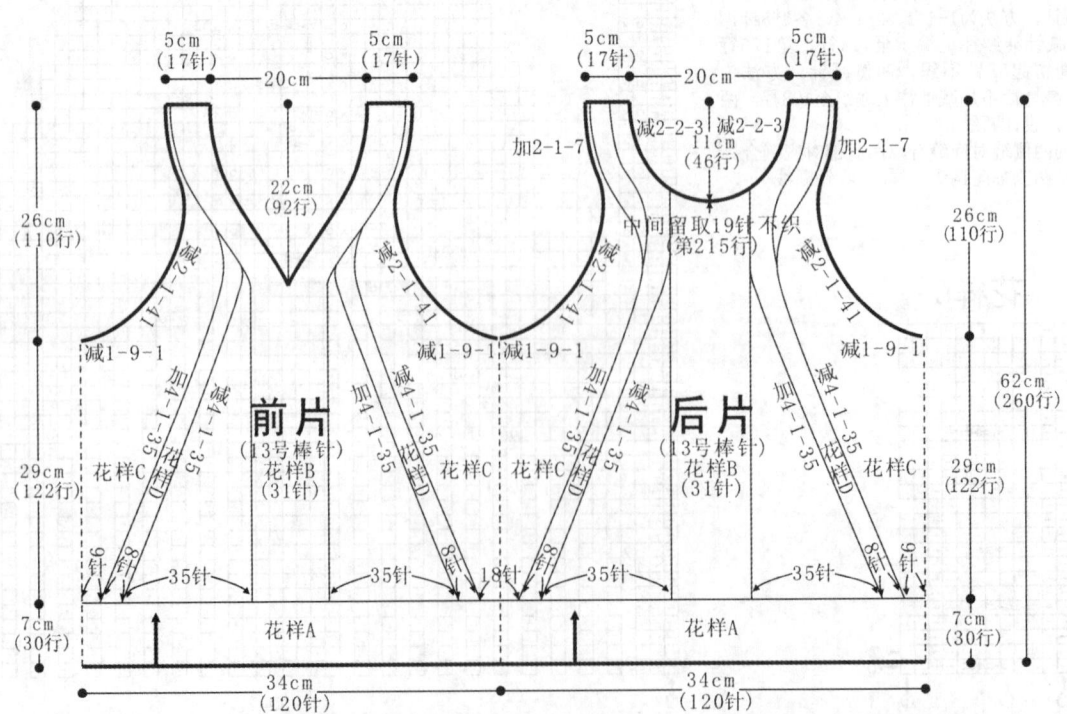

花样C

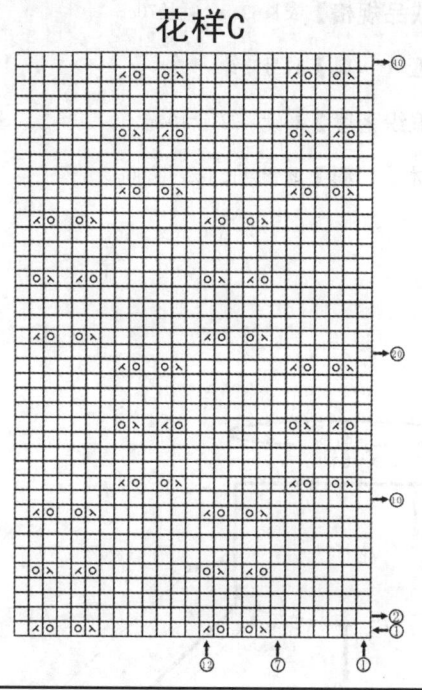

花样A

花样D

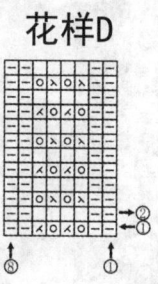

花样B

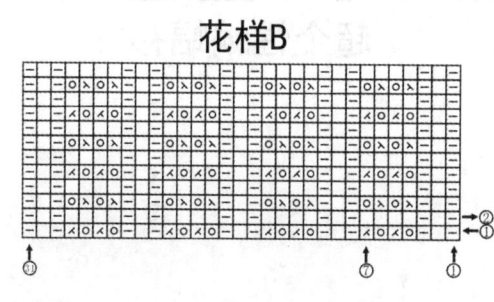

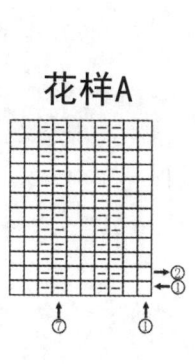

绚丽披肩式毛衣

【成品规格】衣长74cm，下摆宽68cm，袖长55cm

【工　　具】11号棒针

【编织密度】14针×25.5行=10cm²

【材　　料】花色毛线共600g

花样B

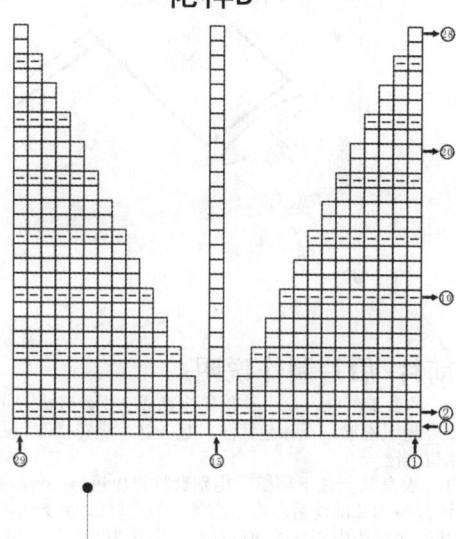

花样A

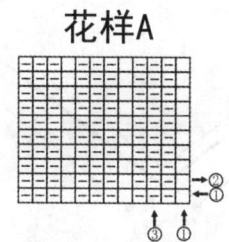

花样C

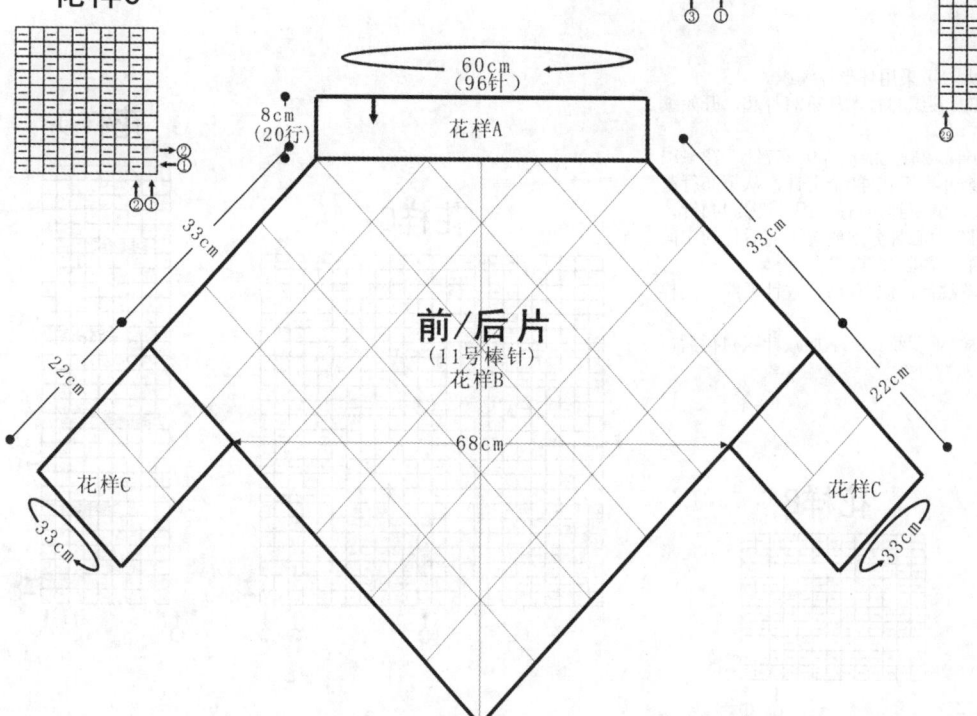

前/后片制作说明：

1. 棒针编织法，从上往下环织完成。织片较大，可采用环形针编织。

2. 起织衣领。下针起针法，起96针，织花样A，共织20行，从第21行起，开始编织衣身。

3. 按照花样B编织方法，编织66个花样B，完成后按结构图所示拼合成衣身，完成后编织袖口。

4. 沿两衣袖边沿分别挑针起织，挑起52针，编织花样C，织28行后，收针断线。

**超个性蝙蝠衫**

【成品规格】衣长69cm，袖长70cm

【工　　具】11号棒针

【编织密度】18针×22行=10cm²

【材　　料】蓝紫色长毛线共600g

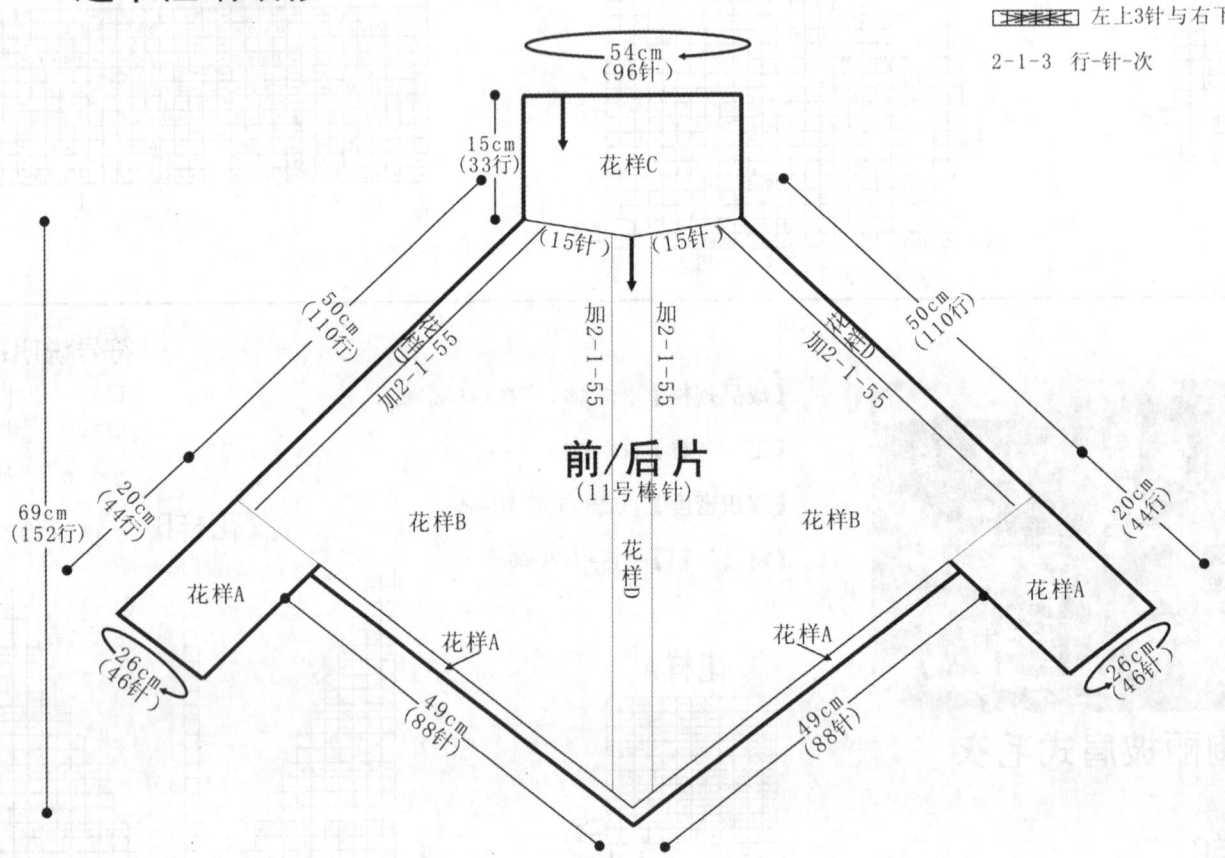

54cm
（96针）

15cm
（33行）

花样C

（15针）　（15针）

50cm
（110行）

加2-1-55

加2-1-55　加2-1-55

50cm
（110行）

加2-1-55

前/后片
（11号棒针）

花样B　　花样B

花样D

69cm
（152行）

20cm
（44行）

20cm
（44行）

花样A　　花样A

花样A　　花样A

26cm
（46针）

26cm
（46针）

49cm
（88针）　49cm
（88针）

**前片/后片制作说明：**

1. 棒针编织法，从上往下织完成。织片较大，可采用环形针编织。

2. 起织衣领。下针起针法，起96针，织花样C，共织33行，从第34行起，开始编织衣身。

3. 衣身从上往下环织。用别针标记出第1～9针、25～33针、49～57针、73～81针作为加针的前后左右中心骨，织花样D，其余针数织花样B全上针，从第35行起开始在每条中心骨的两侧加针，方法为2-1-55，编织到143行，织片变为444针，将衣服分片，分为前片、后片和左右袖片，四条中心骨分别放置于前后片的中间及左右袖片的中间，前后片各取176针，左右袖片各取46针。

4. 分配前片的176针到棒针上，编织花样A单罗纹针，织2行后，收针断线。同样的方法编织后片衣摆。

5. 分配其中一袖片的46针到棒针上，编织花样A单罗纹针，不加减针织44行后，收针断线。同样的方法编织另一袖片。

花样D

花样C

花样A

花样B

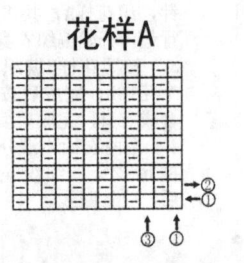

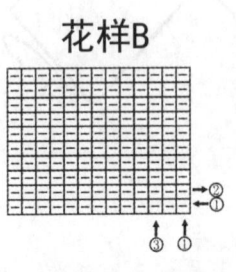

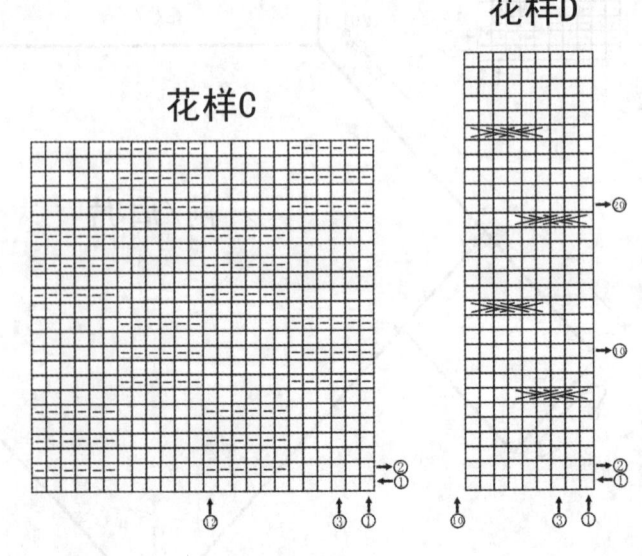

**温暖短款小外套**

【成品规格】衣长48cm，下摆宽38cm，肩宽30cm，袖长38cm

【工　　具】10号棒针

【编织密度】14针×20行=10cm²

【材　　料】浅蓝色粗绒线共400g

符号说明：

□　　上针

□=□　下针

2-1-3　行-针-次

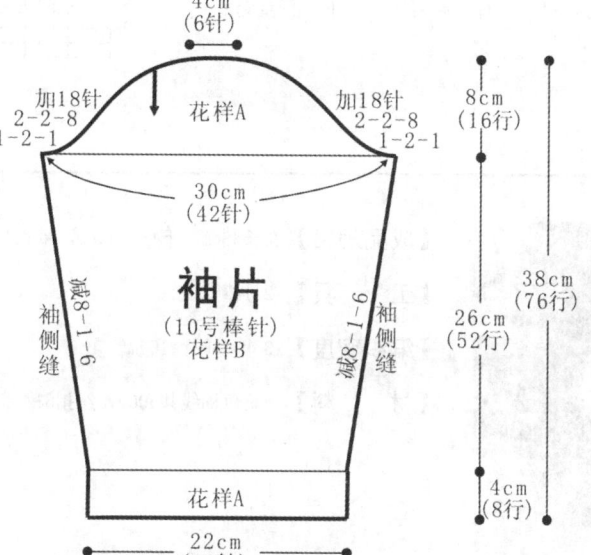

4cm
(6针)

加18针
2-2-8
1-2-1

花样A

加18针
2-2-8
1-2-1

8cm
(16行)

30cm
(42针)

减8-1-6

**袖片**
(10号棒针)
花样B

减8-1-6

38cm
(76行)

26cm
(52行)

袖侧缝

袖侧缝

花样A

4cm
(8行)

22cm
(30针)

**袖片制作说明：**

1. 棒针编织法，编织两片袖片。从袖窿顶部挑针起织。
2. 挑起6针，起织花样A搓板板针，一边织一边两侧加针，方法为2-2-8、1-2-1，共织16行，将织片加至42针圈织花样B全下针，编织时袖底减针编织，方法为8-1-6，共织52行，共减12针，最后余下30针，改织花样A，不加减织8行后，收针断线。
3. 同样的方法再编织另一袖片。

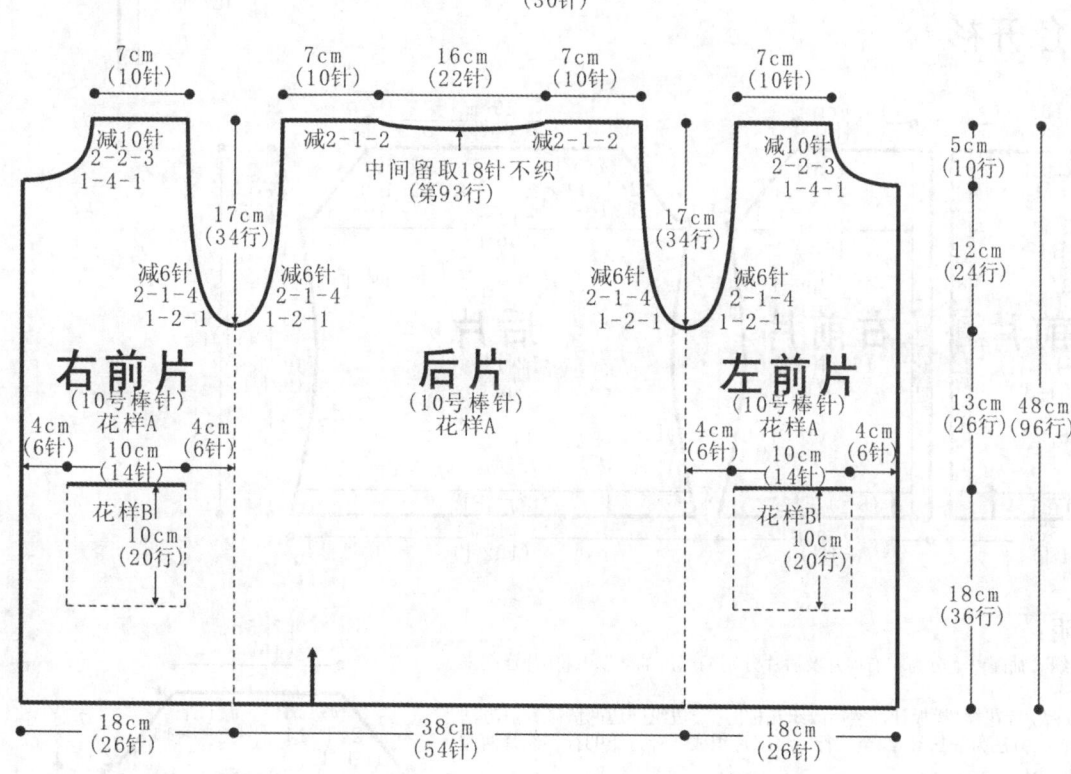

7cm
(10针)

7cm
(10针)

16cm
(22针)

7cm
(10针)

7cm
(10针)

减10针
2-2-3
1-4-1

减2-1-2

减2-1-2

减10针
2-2-3
1-4-1

5cm
(10行)

中间留取18针不织
(第93行)

17cm
(34行)

17cm
(34行)

12cm
(24行)

减6针
2-1-4
1-2-1

减6针
2-1-4
1-2-1

减6针
2-1-4
1-2-1

减6针
2-1-4
1-2-1

**右前片**
(10号棒针)
花样A

**后片**
(10号棒针)
花样A

**左前片**
(10号棒针)
花样A

13cm
(26行)

48cm
(96行)

4cm
(6针)

4cm
(6针)

4cm
(6针)

4cm
(6针)

10cm
(14针)

10cm
(14针)

花样B
10cm
(20行)

花样B
10cm
(20行)

18cm
(36行)

18cm
(26针)

38cm
(54针)

18cm
(26针)

**口袋制作说明：**

1. 棒针编织法，编织两片口袋片。从袋口挑针往下织。
2. 挑起袋口留的14针及左前片加起的14针，共28针环织，织花样B全下针，不加减针织20行后，收针，将袋底缝合。
3. 同样的方法再编织另一口袋。

**前片/后片制作说明：**

1. 棒针编织法。袖窿以下一片编织完成，袖窿起分为左前片、右前片、后片来编织。织片较大，可采用环形针编织。
2. 起织。下针起针法，起106针，织花样A搓板针，不加减针织36行后，第37行预留口袋。方法为先织6针，然后将第7～20针用防解别针扣住暂时不织，同时加起14针，完成后继续编织第21～86针，将第87～100针用防解别针扣住暂时不织，同时加起14针，完成后继续编织第101～106针，第38行起继续不加减针往上编织，织至62行，从第63行起将织片分片，分为右前片，左前片和后片，右前片与左前片各取26针，后片取54针编织。先编织后片，而右前片与左前片的针眼用防解别针扣住，暂时不织。
3. 分配后身片的针数到棒针上，用10号针编织，起织时两侧需要同时减针织成袖窿，减针方法为1-2-1、2-1-4，两侧针数各减少6针，余下针继续编织，两侧不再加减针，织至93行时，中间留取18针不织，用防解别针扣住，两端相反方向减针编织，各减少2针，方法为2-1-2，最后两肩部余下10针，收针断线。
4. 左前片与右前片的编织。两者编织方法相同，但方向相反，以右前片为例，右前片的左侧为衣襟边，起织时不加减针，右侧要减针织成袖窿，减针方法为1-2-1、2-1-4，针数减少6针，余下20针继续编织，当衣襟侧编织至25行时，开始前领减针，方法为1-4-1、2-2-3，共减10针，余下10针继续往上编织至34行，收针断线。
5. 前片与后片的两肩部对应缝合。

典雅紫色开衫

## 领片/衣襟制作说明：

1. 棒针编织法，往返编织。

2. 沿着前后衣领边挑针编织，挑起46针编织花样A搓板针，共织20行的高度，收针断线。

3. 衣襟是在衣领片编织完成后挑织的，沿两侧衣襟边分别挑起60针，编织花样搓板针，织6行的长度，收针断线。注意在右边衣襟要制作2个扣眼，方法是在一行收起两针，在下一行重起这两针，形成一个眼。

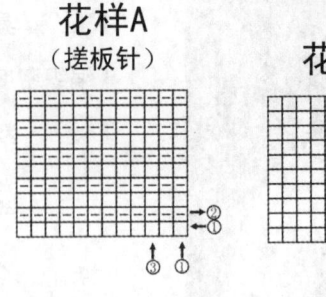

花样A（搓板针）

花样B

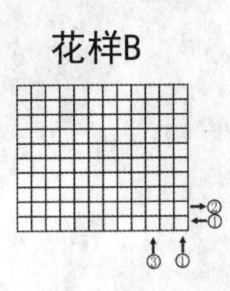

领片
（10号棒针）
花样A

46针
10cm（20行）
43cm（60针）
3cm（6行）

【成品规格】衣长38cm，下摆宽44cm，袖长44cm

【工　　具】12号棒针

【编织密度】23针×30行=10cm²

【材　　料】浅紫色棉线共500g，纽扣6枚

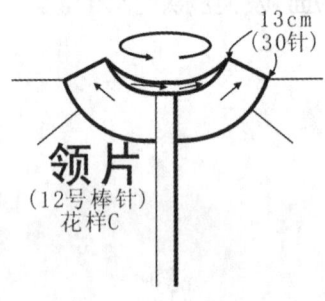

领片
（12号棒针）
花样C

13cm（30针）

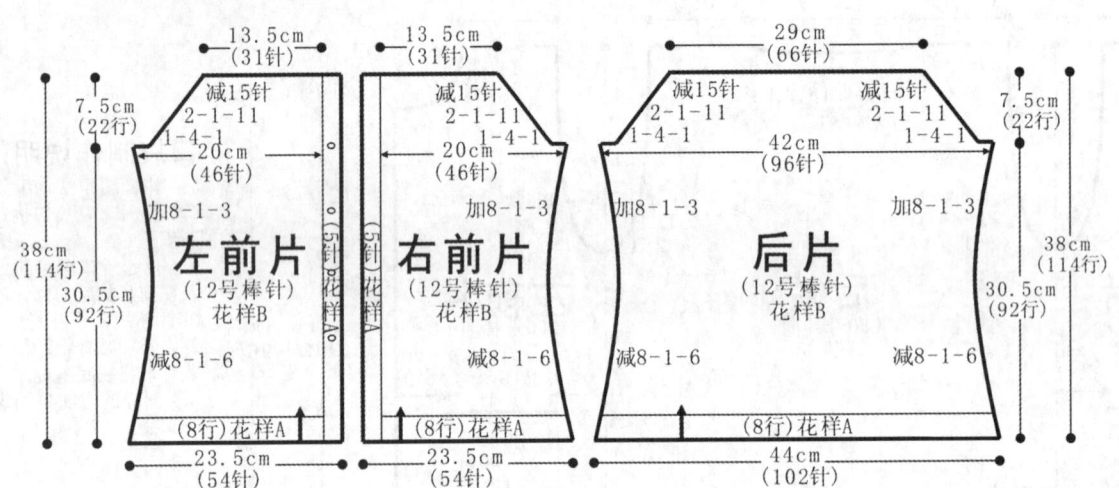

左前片
（12号棒针）
花样B

右前片
（12号棒针）
花样B

后片
（12号棒针）
花样B

13.5cm（31针）
7.5cm（22行）
减15针 2-1-11 1-4-1
20cm（46针）
加8-1-3
38cm（114行）
30.5cm（92行）
减8-1-6
（8行）花样A
23.5cm（54针）

29cm（66针）
减15针 2-1-11 1-4-1
42cm（96针）
加8-1-3
44cm（102针）

## 前片/后片制作说明：

1. 棒针编织法。从下往上织，袖窿以下分为左右前片及后片分别编织，袖窿以上将5片连起来编织。

2. 起织后片。起102针，先织8行花样A搓板针，然后改织花样B，一边织一边两侧减针，方法为8-1-6，减针后再两侧加针，方法为8-1-3，织至92行，将织片织成96针，第93行将织片两侧各收4针，余下针数留针暂时不织。

3. 起织左前片。左前片的右侧为衣襟侧，起54针，先织8行花样A搓板针，然后衣襟侧编织5针花样A，左侧改织花样B全下针，一边织一边左侧减针，方法为8-1-6，减针后再加针，方法为8-1-3，织至92行，织片余下46针，第93行将织片左侧收4针，余下针数留针暂时不织。

4. 相同的方法相反方向编织右前片。

5. 起织袖片。起46针，先织8行花样A搓板针，然后改织花样B与花样D组合编织，织片中间编织16针花样D，两侧织花样B，一边织一边两侧加针，方法为8-1-12，织至110行，将织片织成70针，第111行将织片两侧各收4针，余下针数留针暂时不织。

6. 将左前片、左袖片、后片、右袖片、右前片，共306针连起来编织，四条插肩减针编织，减针方法如图所示，织22行，织片余下218针，左右侧衣襟5针继续编织花样A织40行，其余针数收针。

7. 编织衣领。沿右衣襟侧边挑针起织，挑起30针，横向编织花样C，右侧织272行，左侧织182行，与左侧衣襟侧缝缝合，断线。

8. 将领片与衣领边缝合。

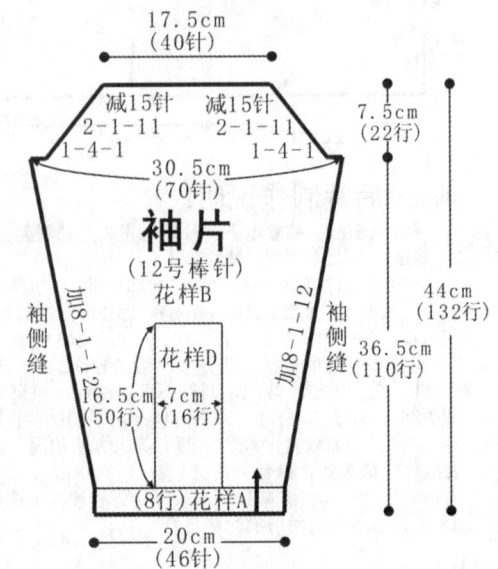

袖片
（12号棒针）
花样B

17.5cm（40针）
减15针 2-1-11 1-4-1
30.5cm（70针）
7.5cm（22行）
加8-1-12
袖侧缝
花样D
44cm（132行）
36.5cm（110行）
16.5cm（50行）
7cm（16行）
（8行）花样A
20cm（46针）

## 符号说明：

□ 上针
□=□ 下针
◎ 镂空针
☑ 左上2针并1针
☒ 右上2针并1针
2-1-3 行-针-次
▲ 中上3针并1针
⧄⧅ 右上2针与左下2针交叉
⧄⧅ 左上2针与右下2针交叉

### 插肩编织

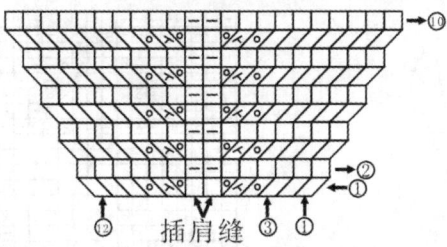

插肩缝

### 花样A

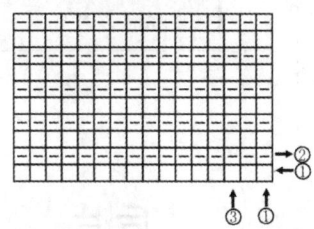

### 花样C
（衣领编织图解）

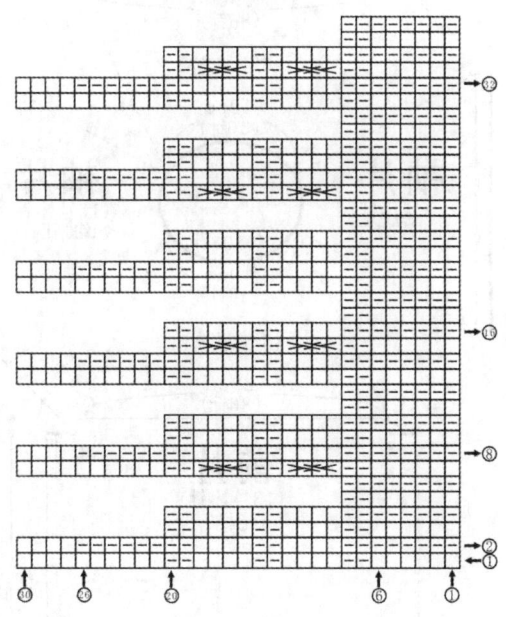

### 花样B

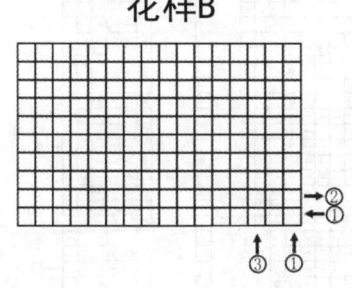

### 花样D

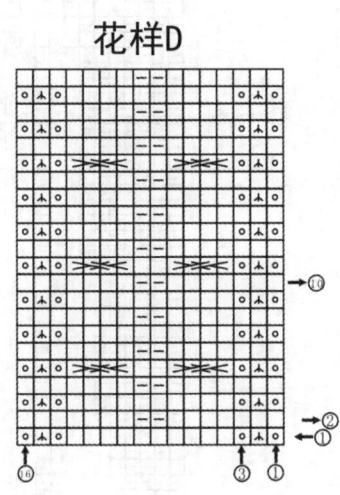

---

## 叶子花圆肩衣

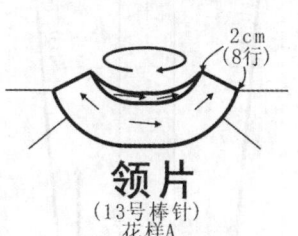

领片
（13号棒针）
花样A

【成品规格】衣长46cm，下摆宽34cm

【工　　具】13号棒针

【编织密度】30针×40行=10cm²

【材　　料】白色棉线共400g

### 花样A

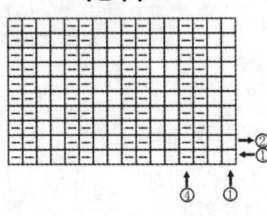

### 花样C

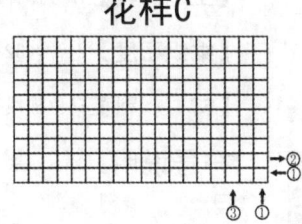

### 前片/后片/袖片制作说明：

1. 棒针编织法。从衣领往下环形编织，起108针，不加减针往下编织8行，第9行起开始编织衣身。
2. 起织衣身。编织花样B，每6针一组花样，共18组花样，一边织一边加针，如花样B图解所示，织至78行，花样B编织完成，将织片分片，分成前片、后片和左右袖片，前片取86针，后片取88针，编织花样C全下针，左右袖片各取68针，编织花样A双罗纹针，织6行后，将左右袖片的针数收针，前片与后片连起来环织。
3. 分配前片与后片的针眼到棒针上，先织前片的86针，完成后起15针，再织后片的88针，完成后再起15针，与前片起针处连起来环织，共204针编织花样C，不加减针编织88行后，改织花样A，织20行后，收针断线。

121

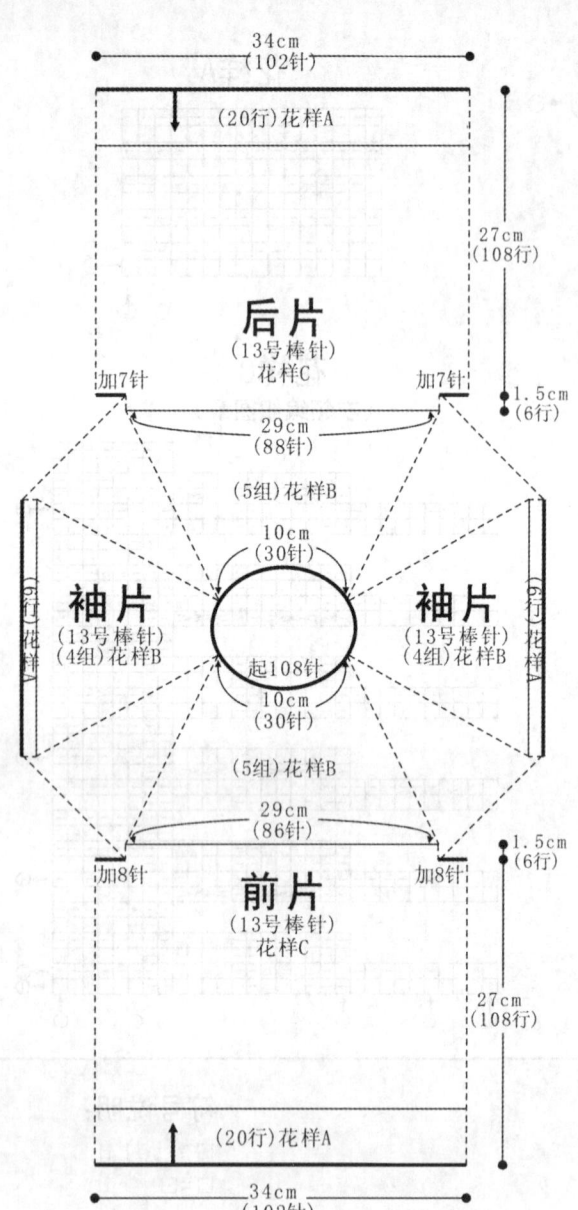

34cm
(102针)

(20行)花样A

27cm
(108行)

后片
(13号棒针)
花样C

加7针　加7针

1.5cm
(6行)

29cm
(88针)

(5组)花样B

袖片
(13号棒针)
(4组)花样B

10cm
(30针)

起108针

10cm
(30针)

袖片
(13号棒针)
(4组)花样B

(5组)花样B

29cm
(86针)

加8针　加8针

1.5cm
(6行)

前片
(13号棒针)
花样C

27cm
(108行)

(20行)花样A

34cm
(102针)

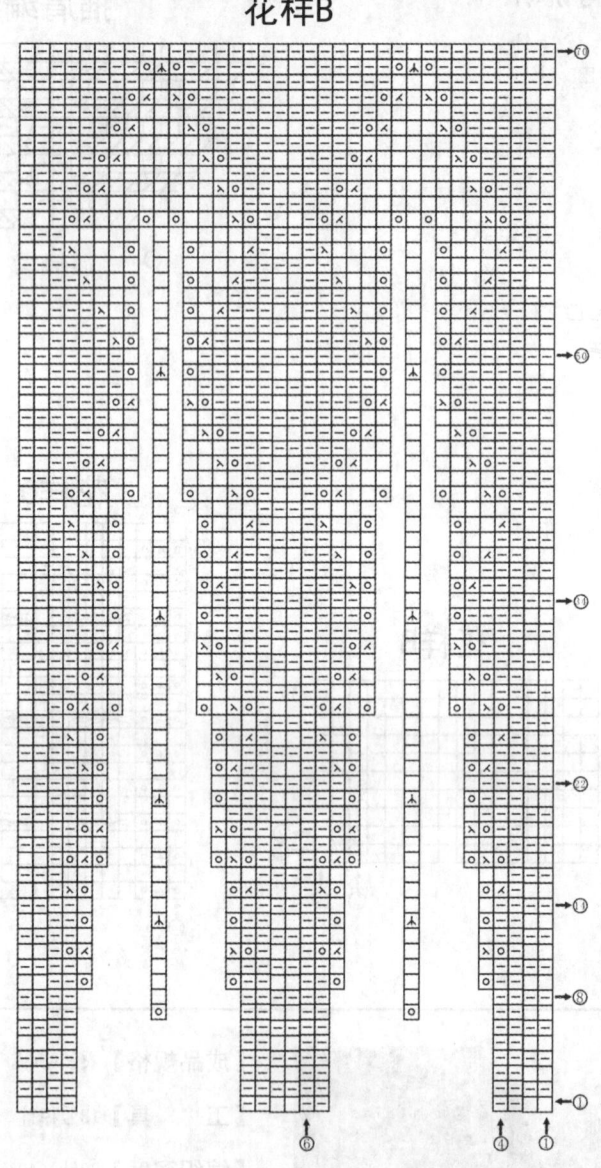

花样B

叶子花淑女装

【成品规格】衣长55cm，下摆宽35cm，袖长62cm

【工　　具】12号棒针，12号环形针

【编织密度】24针×32行=10cm²

【材　　料】白色棉线600g

符号说明：
｜▲｜　　左上3针并1针
｜□｜　　上针　　　　｜▲｜　　右上3针并1针
□=｜１｜　下针　　　｜◎｜　　镂空针
　　　　　　　　｜╪╪╪｜　　左上2针与右下2针交叉
2-1-3　　　行-针-次

袖片制作说明：
1. 棒针编织法，编织两片袖片。从袖口起织。
2. 起50针，编织6行花A，从第7行起改织花样B与花样C组合编织，中间织15针花样B，两侧针数织花样B，一边织一边两侧加针，方法为10-1-12，织至140针，织布加至74针，见结构图所示，接着就编织袖山，袖山减针编织，两侧同时减针，方法为1-4-1、2-1-29，两侧各减少33针，最后袖片余下8针，收针断线。
3. 同样的方法再编织另一袖片。
4. 缝合方法：将袖山对应前片与后片的袖窿线，用线缝合，再将两袖侧缝对应缝合。

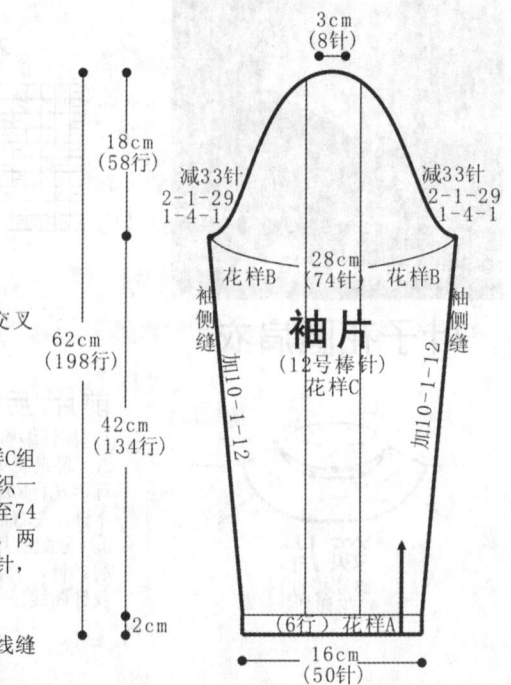

3cm
(8针)

18cm
(58行)

减33针
2-1-29
1-4-1

减33针
2-1-29
1-4-1

28cm
(74针)

花样B　　花样B

62cm
(198行)

袖片
(12号棒针)
花样C

袖侧缝　　袖侧缝

加10-1-12　　加10-1-12

42cm
(134行)

2cm

(6行)花样A

16cm
(50针)

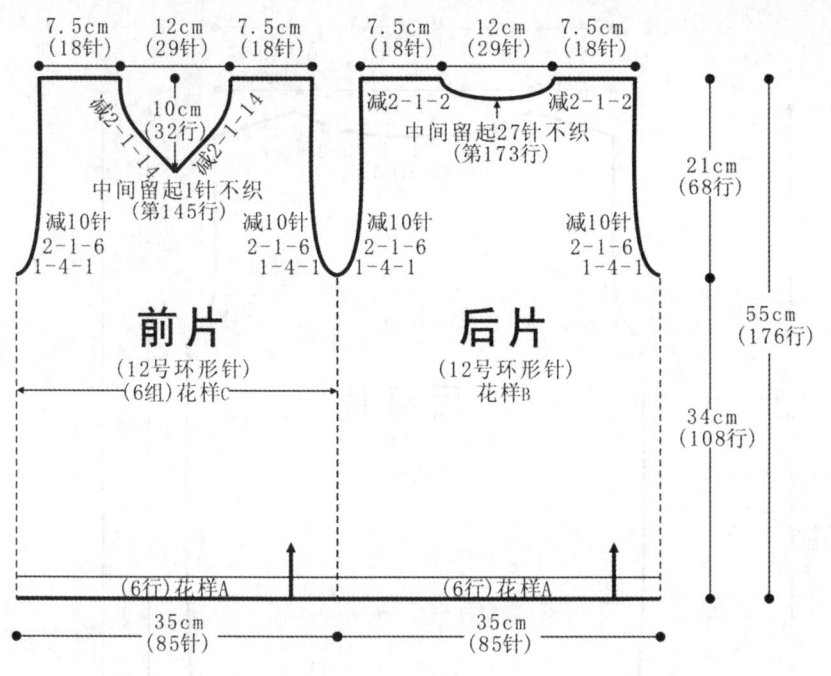

前片/后片制作说明：

1. 棒针编织法，袖窿以下一片环形编织而成，袖窿起分为前片、后片来编织。织片较大，可采用环形编织。

2. 起织。下针起针法起170针起织，先织6行花样A，然后后片改织85针花样B，前片织85针花样C，织至108行，将织片分片，分为前片和后片分别编织，各取85针，先编织后片，而前片的针眼用防解别扣住，暂时不织。

3. 分配后身片的针数到棒针上，编织花样B，起织时两侧需要同时减针织成袖窿，减针方法为1-4-1、2-1-6，两侧针数各减少10针，余下65针继续编织，两侧不再加减针，织至第173行，织的中间留起25针不织，两侧各减针2针，最后两肩部各余下18针，收针断线。

4. 编织前片。编织花样C，起织时两侧需要同时减针织成袖窿，减针方法为1-4-1、2-1-6，两侧针数各减少10针，余下65针继续编织，两侧不再加减针，织至第145行，织片的中间留起1针不织，两侧减针，方法为2-1-14，织至176行，最后两肩部各余下18针，收针断线。

5. 将前片与后片的两肩缝对应缝合。

花样C

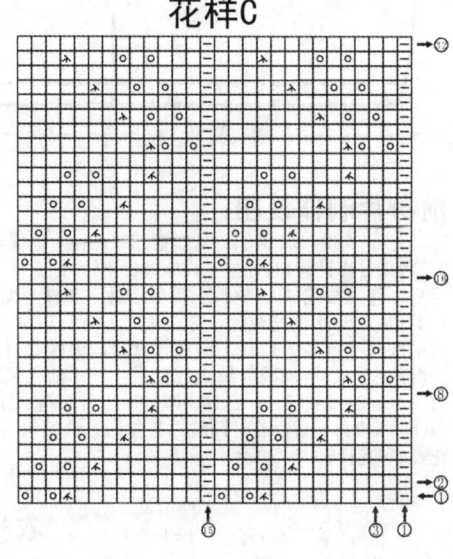

花样A

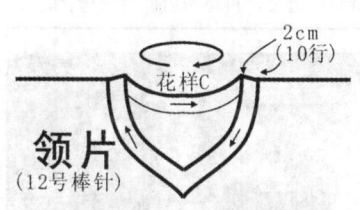

花样B

花样D
（领尖减针方法）

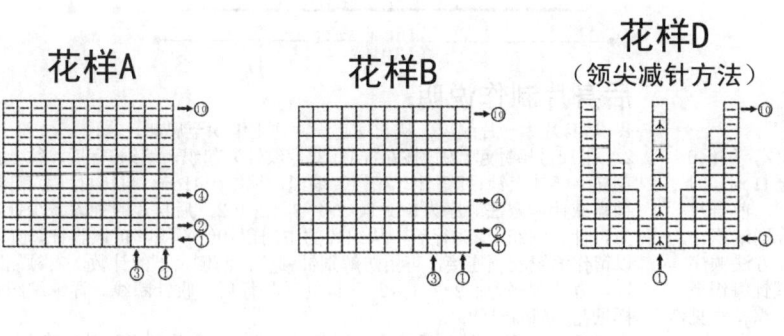

领片
（12号棒针）

领片制作说明：

1. 棒针编织法，圈织。

2. 沿着前后衣领边挑针编织，挑织78针织花样D单罗纹针，领尖处一边织一边减针，减针方法如图示，共织10行的高度，单罗纹针收针法收针断线。

独特V领休闲装

【成品规格】衣长64cm，衣宽45cm，袖长55cm

【工　　具】12号棒针

【编织密度】30.7针×40行=10cm²

【材　　料】黑色细羊毛线共1200g

符号说明：

| □ | 上针 |
|---|---|
| □=回 | 下针 |
| 2-1-3 | 行-针-次 |

花样A
（双罗纹针）

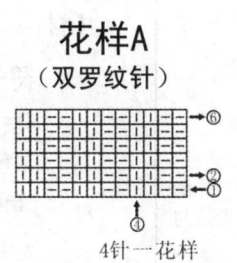

4针一花样

花样B

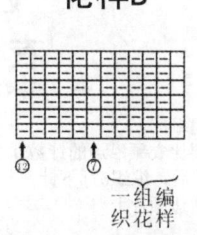

一组编织花样

花样C

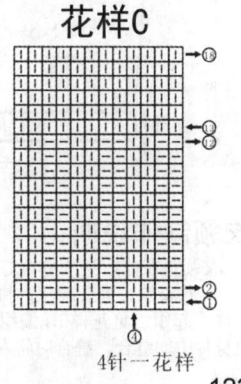

4针一花样

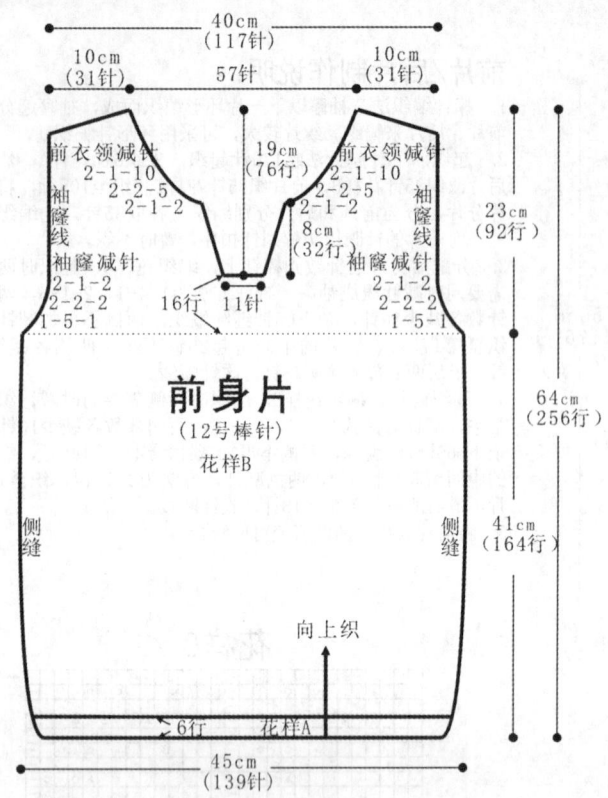

40cm
(117针)
10cm
(31针)
57针
10cm
(31针)

前衣领减针
2-1-10
2-2-5
2-1-2

19cm
(76行)

前衣领减针
2-1-10
2-2-5
2-1-2

袖隆线

袖隆线

袖隆减针
2-1-2
2-2-2
1-5-1

8cm
(32行)

袖隆减针
2-1-2
2-2-2
1-5-1

23cm
(92行)

16行　11针

**前身片**
（12号棒针）
花样B

64cm
(256行)

侧缝

侧缝

41cm
(164行)

向上织

6行　花样A

45cm
(139针)

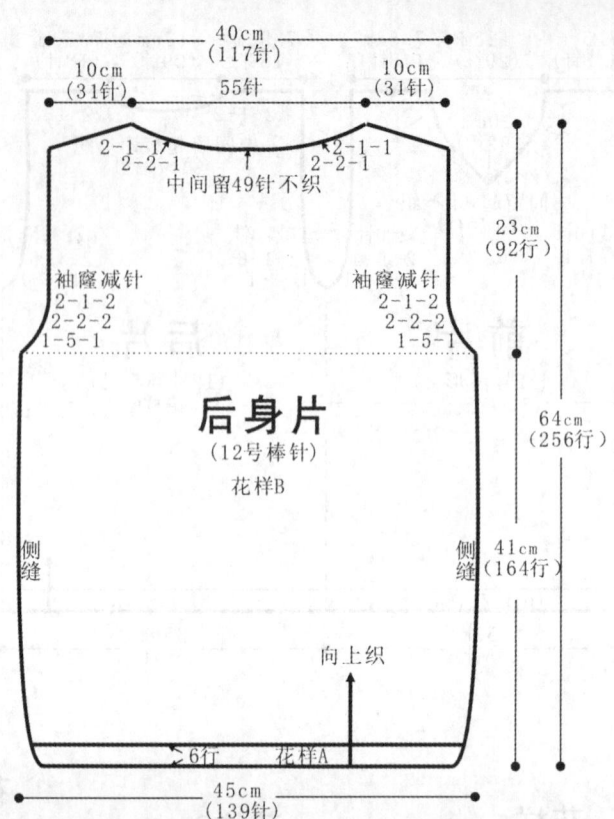

40cm
(117针)
10cm
(31针)
55针
10cm
(31针)

2-1-1
2-2-1

2-1-1
2-2-1

中间留49针不织

23cm
(92行)

袖隆减针
2-1-2
2-2-2
1-5-1

袖隆减针
2-1-2
2-2-2
1-5-1

**后身片**
（12号棒针）
花样B

64cm
(256行)

侧缝

侧缝

41cm
(164行)

向上织

6行　花样A

45cm
(139针)

## 前身片制作说明：

1. 前身片分为一片编织，从衣摆起织，往上编织至肩部。
2. 用12号棒针起139针按花样A（3针下针1针上针一花样）起织，编织6行后，往上按花样B（5针上针1针下针一花样）编织，编织至41cm，即164行后，开始袖隆减针，方法顺序为1-5-1、2-2-2、2-1-2，前身片的袖隆减少针数为11针。编织16行后，中间收11针，两边分别编织。先编织左片，不加减针编织32行后，开始前衣领减针，减针方法顺序为：2-1-2、2-2-5、2-1-10，减针后，肩部剩下31针，不加减针编织至64cm，即256行后，收针断线。按相同方法编织右片。详细编织花样见花样A和花样B。

## 后身片制作说明：

1. 后身片为一片编织，从衣摆起织，往上编织至肩部。
2. 用12号棒针起139针按花样A（双罗纹针）起织，编织6行后，往上按花样B（5针上针1针下针一花样）编织，编织至41cm，即164行后，开始袖隆减针，方法顺序为1-5-1、2-2-2、2-1-2，后身片的袖隆减少针数为11针。编织至250行后，从织片的中间留49针不织，可以收针，亦可以留下编织衣领连接，可用防解别针锁住，两侧余下的针数，衣领侧减针，方法顺序为：2-2-1、2-1-1，编织6行后，收针断线。详细编织花样见花样A和花样B。
3. 将前身片的侧缝与后身片的侧缝对应缝合，再将两肩部对应缝合。

袖山减
1-1-3
2-1-30
1-5-1

余32针

袖山减
1-1-3
2-1-30
1-5-1

16cm
(64行)

35cm
(108针)

**衣袖片**
（12号棒针）
花样B

39cm
(156行)

加11-1-12

侧缝

侧缝

加11-1-12

55cm
(220行)

向上织

6行　花样A

27cm
(84针)

4.5cm(20行)

**衣领**
（12号棒针）花样C

## 衣袖片制作说明：

1. 两片衣袖片，分别单独编织。
2. 从袖口起织。用12号棒针起84针按花样A（双罗纹针）编织，编织6行，往上按花样B花样编织，花样B花样为5针上针1针下针一花样，两侧同时加针编织，加针方法为11-1-12，编织132行后，往上不加减针编织18行后，开始袖山的编织。
3. 袖山的编织。从第一行起要减针编织，两侧同时减针，减针方法如图：依次1-5-1、2-1-30、1-1-3，最后余下32针，直接收针后断线。
4. 同样的方法再编织另一衣袖片。
5. 将两袖片的袖山与衣身的袖隆线边对应缝合，再缝合袖片的侧缝。

## 活力小披肩

**【成品规格】** 衣长42cm，下摆宽40cm，袖长45cm

**【工　　具】** 12号棒针

**【编织密度】** 22针×42行=10cm²

**【材　　料】** 棕色棉线共500g

## 符号说明：

□=□　下针　　　日　上针

左上3针与右下3针交叉

右上3针与左下3针交叉

2-1-3　行-针-次

## 衣领制作说明：

1. 衣领是在前后身片缝合好后的前提下起编的。
2. 沿着衣领边挑针起织，挑出的针数，要比衣领沿边的针数稍多些，然后按照花样C的花样，起织，见花样C，编织14行双罗纹针后，编织6行下针，收针断线。将领片两边与前身片中间缝合，缝合时将左边领片压在右边领片上。

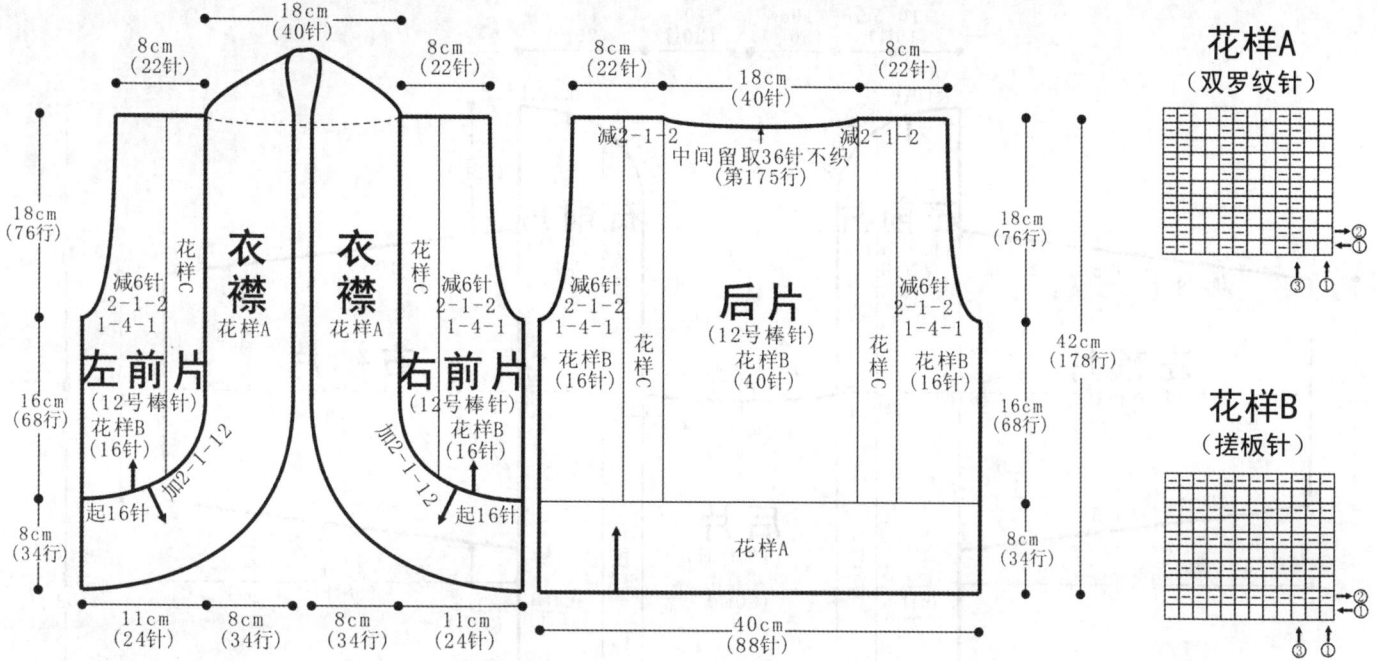

花样A
（双罗纹针）

花样B
（搓板针）

## 前片/后片制作说明：

1. 棒针编织法，衣服分为左前片、右前片和后片来编织完成。
2. 先织后片，双罗纹针起针法，起88针，织花样A双罗纹针，共织34行后，改为花样B与花样C组合编织，组合方法如结构图所示，重复往上织至102行，第103行两侧开始袖窿减针，方法为1-4-1、2-1-2，各减6针，余下76针不加减针往上织至174行，第175行起，将织片中间留取36针不织，两侧减针织成后领，方法为2-1-2，织至178行，最后两肩部各余下18针，收针断线。
3. 编织左前片，左前片的右侧为衣襟侧，下针起针法，起16针，织花样B，一边织一边右侧加针，方法为2-1-12，所加针数编织花样C，织至24针，织片变成28针，第25行起不加减针往上织，织至102行，第103行左侧开始袖窿减针，方法为1-4-1、2-1-2，减6针，余下22针不加减针往上织至178行，肩部余下22针，收针断线。
4. 同样的方法相反方向编织右前片，完成后将左右前片与后片的两侧缝对应缝合，两肩部对应缝合。

## 领片/衣襟制作说明：

1. 棒针编织法，往返编织。
2. 沿着左右衣襟及后衣领边挑针编织，如结构图所示，挑起222针编织花样A，共织34行，收针断线。
3. 将衣摆侧缝缝合。

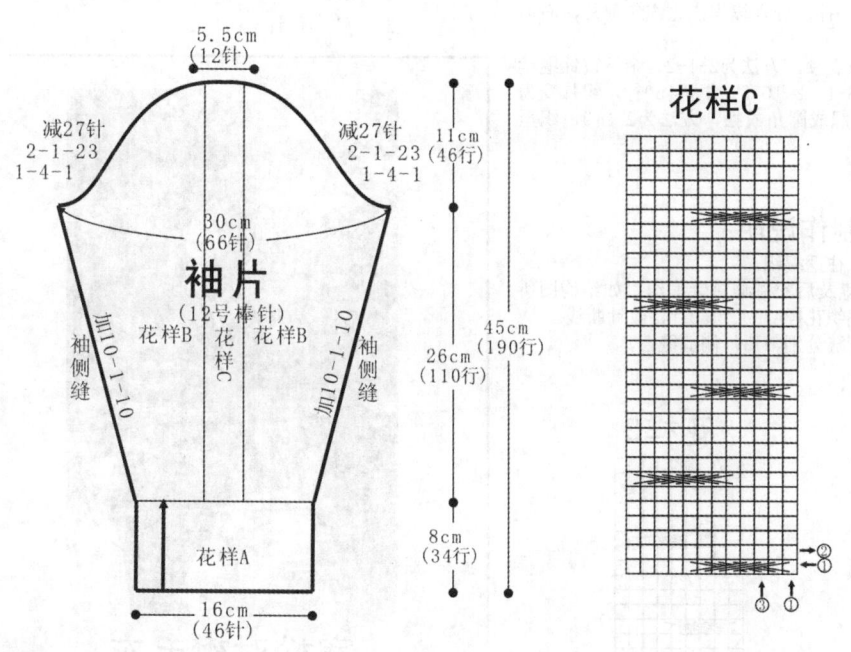

花样C

## 袖片制作说明：

1. 棒针编织法，编织两片袖片。从袖口起织。
2. 起46针，起织花样A，织34行后，第35行起改为花样B与花样C组合编织，中间织12针花样C，两侧各织17针花样B，两侧一边织一边加针，方法为10-1-10，两侧的针数各增加10针，织至144行时，将织片成66针，接着就编织袖山，袖山减针编织，两侧同时减针，方法为1-4-1、2-2-23，两侧各减少27针，织至190行，最后织片余下12针，收针断线。
3. 同样的方法再编织另一袖片。
4. 缝合方法：将袖山对应前片与后片的袖窿线，用线缝合，再将两袖侧缝对应缝合。

## 艳丽扭花纹披肩

【成品规格】衣长36cm，下摆宽38cm，袖长32cm

【工　　具】11号棒针

【编织密度】18针×30行=10cm²

【材　　料】红色棉线共500g

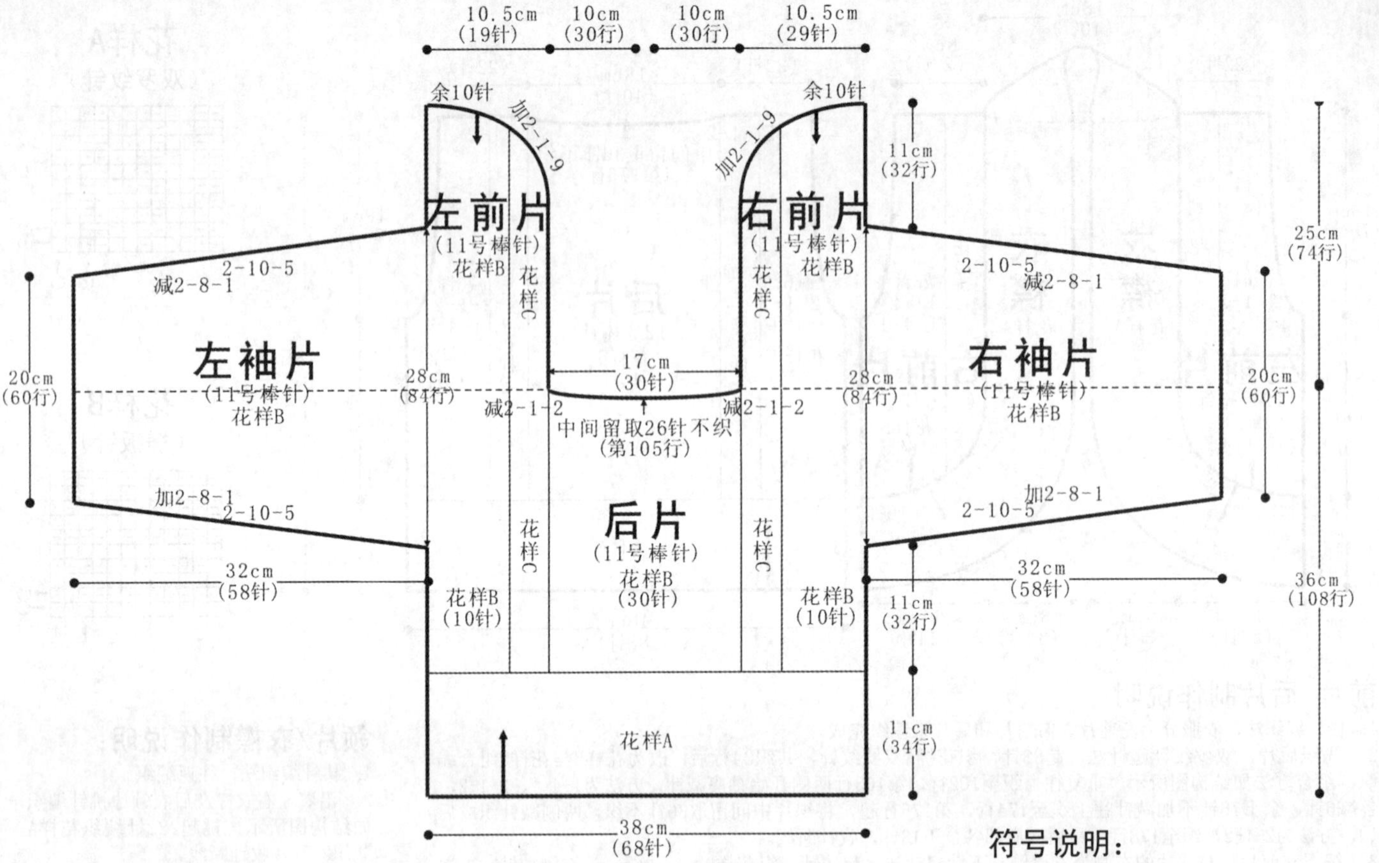

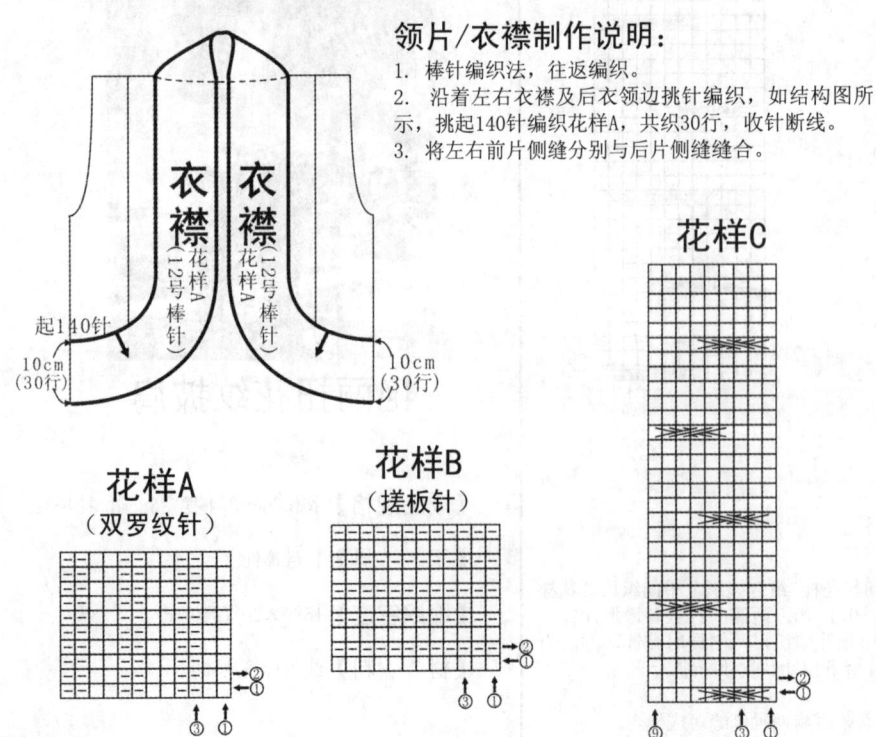

10.5cm (19针)　10cm (30行)　10cm (30行)　10.5cm (29针)

余10针　　　　　　　　　　余10针

加2-1-9　　　　　　　　加2-1-9

11cm (32行)

**左前片**
(11号棒针)
花样B　花样C

**右前片**
(11号棒针)
花样C　花样B

减2-8-1　2-10-5

**左袖片**
(11号棒针)
花样B

2-10-5　减2-8-1

**右袖片**
(11号棒针)
花样B

20cm (60行)　　28cm (84针)　　17cm (30针)　　28cm (84针)　　20cm (60行)

25cm (74行)

减2-1-2　中间留取26针不织 (第105行)　减2-1-2

加2-8-1　2-10-5

2-10-5　加2-8-1

**后片**
(11号棒针)
花样B
(30针)

花样B (10针)　花样C　花样C　花样B (10针)

32cm (58针)　　　　　　　　　　　32cm (58针)

36cm (108行)

11cm (32行)

11cm (34行)

花样A

38cm (68针)

**前片/后片制作说明:**

1. 棒针编织法。衣服从下往上从后片起织，织至后领处，分为左前片、右前片来编织完成。
2. 起织后片。双罗纹针起针法，起68针，织花样A双罗纹针，共织34行后，改为花样B与花样C组合编织，组合方法如结构图所示，重复往上织至66行，第67行两侧开始加针织成左右袖片，方法为2-10-5、2-8-1，织至78行，织片变成184针，然后不加减针往上织至108行，将织片中间留取26针不织，用防解别针扣住，织片分为左右两片，各79针，分别编织，先织左前片，右前片暂时不织。
3. 起织左前片。左前片的右侧为衣襟侧，起织时减针织成衣领，方法为2-1-2，余下77针继续往上编织至138行，第139行起，左侧袖片减针，方法为2-8-1、2-10-5，织至150行，织片变为19针，不加减针往上编织至164行，第165行起，右侧减针织成圆角衣摆，方法为2-1-9，织至182行，织片余下10针，收针断线。
4. 同样的方法相反方向编织右前片。

**符号说明:**

□　上针

□=□　下针

左上3针与右下3针交叉

右上3针与左下3针交叉

2-1-3　行-针-次

**领片/衣襟制作说明:**

1. 棒针编织法，往返编织。
2. 沿着左右衣襟及后衣领边挑针编织，如结构图所示，挑起140针编织花样A，共织30行，收针断线。
3. 将左右前片侧缝分别与后片侧缝缝合。

**衣襟**
(12号棒针)
花样A

**衣襟**
(12号棒针)
花样A

起140针

10cm (30行)　　　　10cm (30行)

**花样C**

**花样A**
(双罗纹针)

**花样B**
(搓板针)

**宽松对襟毛衣**

【成品规格】衣长60cm，下摆宽49cm，肩宽38cm，袖长50cm

【工　　具】11号棒针

【编织密度】22针×36行=10cm²

【材　　料】灰色羊毛线共500g，白色羊毛线共50g，纽扣7枚符号说明：

□=□ 下针　　□ 上针

□□□ 左上3针与右下3针交叉

2-1-3 行-针-次

## 花样B

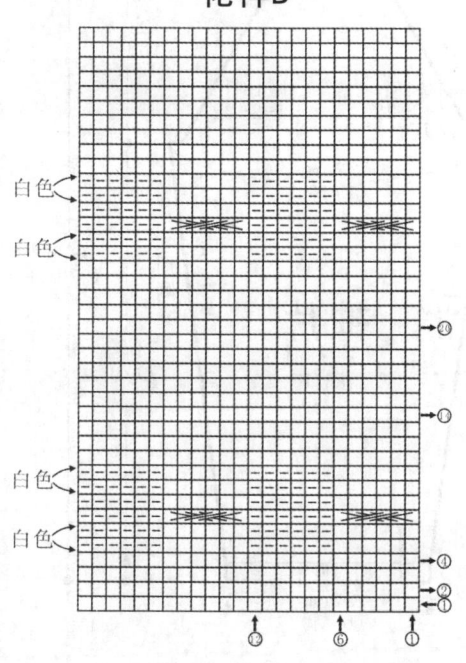

白色←
白色←

白色←
白色←

## 领片

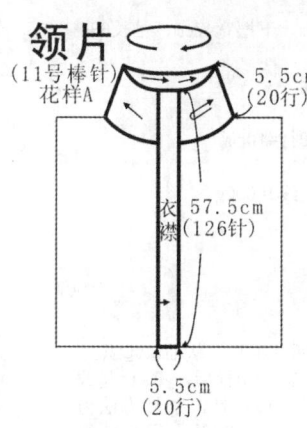

领片
(11号棒针)
花样A

5.5cm
(20行)

衣襟 57.5cm
(126针)

5.5cm
(20行)

### 领片制作说明

1. 棒针编织法，往返编织。
2. 沿着前后衣领边挑针编织，挑起82针编织花样A，颜色搭配如图案所示，共织20行的高度，收针断线。
3. 衣襟是在衣领片编织完成后挑织的，沿两侧衣襟边分别挑起126针，编织花样A，织20行的高度，收针断线。

## 袖片

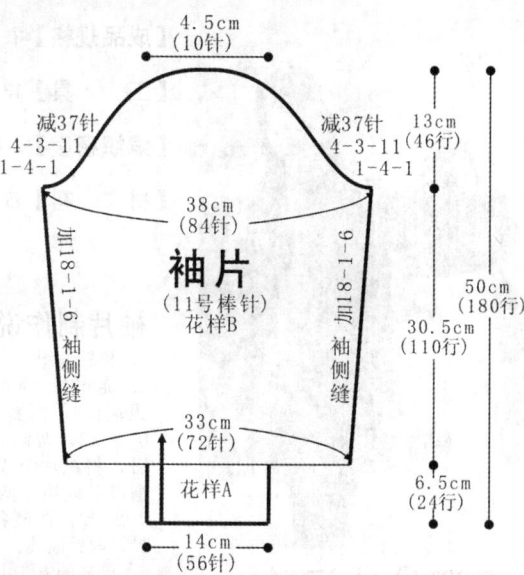

4.5cm
(10针)

减37针
4-3-11
1-4-1

减37针
4-3-11
1-4-1

13cm
(46行)

38cm
(84针)

袖片
(11号棒针)
花样B

加18-1-6 袖侧缝

加18-1-6 袖侧缝

50cm
(180行)

30.5cm
(110行)

33cm
(72针)

花样A

6.5cm
(24行)

14cm
(56针)

### 袖片制作说明：

1. 棒针编织法，编织两片袖片。从袖口起织。
2. 起56针，起织花样A，织24行后，第25行将织片均匀加针至72针，改织花样B，两侧同时加针，加18-1-6，两侧的针数各增加6针，织至134行时，将织片织成84针，接着就编织袖山，袖山减针编织，两侧同时减针，方法为1-4-1，4-3-11，两侧各减少37针，织至160行，第161行起，改为灰色线全下针编织，织至180行，最后织片余下10针，收针断线。
3. 同样的方法再编织另一袖片。
4. 缝合方法：将袖山对应前片与后片的袖窿线，用线缝合，再将两袖侧缝对应缝合。

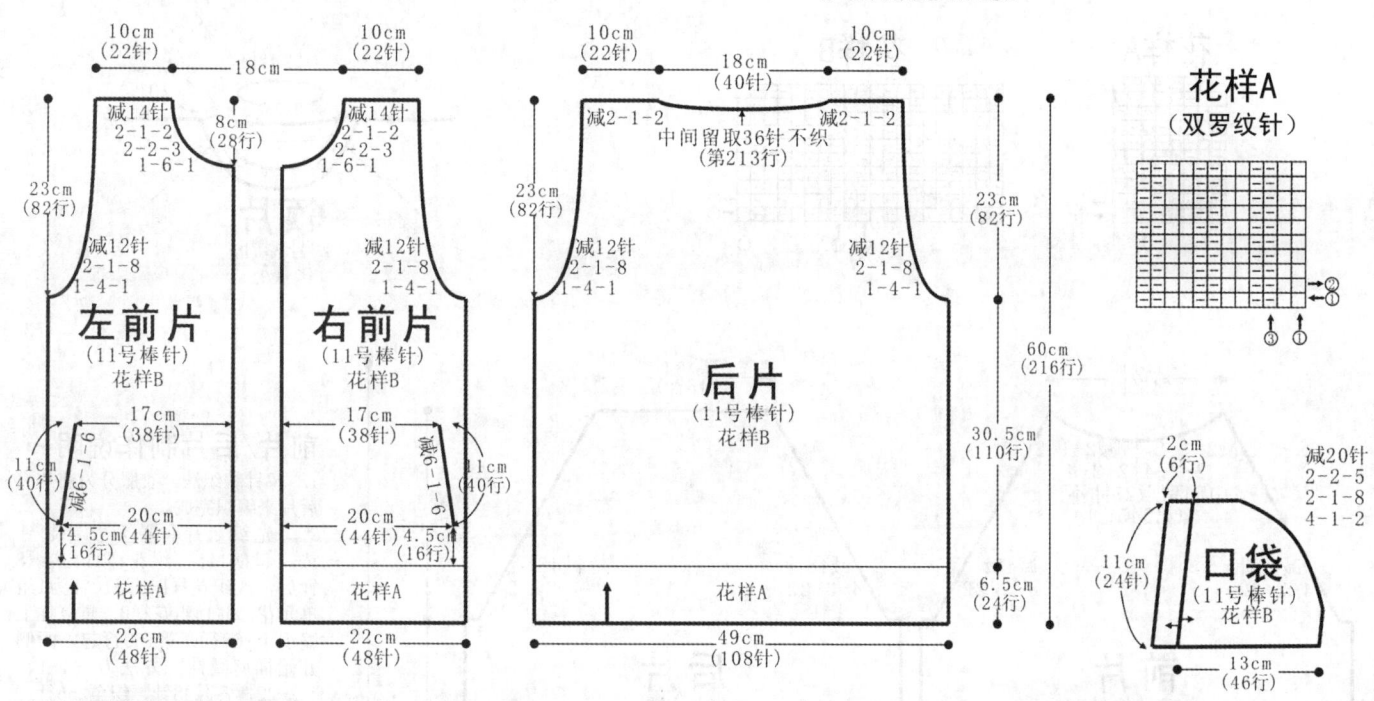

10cm
(22针)

10cm
(22针)

18cm

减14针
2-1-2
2-2-3
1-6-1

8cm
(28行)

减14针
2-1-2
2-2-3
1-6-1

23cm
(82行)

减12针
2-1-8
1-4-1

减12针
2-1-8
1-4-1

左前片
(11号棒针)
花样B

右前片
(11号棒针)
花样B

17cm
(38针)

17cm
(38针)

减6-1-6

减6-1-6

11cm
(40行)

11cm
(40行)

20cm
(44针)

20cm
(44针)

4.5cm
(16行)

4.5cm
(16行)

花样A

花样A

22cm
(48针)

22cm
(48针)

10cm
(22针)

18cm
(40针)

10cm
(22针)

减2-1-2

中间留取36针不织
(第213行)

减2-1-2

23cm
(82行)

减12针
2-1-8
1-4-1

减12针
2-1-8
1-4-1

后片
(11号棒针)
花样B

60cm
(216行)

30.5cm
(110行)

花样A

6.5cm
(24行)

49cm
(108针)

## 花样A
(双罗纹针)

②①

④①

2cm
(6行)

减20针
2-2-5
2-1-8
4-1-2

11cm
(24行)

口袋
(11号棒针)
花样B

13cm
(46针)

### 口袋制作说明：

1. 棒针编织法，编织两个口袋。
2. 在左前片内里，沿着织片留起的袋口，挑针环绕，挑起48针，编织全下针，织12行后，选取口袋顶部的1针，在其两侧同时减针编织，将口袋的上面织出圆形角，减针方法为4-1-2、2-1-8、2-2-5，共织46行，将袋底缝合。
3. 在左前片外部，沿袋口挑针起织袋边，挑起24针，编织花样A，织6行后，收针，将袋边两侧与前片缝合。
4. 同样的方法，相反方向编织右前片的口袋。

### 前片/后片制作说明：

1. 棒针编织法，衣服分为左前片、右前片和后片来编织完成。
2. 先织后片。双罗纹针起针法，起108针，织花样A，共织24行后，改织花样B，织至134行，第135行两侧开始袖窿减针，方法为1-4-1，2-1-8，各减12针，余下84针不加减针往上织至160行，第161行起，改为灰色线全下针编织，织至212行，第213行起，将织片中间留取36针不织，两侧减针织成后领，方法为2-1-2，织至216行，最后两肩部各余下22针，收针断线。
3. 编织左前片。左前片的右侧为衣襟侧，双罗纹针起针法，起48针，织花样A，共织24行后，改织花样B，编织至40行，第41行起将织片从第44行处分开成两片，先编织衣襟侧共44针，一边织一边左侧减针，方法为6-1-6，织至80行，织片余下38针，另起线编织袖窿侧织片共4针，一边织一边右侧加针，方法为6-1-6，同样织至80行，织片变成10针，第81行将两片连起来编织，织至134行，第135行起左侧开始袖窿减针，方法为1-4-1，2-1-8，共减12针，余下36针不加减针往上织至160行，第161行起，改为灰色线全下针编织，织至188行，第189行起，右侧减针织成前领，方法为1-6-1，2-2-3，2-1-2，共减14针，余下22针继续往上织至216行，收针断线。
4. 同样的方法相反方向编织右前片，完成后将左右前片与后片的两侧缝对应缝合，两肩部对应缝合。

127

竖纹休闲装

**【成品规格】** 衣长69cm，下摆宽47cm，袖长68cm

**【工　　具】** 13号棒针

**【编织密度】** 30针×40行=10cm²

**【材　　料】** 蓝色羊毛线共600g

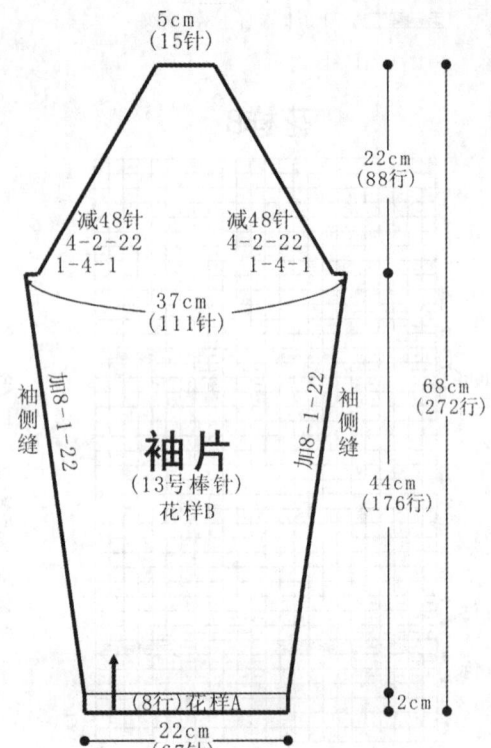

5cm
(15针)

22cm
(88行)

减48针
4-2-22
1-4-1

减48针
4-2-22
1-4-1

37cm
(111针)

袖侧缝

加8-1-22

加8-1-22

袖侧缝

68cm
(272行)

44cm
(176行)

袖片
(13号棒针)
花样B

(8行)花样A

22cm
(67针)

2cm

### 袖片制作说明：

1. 棒针编织法，编织两片袖片。从袖口起织。
2. 起67针，起织花样A，织8行后，第9行起改织花样B，两侧一边织一边加针，加针方法为8-1-22，两侧的针数各增加22针，织至18行时，将织片织成111针，接着就编织插肩，插肩减针编织，两侧同时减针，方法为1-4-1、4-2-22，两侧各减少48针，最后织片余下15针，收针断线。
3. 同样的方法再编织另一袖片。
4. 缝合方法：将衣袖两侧插肩线分别对应前片与后片的插肩线，用线缝合，再将两袖侧缝对应缝合。

### 领片制作说明：

1. 棒针编织法，圈织。
2. 沿着衣领边挑针编织，挑织124针织花样A，共织20行的高度，单罗纹针收针法收针断线。

### 符号说明：

⊟　上针

□=①　下针

目目　元宝针

2-1-3　行-针-次

**花样A**

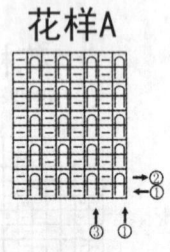

②
①

③　①

**花样B**

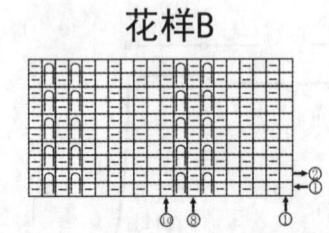

②
①

目　N　①

124针

5cm
(20行)

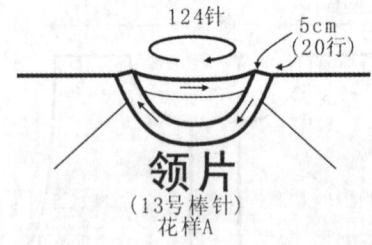

领片
(13号棒针)
花样A

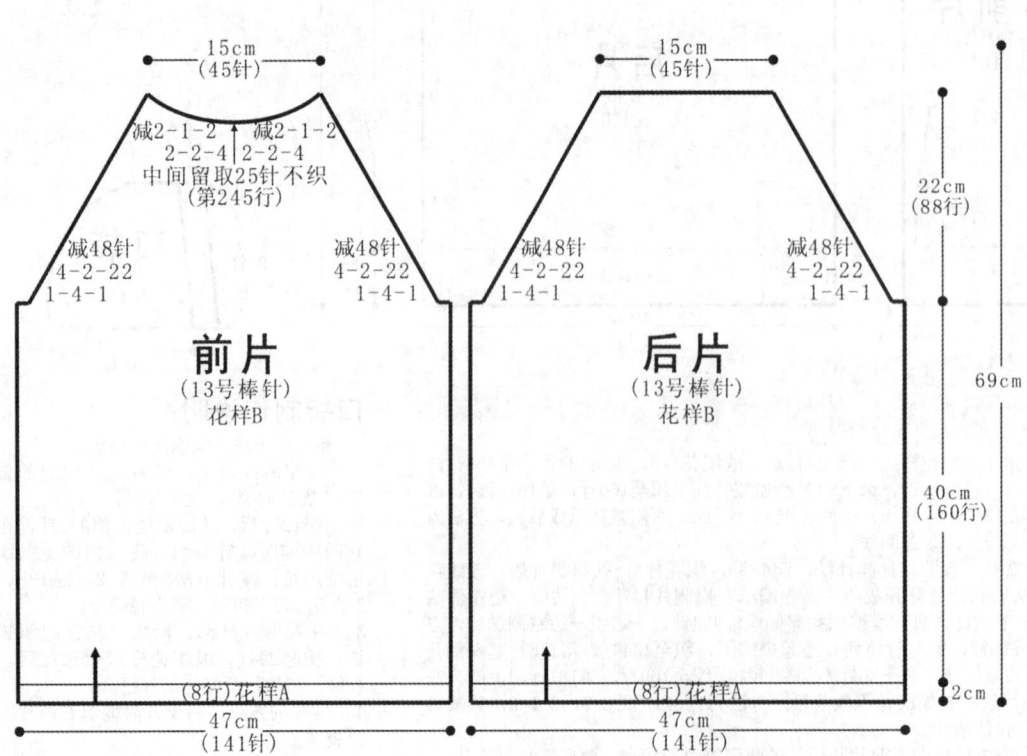

15cm
(45针)

减2-1-2　减2-1-2
2-2-4　2-2-4
中间留取25针不织
(第245行)

减48针
4-2-22
1-4-1

减48针
4-2-22
1-4-1

前片
(13号棒针)
花样B

(8行)花样A

47cm
(141针)

15cm
(45针)

22cm
(88行)

减48针
4-2-22
1-4-1

减48针
4-2-22
1-4-1

后片
(13号棒针)
花样B

(8行)花样A

47cm
(141针)

69cm

40cm
(160行)

2cm

### 前片/后片制作说明：

1. 棒针编织法。衣服分为前片、后片来编织完成。
2. 先织后片。单罗纹针起针法，起141针，织花样A，共织8行后，改织花样B，每10针为1组单元花，共14组花样B，重复往上编织至168行，第169行起，两侧开始插肩减针，方法为1-4-1、4-2-22，各减48针，织至256行，织片余下45针，收针断线。
3. 编织前片。单罗纹针起针法，起141针，织花样A，共织8行后，改织花样B，每10针为1组单元花，共14组花样B，重复往上编织至168行，第169行起，两侧开始插肩减针，方法为1-4-1、4-2-22，各减48针，织至244行，第245行起，织片中间留取25针不织，两侧减针织成前领，方法为2-2-4、2-1-2，两侧各减10针，织至256行，收针断线。

简约紫色圆领衫

【成品规格】衣长60cm，袖长10cm，下摆宽48cm

【工　　具】12号棒针

【编织密度】37针×45行=10cm²

【材　　料】紫色丝光棉线350g

**袖片**
(12号棒针)

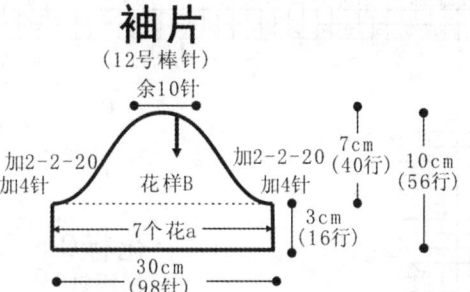

余10针

加2-2-20
加4针
花样B
加2-2-20
加4针

7cm
(40行)
10cm
(56行)

3cm
(16行)

7个花a

30cm
(98针)

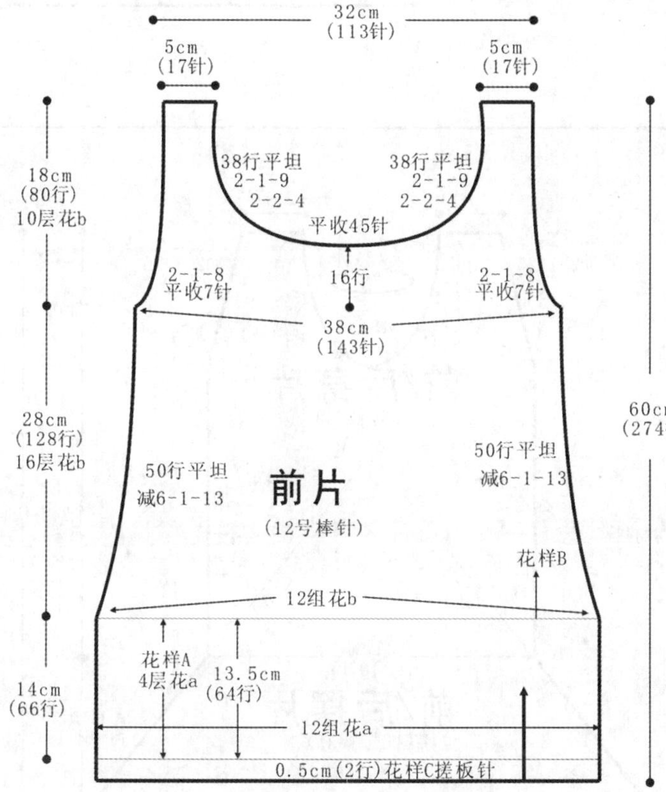

**符号说明：**

| □ | 上针 |
|---|---|
| □=□ | 下针 |
| 2-1-3 | 行-针-次 |
| ↑ | 编织方向 |
| 左2针交叉 | |
| ⊠ | 左并针 |
| ⊠ | 右并针 |
| ▣ | 镂空针 |
| ▲ | 中上3针并1针 |

**前片**
(12号棒针)

32cm
(113针)

5cm
(17针)

5cm
(17针)

18cm
(80行)
10层花b

38行平坦
2-1-9
2-2-4

38行平坦
2-1-9
2-2-4

平收45针

16行

2-1-8
平收7针

2-1-8
平收7针

38cm
(143针)

60cm
(274行)

28cm
(128行)
16层花b

50行平坦
减6-1-13

50行平坦
减6-1-13

花样B

12组花b

花样A
4层花a

13.5cm
(64行)

14cm
(66行)

12组花a

0.5cm(2行)花样C搓板针

48cm
(169针)

**后片**
(12号棒针)

32cm
(113针)

5cm
(17针)

5cm
(17针)

18cm
(80行)
10层花b

减2-1-2
平收75针
(第270行)
减2-1-2

2-1-8
平收7针

2-1-8
平收7针

38cm
(143针)

60cm
(274行)

28cm
(128行)
16层花b

50行平坦
减6-1-13

50行平坦
减6-1-13

花样B

12组花b

花样A
4层花

13.5cm
(64行)

14cm
(66行)

12组花a

0.5cm(2行)花样C搓板针

48cm
(169针)

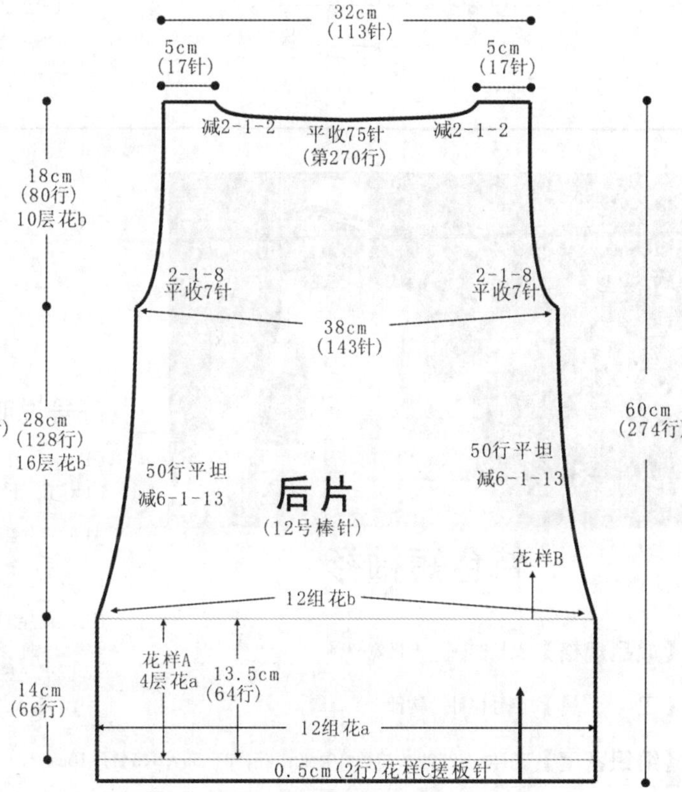

## 前片/后片/袖片制作说明：

1. 棒针编织法。从下往上编织，分成前片和后片，两个袖片各自单独编织。

2. 前片的编织。

（1）起针。单起针法，起169针，来回编织。

（2）下摆的编织。起织1行下针，返回再织1行下针，正面即是1行下针1行上针。然后将168针分配成12组花a，剩下的1针始终织下针，作缝合边用。依照花样A的图解，编织4层a，将下摆织成66行的高度。

（3）袖窿以下的衣身编织。第67行时，针数为169针，将168针分配成12组花b，余下的1针作边，始终织下针。依照花b编织，两边减针，每织6行减1针，各减13针，针数余下143针，不加减针再织50行后，至袖窿边。

（4）袖窿以上的编织。两边同时收针，各收7针，然后每织2行减1针，各减8针，针数余下113针，织成16行，下一行的中间选45针收针，两边单独编织，衣领边减针，每织2行减2针，共减4次，然后每织2行减1针减9次，织成26行，然后不加减针再织38行至肩部，余下17针，用防解别针扣住不织，同样的方法织另一边。前片完成。

3. 后片的编织。后片袖窿以下的编织与前片完全相同。这里不再重复。袖窿以上的编织，袖窿减针与前片相同，减针行织成16行后，不加减针织60行后，下一行的中间选75针收针，两边减针，织2行减1针，共减2次，织成4行，两肩部各余下17针，与前片的肩部对应缝合。

4. 拼接。将前片与后片的侧缝对应缝合。

5. 袖片的编织。袖片从肩部起织，以肩部缝合线为中心，向两边各选5针宽度起织，来回编织，织至最后1针时，向前挑2针，返回织至最后1针时，再向前挑2针。两边各加织20针，袖山编织花样B，织成40行的高度，将余下的袖窿边，一次性挑住8针，变成环织，改织花样A，共织7个花a，只织1层的高度后，收针断线。相同的方法再织另一袖片。

6. 领片的编织。沿着前后衣领边，挑出208针，起织1行下针，往上编织花样C搓板针，共4行，完成后收针断线。

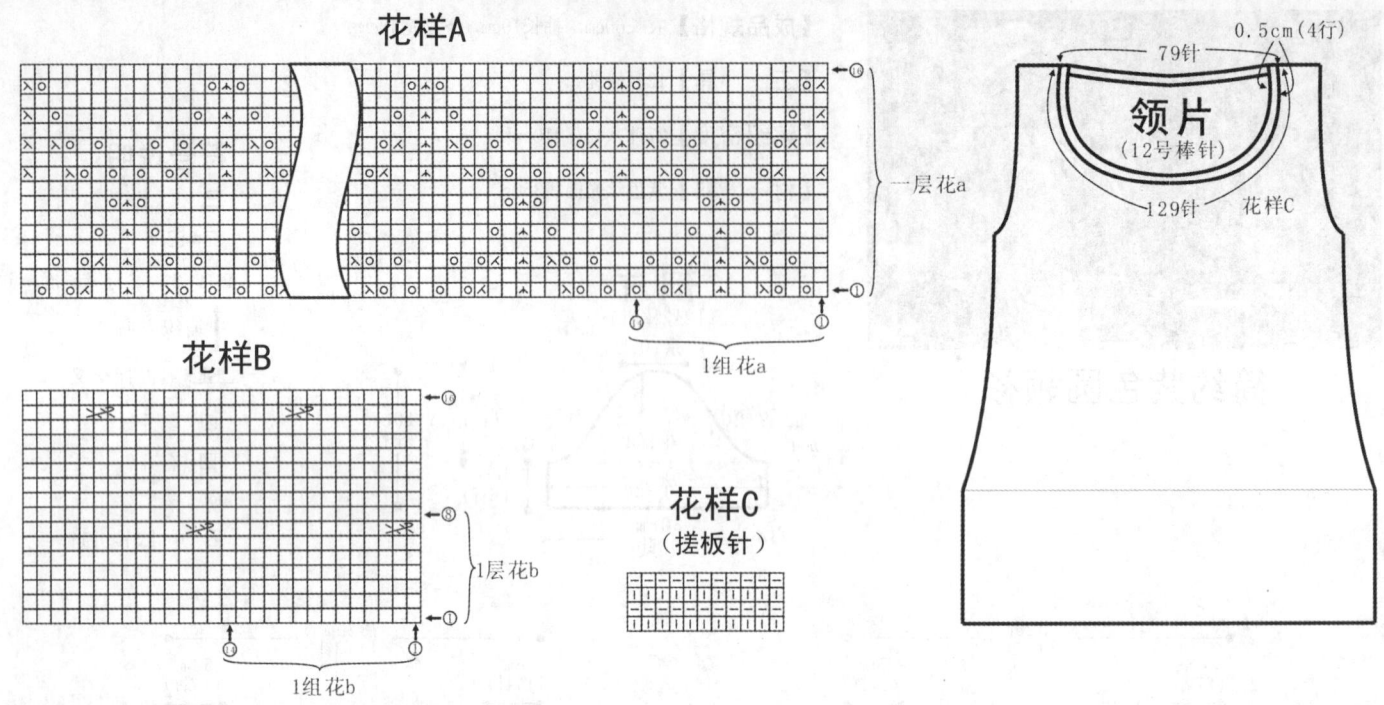

花样A

一层花a

1组花a

花样B

1层花b

1组花b

花样C
（搓板针）

领片
（12号棒针）

0.5cm(4行)

79针

129针  花样C

特色短袖衫

【成品规格】衣长63cm，下摆宽62cm

【工　　具】13号棒针，钩针

【编织密度】花样A：26针×38行=10cm²；花样B：39针×54行=10cm²

【材　　料】浅紫色棉线共500g

符号说明：

□　　上针

□=□　下针

⊠　右上2针并1针

⊠　左上2针并1针

◎　镂空针

2-1-3　行-针-次

7cm（26行）　　7cm（26行）

加2-1-25　30针　余332针　30针　加2-1-25

加2-4-10　29针　48针　29针　加2-4-10

前/后身片
（13号棒针）
花样A

花样A　　花样A

加2-1-84　减2-2-59　减2-2-59　加2-1-84

37cm（240针）

15cm（40针）

32cm（84针）

63cm

16cm（86行）

前/后摆片
（13号棒针）
花样B

62cm（240针）

花样A

花样B

花样C

前片/后片制作说明：

1. 棒针编织法。衣服从下往上编织，衣摆分前片和后片，分别编织，织至袖窿处，连起来环形编织衣身片。如结构图所示。

2. 起织。下针起针法，起240针起织花样B，不加减针往上织86行后，改为花样A与花样B组合编织，花样B左右两侧减针编织，方法为2-2-59，同时织片左右两侧加针，方法为2-1-84，加起的针数编织花样A，为4针下针与4针上针的间隔编织，织至204行，第205行起，全部改织花样A，两侧继续加针，织片中间96针一边织一边在上针的位置减针，每10行减12针，共减4次。织至254行，余下124针，袖窿以下编织完成。接着编织袖窿以上部分，织片共124针，编织花样A，领口减针后的48针织全下针，两侧袖窿一边织一边加针，方法为2-4-10，织片织成204行，完成后起两侧继续加针，方法为2-1-25，共织50行，织片织成204行。将针眼留起待织衣领。

3. 同样的方法编织另一衣摆片，完成后将两衣摆片的侧缝对应缝合，两侧各留起80针的袖窿。然后开始编织衣领。

4. 编织将前后片共408针连起来，环织，织花样A，织22行后，将所有上针的位置减1针，织至26行，再将所有上针的位置减1针，最后余下332针，收针。

5. 沿衣领钩织花样C鱼网针，衣领环形钩织，约钩52cm的长度，钩4圈，断线。

6. 沿两侧袖窿钩织花样C鱼网针，环形钩织，约钩30cm的长度，钩4圈，断线。

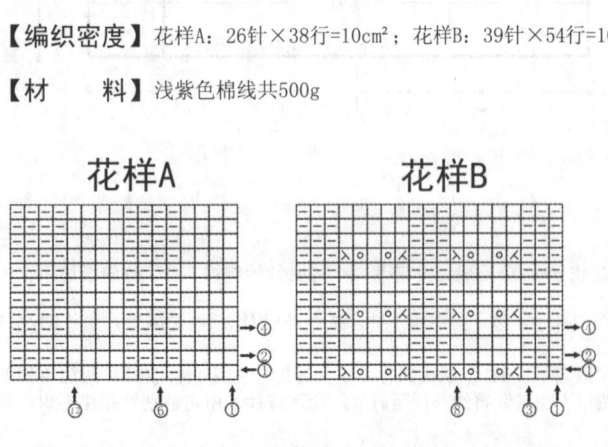

**休闲V领背心**

【成品规格】衣长70cm，下摆宽47cm

【工　　具】13号棒针

【编织密度】36针×46行=10cm²

【材　　料】蓝色羊毛线共400g

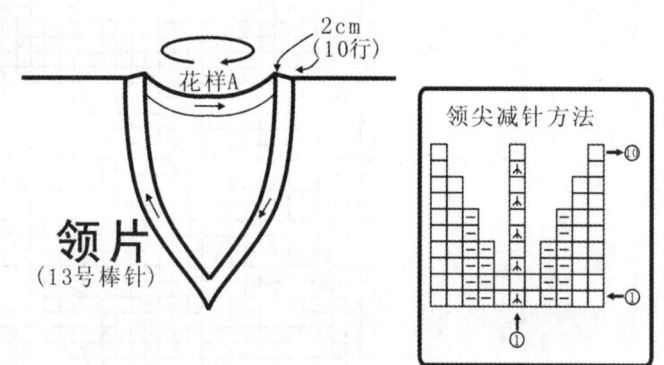

2cm
(10行)

花样A

领片
(13号棒针)

领尖减针方法

**领片制作说明：**

1. 棒针编织法，圈织。

2. 沿着前后衣领边挑针编织，挑织203针织花样A，领尖处一边织一边减针，减针方法如图s所示，共织10行的高度，双罗纹针收针法收针断线。

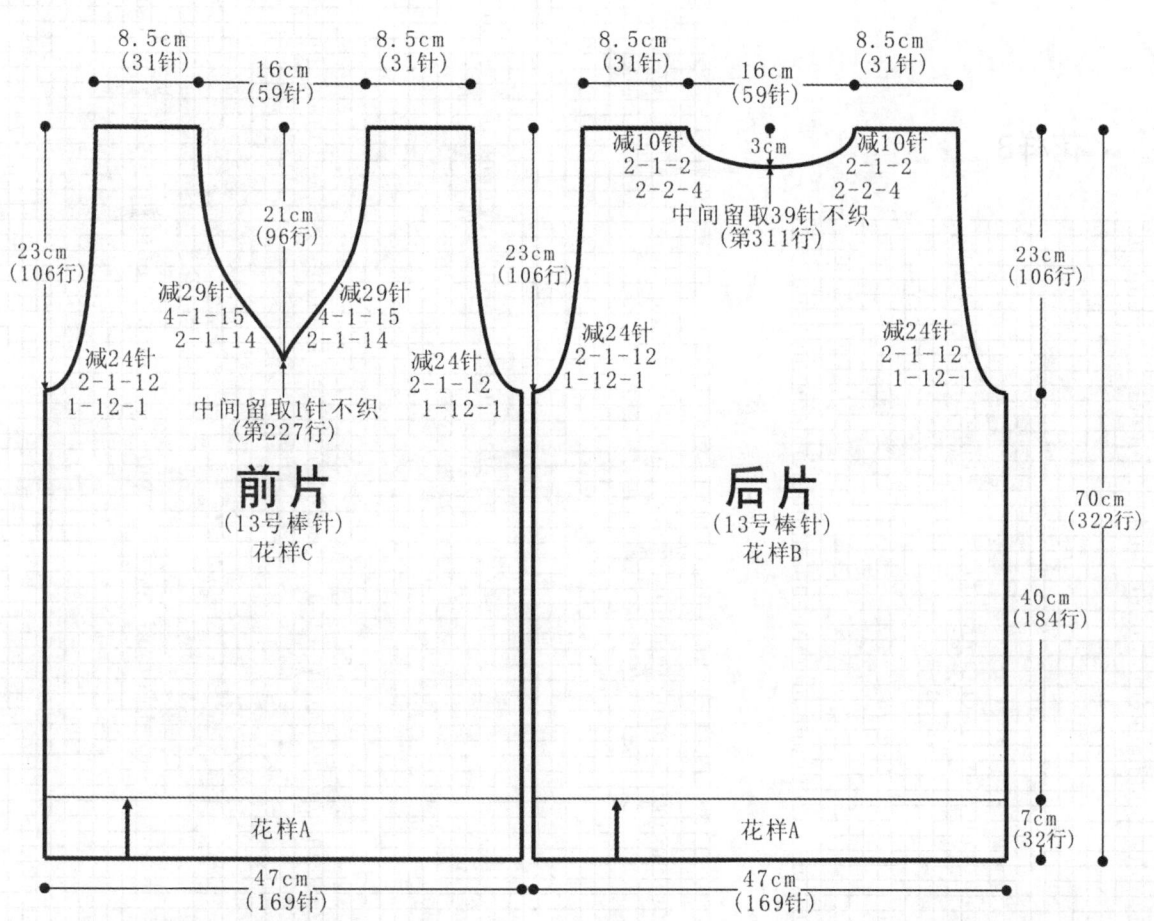

8.5cm
(31针)　　　16cm
(59针)　　　8.5cm
(31针)　　　　　8.5cm
(31针)　　　16cm
(59针)　　　8.5cm
(31针)

减10针
2-1-2
2-2-4

3cm

减10针
2-1-2
2-2-4

中间留取39针不织
(第311行)

21cm
(96行)

23cm
(106行)

减29针
4-1-15
2-1-14

减29针
4-1-15
2-1-14

减24针
2-1-12
1-12-1

减24针
2-1-12
1-12-1

中间留取1针不织
(第227行)

减24针
2-1-12
1-12-1

减24针
2-1-12
1-12-1

23cm
(106行)

23cm
(106行)

**前 片**
(13号棒针)
花样C

**后 片**
(13号棒针)
花样B

70cm
(322行)

40cm
(184行)

花样A

花样A

7cm
(32行)

47cm
(169针)

47cm
(169针)

**前片/后片制作说明：**

1. 棒针编织法。衣服分为前片、后片来编织完成。

2. 先织后片。双罗纹针起针法，起169针，织花样A，共织32行后，改织花样B，织至216行，第217行两侧开始袖窿减针，方法为1-12-1、2-1-12，各减24针，余下121针不加减针往上织至310行，第311行起，将织片中间留取39针不织，两侧减针织成后领，方法为2-2-4、2-1-2，各减10针，织至322行，最后两肩部各余下31针，收针断线。

3. 编织前片，双罗纹针起针法，起169针，织花样A，共织32行后，改织花样C，织至216行，第217行两侧开始袖窿减针，方法为1-12-1、2-1-12，各减24针，余下121针不加减针往上织至226行，第227行将织片中间1针留起不织，两侧分别编织。先织左片，左片的右侧需要减针织成前领，方法为2-1-14、4-1-15，各减29针，减针后余下31针，不加减针织至322行，收针断线。同样的方法相反方向编织右片。

4. 前片与后片的两侧缝对应缝合，两肩部对应缝合。

## 花样A
（双罗纹针）

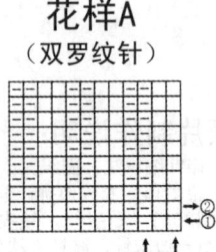

## 花样B

## 花样C

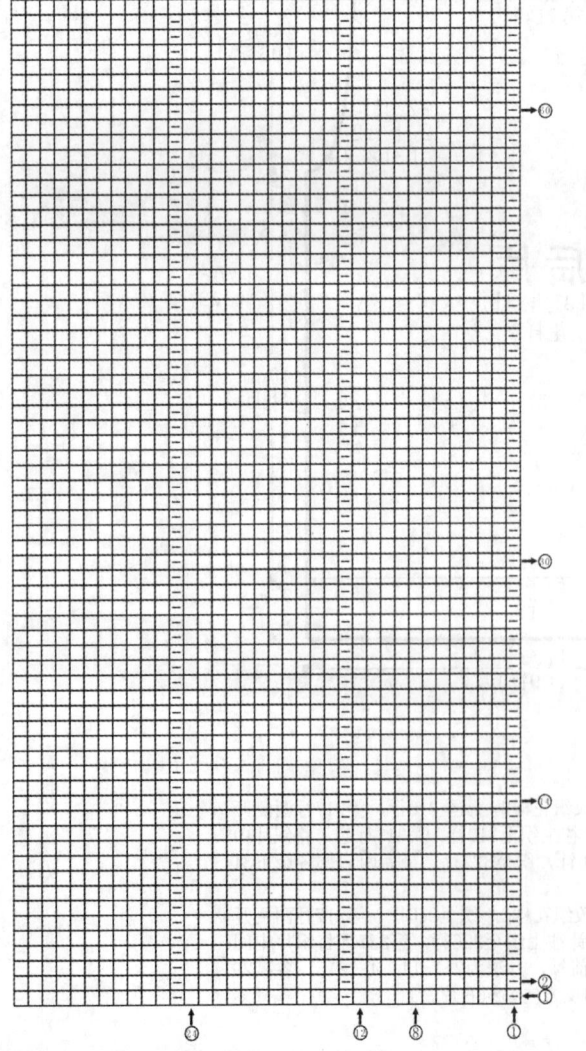

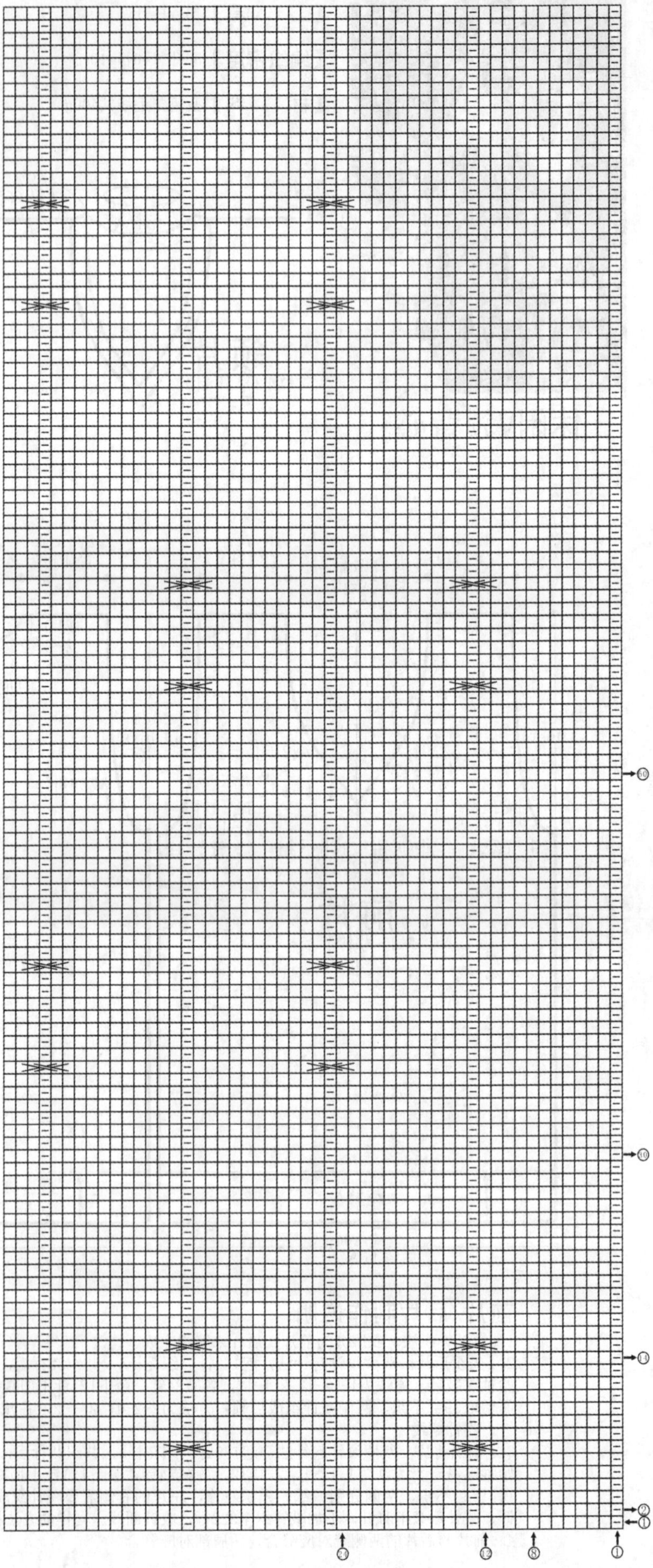

**【成品规格】** 衣长73cm，袖长24cm，下摆宽31cm

**【工　　具】** 10号棒针

**【编织密度】** 单罗纹花样密度：36.7针×21行=10cm²

**【材　　料】** 白色、灰色、黑色晴纶线300g

## 符号说明：

⊟　　上针

□=⊡　下针

2-1-3　行-针-次

↑ 编织方向

### 前片/后片/衣摆/袖片制作说明：

1. 棒针编织法。由单罗纹配色衣摆、袖片、衣领和海浪针衣身织成。

2. 起针。单罗纹起针法，用黑色线，起228针，起织花样A单罗纹针，不加减针织14行后，改用灰色线织14行单罗纹针，再改用白色线织14行单罗纹针。完成下摆编织。

3. 衣身的编织。衣身为海浪针织法织成，由数个三角方块和正方形方块织成，每个方块的织法参见花样B，排列方法参照结构图中衣身方块排列。当织至第2层白色方块时，5个整方块的两边，各织1个三角方块，下一层用黑色织成后，在下一层的灰色部分，同样也在5个整方块的两边，各织1个三角方块。这四个不闭合的方块开口，作袖片开口起织。继续依照排列方法编织。织至最后一层黑色织块，为三角方块，同样不闭合，作领片开口。

4. 袖片的编织。沿着袖口挑针，用白色线，挑出36针编织花样A单罗纹针，不加减针织19行的高度后，改用灰色线织19行花样A单罗纹针，不加减针织19行的高度后，再改用黑色线织19行，完成后收针断线。相同的方法编织另一袖片。

5. 领片的编织。沿着领口挑针，用白色线，挑出68针，起织花样A单罗纹针，不加减针织8行的高度后，改用灰色线织8行，最后再用黑色线织8行，完成后收针断线。衣服完成。

**配色蝙蝠衫**

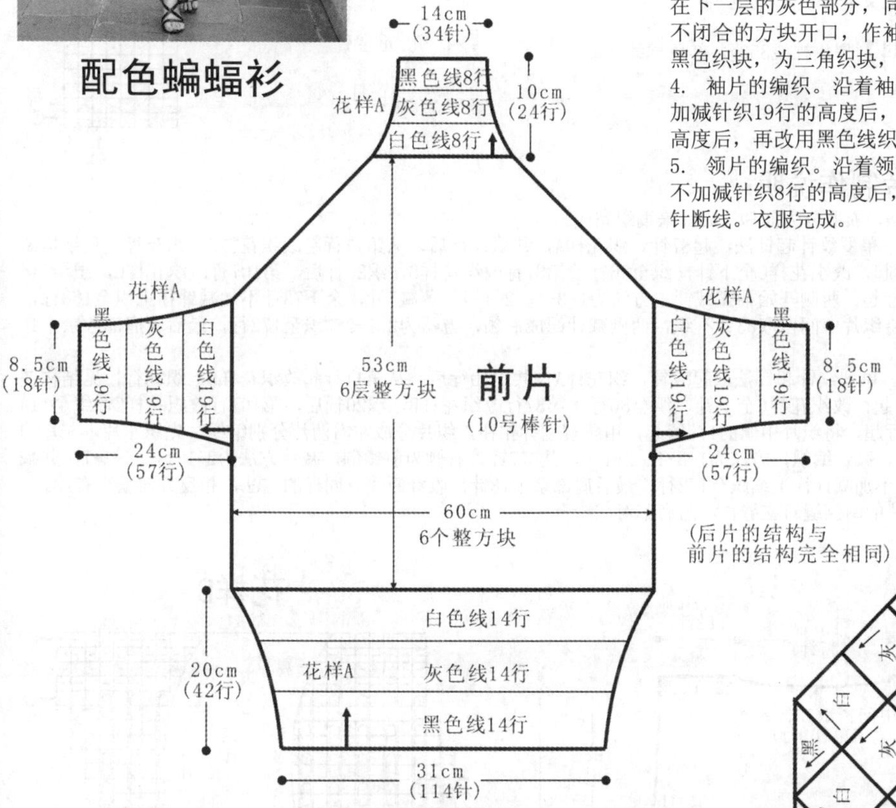

黑色线8行
灰色线8行
白色线8行

14cm（34针）
10cm（24行）

花样A

花样A　　黑色线19行　灰色线19行　白色线19行

8.5cm（18针）

### 前片（10号棒针）

53cm 6层整方块

24cm（57行）

60cm 6个整方块

（后片的结构与前片的结构完全相同）

白色线14行
花样A　　灰色线14行
黑色线14行

20cm（42行）

31cm（114针）

## 衣身方块排列方法

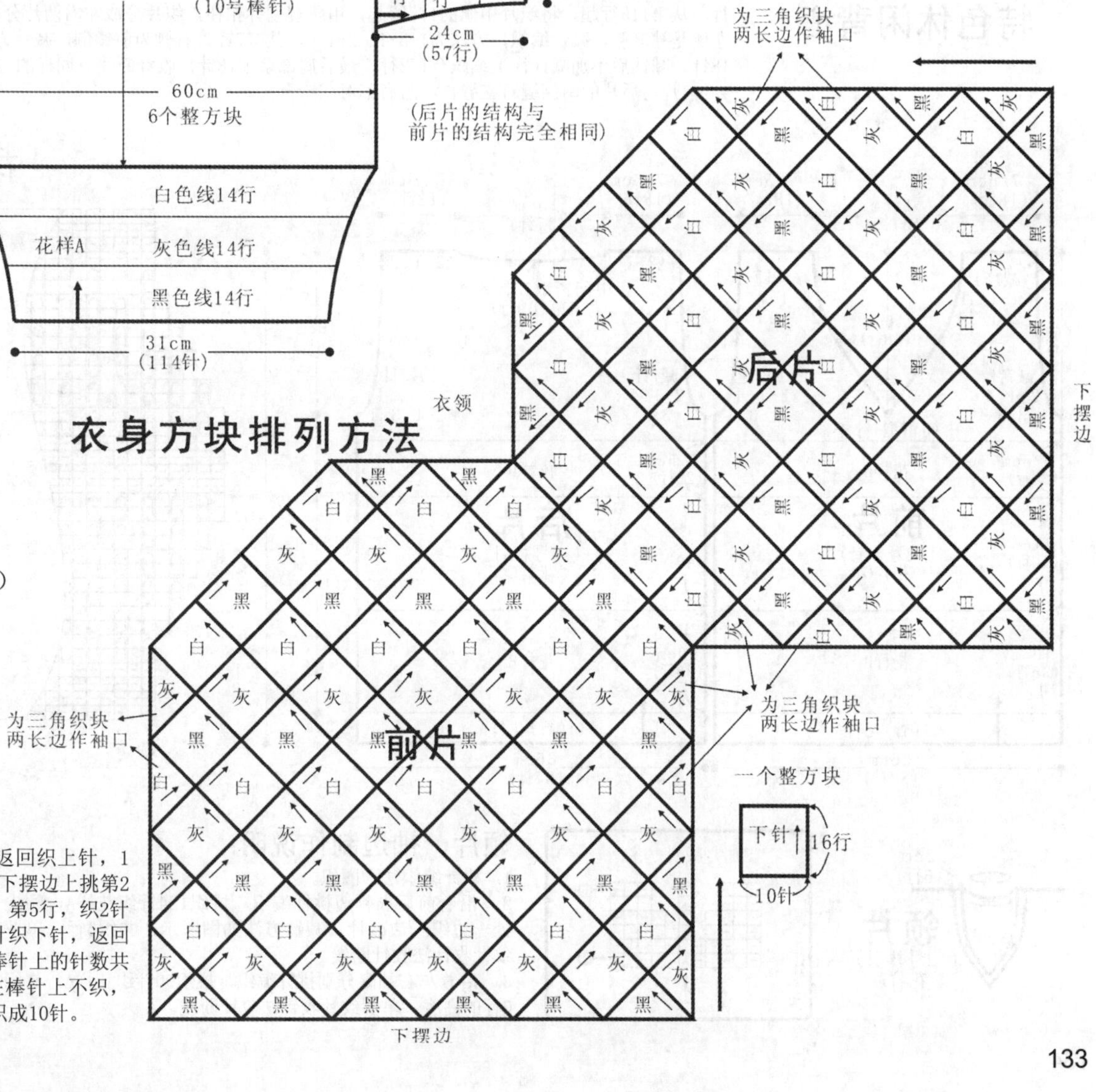

为三角织块 两长边作袖口

**后片**

衣领

**前片**

一个整方块
下针　16行
10针

## 花样B（海浪针织法）

第一行三角织块

黑　黑

单罗纹下摆

### 织法：

在下摆边上挑出1针，返回织上针，1针；第3行，织1针下针，在下摆边上挑第2针织下针，返回织2针上针；第5行，织2针下针后，在下摆边上挑出1针织下针，返回织3针上针；如此重复，将棒针上的针数共挑出织成10针，将10针留在棒针上不织，重复前面的步骤，从1针挑织成10针。

为三角织块 两长边作袖口

## 花样A
（单罗纹针）

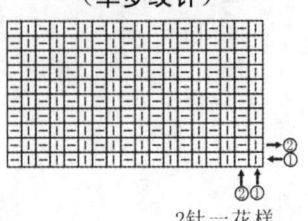

2针一花样

**织法：**
　　当第一行三角织块完成时，即回到A点时，沿着第1个三角方块的一条等边，即图中挑10针箭头所示的边，用灰色线挑出10针，黑色三角织块的最后1针与灰色织块的第1针合并作为1针。来回纺织这10针，当织至黑色织块这边时，2针并为1针，重复纺织，行数共织成16行，最后1针与黑色织块的第三针合并为1针，灰色织块的10针留在针上，不织，再沿着黑色三角织块的另一边挑出9针，最后1针与黑色织块的最后1针合并，重复编织这10针，织成16行的高度，此后每个织块的织法都是相同的。

---

**特色休闲背心**

【成品规格】衣长48cm，下摆宽36cm

【工　　具】12号棒针

【编织密度】24针×36行=10cm²

【材　　料】黑色棉线350g，红色棉线50g

**符号说明：**

　　□　　上针
　　□=Ⅰ　下针
　　⊞　　元宝针

　　2-1-3　行-针-次

## 花样A
（单罗纹针）

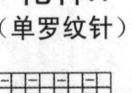
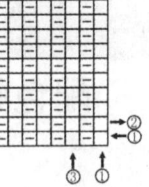

**前片/后片制作说明：**
1. 棒针编织法，衣服分为前片、后片来编织完成。
2. 先织后片。单罗纹针起针法，起87针，织花样A，共织10行后，从第11行起改织花样B，织36行，见结构图所示，第47行起，改织花样C全下针，织至86行，第87行改织花样B，织20行后，第107行改织花样C，织至114行，从第115行起，两侧开始袖窿减针，方法为1-3-1、2-1-4，各减7针，余下73针不加减针往上织至168行，第169行起，将织片中间留取33针不织，两侧减针织成后领，方法为2-1-2，织至172行，最后两肩部各余下18针，收针断线。
3. 编织前片。单罗纹针起针法，起87针，织花样A，共织10行后，从第11行起改织花样B，织36行，见结构图所示，第47行起，改织花样C全下针，织至86行，第87行改织花样B，织20行后，第107行改织花样C，织至114行，从第115行起，将织片中间的1针留起，用防解别针扣住，织片分成左右两片分别编织，先织左片，左片的左侧是袖窿侧，减针编织，方法为1-3-1、2-1-4，共减7针，右侧为前领侧，减针方法为2-1-11、4-1-7，共减18针，减针后不加减针往上编织至172行，最后肩部余下18针，收针断线。同样的方法，相反方向编织右片。
4. 前片与后片的两侧缝对应缝合，两肩部对应缝合。

**花样B**

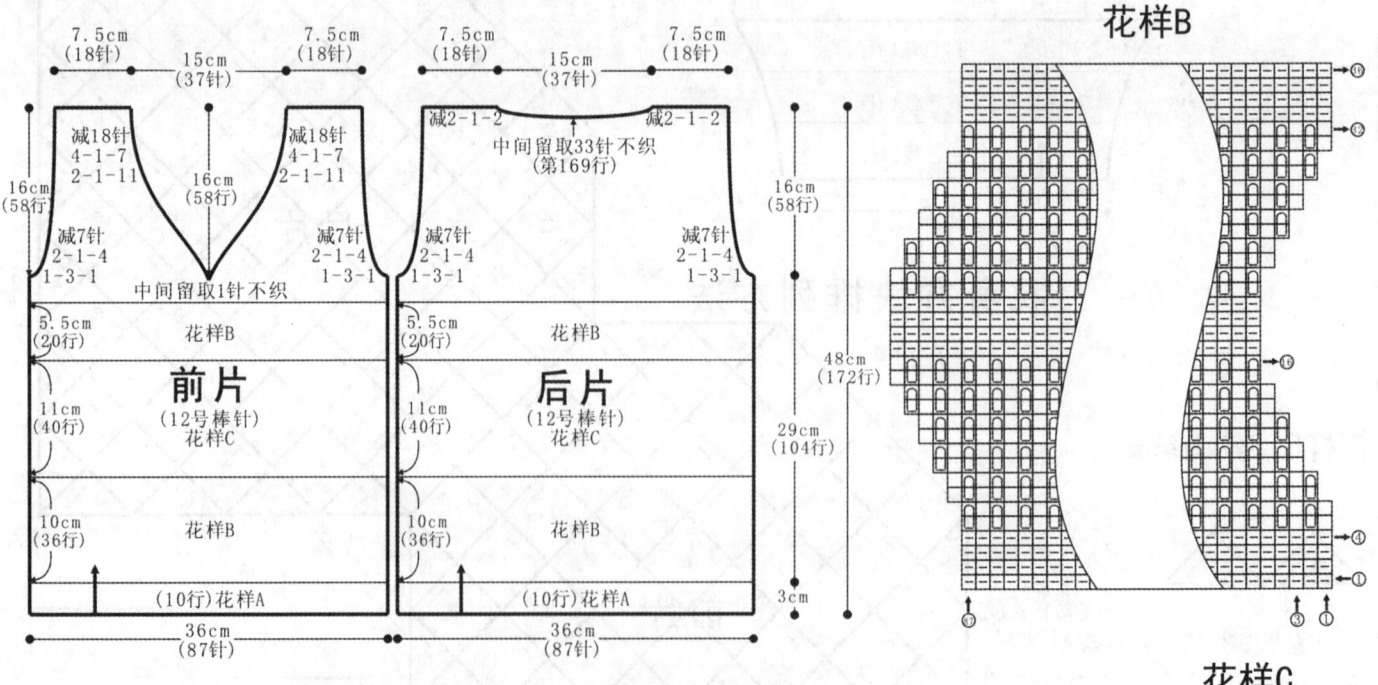

**领片、袖边制作说明：**
1. 棒针编织法，圈织。
2. 沿着前后衣领边挑针编织，挑织124针织花样A，领尖处一边织一边减针，减针方法如图所示，共织6行，单罗纹针收针法收针断线。
3. 沿着左右袖窿分别挑针编织，挑织90针织花样A，共织6行的高度，单罗纹针收针法收针断线。

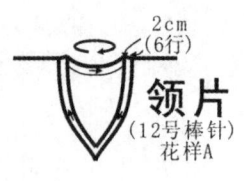

**领片**
（12号棒针）
花样A

领尖减针方法

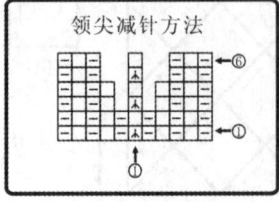

**花样C**

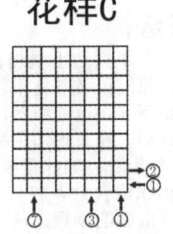

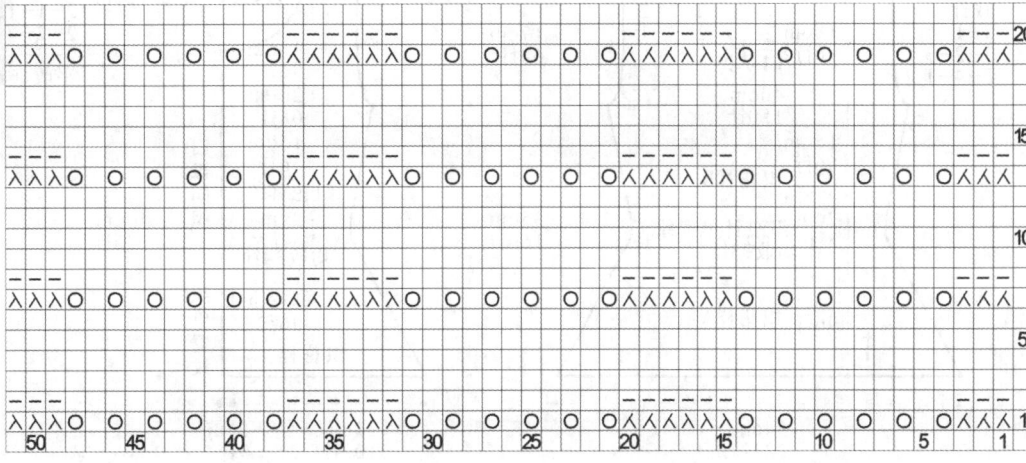

## 花样A

□ = ─
☐ = 加针
入 = 右上2针并1针

## 喇叭袖淑女装

【成品规格】衣长54cm，下摆宽54cm，袖长40cm

【工　　具】14号棒针

【编织密度】花样A：40针×44行=10cm²；
　　　　　　花样B：38针×44行=10cm²

【材　　料】丝羊绒线450g，纽扣5枚

### 编织要点：

1. 后片。用14号针起221针排13组花样A，织96行后，均收73针（每3针收1针），织8行组针单罗纹为腰身，然后织花样。
2. 前片。织法同后片，起102针加9针门襟边同织。
3. 袖。同身片。
4. 领。缝合所有片，沿领窝挑织领，领织组针单罗纹，缝合纽扣，完成。

## 花样之间的连接

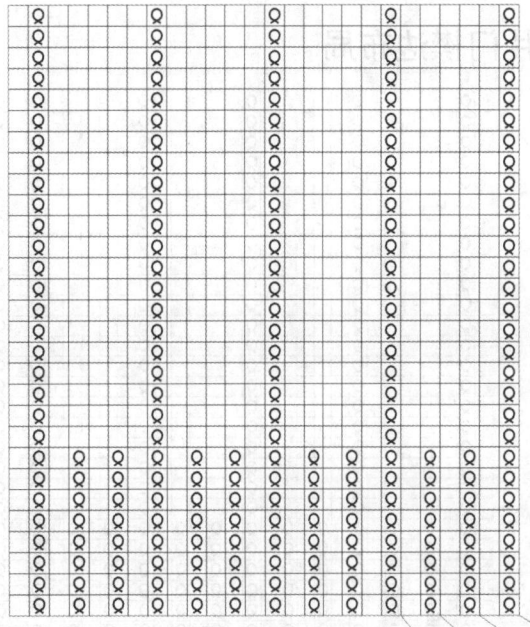

## 花样B

□ = ─
Q = 纽针

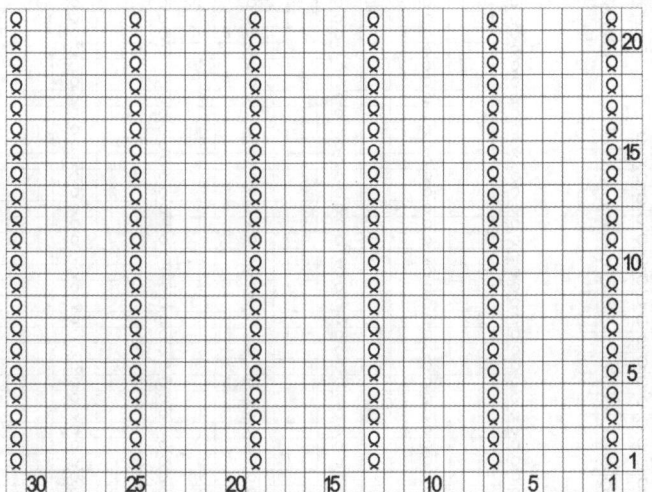

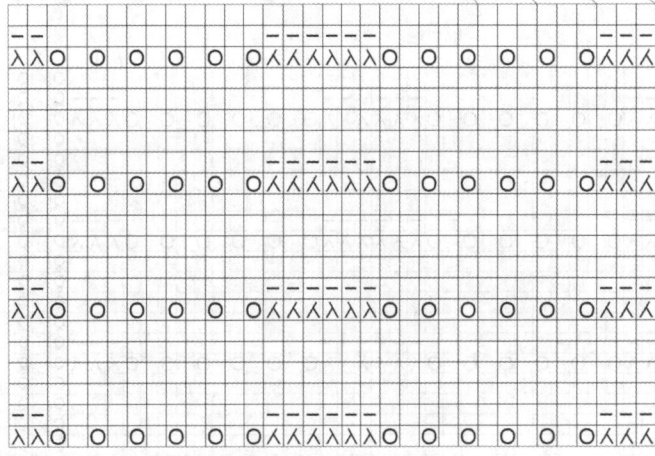

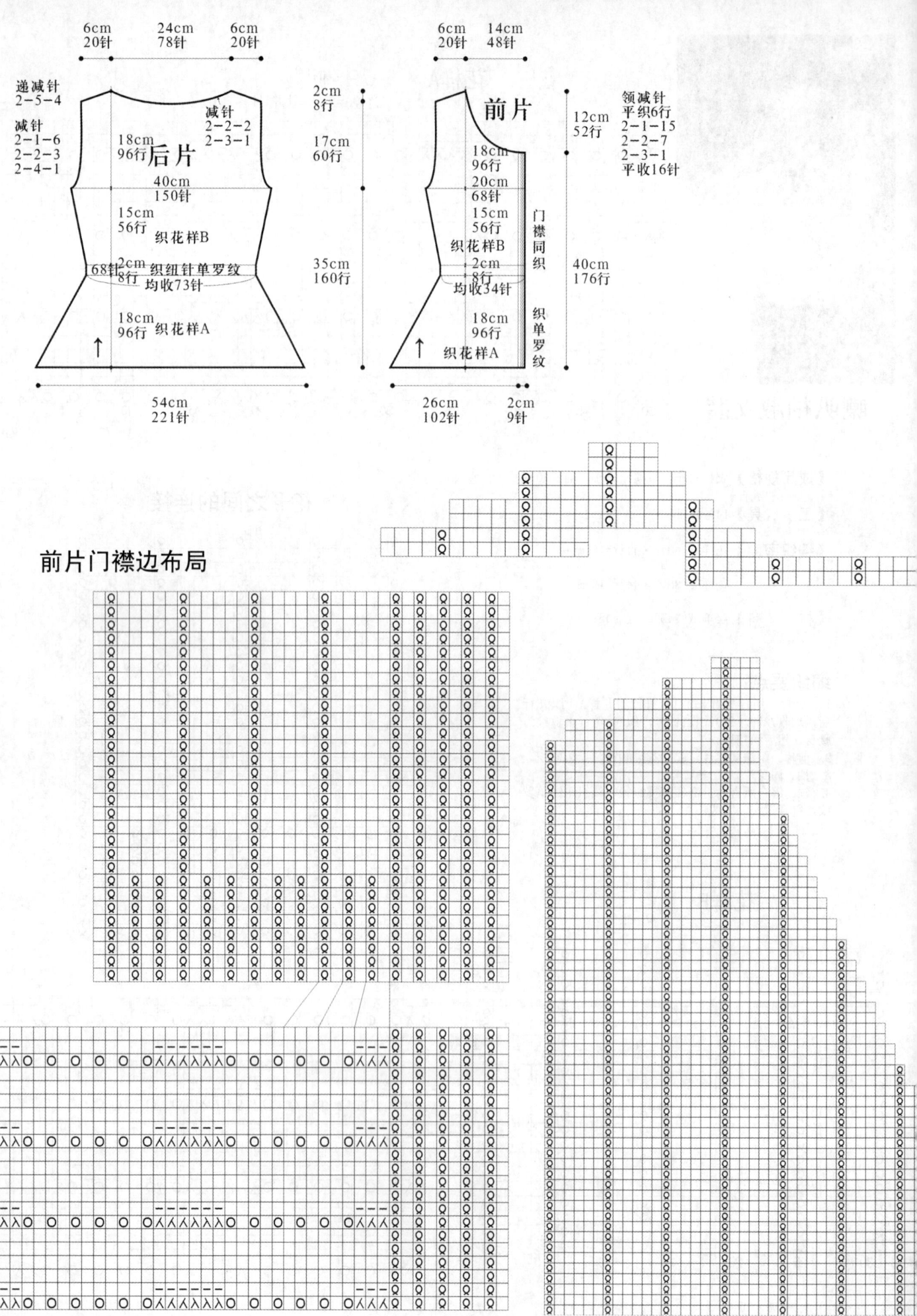

前片门襟边布局

# 领

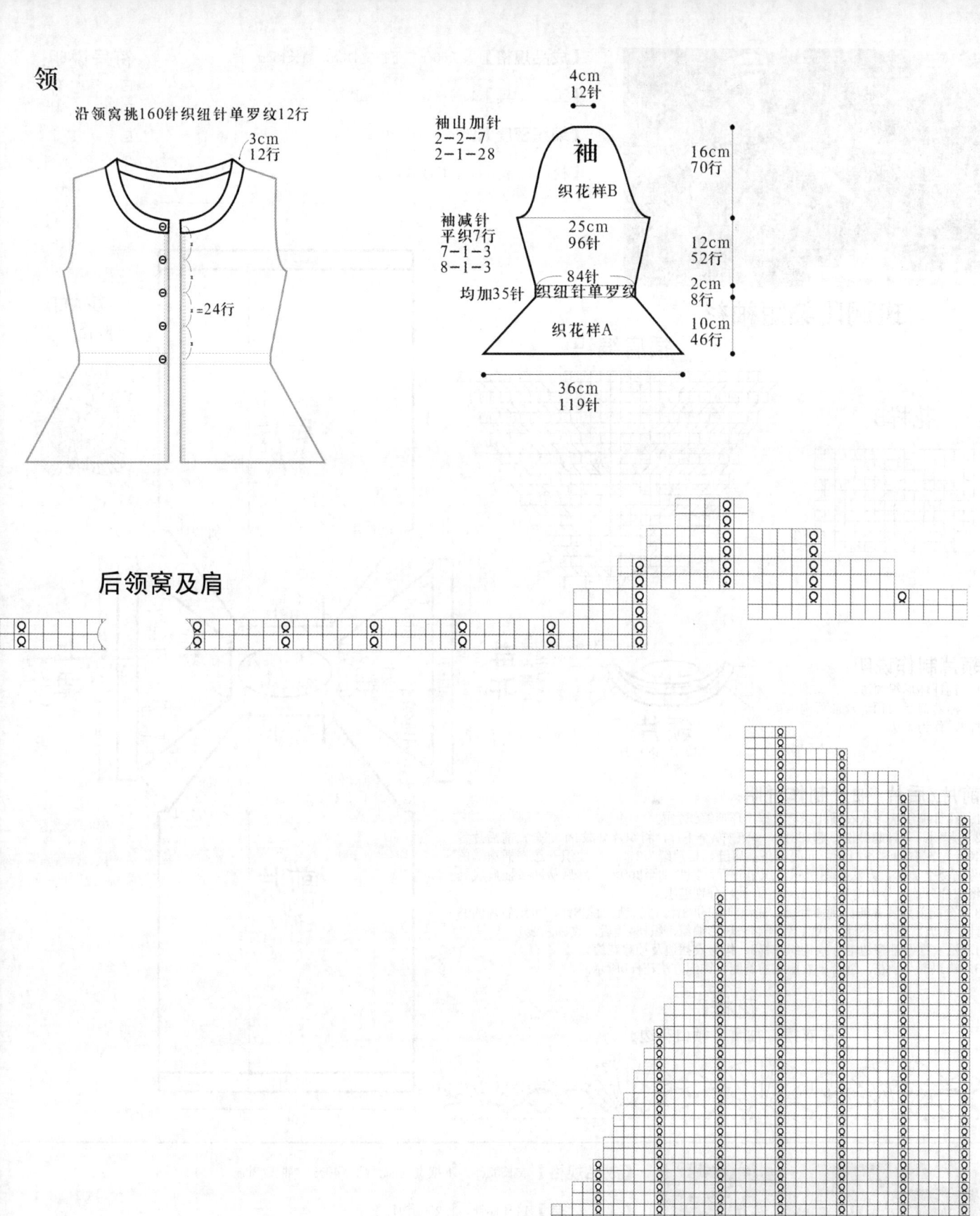

沿领窝挑160针织纽针单罗纹12行

3cm
12行

=24行

4cm
12针

袖山加针
2-2-7
2-1-28

袖

织花样B

16cm
70行

袖减针
平织7行
7-1-3
8-1-3

25cm
96针

12cm
52行

84针
织纽针单罗纹

2cm
8行

均加35针

织花样A

10cm
46行

36cm
119针

## 后领窝及肩

## 前领窝及肩

【成品规格】衣长66cm，下摆宽41cm，袖长15cm

【工　　具】13号棒针，1.25mm钩针

【编织密度】26针×38行=10cm²

【材　　料】花色棉线共400g

## 斑斓段染短袖衫

### 插肩编织

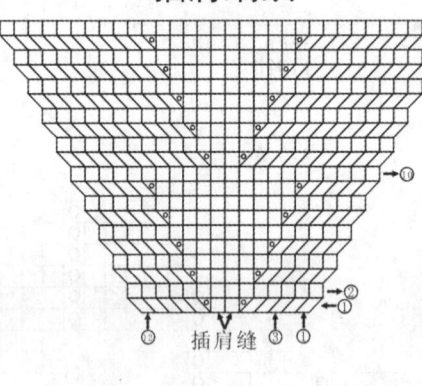

插肩缝

### 花样B

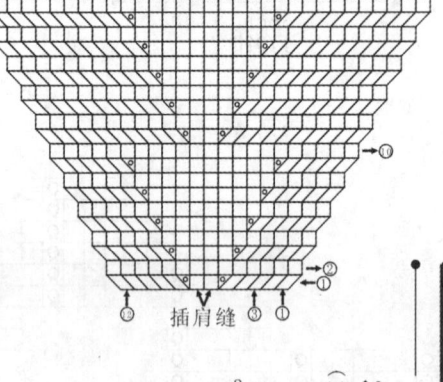

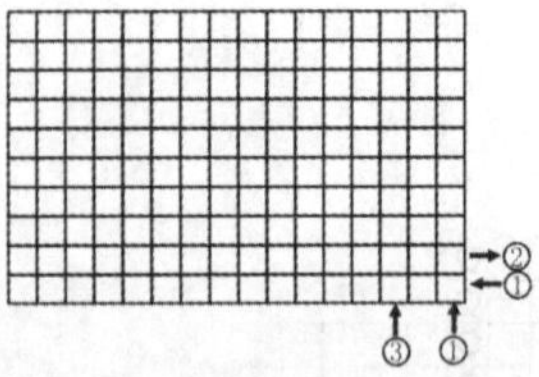

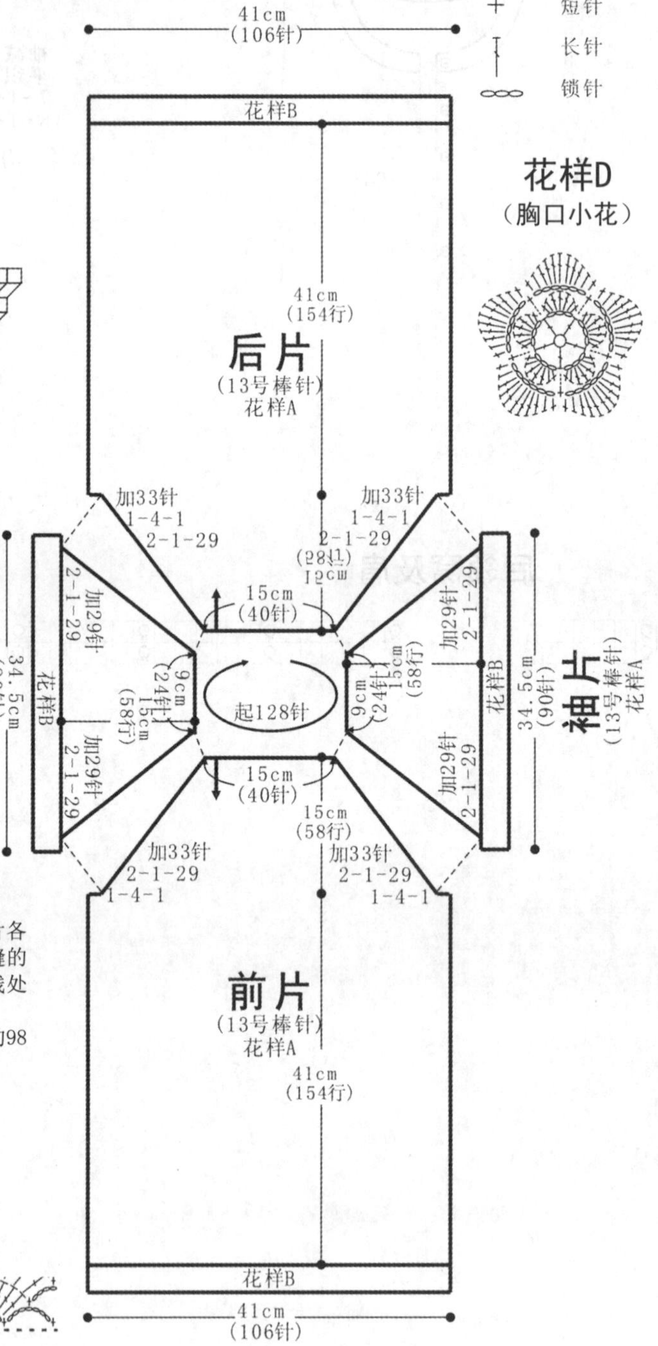

花样D
（胸口小花）

### 领片制作说明：

1. 钩针环形织领边。
2. 沿着前后衣领边及袖顶钩织花样B，作为领边。

3cm

### 领片
（1.5mm钩针）
花样B

### 前片/后片/袖片制作说明：

1. 棒针编织法。从衣领起织至衣摆，环形编织完成。
2. 起织。下针起针法，起128针，织花样A全下针，将织片分成4个部分，前后片各40针，左右袖片各24针，间隔四条插肩缝，插肩缝为2针，一边织一边在插肩缝的两侧镂空加针，方法如图所示，织至58行，织片加织至360针，然后从四条插肩线处将织片分片，分为前片，后片和左右袖片分别编织。
3. 分配前后片各98针到棒针上，先织前片的98针，完成后起8针，再织后片的98针，完成后再加起8针，共212针连起来环形编织，织154行后，收针断线。
4. 沿衣摆及袖窿边沿分别钩织花样B，作为衣摆边及袖窿花边。
5. 钩织一朵小花，缝合于衣服右前胸侧，钩织方法花样D所示。

后片
（13号棒针）
花样A

41cm
（106针）

花样B

41cm
（154行）

加33针
1-4-1
2-1-29

加33针
1-4-1
2-1-29

(28针)
12cm

2-1-29
加29针

2-1-29
加29针

袖片
（13号棒针）
花样A

袖片
（13号棒针）
花样A

34.5cm
（90针）

34.5cm
（90针）

15cm
（40针）

15cm
（40针）

9cm
（24针）

9cm
（24针）

15cm
（58行）

15cm
（58行）

起128针

2-1-29
加29针

2-1-29
加29针

花样B

加33针
2-1-29
1-4-1

加33针
2-1-29
1-4-1

15cm
（58针）

前片
（13号棒针）
花样A

41cm
（154行）

花样B

41cm
（106针）

### 花样C
（衣摆、袖窿、领口花边）

---

### 深色中袖上装

【成品规格】衣长55cm，下摆宽44cm，肩宽40cm，袖长43cm

【工　　具】14号棒针，1.25mm钩针

【编织密度】36针×44行=10cm²

【材　　料】花色棉线共500g

### 花样C
（衣摆、袖窿、领口花边）

### 花样B

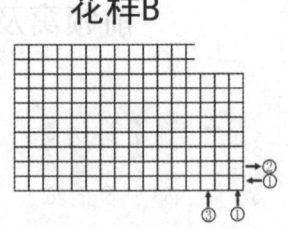

符号说明：
- ⊟ 上针
- □=① 下针
- ⊞ 左加针
- ⊞ 右加针
- 2-1-3 行-针-次
- ＋ 短针
- ∞ 锁针

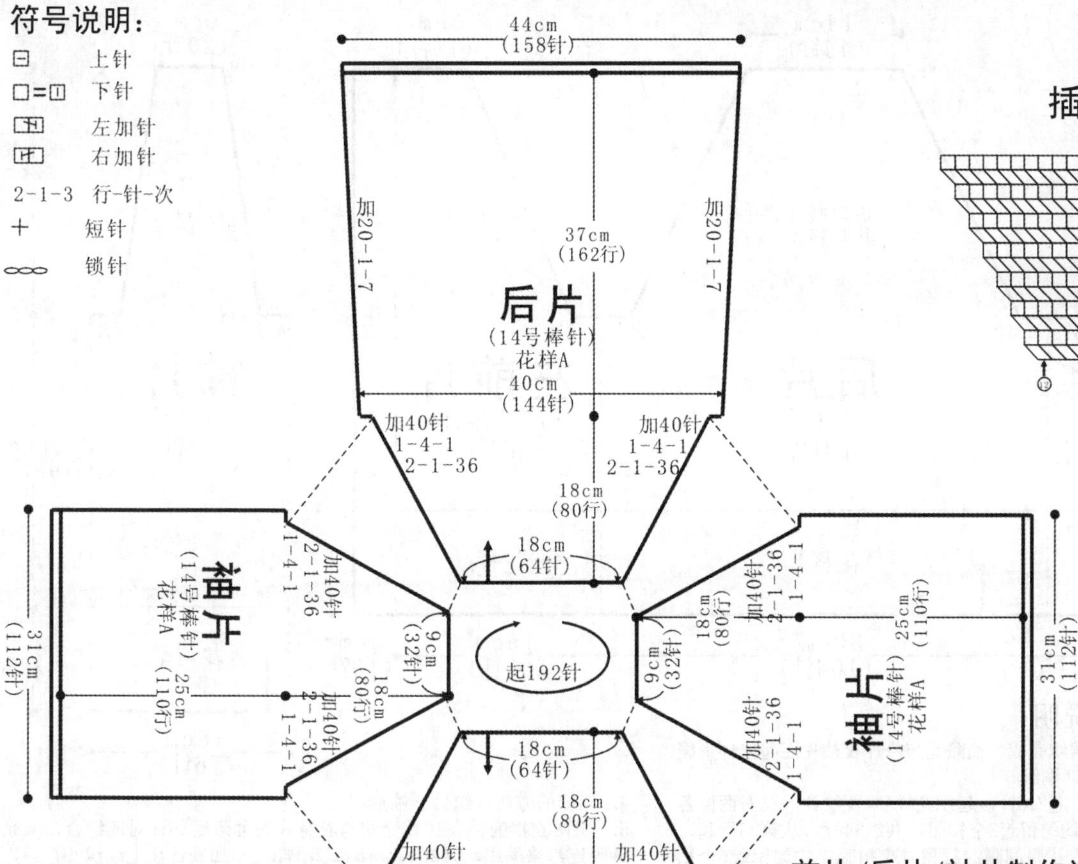

44cm
(158针)

37cm
(162行)

后片
（14号棒针）
花样A

40cm
(144针)

加20-1-7

加20-1-7

加40针
1-4-1
2-1-36

加40针
1-4-1
2-1-36

18cm
(80行)

18cm
(64针)

插肩编织

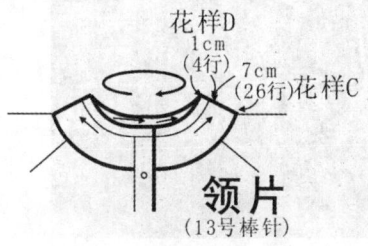

插肩缝

袖片
（14号棒针）
花样A

31cm
(112针)

25cm
(110行)

加40针
2-1-36
1-4-1

加40针
2-1-36
1-4-1

9cm
(32针)

18cm
(80行)

起192针

9cm
(32针)

18cm
(64针)

18cm
(80行)

18cm
(08行)

袖片
（14号棒针）
花样A

25cm
(110行)

31cm
(112针)

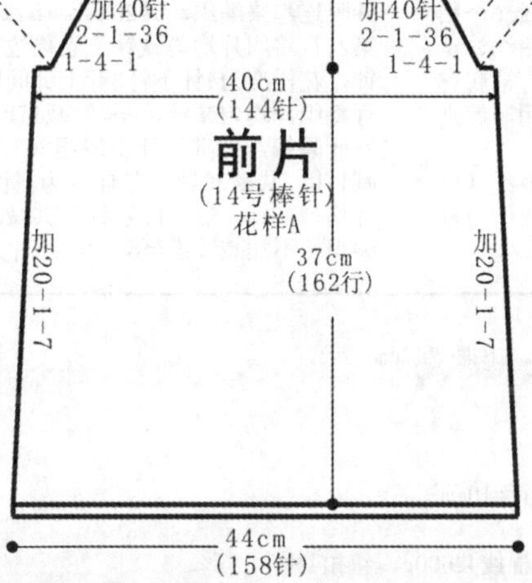

加40针
2-1-36
1-4-1

加40针
2-1-36
1-4-1

加40针
2-1-36
1-4-1

加40针
2-1-36
1-4-1

前片
（14号棒针）
花样A

40cm
(144针)

37cm
(162行)

加20-1-7

加20-1-7

44cm
(158针)

1cm

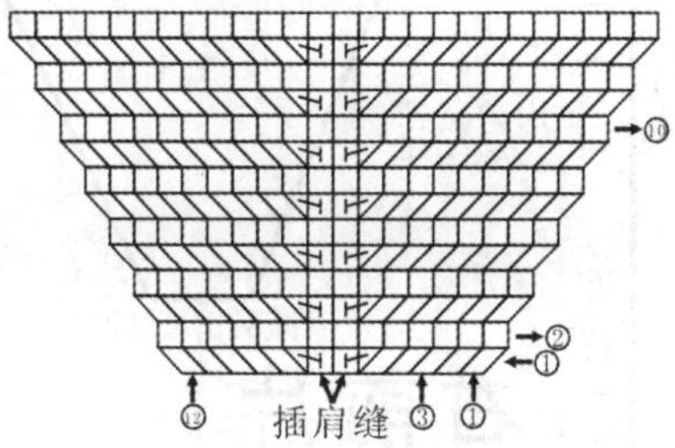

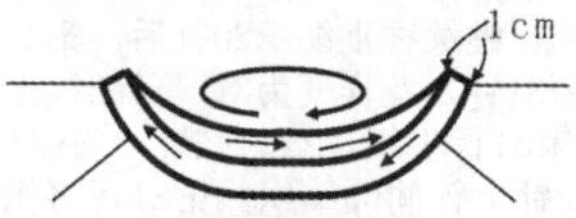

领片
（1.25mm钩针）
花样B

领片制作说明：
1. 钩针环形织领边。
2. 沿着前后衣领边及袖顶钩织花样B，作为领边。

前片/后片/袖片制作说明：
1. 棒针编织法。从衣领起织至衣摆，环形编织完成。
2. 起织。下针起针法，起192针，织花样A全下针，将织片分成4个部分，前后片各64针，左右袖片各32针，间隔四条插肩缝，插肩缝为2针，一边织一边在插肩缝的两侧加针，方法如图所示，织至80行，织片加至480针，然后从四条插肩线处将织片分片，分为前后，后片和左右袖片分别编织。
3. 分配前后片各136针到棒针上，织花样A，先织前片的136针，完成后加8针，再织后片的136针，完成后再加起8针，共288针连起来环形编织，一边织，一边在前后片的两侧同时加针，方法为20-1-7，加针后不加减针织至162行，收针断线。
4. 分配左袖片104针到棒针上，织完后挑起衣身加起的8针，共112针环织，织花样A，不加减针织110行，收针断线。同样的方法编织右袖片。
5. 沿衣摆及袖窿边沿分别钩织花样B，作为衣摆边及袖窿花边。

舒适竖纹开衫

【成品规格】衣长48cm，下摆宽33cm，袖长57cm

【工　　具】13号棒针

【编织密度】31针×38行=10cm²

【材　　料】灰色棉线共500g，纽扣9枚

符号说明：
- ⊟ 上针
- □=① 下针
- 2-1-3 行-针-次

花样D
1cm
(4行)

7cm
(26行) 花样C

领片
（13号棒针）

领片制作说明：
1. 棒针编织法，往返编织。
2. 沿着前后衣领边及袖顶编织花样C双罗纹针，共142针，两侧衣襟的针眼仍然编织花样A单罗纹针，织26行后，改为编织花样D全下针，织4行，下针收针法，收针断线。

花样B

花样C

花样D

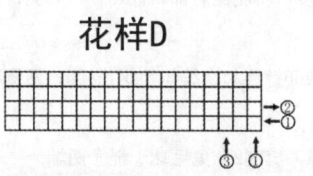

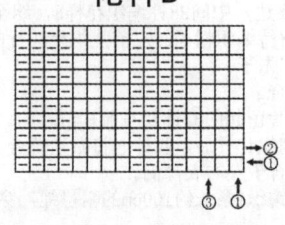

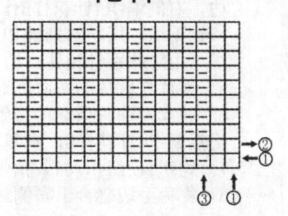

139

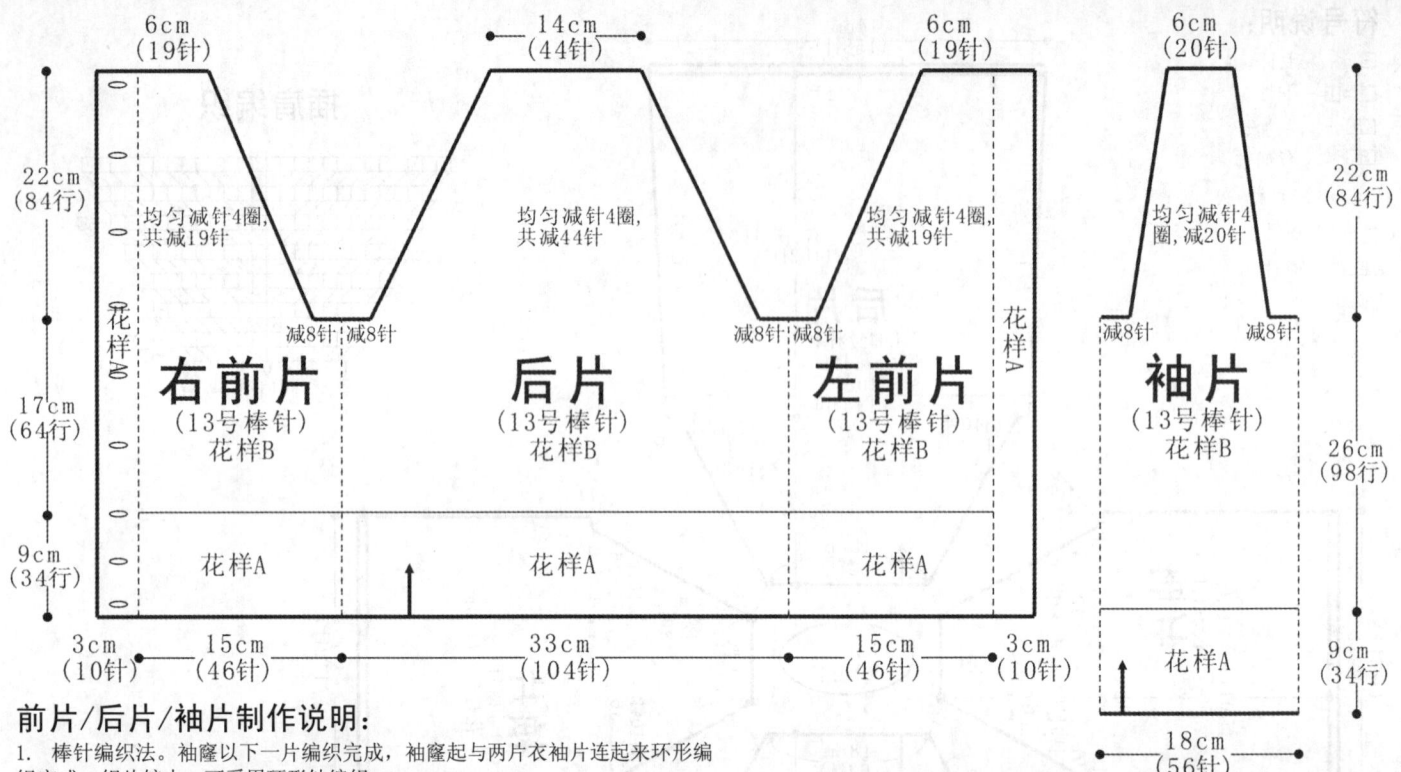

前片/后片/袖片制作说明：

1. 棒针编织法。袖窿以下一片编织完成，袖窿起与两片衣袖片连起来环形编织完成。织片较大，可采用环形针编织。

2. 起织衣身。单罗纹针起针法，起216针，起织花样A单罗纹针，左右两侧各取10针作为衣襟，右前片衣襟要均匀留起3个扣眼，共织34行，从第35行起，两侧衣襟继续编织花样A，右侧衣襟每间隔24行留一个扣眼，均匀留起6个扣眼，织片中间196针改为编织花样B，花样B为4针下针4针上针间隔编织，重复往上织至98行，将织片分片，依次分成左衣襟10针，左前片46针，袖底16针，后片104针，袖底16针，右前片46针，右衣襟10针，左右袖底针用防解别针扣住，暂时不织。

3. 另起针编织袖片。单罗纹针起针法，起56针环织，起织花样A单罗纹针，共织34行，从第35行起，改织花样B，织至132行，将织片留取16针作为袖底，用防解别针扣住，暂时不织。其余针眼留待编织袖山。

4. 同样的方法编织另一袖片。

5. 将两衣襟的袖底16针分别与衣身片的袖窿底16针对应缝合，其余针眼连起来编织，共264针，编织花样B，不加减针往上编织20行后，第21行将织片均匀减针，衣襟边不变，衣身部分每8针减1针，共减30针，花样变为4针下针3针上针间隔编织。继续往上编织20行后，第41行将织片均匀减针，每7针减1针，共减31针，花样变为3针下针3针上针间隔编织。继续往上编织20行后，第61行将织片均匀减针，每6针减1针，共减30针，花样变为3针下针2针上针间隔编织。第81行将织片均匀减针，每5针减1针，共减31针，花样变为2针下针2针上针间隔编织。不加减针织至84行，织片余下142针，开始编织衣领。

巧克力女孩装

【成品规格】衣长47cm，下摆宽47cm

【工　　具】11号棒针

【编织密度】15针×18行=10cm²

【材　　料】浅咖啡色棉线共500g，纽扣4枚

符号说明：

| | |
|---|---|
| ▭ | 上针 |
| ▭=▯ | 下针 |
| ▽ | 1针织出3针的加针 |
| ▭ | 左上3针并1针 |
| ▭ | 右上2针与左下2针交叉 |
| ▭ | 1针织出5针，次行织上针，第3行5针并1针的结 |
| 2-1-3 | 行-针-次 |

前片/后片制作说明：

1. 棒针编织法。袖窿以下一片编织完成，袖窿起分为左前片、右前片、后片来编织。织片较大，可采用环形针编织。

2. 起织。双罗纹针起针法，起142针起织，先织4针花样B作为左前片衣襟，然后织28针花样A，再织8针花样B，再织62针花样A，再织8针花样B，再织28针花样A，最后织4针花样B作为右衣襟。重复往上编织至10行，从第11行起，花样B继续编织，左右前片的花样A改为编织花样D，后片改织花样C，如结构图所示，织至20行后，第21行起左右前片改织花样E，重复往上编织至42行，将织片分片，分为右前片、左前片和后片，右前片与左前片各取36针，后片取70针编织。先编织后片，而右前片与左前片的针眼用防解别针扣住，暂时不织。

3. 分配后身片的针数到棒针上，用11号针编织，两侧各织4针花样B作为袖窿边，中间62针继续编织花样C，花样C共织38行，完成后改织下针，织至86行的总高度，将左右两肩部各收针19针，中间32针不织，用防解别针扣住，留待编织帽子。

4. 左前片与右前片的编织。两者编织方法相同，以右前片为例，右前片的左侧仍编织4针花样B作为衣襟边，右侧编织4针花样B作为袖窿边，中间28针编织花样E，织至86行的总高度，将左侧肩部收针19针，右侧17针不织，用防解别针扣住，留待编织帽子。左前片织至86行的总高度，将右侧肩部收针19针，右侧17针不织，用防解别针扣住，留待编织帽子。

5. 前片与后片的两肩部对应缝合。

6. 挑起左前片留起的17针，后片留起的32针及右前片留起的17针，共66针连起来编织，织花样D，两侧帽襟仍然编织4针花样B，重复往上编织46行后，收针，将帽顶缝合。

7. 钩织4枚纽扣及4条扣带，缝合于左右衣襟侧。

8. 将兔毛边缝合于帽侧边沿。钩织1条长约100cm的帽襟绳，穿入帽襟，缝制2个兔毛球于绳子两端。

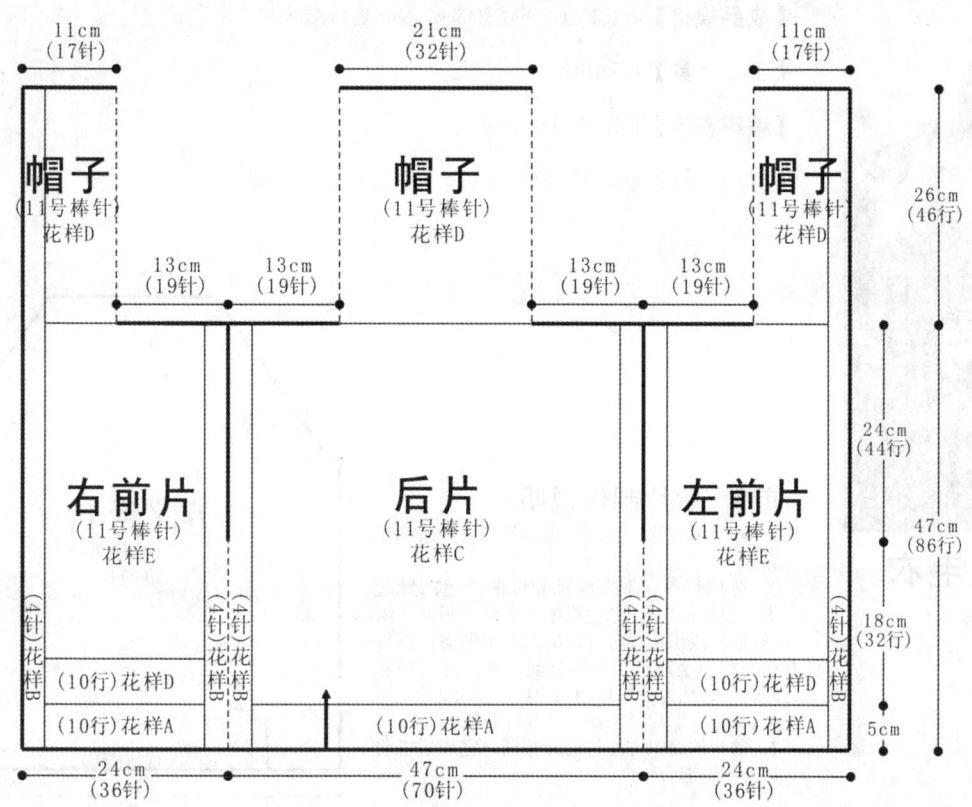

帽子
(11号棒针)
花样D

帽子
(11号棒针)
花样D

帽子
(11号棒针)
花样D

11cm
(17针)

21cm
(32针)

11cm
(17针)

26cm
(46行)

13cm
(19针)

13cm
(19针)

13cm
(19针)

13cm
(19针)

右前片
(11号棒针)
花样E

后片
(11号棒针)
花样C

左前片
(11号棒针)
花样E

24cm
(44行)

47cm
(86行)

4针
花样B

4针
花样B

4针
花样B

4针
花样B

4针
花样B

18cm
(32行)

(10行)花样D

(10行)花样D

(10行)花样A

(10行) 花样A

(10行)花样A

5cm

24cm
(36针)

47cm
(70针)

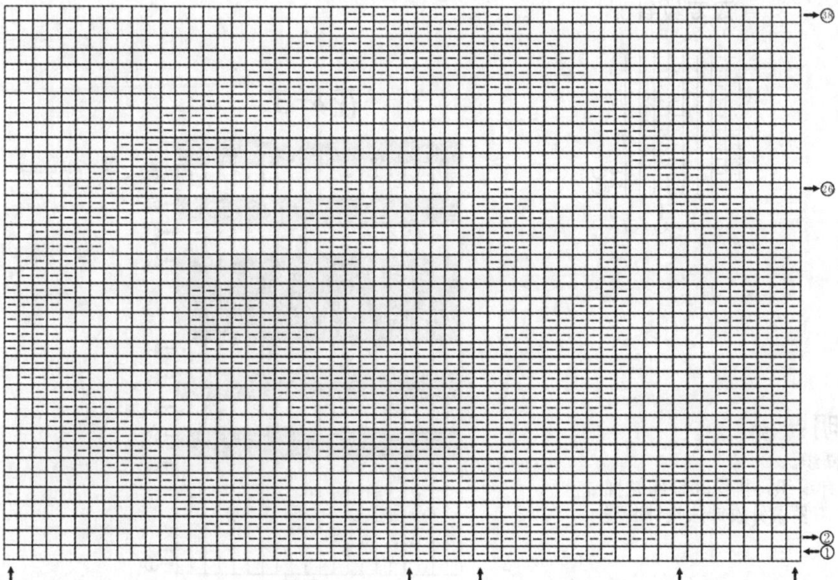

24cm
(36针)

## 花样A
（双罗纹针）

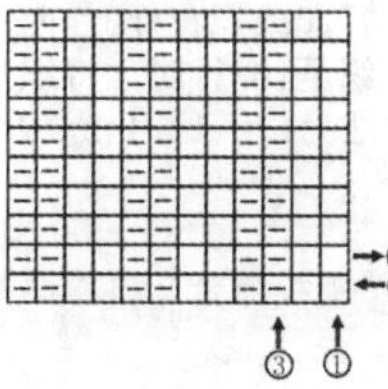

## 花样B
（搓板针）

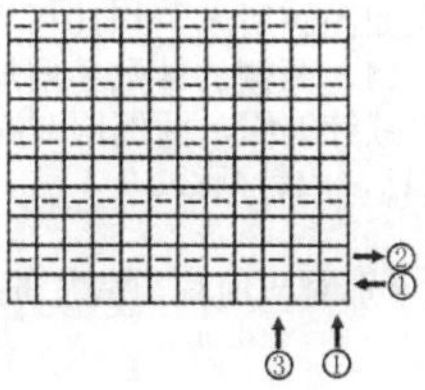

## 花样D

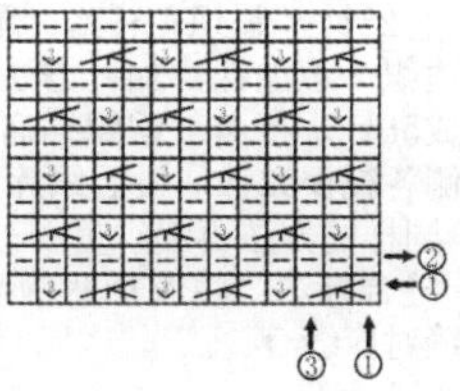

## 花样E

## 花样C

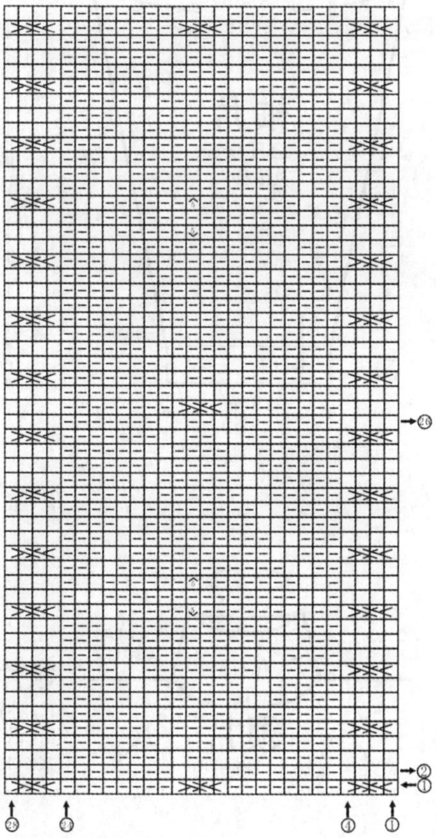

配色插肩毛衣

【成品规格】衣长53cm，下摆宽45cm，插肩连袖长60cm

【工　　具】11号棒针

【编织密度】16针×25行=10cm²

【材　　料】蓝花色羊毛线共300g，浅灰色羊毛线共300g

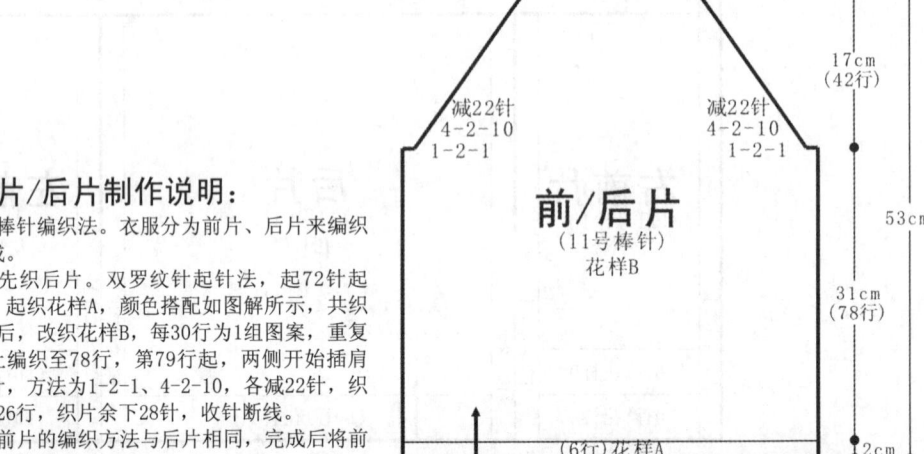

前/后片
（11号棒针）
花样B

17.5cm
（28针）

17cm
（42行）

53cm

31cm
（78行）

2cm

减22针
4-2-10
1-2-1

减22针
4-2-10
1-2-1

（6行）花样A

45cm
（72针）

前片/后片制作说明：

1. 棒针编织法。衣服分为前片、后片来编织完成。

2. 先织后片。双罗纹针起针法，起72针起织，起织花样A，颜色搭配如图解所示，共织6行后，改织花样B，每30行为1组图案，重复往上编织至78行，第79行起，两侧开始插肩减针，方法为1-2-1、4-2-10，各减22针，织至126行，织片余下28针，收针断线。

3. 前片的编织方法与后片相同，完成后将前后片侧缝缝合。

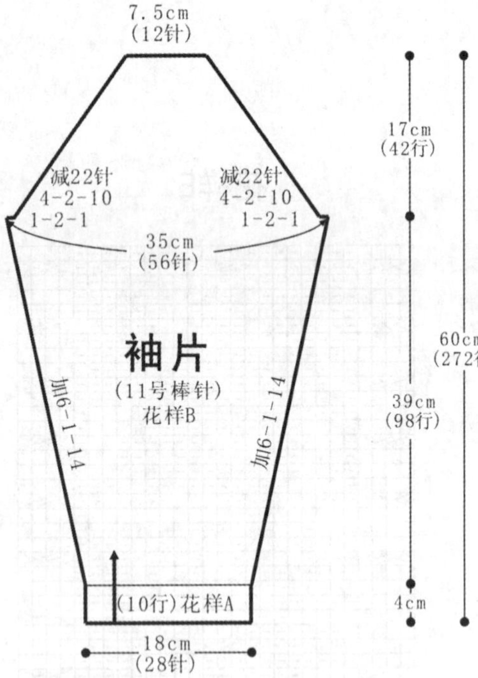

袖片
（11号棒针）
花样B

7.5cm
（12针）

17cm
（42行）

60cm
（272行）

39cm
（98行）

4cm

减22针
4-2-10
1-2-1

减22针
4-2-10
1-2-1

35cm
（56针）

加6-1-14

加6-1-14

（10行）花样A

18cm
（28针）

袖片制作说明：

1. 棒针编织法，编织两片袖片。从袖口起织。

2. 起28针，起织花样A，颜色搭配如图解所示，织10行后，第11行起改织花样B，两侧一边织一边加针，加针方法为6-1-14，两侧的针数各增加14针，织至108行时，将织片织成56针，接着就编织插肩，插肩减针编织，两侧同时减针，方法为1-2-1、4-2-10，两侧各减少22针，最后织片余下12针，收针断线。

3. 同样的方法再编织另一袖片。

4. 缝合方法：将衣袖两侧插肩线分别对应前片与后片的插肩线，用线缝合，再将两袖侧缝对应缝合。

花样A
（双罗纹针）

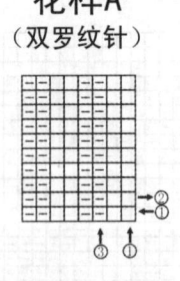

花样B

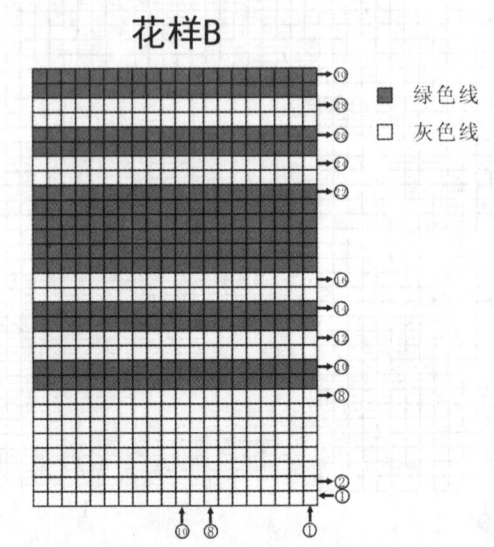

■ 绿色线
□ 灰色线

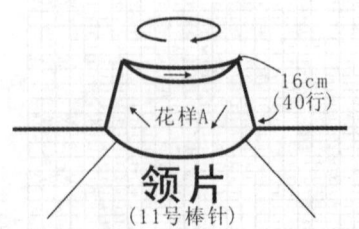

领片
（11号棒针）

16cm
（40行）

花样A

领片制作说明：

1. 棒针编织法，圈织。

2. 沿着衣领边挑针编织，挑织80针织花样A，共织40行的高度，双罗纹针收针法收针断线。

## 荷叶领羊绒衫

【成品规格】衣长54cm，下摆宽35cm，袖长63cm

【工　　具】13号棒针，13号环形针，1.25mm钩针

【编织密度】34针×40行=10cm²

【材　　料】白色棉线600g

### 前片/后片制作说明：

1. 棒针编织法，衣服分为前片、后片来编织完成。
2. 起织后片。下针起针法起120针起织，织花样A全下针，织104行后，两侧减织成袖窿，方法为1-4-1、2-1-6，两侧各减少10针，余下100针继续编织，两侧不再加减针，织至第177行，织片的中间留起64针不织，两侧各减针2针，最后两肩部各余下16针，收针断线。
3. 编织前片。下针起针法起120针起织，编织花样A与花样B组合编织，中间织34针花样B，两侧编织花样A，织104行后，两侧减织成袖窿，方法为1-4-1、2-1-6，两侧各减少10针，余下100针继续编织，两侧不再加减针，织至第161行，织片的中间留起48针不织，两侧减针，方法为2-2-4、2-1-2，减针后不加减针往上织至180行，最后两肩部各余下16针，收针断线。
4. 将前片与后片的两侧缝对应缝合，两肩缝对应缝合。
5. 钩织8个花样D，拼合于衣摆，前后片各拼4个单元花。

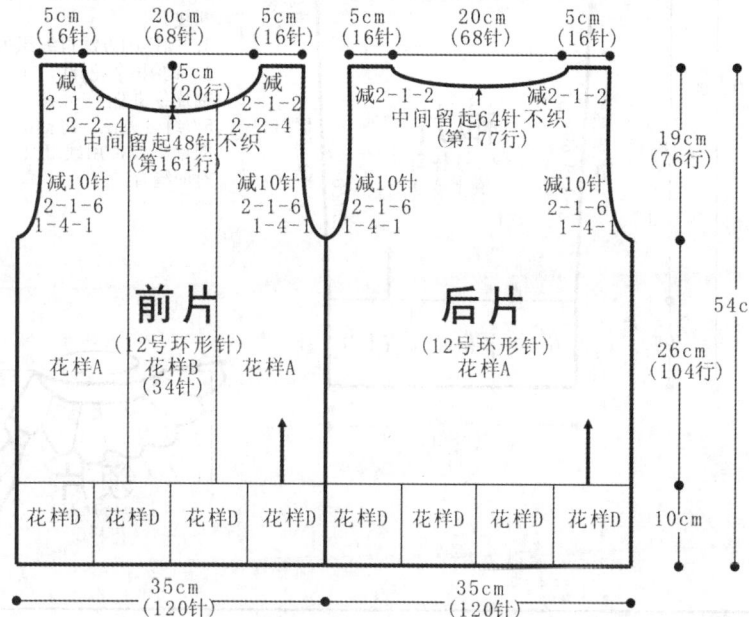

## 花样B

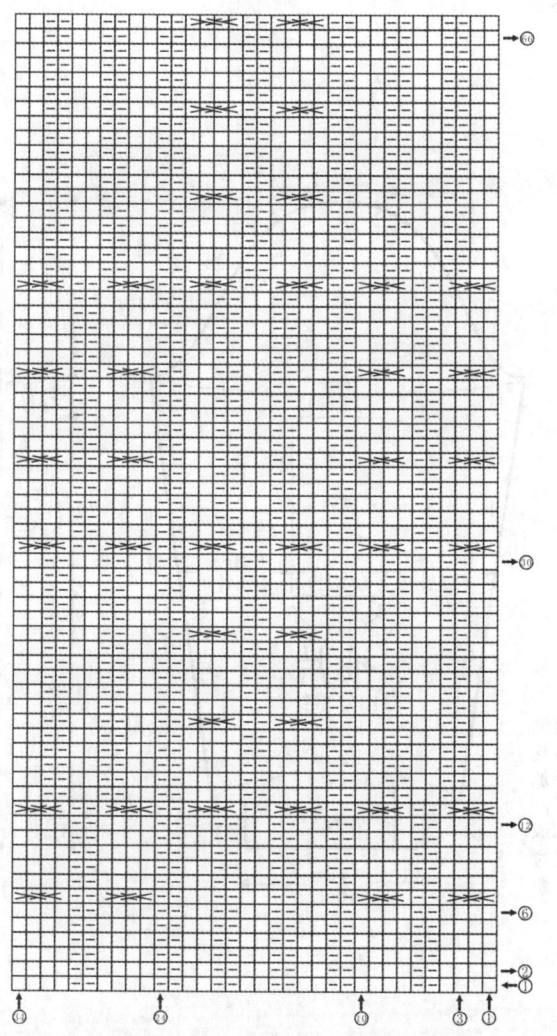

## 花样A

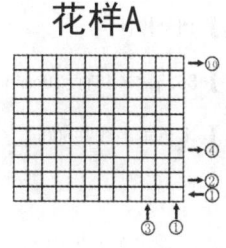

## 花样D

## 花样C

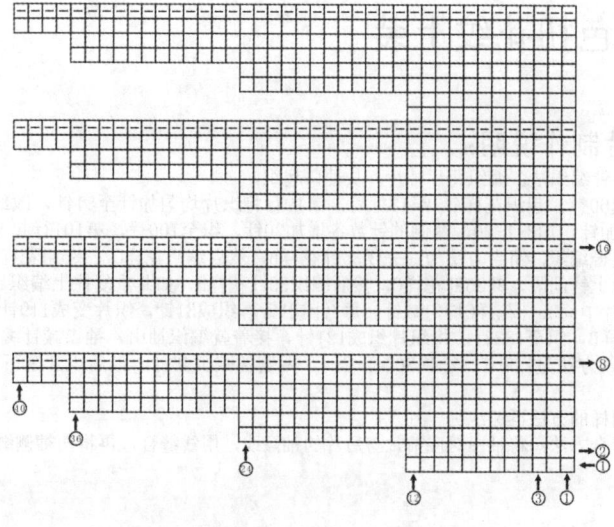

**袖片制作说明：**

1. 棒针编织法，编织两片袖片。从袖口起织。
2. 起88针，编织花A，一边织一边两侧加针，方法为20-1-7，织至148行，织片加至102针见结构图所示，接着就编织袖山，袖山减针编织，两侧同时减针，方法为1-4-1、2-1-34，两侧各减少38针，最后织片余下26针，收针断线。
3. 同样的方法再编织另一袖片。
4. 钩织6个花样D，拼合于袖口，左右袖片各拼3个单元花。
5. 缝合方法：将袖山对应前片与后片的袖窿线，用线缝合，再将两袖侧缝对应缝合。

**符号说明：**

| | |
|---|---|
| □ | 上针 |
| □=① | 下针 |
| ▨▨ | 左上2针与右下2针交叉 |
| ▨▨ | 右上2针与左下2针交叉 |
| 2-1-3 | 行-针-次 |
| ∞ | 锁针 |
| + | 短针 |
| ⊥ | 长针 |

**袖片图（12号棒针）花样A**

8cm（26针）
17cm（68行）
减38针 2-1-34 1-4-1
减38针 2-1-34 1-4-1
30cm（102针）
63cm
37cm（148行）
袖侧缝 加20-1-7
袖侧缝 加20-1-7
9cm
花样D 花样D 花样D
26cm（88针）

**领片制作说明：**

1. 棒针编织法，往返编织。
2. 起10针，编织花样C，右侧织992行，左侧织成248，收针，将左侧领边与衣领缝合，沿着衣领边钩针一圈荷叶边，断线。

**领片**（12号棒针）花样C

---

**特色扭花纹上装**

【成品规格】衣长61cm，下摆宽46cm，袖长56cm

【工　　具】13号棒针

【编织密度】36.5针×46行=10cm²

【材　　料】米色羊毛线共600g

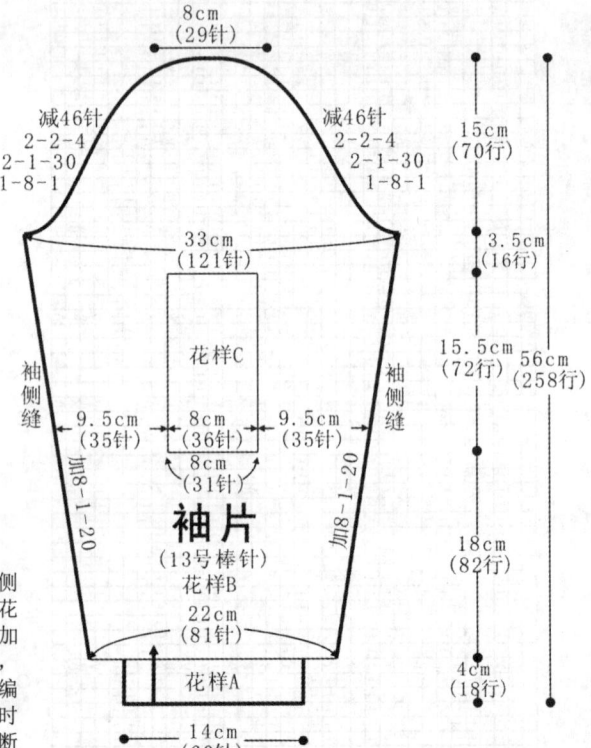

**袖片**（13号棒针）花样B

8cm（29针）
减46针 2-2-4 2-1-30 1-8-1
减46针 2-2-4 2-1-30 1-8-1
33cm（121针）
花样C
15cm（70行）
3.5cm（16行）
15.5cm（72行）
56cm（258行）
袖侧缝 加8-1-20
袖侧缝 加8-1-20
9.5cm（35针）
8cm（36针）
9.5cm（35针）
8cm（31针）
18cm（82行）
22cm（81针）
花样A
4cm（18行）
14cm（60针）

**袖片制作说明：**

1. 棒针编织法，编织两片袖片。从袖口起织。
2. 起60针，起织花样A，织18行后，第19行将织片均匀加针至81针，改织花样B，两侧同时加针，加8-1-20，两侧的针数各增加20针，织至100行，第101行起改为花样B与花样C组合编织，组合方法为：先织35针花样B，然后编织花样C，共5组花样C，每织6加织1针上针间隔，共36针花样C，然后编织35针花样B，如此重复往上编织。织至172行，将织片中间36针花样C均匀减针，每7行减1针，织成31针，织片变成119针，改为全部编织花样B，织至188行，将织片织成121针，接着就编织袖山，袖山减针编织，两侧同时减针，方法为1-8-1、2-1-30、2-2-4，两侧各减少46针，最后织片余下29针，收针断线。
3. 同样的方法再编织另一袖片。
4. 缝合方法：将袖山对应前片与后片的袖窿线，用线缝合，再将两袖侧缝对应缝合。

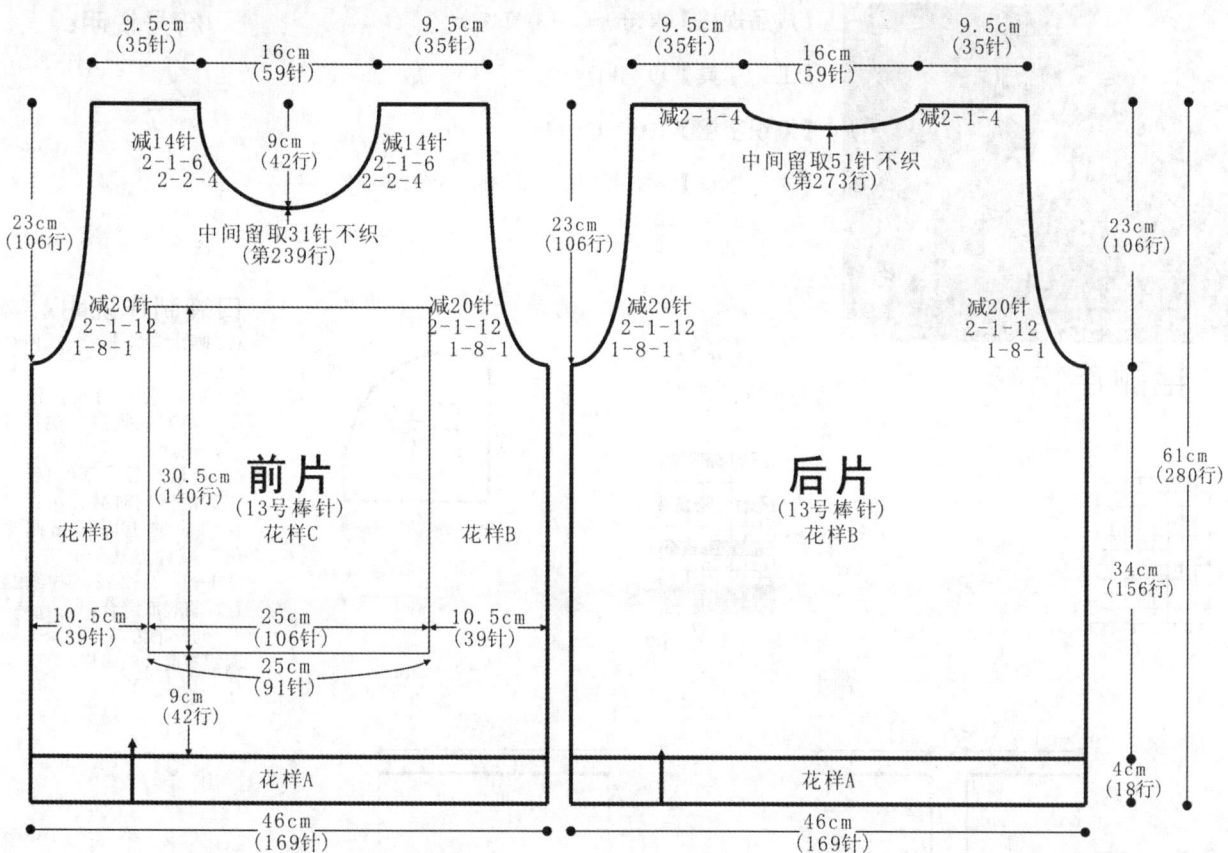

## 前片/后片制作说明：

1. 棒针编织法。衣服分为前片、后片来编织完成。
2. 先织后片。双罗纹针起针法，起169针起织，起织花样A，共织18行后，改织花样B，织至174行，第175行起两侧开始袖窿减针，方法为1-8-1、2-1-12，各减20针，余下129针不加减针往上织至272行，第273行起，将织片中间留取51针不织，两侧减针织成后领，方法为2-1-4，织至280行，最后两肩部各余下35针，收针断线。
3. 编织前片。双罗纹针起针法，起169针起织，起织花样A，共织18行后，改织花样B，织至60行，第61行起改为花样B与花样C组合编织，组合方法为：先织39针花样B，然后编织花样C，共15组花样，每织6针加织1针上针间隔，共106针花样C，然后编织39针花样B，如此重复往上编织，织至174行，第175行起两侧开始袖窿减针，方法为1-8-1、2-1-12，各减20针，余下141针不加减针往上织至200行，第201行起，将织片中间106针花样C均匀减针，每7针减1针，织成91针，织片变成129针，不加减针往上编织花样B，织至238行，第239行将织片中间留取31针不织，两侧减针织成前领，方法为2-2-4、2-1-6，织至280行，最后两肩部各余下35针，收针断线。
4. 前片与后片的两侧缝对应缝合，两肩部对应缝合。

## 花样A
（双罗纹针）

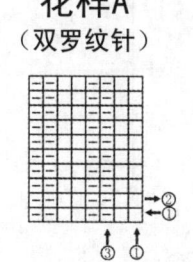

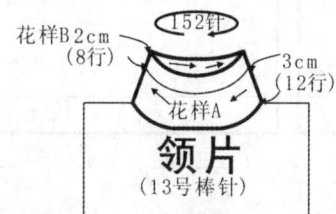

## 领片
（13号棒针）

## 领片制作说明：

1. 棒针编织法，圈织。
2. 沿着前后衣领边挑针编织，挑起152针，织花样A，共织12行的高度，改织花样B，织8行后收针断线。

## 花样B

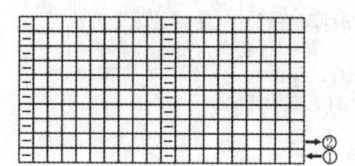

## 花样C

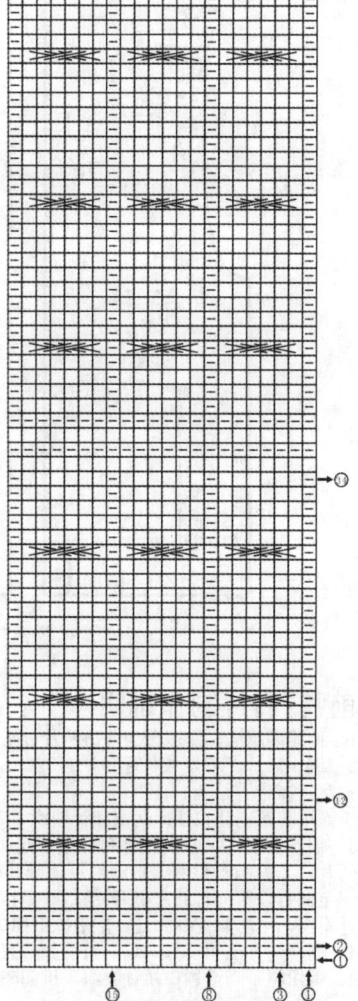

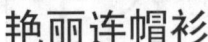

艳丽连帽衫

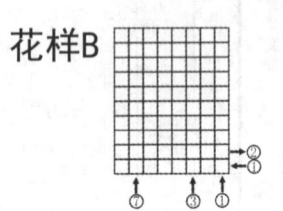

花样B

花样A
（双罗纹针）

【成品规格】衣长59cm，下摆宽47cm

【工　　具】10号棒针

【编织密度】11针×18行=10cm²

【材　　料】玫红色棉线400g，黑、白色线各少量

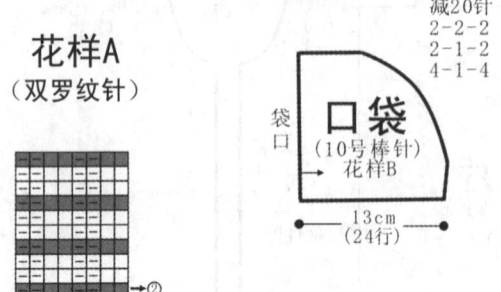

减20针
2-2-2
2-1-2
4-1-4

袋口
口袋
（10号棒针）
花样B

13cm
（24行）

口袋制作说明：
1. 棒针编织法，编织两个口袋。
2. 在左前片内里，沿着织片留起的袋口，挑针环织，挑起29针，编织花样B，选取口袋顶部的1针，在其两侧同时减针编织，将口袋的上面织出圆形角，减针方法为4-1-4、2-1-2、2-2-2，共织24行，将袋底缝合。
3. 同样的方法，相反方向编织右前片的口袋。

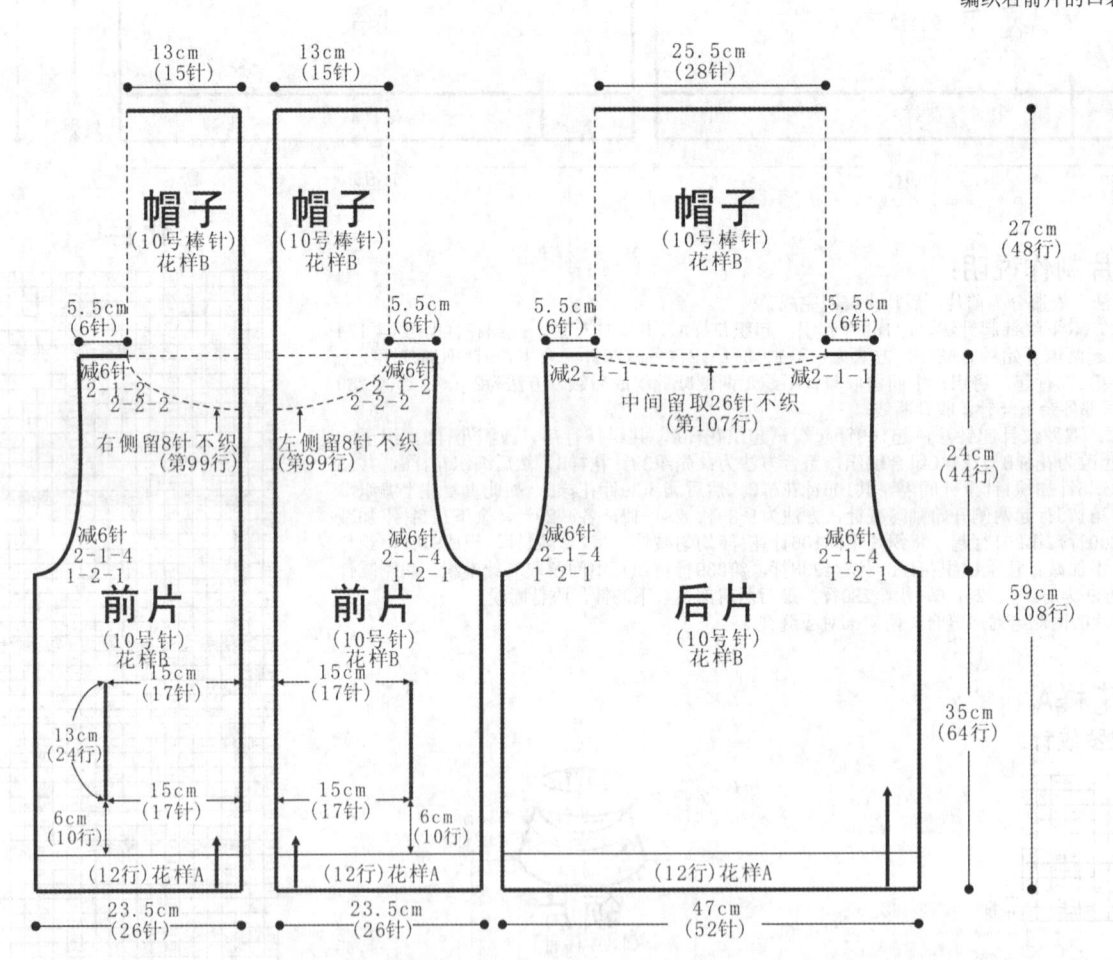

前片/后片制作说明：
1. 棒针编织法。衣服分为前后两片分别编织。
2. 编织后片。双罗纹针起针法起52针，编织花样A，织12行后，改织花样B，不加减针织至64行后，第65行起，两侧需要同时减针织成袖隆，减针方法为1-2-1、2-1-4，两侧针数各减少6针，余下40针继续编织，两侧不再加减针，织至107行，将织片中间留起26针不织，用防解别针扣住，两侧减针编织，方法为2-1-1，两侧各减1针，最后两肩部各余下6针，收针断线。
3. 编织左前片。双罗纹针起针法，起26针起织，起织花样A，织12行后，改织花样B，编织至22行，第23行起将织片从第17针处分开成两片，先编织衣襟侧共17针，不加减针织至42行，另起线编织袖隆侧织片共9针，不加减针同样至42行，第43行将两片连起来编织，织至64行，第65行起左侧开始袖隆减针，方法为1-2-1、2-1-4，共减6针，余下20针不加减针往上织至98行，第99行起，织片右侧留起8针不织，用防解别针扣住，然后减针织成前领，方法为2-2-2、2-1-2，左前片共织108行，最后肩部余下6针，收针断线。
4. 同样的方法相反方向编织右前片。完成后将左右前片与后片的两侧缝对应缝合，两肩部对应缝合。
4. 编织帽子。沿领口挑针起织，挑起58针，编织花样B，织48行后，收针，将帽顶缝合。衣襟处缝好拉链。

【成品规格】衣长46cm，下摆宽40cm，袖长42cm

【工　　具】10号棒针

【编织密度】20.5针×32行=10cm²

【材　　料】红色棉线共400g，白色棉线100g，纽扣6枚

### 领片/衣襟制作说明：

1. 棒针编织法，往返编织。
2. 沿着前后衣领边挑针编织，挑起94针编织花样A，共织26行的高度，向内与起针合并成双层衣领，收针断线。
3. 领片编织完成后，挑织衣襟，沿领片及衣襟侧挑起98针，织花样A，织10行，收针断线。

### 口袋制作说明：

1. 棒针编织法，编织两个口袋。
2. 在左前片内里，沿着织片留起的袋口，挑针环织，挑起44针环织，编织花样C，织16行后，选取口袋顶部的1针，在其两侧同时减针编织，将口袋的上面织出圆形角，减针方法为2-2-5，共织26行，将袋底缝合。
3. 在左前片外部，沿袋口挑针起织袋边，挑起22针，编织花样A，织4行后，改织2行白色线，收针，将袋边两侧与前片缝合。
4. 同样的方法，相反方向编织右前片的口袋。

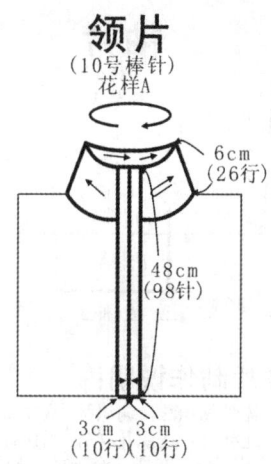

领片
(10号棒针)
花样A

6cm
(26行)

48cm
(98针)

3cm　3cm
(10行)(10行)

**亮丽条纹毛衣**

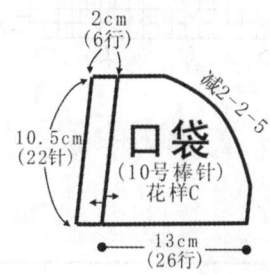

2cm
(6行)

减2-2-5

10.5cm
(22针)

口袋
(10号棒针)
花样C

13cm
(26行)

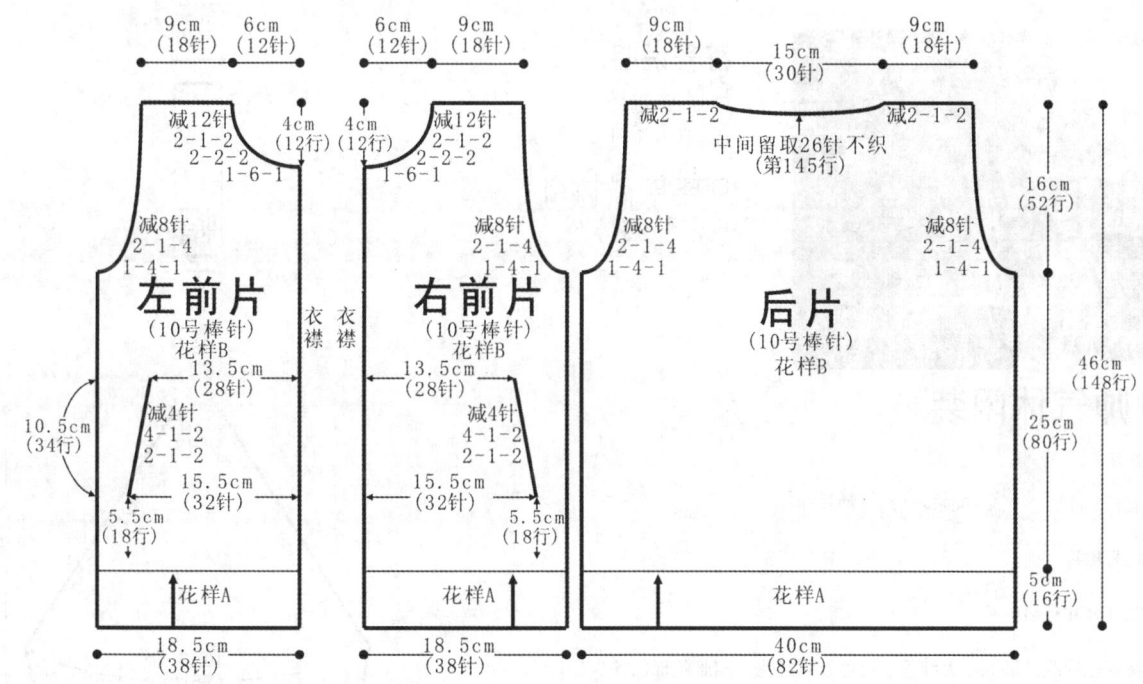

### 前片/后片制作说明：

1. 棒针编织法，衣服分为左前片、右前片及后片来编织完成。
2. 先织后片，双罗纹针起针法，起82针起织，起织花样A，共织16行后，改织花样B，织至96行，第97行两侧开始袖窿减针，方法为1-4-1、2-1-4，共减8针，余下66针不加减针往上织至116行，即重复编织5组花样B，第117行起，改为编织全下针，织至144行，第145行起，将织片中间留取26针不织，两侧减针织成后领，方法为2-1-2，织至148行，最后两肩部各织下18针，收针断线。
3. 编织左前片，双罗纹针起针法，起38针起织，起织花样A，共织16行后，改织花样B，编织至34行，第35行起将织片从第32针处分开成两片，先编织衣襟侧共32针，一边织一边左侧减针，方法为2-1-2、4-1-2，减针完不加减针织至68行，织片余下28针，另起线编织袖窿侧织片共6针，一边织一边右侧加针，方法为2-1-2、4-1-2，同样织至68行，织片变成10针，第69行将两片连起来编织，织至96行，第97行起左侧开始袖窿减针，方法为1-4-1、2-1-4，共减8针，余下30针不加减针往上织至116行，即重复编织5组花样B，第117行起，改为编织全下针，织至136行，第137行起，织片右侧减针织成前领，方法为1-6-1、2-2-2、2-1-2，左前片共织148行，最后肩部余下18针，收针断线。
4. 同样的方法相反方向编织右前片，完成后将左右前片与后片的两侧对应缝合，两肩部对应缝合。

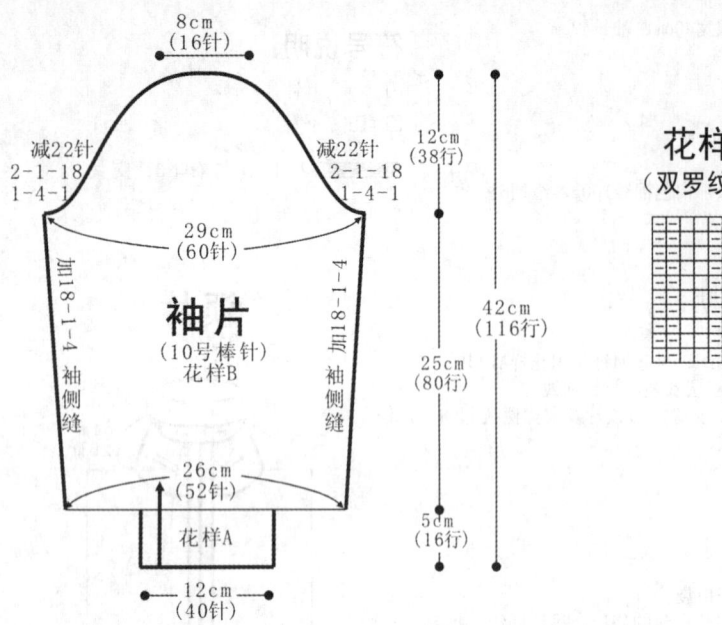

8cm
(16针)

减22针
2-1-18
1-4-1

12cm
(38行)

花样A
（双罗纹针）

花样B

29cm
(60针)

袖片
（10号棒针）
花样B

加18-1-4
袖侧缝

42cm
(116行)

25cm
(80行)

26cm
(52针)

花样A

12cm
(40针)

5cm
(16行)

白色
白色

白色

白色

**袖片制作说明：**

1. 棒针编织法，编织两片袖片。从袖口起织。
2. 起40针，起织花样A，织16行后，第17行将织片均匀加针至52针，改织花样B，每20行一组花样，共织5组花样，余下的行数全部编织下针，第17行起，两侧同时加针，加18-1-4，两侧的针数各增加4针，织至96行时，将织片织成60针，接着就编织袖山，袖山减针编织，两侧同时减针，方法为1-4-1、2-1-18，两侧各减少22针，最后织片余下16针，收针断线。
3. 同样的方法再编织另一袖片。
4. 缝合方法：将袖山对应前片与后片的袖窿线，用线缝合，再将两袖侧缝对应缝合。

---

**帅气休闲装**

**符号说明：**

□　　　上针
□=□　　下针

右上3针与
左下3针交叉
2-1-3　行-针-次

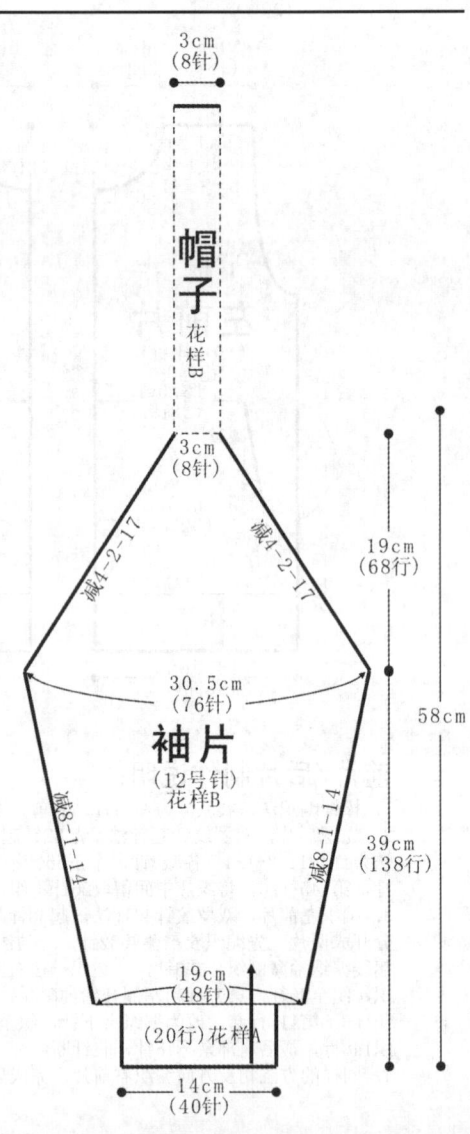

3cm
(8针)

帽子
花样B

3cm
(8针)

减4-2-17

减4-2-17

19cm
(68行)

30.5cm
(76针)

袖片
（12号针）
花样B

减8-1-14

减8-1-14

58cm

39cm
(138行)

19cm
(48针)

(20行)花样A

14cm
(40针)

【成品规格】衣长54cm，下摆宽40cm，插肩连袖长58cm

【工　　具】12号棒针

【编织密度】25针×36行=10cm²

【材　　料】深蓝色棉线共500g，大红色、白色、紫红色、浅蓝色棉色各少量

**袖片制作说明：**

1. 棒针编织法，编织两片袖片。从袖口起织。
2. 双罗纹针起针法起织40针，起织花样A，大红、白色、蓝色、紫红色间隔编织，织20行后，改织花样B，蓝色线编织，一边织一边两侧加针，方法为8-1-14，两侧针数各增加14针，织至138行，两侧开始插肩减针，方法为4-2-17，两侧各减34针，织至206行，余下8针用防解别针扣住留待编织帽子。
3. 同样的方法再编织另一袖片。
4. 缝合方法：将衣袖两侧插肩线分别对应前片与后片的插肩线，用线缝合，再将两袖侧缝对应缝合。

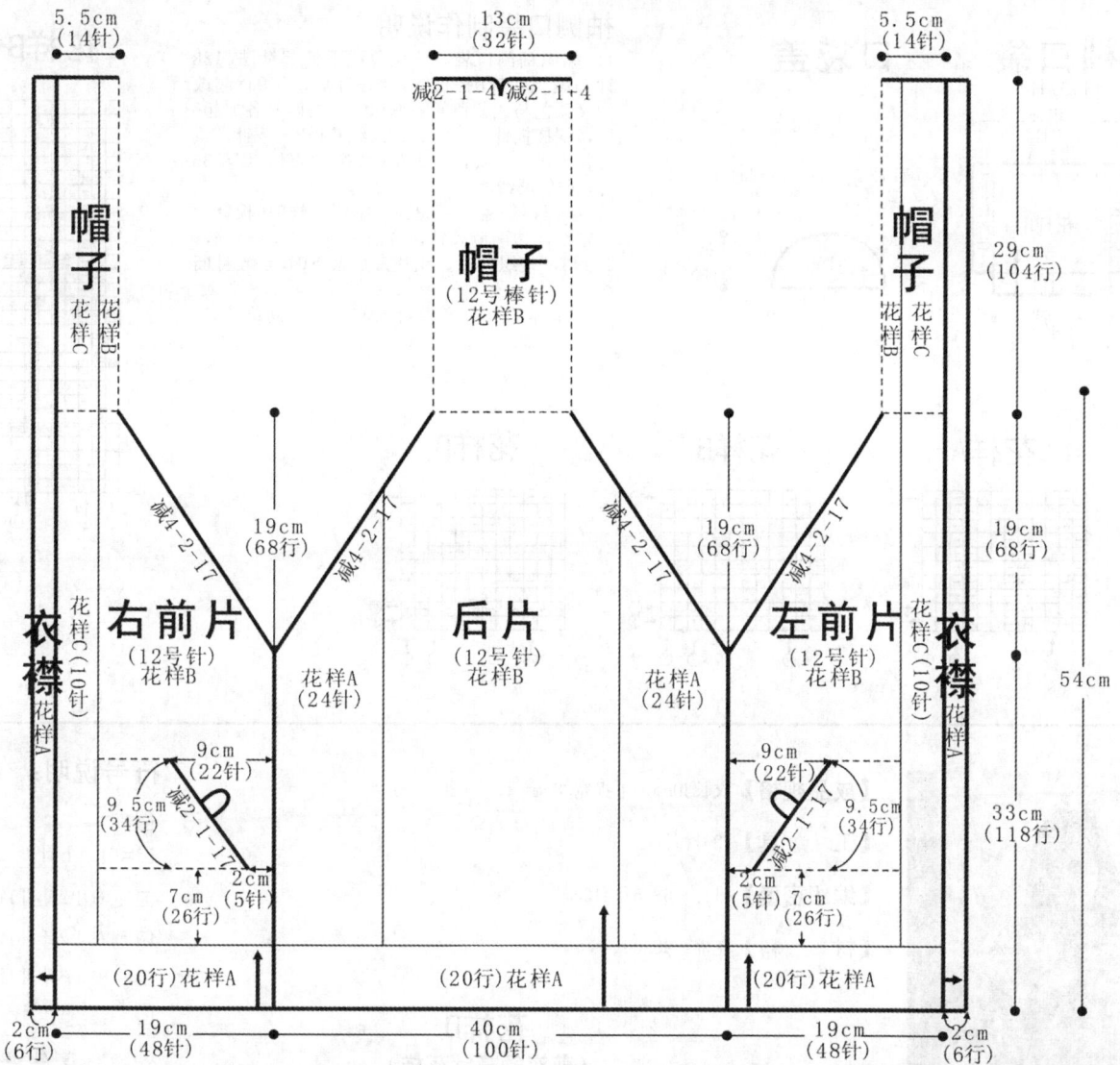

## 前片/后片制作说明：

1. 棒针编织法，衣服分为左前片、右前片和后片分别编织而成。

2. 起织后片。双罗纹针起针法起100针，起织花样A，大红、白色、蓝色、紫红色间隔编织，织20行后，改织花样A与花样B组合，蓝色线编织，先织24针花样A，然后织52针花样B，最后织24针花样A，重复往上编织至118行，两侧开始插肩减针，方法为4-2-17，两侧各减34针，织至186行，余下32针用防解别针扣住留待编织帽子。

3. 起织左前片，左前片的右侧为衣襟侧，双罗纹针起针法起48针，起织花样A，大红、白色、蓝色、紫红色间隔编织，织20行后，改织花样B与花样C组合，蓝色线编织，先织2针下针，然后编织8针花样C，余下针数编织花样B全下针，重复往上编织至46行，第47行将左侧5针用防解别针扣住，暂时不织，余下43针继续编织，一边织一边左侧减针，方法为2-1-17，织至80行，织片余下26针，用防解别针扣住暂时不织，别起线编织左侧留起的5针，同时在织片的里侧挑起43针连起来编织，红色、紫色、白色线间隔编织，织34行后，改为蓝色线编织，右侧26针与之前留起的26针对应合并编织，织至118行，左侧开始插肩减针，方法为4-2-17，共减34针，织至186行，余下14针用防解别针扣住留待编织帽子。

4. 相同方法相反方向编织右前片，完成后将左右前片分别与后片的侧缝缝合。

5. 在口袋中间挑起10针，浅蓝色线编织花样D搓板针，织12行后，两侧减针，方法为2-1-1，织至14行，余下8针，收针断线。同样的方法编织另一口袋片扣片。

## 帽子/衣襟制作说明：

1. 编织帽子。帽子是在缝合好袖子后挑针起织，沿领口挑起76针，两侧各织10针花样C，中间56针编织花样B全下针，织96行后，将织片从中间分开成左右两片分别编织，中间减针，减2-1-4，织至104行收针，将帽顶缝合。

2. 编织衣襟。衣襟是在帽子编织好后挑针起织的，沿左前片衣襟挑起202针，编织花样A，先织2行红色线，间隔2行白色线，最后织2行红色线，共织6行后，收针断线。

3. 同样的方法挑织右前片衣襟。

## 袖侧口袋制作说明：

1. 编织袖侧口袋。深蓝色线下针起针法起28针，编织花样D搓板针，织8行后，第9行起改为深蓝色与浅蓝色线间隔编织，左右两侧各加针6针，织搓板针，中间28针改织花样B全下针，重复往上织34行后，改织花样A双罗纹针，织至36行，收针断线。

2. 编织口袋盖。起28针，编织花样D搓板针，一边织一边两侧减针，方法为4-1-1、2-1-4、2-2-3，共织18行，织片最后余下6针，收针断线。

3. 将口袋及口袋盖缝合于右袖片中间位置。

## 袖口袋
（12号针）

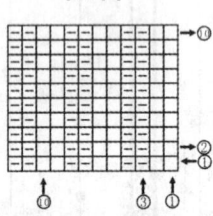

16cm
（40针）
花样A

10cm
（36行）

花样B

花样D

11cm
（28针）

## 口袋盖

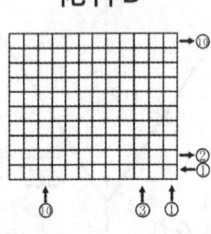

减11针
2-2-3
2-1-4
4-1-1

减11针
2-2-3
2-1-4
4-1-1

花样D

5cm
（18行）

11cm
（28针）

### 袖侧口袋制作说明：

1. 编织袖侧口袋。浅蓝色线下针起针法起28针，编织花样D搓板针，织8针后，第9行起改为深蓝色与浅蓝色间隔编织，左右两侧各加起6针，织搓板针，中间28针改织花样B全下针，重复往上织34行后，改织花样A双罗纹针，织至36行，收针断线。

2. 编织口袋盖。起28针，编织花样D搓板针，一边织一边两侧减针，方法为4-1-1，2-1-4，2-2-3，共织18行，织片最后余下6针，收针断线。

3. 将口袋及口袋盖缝合于右袖片中间位置。

## 花样B

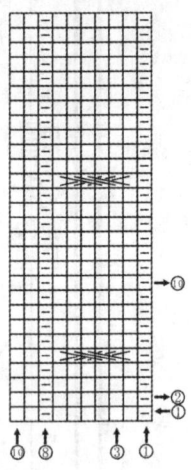

## 花样A

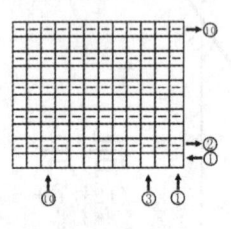

## 花样B

## 花样D

---

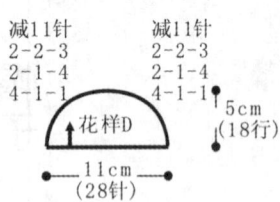

### 性感小吊带

【成品规格】衣长40cm，下摆宽38cm

【工　　具】13号棒针

【编织密度】41针×38.5行=10cm²

【材　　料】花棉线共300g

### 符号说明：

| | |
|---|---|
| □ | 上针 |
| □=□ | 下针 |
| ⊠ | 右上2针并1针 |
| ⊠ | 左上2针并1针 |
| ⋏ | 中上3针并1针 |
| ⊙ | 镂空针 |
| 2-1-3 | 行-针-次 |

## 花样D
（前衣领减针花样）

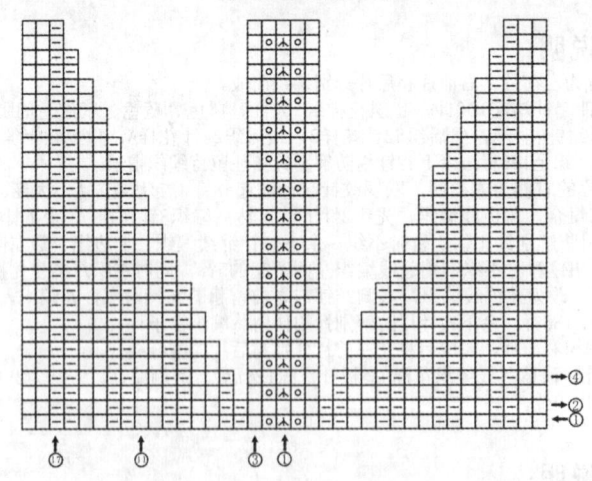

## 花样A

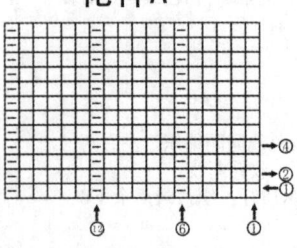

## 花样B

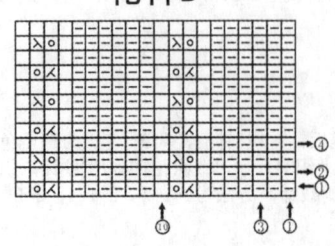

## 花样C

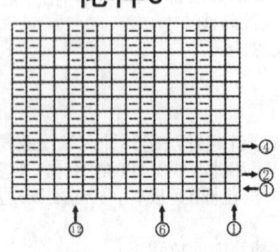

## 花样E

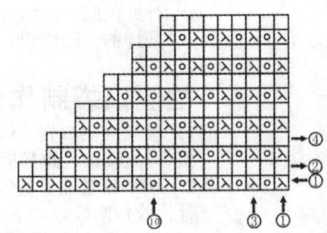

150

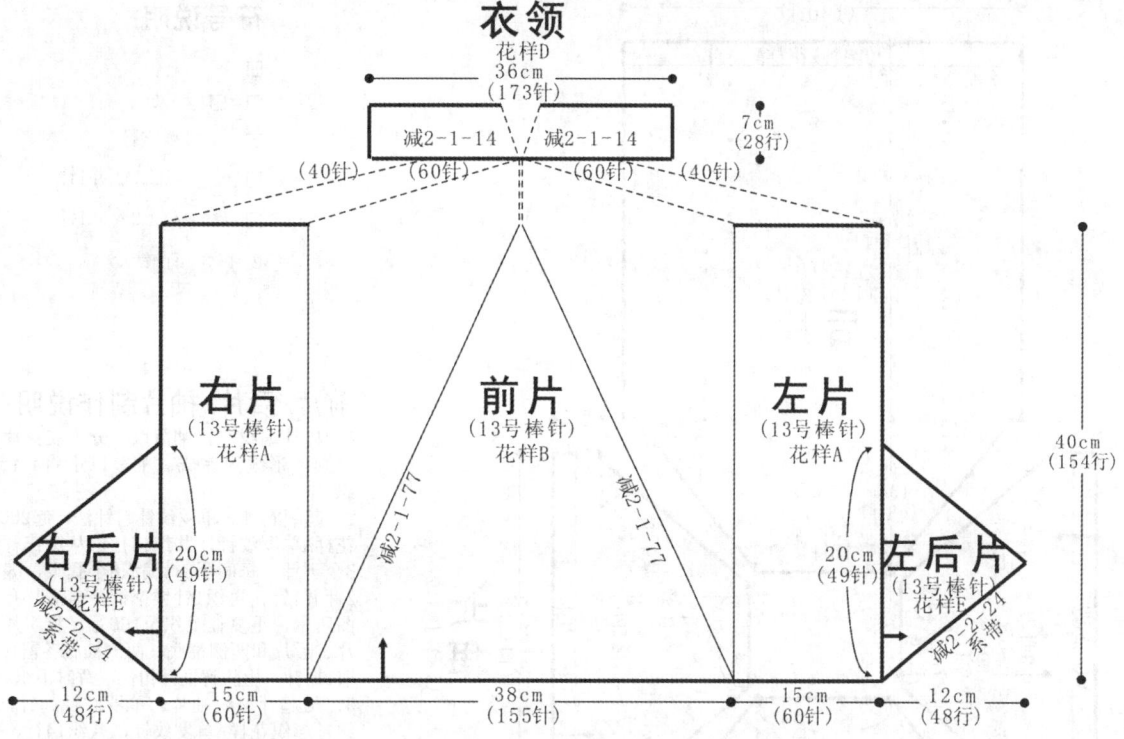

衣领
花样D
36cm
(173针)

减2-1-14　　减2-1-14
(40针)　(60针)　(60针)　(40针)

7cm
(28行)

右片
(13号棒针)
花样A

前片
(13号棒针)
花样B

左片
(13号棒针)
花样A

减2-1-77　　减2-1-77

40cm
(154行)

右后片
(13号棒针)
花样E

左后片
(13号棒针)
花样E

20cm
(49针)

20cm
(49针)

减2-2-24
系带

减2-2-24
系带

12cm
(48行)

15cm
(60针)

38cm
(155针)

15cm
(60针)

12cm
(48行)

### 前片/后片制作说明：

1. 棒针编织法。衣服分为衣身片和左右后片来编织。衣身片分为前片、左片、右片3个部分。织片较大，可采用环形针编织。

2. 起织。下针起针法，起275针起织，起织依次分为左片、前片和右片3部分，左右片各取60针，编织花样A，前片取155针，编织花样B，一边织一边在前片花样B的两侧减针，方法为2-1-77，织至154行，织片变成121针，开始编织衣领。

3. 编织衣领。用13号针编织，织完左右片的121针后，加起80针，共201针环织双罗纹针，一边织一边在前领的两侧减针，详细编织方法见花样D，共织28行后，双罗纹针收针法收针断线。

4. 左后片与右后片的编织，两者编织方法相同，但方向相反，以右后片为例，沿右片侧边挑起49针，织花样E，一边织一边左侧减针，方法为2-2-24，共织48行，织片余下1针，收针断线。同样方法编织右后片。

5. 钩织一条长约80cm的系带，将左右后片下摆边沿穿合。

---

淡雅短袖衫

【成品规格】衣长45cm，下摆宽35cm，袖长17cm

【工　　具】14号棒针

【编织密度】37针×52行=10cm²

【材　　料】浅紫色棉线共400g

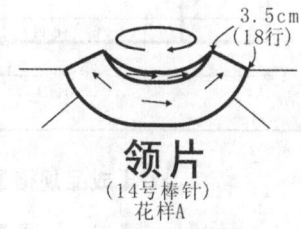

3.5cm
(18行)

领片
(14号棒针)
花样A

### 领片制作说明：

1. 棒针编织法，环形编织。

2. 沿着前后衣领边及袖顶挑针编织花样A，织18行后，单罗纹针收针法，收针断线。

花样A

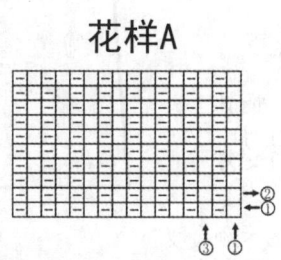

花样B

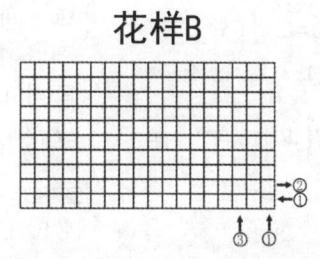

花样B（孔眼纺织）

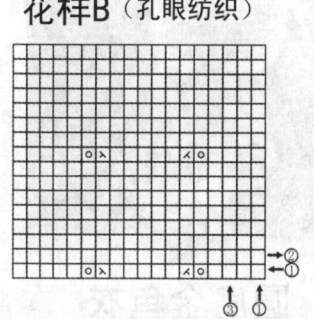

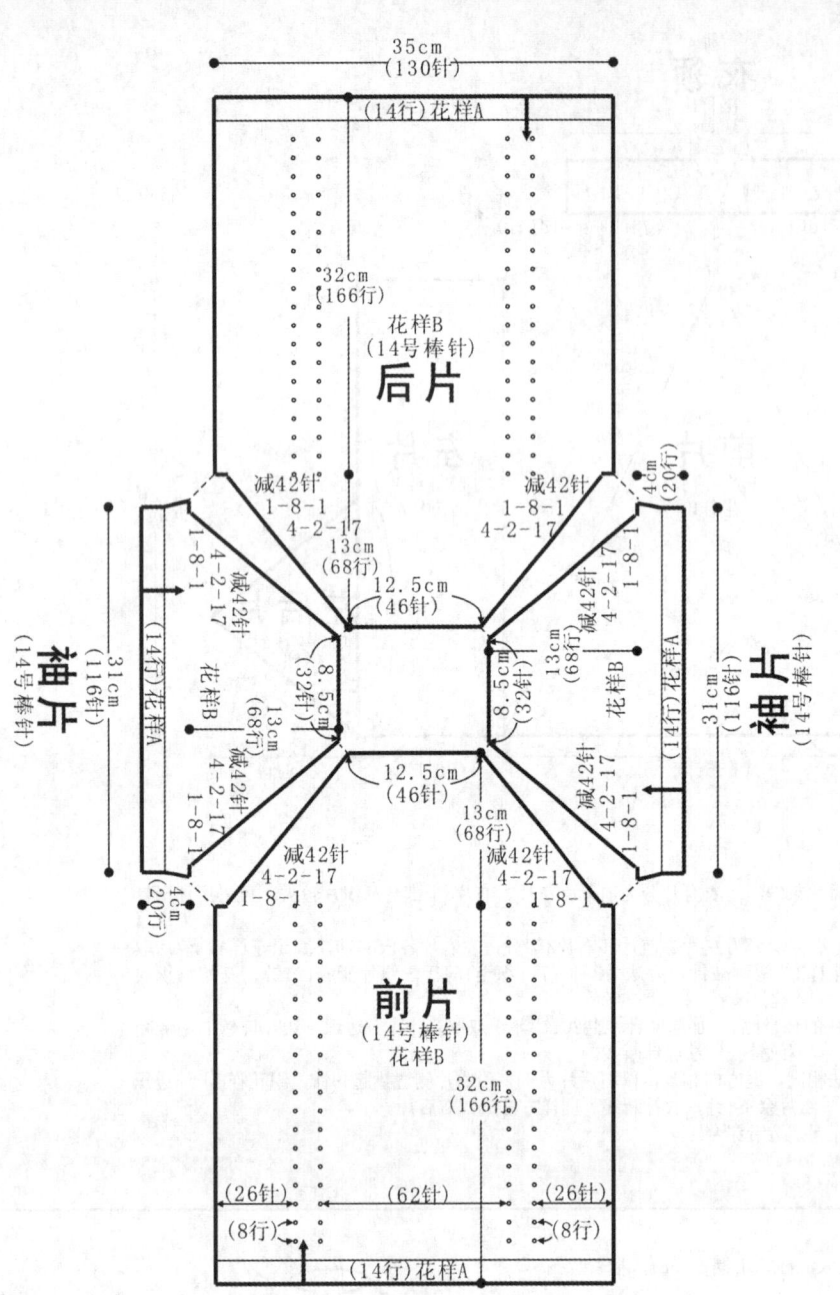

35cm
(130针)
(14行)花样A

32cm
(166行)
花样B
(14号棒针)

后片

减42针
1-8-1
4-2-17

减42针
1-8-1
4-2-17

4cm
(20行)

1-8-1
4-2-17

减42针

花样B

13cm
(68行)

12.5cm
(46针)

8.5cm
(32针)

13cm
(68行)

减42针
4-2-17
1-8-1

4-2-17
1-8-1

减42针

花样A

袖片
(14号棒针)

31cm
(116针)

(14行)花样A

花样B

13cm
(68行)
减42针
4-2-17
1-8-1

12.5cm
(46针)

8.5cm
(32针)

13cm
(68行)

减42针
4-2-17
1-8-1

花样A

袖片
(14号棒针)

31cm
(116针)

减42针
4-2-17
1-8-1

4cm
(20行)

减42针
4-2-17
1-8-1

减42针
4-2-17
1-8-1

前片
(14号棒针)
花样B

32cm
(166行)

(26针) (62针) (26针)
(8行) (8行)

(14行)花样A

35cm
(130针)

符号说明：

□　　上针
□=□　下针
回　　镂空针
⊠　　左上2针并1针
⊠　　右上2针并1针
2-1-3　行-针-次

前片/后片/袖片制作说明：

1. 棒针编织法。袖窿以下分为衣身片和两片衣袖片分别环形编织完成。袖窿以上将4片连起来环形编织。

2. 起织衣身。单罗纹针起针法，起260针环织，起织花样A单罗纹针，共织14行，从第15行起，改织花样B全下针，每间隔8行编织8个孔眼，编织方法为先织2针并1针，再织1针镂空针，前后片孔眼分布如结构图所示，重复往上织至166行，将织片分片，分成前片、后片和两侧袖底，两侧袖底各留16针，前后片各取114针，用防解别针扣住，暂时不织。

3. 另起针编织袖片。单罗纹针起针法，起116针环织，起织花样A单罗纹针，共织14行，从第15行起，改织花样B全下针，织至20行，将织片留取16针作为袖底，用防解别针扣住，暂时不织。其余针眼留待编织袖山。

4. 同样的方法编织另一袖片。

5. 将前片114针，左袖片100针，后片114针，右袖片100针，共428针连起来编织，织花样B全下针，4织片的接缝为4条插肩线，一边织一边在插肩线的两侧减针，方法为4-2-17，共织68行，织片余下156针，开始编织衣领。

圆肩金鱼衣

【成品规格】衣长50cm，下摆宽36cm

【工　　具】10号棒针

【编织密度】25.5针×31.5行=10cm²

【材　　料】红色段染晴纶线350g，纽扣5枚

符号说明：

□　　上针
□=□　下针
2-1-3　行-针-次
↑编织方向

⊠　　左并针
⊠　　右并针
回　　镂空针
⊠　　中上3针并1针
⊞　　右上1针与左下1针交叉
⊞⊞　左上2针与右下2针交叉

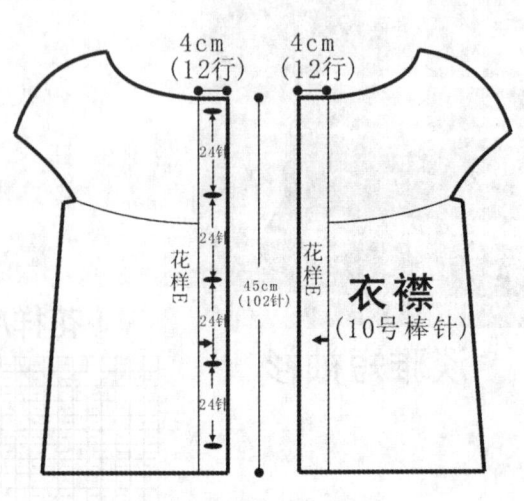

4cm
(12行)
4cm
(12行)
24针
24针
24针
24针
花样E
花样E
45cm
(102针)
衣襟
(10号棒针)

152

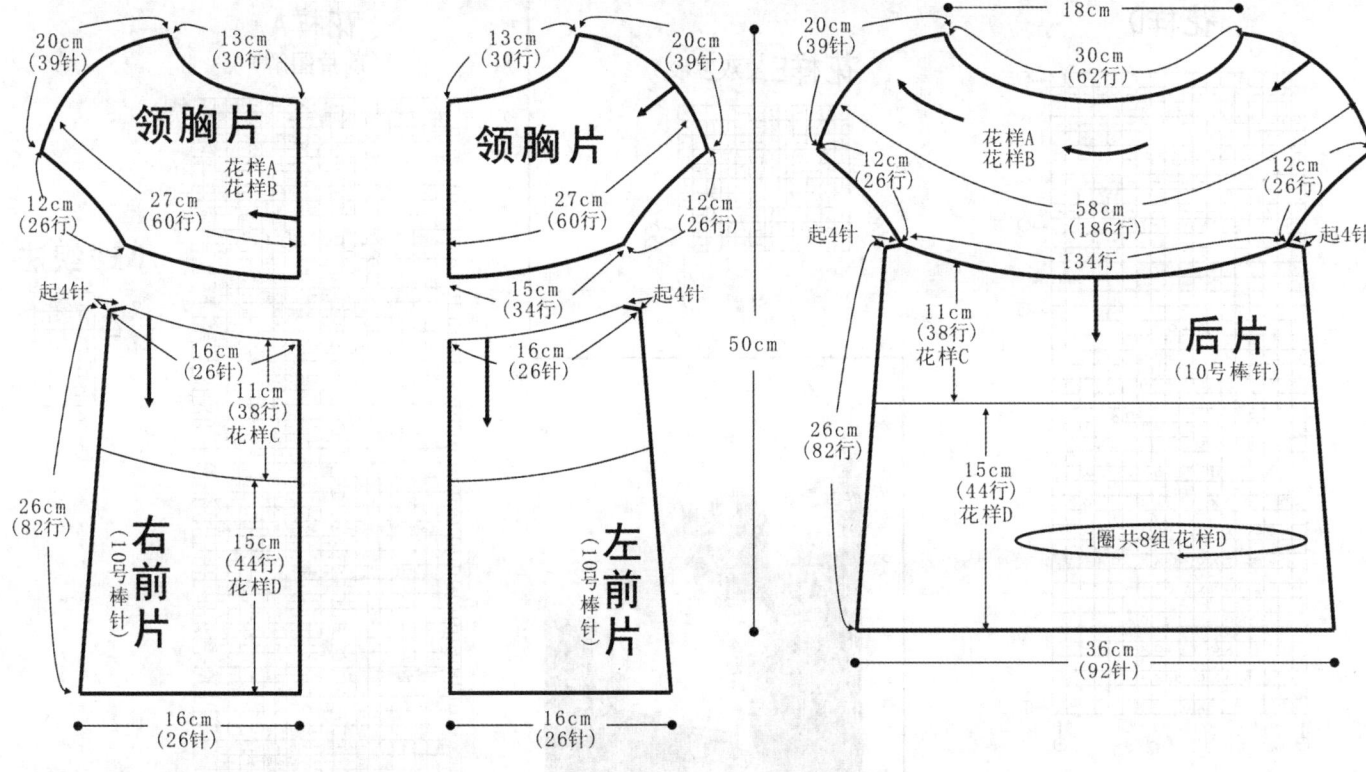

## 前片/后片/衣摆/袖片制作说明:

1. 棒针编织法，分成领胸片、衣身片两片编织而成。

2. 先编织领胸片。领胸片横向编织，采用折回编织的方法，单起针法，起39针，依照花样A编织第1行与第2行，共织完39针，在编织第3行时，织至第30针时，即折返回编织这30针，余下的9针留在针上，返回编织完第4行30针后，编织第5行，织20针，余下的19针留在针上不织，即返回编织这20针，这样，完成一个折回编织。第7行起，重复第1行至第6行的编织方法，重复编织这6行。金鱼的织法，见花样A中，黑色格子为金鱼眼睛和嘴的起织处，第1行的2个黑色格为鱼眼，织法为在这1针上，起3针，再将这3针合并为1针，再继续编织当行的花样，返回编织后，在织第3行时，在两鱼眼的中间的1针上，起7针，照花样B的图解编织鱼身。鱼尾为编织滑针，即织至适当位置时，于鱼尾的相对应位置插入拉出1长线织1针下针。照花样A的折回编织，将下摆边的行数织成306行的长度，完成后收针断线。

3. 衣身的编织。沿着领胸片的下边缘挑针起织，从34行的宽度先挑出22针，再用单起针法起8针，然后，领胸片拉下来的52行的宽度不挑针，跳过52行的，从134行挑出84针，再用单起针法起8针，再跳过52行不挑针，于最后的34行挑出22针，一圈共144针。往下编织衣身。起织花样C，每组由4针组成，依照花样C图解编织38行的高度，然后改织花样D，将144针分成8组花样D进行编织，每组由18针形成。编织44行的高度后，收针断线。

4. 衣襟的编织。沿着右衣襟边缘挑针，挑出102针，编织花样E双罗纹针，共织12行的高度，在织成5行后，在第6行的位置，制作扣眼，方法是在当行收起数针，在下一行，即第7行时，重起这数针，接上端继续编织，相间24针的距离制作一个扣眼。然后继续编织双罗纹，织成12行后收针断线。左衣襟边同时挑出102针起织花样E双罗纹针，不制作扣眼，编织12行的高度后，收针断线。在右衣襟扣眼相对应的左衣襟位置钉上扣子。衣服完成。

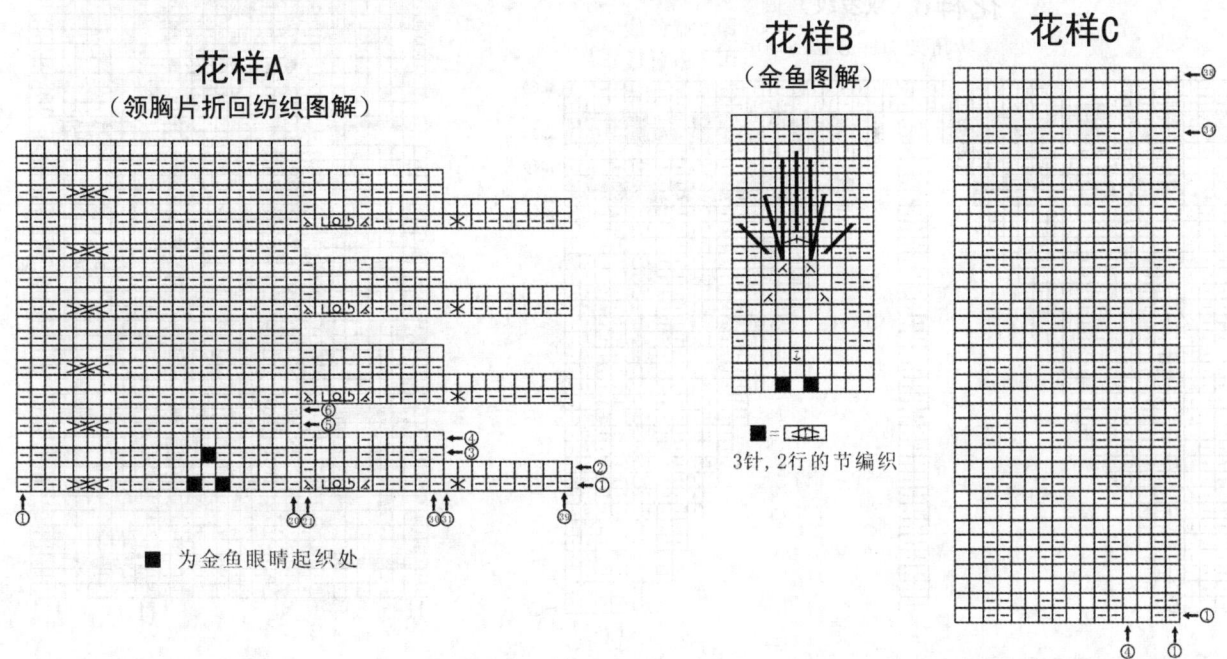

## 花样D

## 花样E（双罗纹）

4针一花样

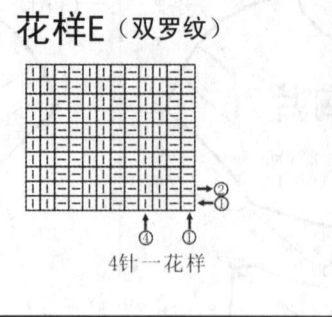

## 花样A
（前片图解）

## 小球织法

■ =

精致淑女装

【成品规格】衣长51cm，袖长45cm，下摆宽37cm

【工　　具】10号棒针

【编织密度】24针×30行=10cm²

【材　　料】蓝色晴纶线400g，白色晴纶线80g，纽扣6枚

## 花样C（双罗纹）
转角处加针方法

□ 蓝色线
□ 白色线

4针一花样

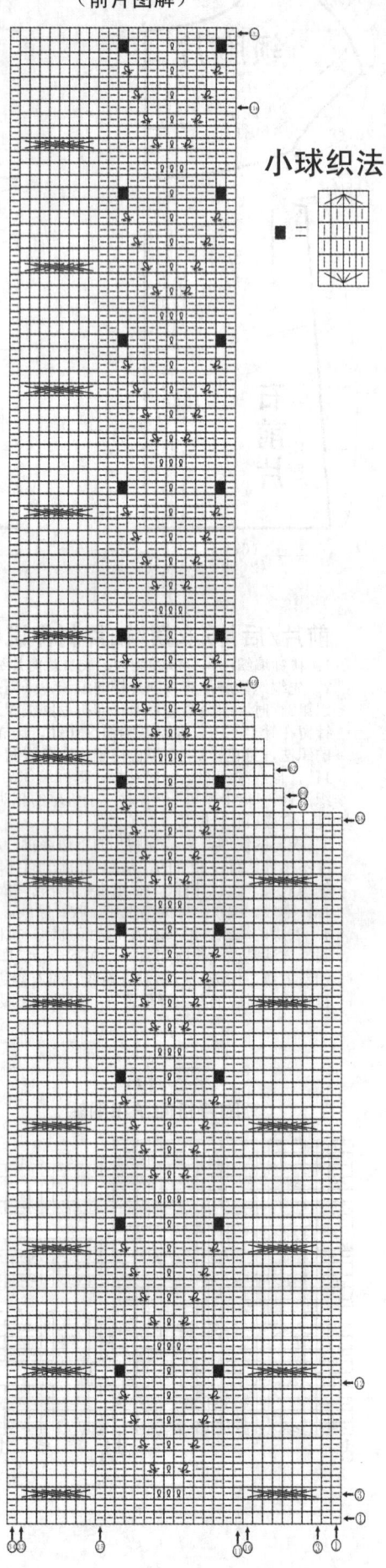

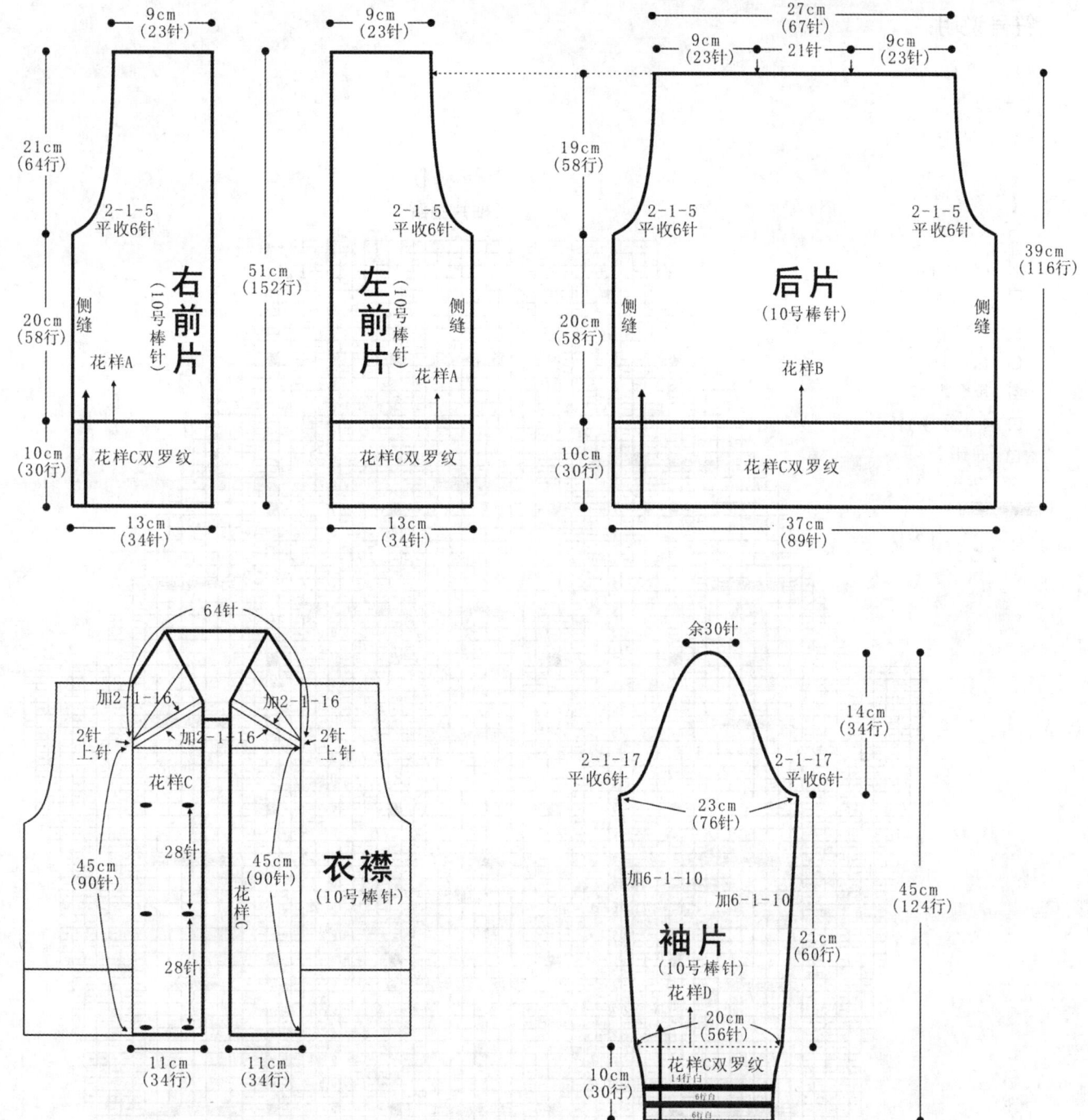

## 前片/后片/衣襟/袖片制作说明：

1. 棒针编织法，分成前片两片，后片一片，衣襟一片，两片袖片进行编织。

2. 先编织后片。用蓝色线。双罗纹起针法，起89针，分配成花样C双罗纹编织，不加减针织30行的高度。下一行起，依照花样B分配好花样进行编织，不加减针编织58行的高度后，至袖窿边。袖窿减针，两边同时减6针，然后每织2行减1针，共减5次，将两袖窿的针数减少11针，余下67针，不再加减针，将织片再织48行的高度后，两边各留23针不织，用防解别针扣住。将中间的21针收针，断线。完成后片的编织。

3. 前片的编织。分为右前片与左前片各自编织，两片织法相同，方向相反。以右前片为例，用蓝色线，双罗纹起针法，起34针，将之分配成花样C双罗纹针编织，不加减针织30行的高度，下一行起，将34针分配成花样A花样编织，不加减针编织58行的高度后，至袖窿边减针，右前片的左侧减针，右侧不加减针。左侧收针6针，然后每织2行减1针，共减5次，织成10行的高度，然后不再加减针，余下的23针，依照图解再织54行的高度。肩部不收针，将之与后片相对应的肩部，1针对应1针进行缝合。同样的方法织成左前片后，再将肩部与后片的肩部缝合。最后将两前片的侧缝与后片的侧缝对应缝合。衣身完成。

4. 衣襟和领片的编织。衣襟和领片是作一片进行编织。用白色线，沿着衣襟和衣领边挑针，挑出248针。起织花样C双罗纹针，沿着衣襟边编织90行后，接下来的2针织上针，在这2针上针的两边位置，进行加针编织。然后再继续沿着衣领边挑针编织，挑64针后，同样再织2针上针，这2针上针作为加针位置，最后是继续织90针，在那2针上针的位置上，加针编织，方法为2-1-16，织出翻领。依照花样C图解织26行后，改用蓝色线织2行花样，再用白色线织2行花样，再用蓝色线织2行花样，最后的2行用白色线编织。完成后，收针断线。在右前片的衣襟上，制作6个扣眼，方法为在当行收起数针，在下一行重起这数针，接上左端继续编织。

5. 袖片的编织。用白色线，双罗纹起针法，起40针，来回编织，编织花样C双罗纹针织6行后，依次用蓝色线织2行，白色线织6行，蓝色线织2行，白色线织14行，完成袖口编织。然后改用蓝色线编织袖身，起织时，均匀加针，加16针，然后依照花样D分配花样编织，两边同时加针，每织6行加1针，各加10针，织成60行的袖身，针数为76针，然后下一行起，进行袖山减针，两边同时减掉6针，然后两边每织2行减1针，减17针，织成34行的袖山高度，余下30针，收针断线。相同的方法去编织另一袖片。完成后，将袖片与衣身的袖窿边一一对应缝合。衣服完成。

## 符号说明：

- ⊟ 上针
- □=⊡ 下针
- 2-1-3 行-针-次
- ↑ 编织方向
- 6行滑针
- 左并针
- 右并针
- 镂空针
- 中上3针并1针
- 扭针
- 扭针交叉
- 左上4针与右下4针交叉

## 花样D

（袖片图解）

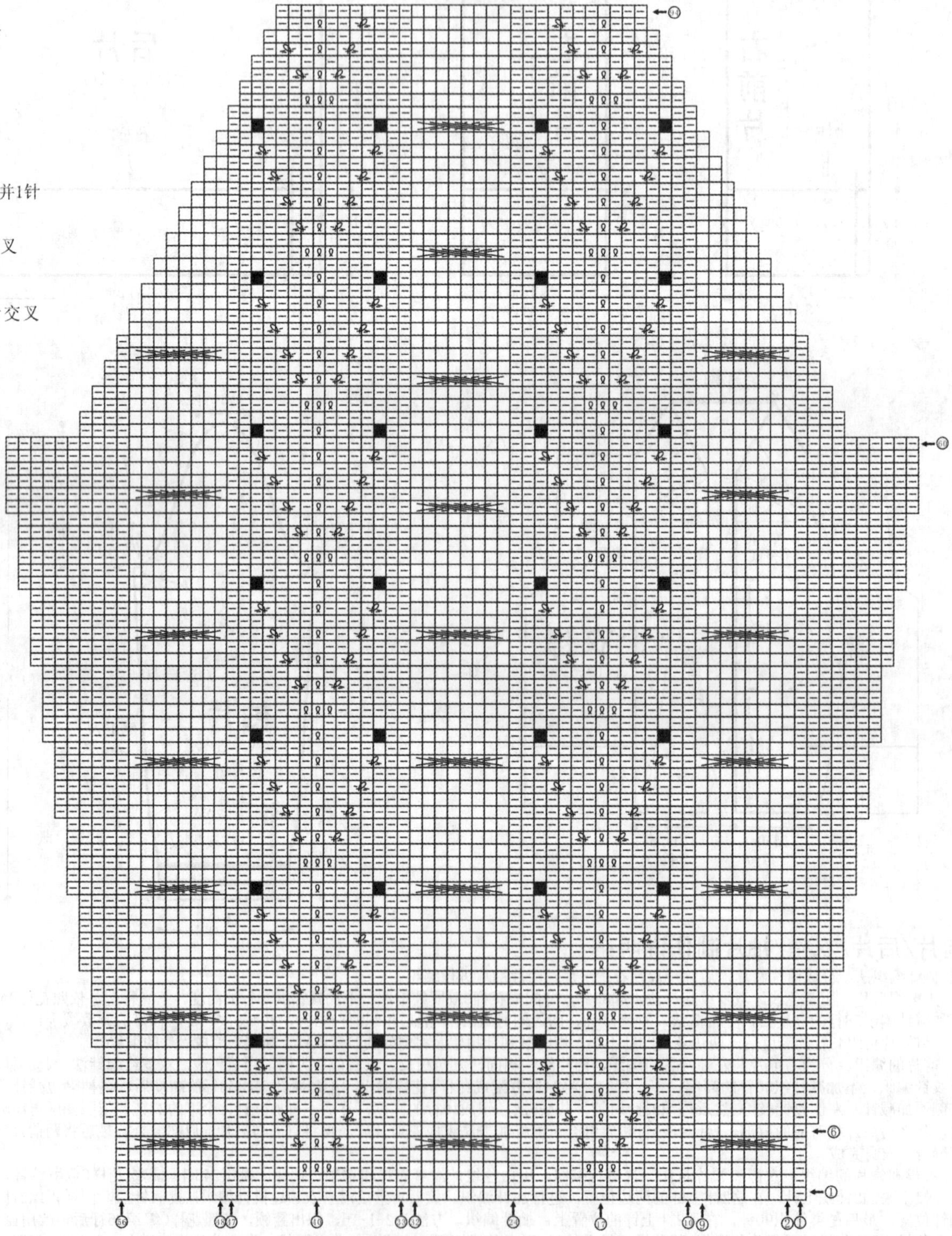

# 花样B
（后片图解）

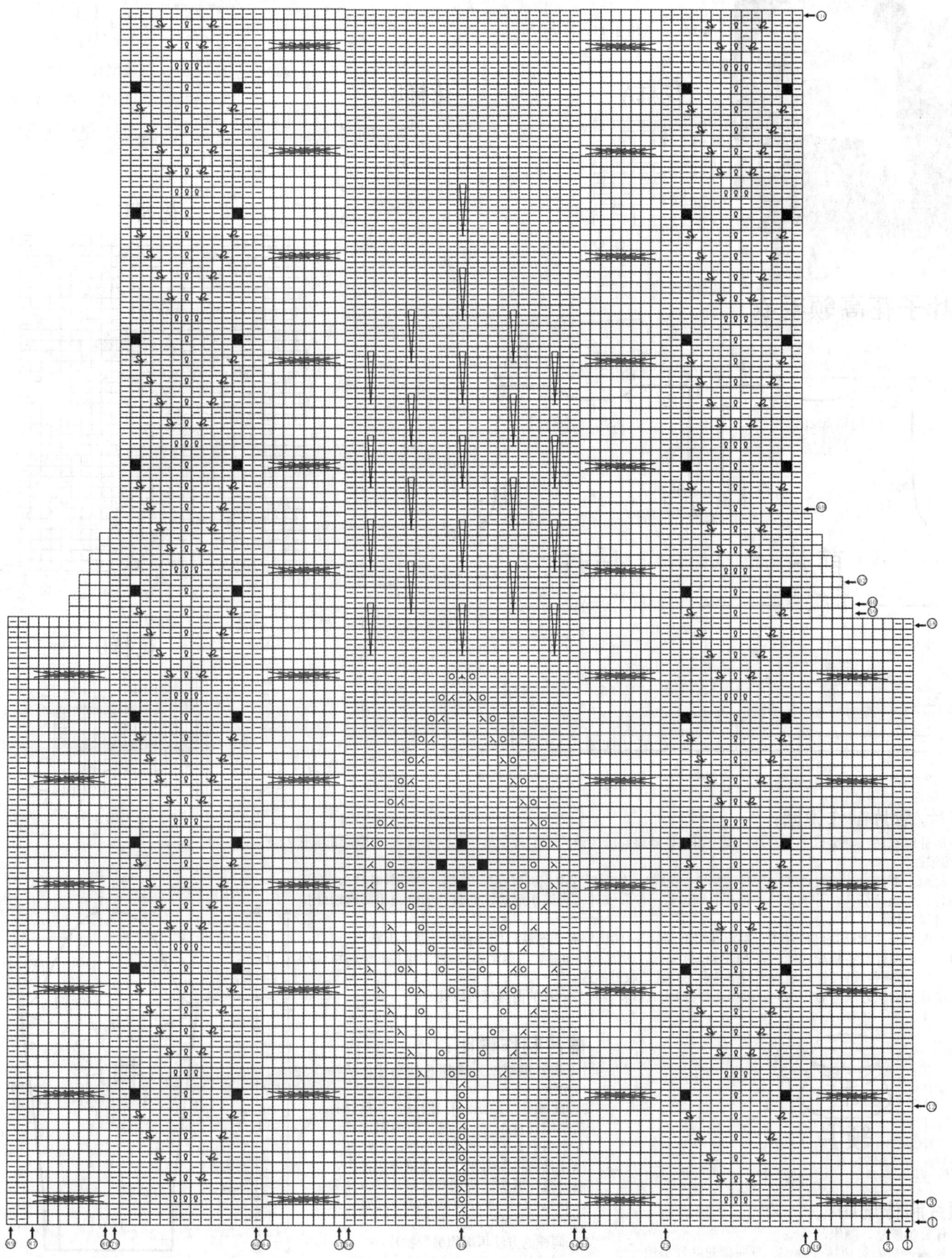

【成品规格】衣长55cm，下摆宽35cm，袖长52cm

【工　　具】12号棒针，12号环形针

【编织密度】24针×32行=10cm²

【材　　料】白色棉线600g

## 花样A

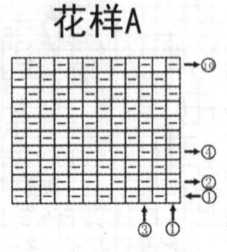

## 花样B

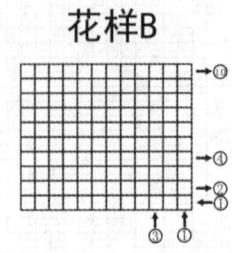

## 花样C

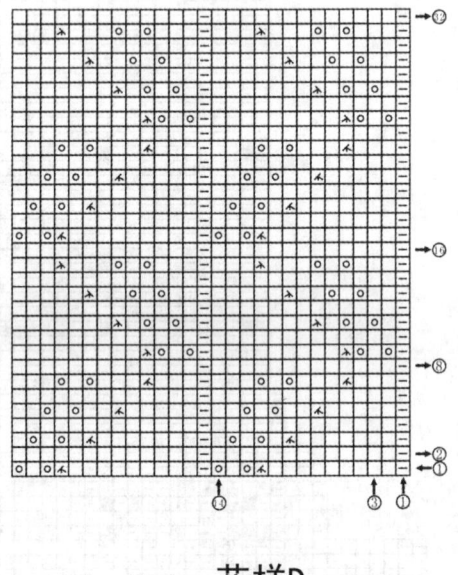

# 叶子花高领毛衣

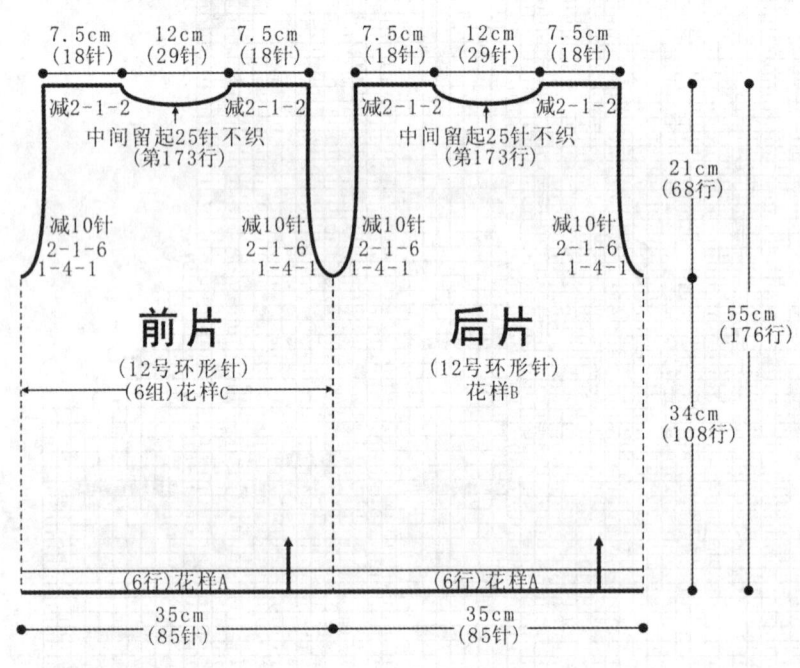

7.5cm (18针)　12cm (29针)　7.5cm (18针)　　7.5cm (18针)　12cm (29针)　7.5cm (18针)

减2-1-2　　减2-1-2　　　减2-1-2　　减2-1-2
中间留起25针不织　　中间留起25针不织
（第173行）　　　　　（第173行）

减10针　　减10针　　减10针　　减10针
2-1-6　　2-1-6　　2-1-6　　2-1-6
1-4-1　　1-4-1　　1-4-1　　1-4-1

21cm (68行)

**前片**
（12号环形针）
（6组）花样C

**后片**
（12号环形针）
花样B

55cm (176行)

34cm (108行)

（6行）花样A　　　（6行）花样A

35cm (85针)　　　35cm (85针)

## 花样D

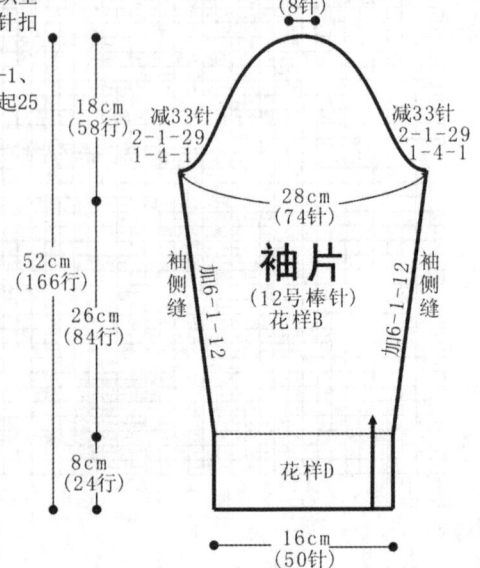

## 前片/后片制作说明：

1. 棒针编织法。袖窿以下一片环形编织而成，袖窿起分为前片、后片来编织。织片较大，可采用环形针编织。

2. 起织。下针起针法起170针起织，先织6行花样A，然后后片改织85针花样B，前片织85针花样C，织至108行，将织片分片，分为前片和后片分别编织，各取85针，先编织后片，而前片的针眼用防解别针扣住，暂时不织。

3. 分配后身片的针数到棒针上，编织花样B，起织时两侧需要同时减针织成袖窿，减针方法为1-4-1、2-1-6，两侧针数各减少10针，余下65针继续编织，两侧不再加针，织至第173行，织片的中间留起25针不织，两侧各减针2针，最后两肩部各余下18针，收针断线。

4. 前片的编织方法与后片相同，编织花样C。完成后将前片与后片的两肩缝对应缝合。

2cm (6行)

10cm (32行)

花样C

**领片**
（12号棒针）

## 领片制作说明：

1. 棒针编织法，圈织。

2. 沿着前后衣领边挑针编织，反向挑起80针编织花样C，共织32行的高度，改织花样A，织至38行，收针断线。

## 袖片制作说明：

1. 棒针编织法，编织两片袖片。从袖口起织。

2. 起50针，编织24行花样D，从第25行起改织花样B，一边织一边两侧加针，方法为6-1-12，织至108行，织片加至74针见结构图所示，接着就编织袖山，袖山减针编织，两侧同时减针，方法为1-4-1、2-1-29，两侧各减少33针，最后织片余下8针，收针断线。

3. 同样的方法再编织另一袖片。

4. 缝合方法：将袖山对应前片与后片的袖窿线，用线缝合，再将两袖侧缝对应缝合。

3cm (8针)

18cm (58行)　减33针　　减33针
2-1-29　　2-1-29
1-4-1　　1-4-1

28cm (74针)

52cm (166行)

**袖片**
（12号棒针）
花样B

袖侧缝　加6-1-12　　加6-1-12　袖侧缝

26cm (84行)

8cm (24行)

花样D

16cm (50针)

【成品规格】衣长38cm，下摆宽44cm

【工　　具】13号棒针

【编织密度】26针×36行=10cm²

【材　　料】绿色棉线共250g

花样A

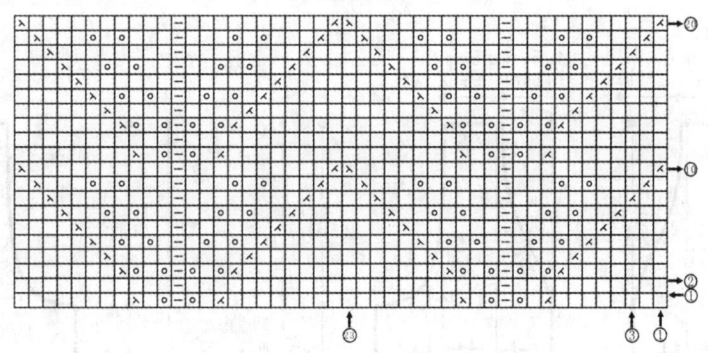

花样C

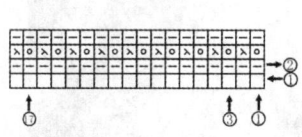

清凉吊带衫

花样B

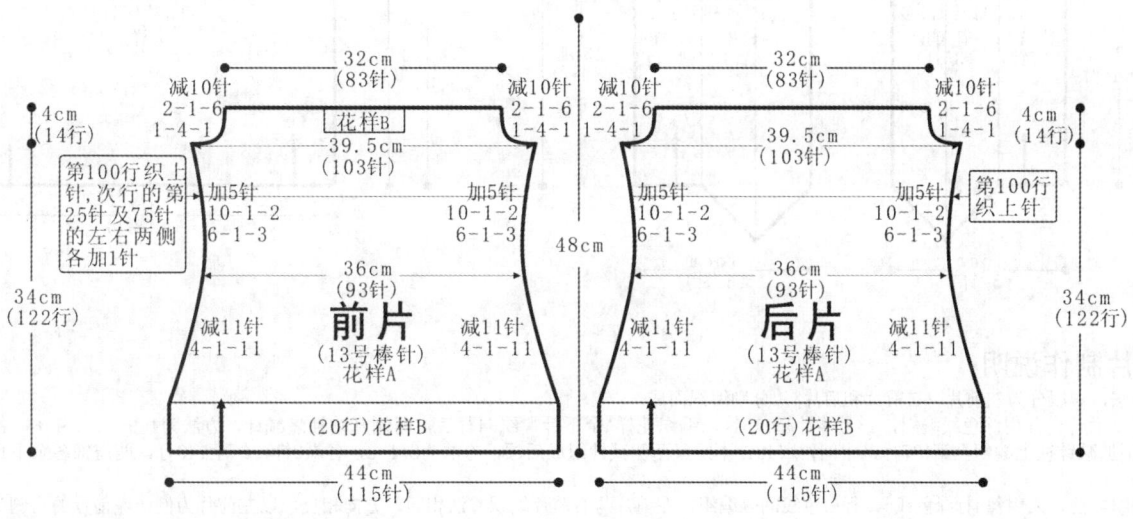

## 前片/后片制作说明：

1. 棒针编织法，衣服分为前片和后片分别编织而成。

2. 起织后片。下针起针法起115针，编织花样B，每23针为一组单元花，共5组花样，织20行后，改织花样A全下针，一边织一边两侧减针，方法为4-1-11，织至64行，织片变为93针，然后不加减针往上织至82行，两侧加针，方法为6-1-3、10-1-2，各加5针，织至第100行，织一行上针，然后继续编织全下针，织至122行，两侧开始袖隆减针，方法为1-4-1、2-1-6，各减10针，织至136行，织片余下83针，收针断线。

3. 前片的编织。下针起针法起115针，编织花样B，每23针为一组单元花，共5组花样，织20行后，改织花样A全下针，一边织一边两侧减针，方法为4-1-11，织至64行，织片变为93针，然后不加减针往上织至82行，两侧加针，方法为6-1-3、10-1-2，各加5针，织至第100行，织一行上针，第101行的第25针及75针的两侧各加1针，然后继续编织全下针，织至122行，两侧开始袖隆减针，方法为1-4-1、2-1-6，各减10针，织至126行，织片中间编织一个花样B，共23针，两侧织下针，织至136行，收针断线。

4. 前片与后片的两侧缝对应缝合。

5. 沿前后片衣领边及袖隆边挑针织边，挑起214针，织花样C，共织4行，收针断线。编织8条长约20cm的系带，缝合于前后片肩侧。

【成品规格】衣长44cm，下摆宽33cm

【工　　具】13号棒针，1.25mm钩针

【编织密度】36针×36行=10cm²

【材　　料】绿色棉线共250g，白色棉线共80g

青翠小坎肩

**符号说明：**

▯　　　上针

▯=▯　　下针

◪　　　中上3针并1针

◨　　　右加针

◩　　　左加针

+　短针

2-1-3　行-针-次

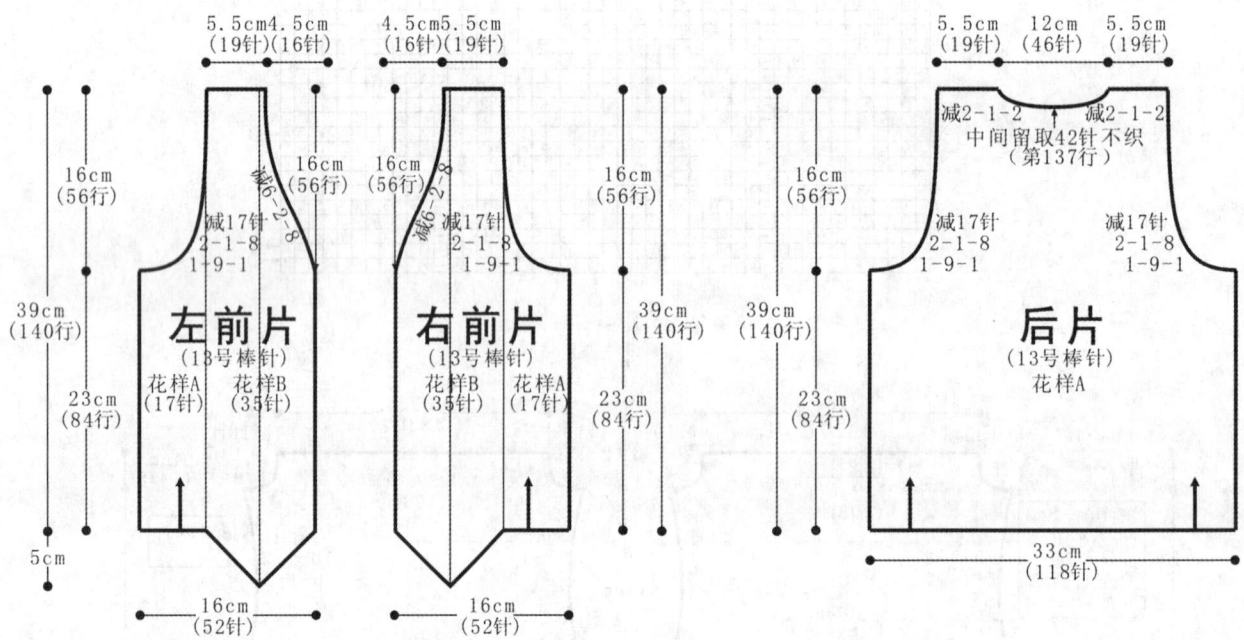

5.5cm 4.5cm
(19针)(16针)

4.5cm 5.5cm
(16针)(19针)

5.5cm　12cm　5.5cm
(19针)(46针)(19针)

减2-1-2　↑　减2-1-2
中间留取42针不织
（第137行）

16cm
(56行)

16cm
(56行)

16cm
(56行)

16cm
(56行)

16cm
(56行)

减6-2-8

减17针
2-1-8
1-9-1

减17针
2-1-8
1-9-1

减6-2-8

减17针
2-1-8
1-9-1

减17针
2-1-8
1-9-1

39cm
(140行)

39cm
(140行)

39cm
(140行)

**左前片**
(13号棒针)
花样A 花样B
(17针)(35针)

**右前片**
(13号棒针)
花样B 花样A
(35针)(17针)

**后片**
(13号棒针)
花样A

23cm
(84行)

23cm
(84行)

23cm
(84行)

23cm
(84行)

5cm

16cm
(52针)

16cm
(52针)

33cm
(118针)

**前片/后片制作说明：**

1. 棒针编织法，衣服分为左前片、右前片和后片3片分别编织而成。
2. 起织后片，后片全部用绿色棉线编织，13号棒针起118针，编织花样A全下针，织84行后，两侧开始袖窿减针，方法为1-9-1、2-1-8，各减17针，减针后不加减针往上编织至第137行，中间留取42针不织，两侧减针织成后领，方法为2-1-2，各减2针，织至140行，两肩部各余下19针，收针断线。
3. 前片的编织，前片采用每4行绿色线与2行白色线间隔编织，左前片与右前片编织方法相同，方向相反，以左前片为例，左前片的右侧为衣襟侧，绿色线起52针，先织35针花样B，再织17针花样A全下针，重复往上编织84行后，左侧开始袖窿减针，方法为1-9-1、2-1-8，共减17针，同时右侧前领减针，方法为6-2-8，减针后不加减针往上编织至140行，肩部余下19针，收针断线。相同的方法，相反方向编织右前片。
4. 前片与后片的两侧缝对应缝合，两肩部对应缝合。
5. 沿袖口、衣领及前片身边边沿钩织2圈短针，再钩1圈逆短针收边。

**花样A**

**花样B**

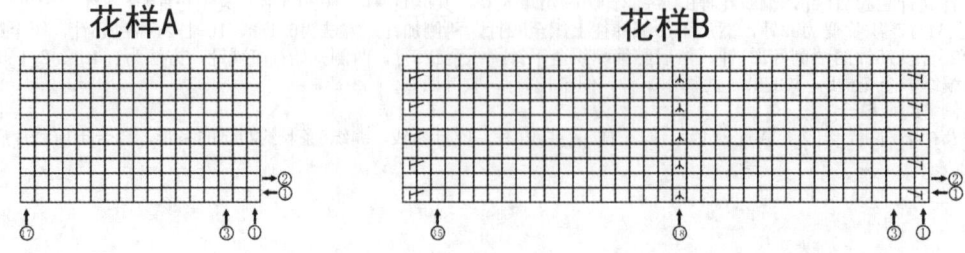

**拼色马甲**

【成品规格】衣长52cm，下摆宽45cm

【工　　具】11号棒针，1.75mm钩针

【编织密度】9针×14行=10cm²

【材　　料】黑色粗棉线300g，绿色粗棉线200g，纽扣3枚

**符号说明：**

| | |
|---|---|
| 曰 | 上针 |
| □=回 | 下针 |
| 2-1-3 | 行-针-次 |
| ＋ | 短针 |

**前片/后片制作说明：**

1. 棒针编织法。袖窿以下一片编织完成，袖窿起分为左前片、右前片和后片分别编织而成。
2. 起织。下针起针法起78针，织花样A，黑色线起针，2行黑色2行绿色间隔编织，织10行后，第11行起改织花样B，黑色线编织，不加减针重复往上编织至46行后，第47行起，将织片分片，分为右前片、左前片和后片，右前片与左前片各取19针，后片取40针编织。先编织后片，而右前片与左前片的针眼用防解别扣住，暂时不织。
3. 分配后身片的针数到棒针上，用11号针改为绿色线编织，织2行后换用黑色线，再织2行后，换用绿色线一直往上编织，起织时两侧需要同时减针织成袖窿，减针方法为1-2-1、2-1-2，两侧针数各减少4针，余下32针继续编织，两侧不再加减针，织至第71行时，中间留取14针不织，用防解别针扣住留待编织帽子，两侧减针编织，方法为2-1-1，两侧各减1针，最后两肩部各余下8针，收针断线。
4. 左前片与右前片的编织。两者编织方法相同，但方向相反，以右前片为例，绿色线起织，织2行后换用黑色线，再织2行后，换用绿色线一直往上编织，右前片的左侧为衣襟边，起织时不加减针，右侧要减针织成袖窿，减针方法为1-2-1、2-1-2，针数减少4针，然后不加减针继续编织至72行，将右侧肩部8针收针，左侧7针用防解别针扣住留待编织帽子。
5. 前片与后片的两肩部对应缝合。
6. 编织帽子。沿领口挑针起织，挑起30针，编织花样B，绿色线起织，每4行换一次黑色线，织40行后，收针，将帽顶缝合。
7. 沿左右前片挑织衣襟及帽襟，编织花样A。先用绿色线织2行，然后改织2行黑色线，最后用绿色线收针。
8. 沿左右袖窿分别钩织一圈花样C，用黑色线钩织。

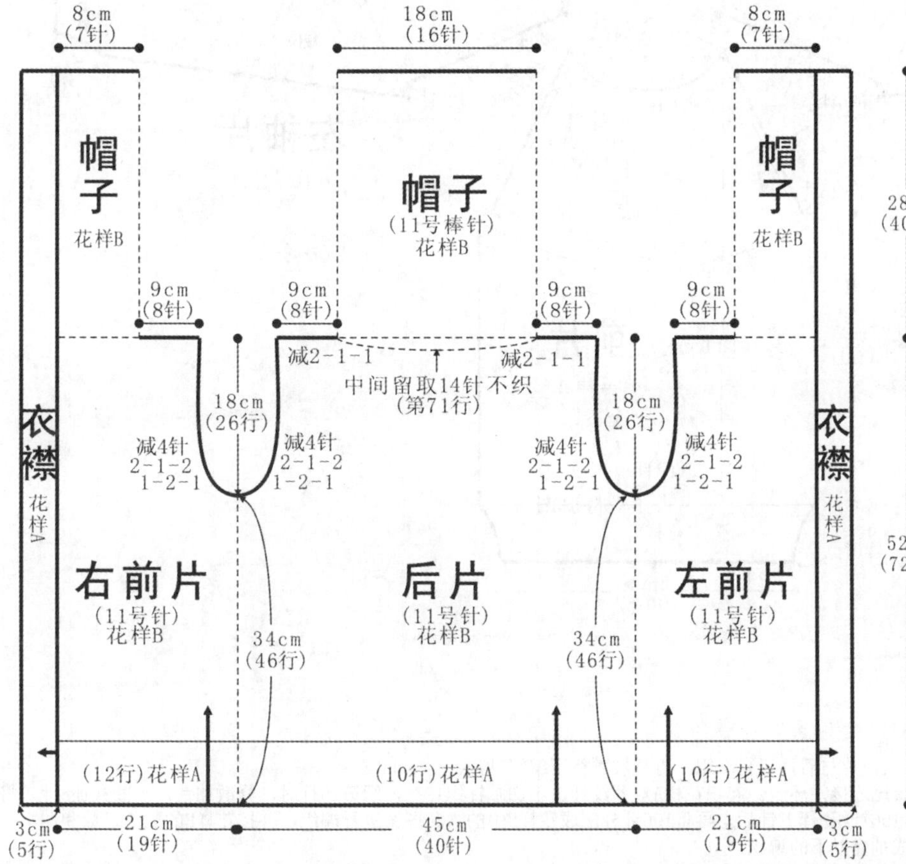

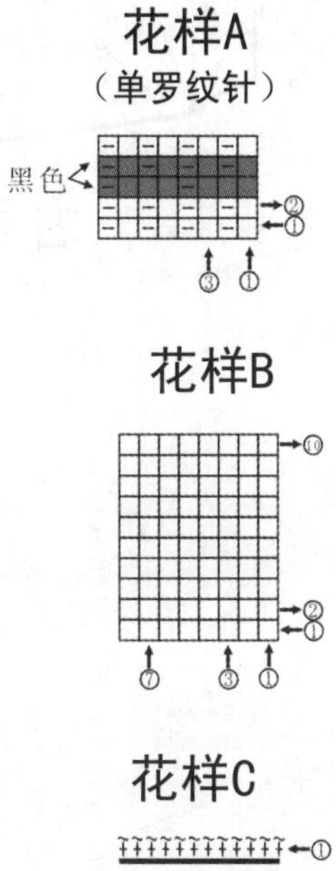

**花样A**
（单罗纹针）

黑色＜

**花样B**

**花样C**

**符号说明：**

| | |
|---|---|
| 曰 | 上针 |
| □=回 | 下针 |
| 2-1-3 | 行-针-次 |

↑ 编织方向

【成品规格】衣长50cm，袖长49cm，下摆宽26cm

【工　　具】10号棒针，10号环形针

【编织密度】27针×30行=10cm²

【材　　料】深灰色晴纶线500g，白色晴纶线100g，红色晴纶线50g

**休闲提花毛衣**

---

*（编织图）*

8cm（7针）　18cm（16针）　8cm（7针）

28cm（40行）

帽子 花样B　帽子（11号棒针）花样B　帽子 花样B

9cm（8针）　9cm（8针）　9cm（8针）　9cm（8针）

减2-1-1　中间留取14针不织（第71行）　减2-1-1

18cm（26行）　18cm（26行）

减4针 2-1-2 1-2-1　减4针 2-1-2 1-2-1　减4针 2-1-2 1-2-1　减4针 2-1-2 1-2-1

衣襟 花样A　衣襟 花样A

右前片（11号针）花样B　后片（11号针）花样B　左前片（11号针）花样B

34cm（46行）　34cm（46行）

52cm（72行）

（12行）花样A　（10行）花样A　（10行）花样A

3cm（5行）　21cm（19针）　45cm（40针）　21cm（19针）　3cm（5行）

26cm
(90针)

6cm
(20行)

花样A

分散加8针

编织方向

27cm
(81行)

**后片**
(10号棒针)
全下针
花样B

44cm
(139行)

50cm

36cm
(98针)

17cm
(58行)

平收5针

减2-1-29

26针

减2-1-29

平收5针

2针 2针

13cm
(40行)

44针

112针

花样A

68针

**领片**
(10号棒针)

减6-1-14
1行平坦

加5针 插肩缝
加2-1-29

减6-1-14
1行平坦

加5针 插肩缝
加2-1-29

27cm
(81行)

35cm
(94针)

17cm
(58行)

17cm
(58行)

29cm
(64针)

27cm
(81行)

16cm
(56针)

24cm
(66针)

分散花样A减10针

44cm
(139行)

26针 26针

领口

44cm
(139行)

24cm
(66针)

分散花样A减10针

16cm
(56针)

绿色

花样B

加2-1~29
加5针 插肩缝

减6-1-14
1行平坦

**右袖片**
(10号棒针)

减6-1-14
1行平坦

加2-1~29
加5针 插肩缝

**左袖片**
(10号棒针)

5cm
(14行)

2针 2针

减1-1-8

平收10针

50行

17cm
(58行)

加2-1~29 插肩缝

减2-1~29

27cm
(81行)

44cm
(139行)

平收5针

减2-1-29

**前片**
(10号棒针)
全下针

花样B

平收5针

36cm
(98针)

50cm

编织方向

6cm
(20行)

花样A

分散加8针

花样A

26cm
(90针)

## 前片/后片/衣摆/袖片制作说明：

1. 棒针编织法。袖窿以下一片环织，袖窿以上分成前片与后片各自编织，再从衣领往下编织袖片。

2. 袖窿以下的编织。双罗纹起针法，起180针，首尾连接，环织。起织花样A双罗纹针，不加减织19行，织第20行时，分散加针，一圈共加8针，将针数加成196针，织成20行的衣摆。下一行起，将196针织2行下针后，再将196针分配成花样B中的雪花图案进行编织，并按花样B的配色行数和图案往上编织衣身，不加减织81行时，至袖窿边，完成袖窿以下的编织。

3. 袖窿以上的编织。将织片分成两半，每一半针数为98针，分别编织。将98移到棒针上，两边同时收针，收掉5针。在两边算起的第3针位置上进行减针，每织2行减1针，共减29针，当织成50行高度时，从中间选10针收针，两边各自编织，衣领边减针，每织1行减1针，共减8针，袖窿边同时进行减针，当减针织成余下1针时，收掉这1针。后片只进行袖窿减针，衣领不减针，后片织成58行后，余下的30针收针断线。

4. 袖片的编织。袖片从衣领往下织，起26针，两边分别与前片的边上1针和后片的边上1针连接起来进行编织，起织两边在前后片的插肩缝上挑针，即加针，来回编织。每2行加1针，同样加29针，织成58行，加成84针。第59行时，完成一行后，将前后片的腋下10针挑出10针，再连接上袖片的起织端，变成环织，以挑出的10针的中间2针作减针所在位置，在这2针上，每织6行减1针，共减14次，织成84行，针数为66针再织1行后，下一行分散减针，一圈减掉10针，余下56针，分配成花样A双罗纹针，不加减织14行的高度后，收针断线。袖片的编织图案与衣身分配完成相同。相同的方法去编织另一袖片。

5. 领片的编织，沿着前衣领边挑68针，后衣领边挑44针，共112针，起织花样A双罗纹针，不加减织40行的高度后，收针断线。衣服完成。

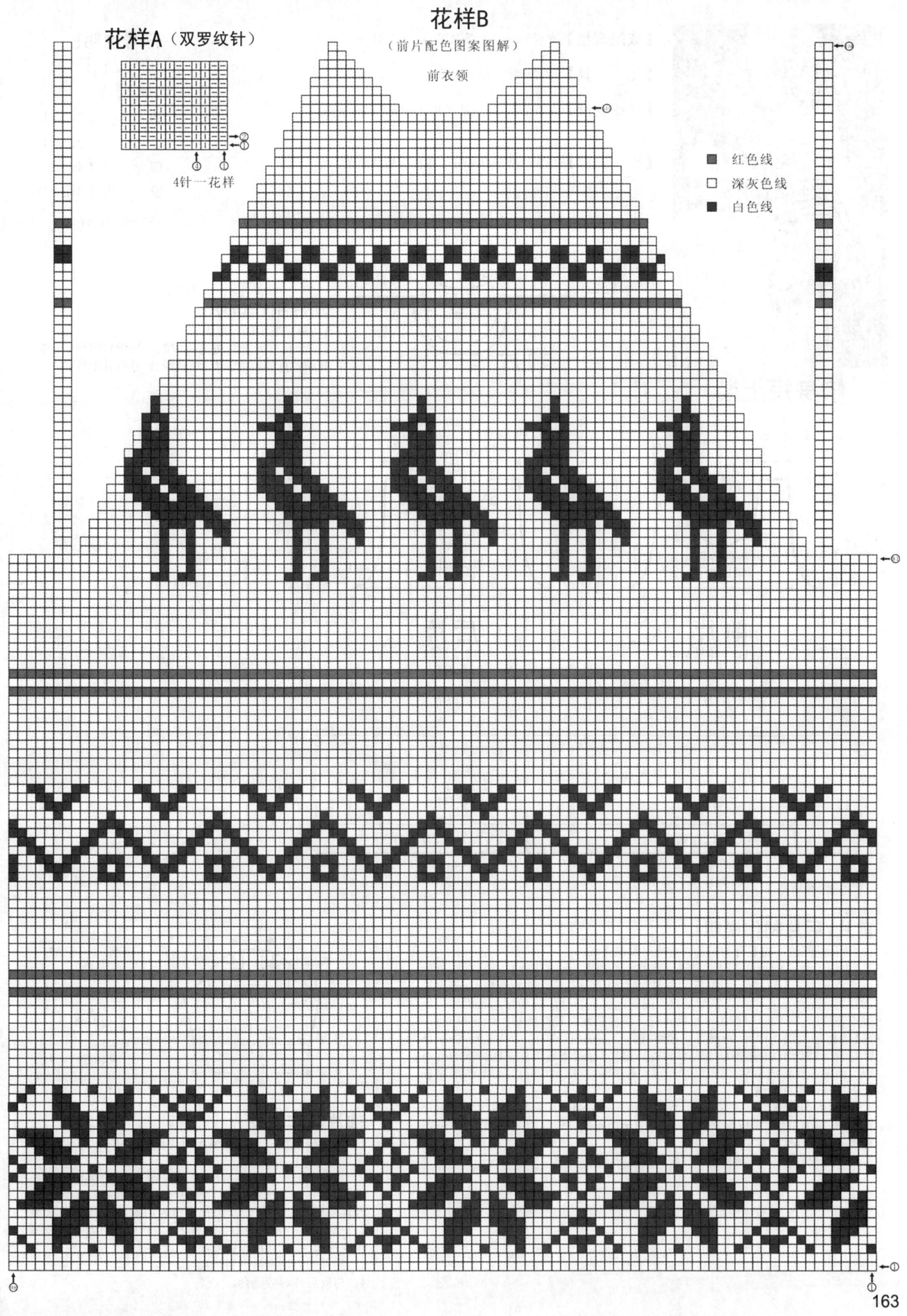

花样A（双罗纹针）

花样B
（前片配色图案图解）
前衣领

4针一花样

红色线
深灰色线
白色线

**【成品规格】**衣长51cm，下摆宽28cm，袖长16cm

**【工　　具】**12号棒针，13号棒针

**【编织密度】**花样A/B：28.5针×30行=10cm²；
　　　　　　　花样C/D/E：38.5针×35行=10cm²

**【材　　料】**浅驼色棉线共400g，黑色棉线50g

修身短上装

3.5cm
(12行)
花样E

**领片**
(13号棒针)

**领片制作说明：**
1. 棒针编织法，圈织。
2. 沿着前后衣领边挑针编织，挑织112针织花样E，共织12行的高度，双罗纹针收针法收针断线。

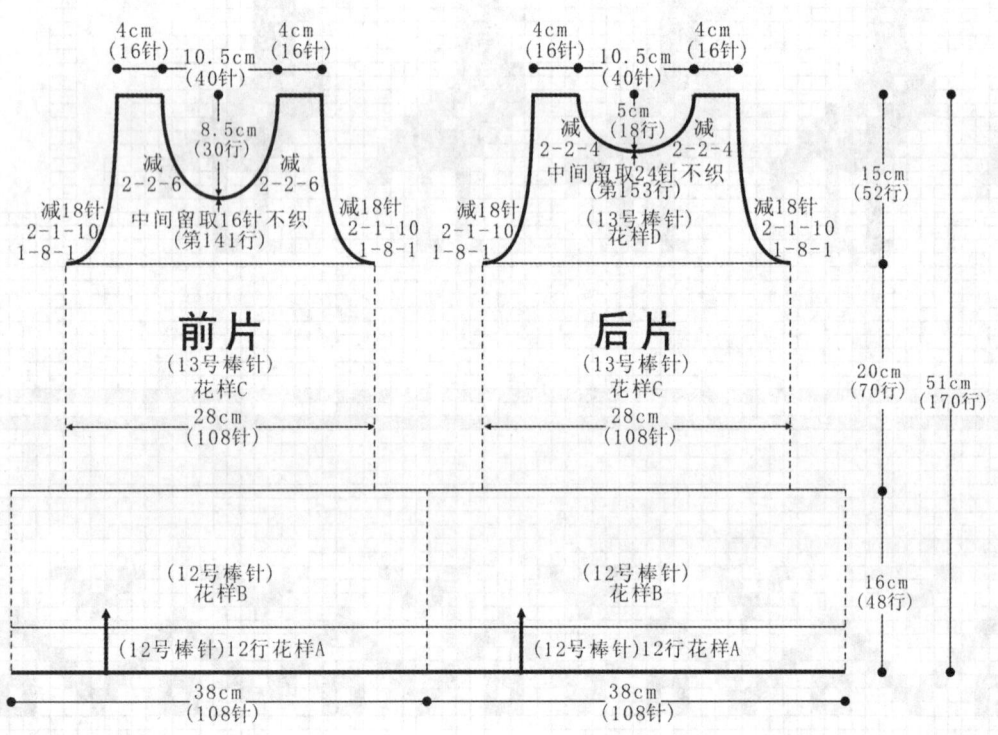

4cm　　　　4cm
(16针)　10.5cm　(16针)
　　　　(40针)

8.5cm
(30行)

减　　　　减
2-2-6　　2-2-6

减18针　　　　　减18针
2-1-10　中间留取16针不织　2-1-10
1-8-1　　（第141行）　　1-8-1

**前片**
(13号棒针)
花样C
28cm
(108针)

4cm　　　　4cm
(16针)　10.5cm　(16针)
　　　　(40针)

5cm
(18行)

减　　　　减
2-2-4　中间宽取24针不织　2-2-4
　　　（第153行）
减18针　　(13号棒针)　减18针
2-1-10　　花样D　　2-1-10
1-8-1　　　　　　1-8-1

**后片**
(13号棒针)
花样C
28cm
(108针)

15cm
(52行)

20cm
(70行)

51cm
(170行)

16cm
(48行)

(12号棒针)
花样B

(12号棒针)
花样B

(12号棒针)12行花样A　　(12号棒针)12行花样A

38cm　　　　38cm
(108针)　　　(108针)

**前片/后片制作说明：**
1. 棒针编织法，衣服分为前片、后片来编织完成。
2. 先织后片。12号棒针下针起针法，起108针起织，起织花样A，每18针6行为一组单元花，先用驼色线织6行，再用咖啡色线织6行后，改织花样B，每12针12行为一组单元花，颜色搭配见花样图解，织至48行，第49行起改用13号棒针编织花样C，每12针14行为一组单元花，颜色搭配见花样图解，织至118行，第119行起改织花样D，两侧开始袖窿减针，方法为1-8-1、2-1-10，各减18针，余下72针不加减针往上织至152行，第153行起，将织片中间留取24针不织，两侧减针织成后领，方法为2-2-4，各减8针，织至170行，最后两肩部各余下16针，收针断线。
3. 前片的编织方法与后片相同。织至140行，第141行起，将织片中间留取16针不织，两侧减针织成前领，方法为2-2-6，各减12针，织至170行，最后两肩部各余下16针，收针断线。
4. 前片与后片的两侧缝对应缝合，两肩部对应缝合。

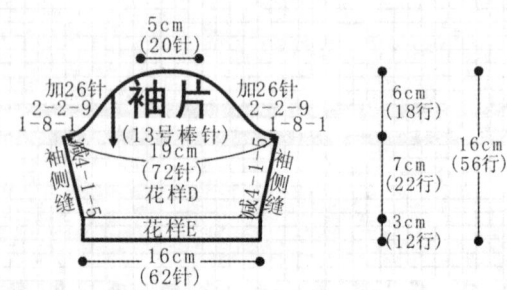

5cm
(20针)

加26针　　　加26针
2-2-9　**袖片**　2-2-9
1-8-1　(13号棒针)　1-8-1

　　19cm
袖　(72针)　袖
侧　花样D　侧
缝　　　　缝
袖侧缝4-1-5　　袖侧缝4-1-5

花样E

16cm
(62针)

6cm
(18行)

7cm
(22行)

3cm
(12行)

16cm
(56行)

**袖片制作说明：**
1. 棒针编织法，13号针编织两片袖片。从袖山头挑针起织。
2. 挑起20针，起织花样D，两侧一边织一边挑加针，方法为2-2-9，共织18行后，第19行将袖窿底挑起16针，织片环形编织，一边织一边袖底缝左右对称减针，方法为4-1-5，共织22行，织片变成62针，然后改用咖啡色线编织花样E，织12行后收针断线。
3. 同样的方法再挑织另一袖片。
4. 与前后片对应缝合。

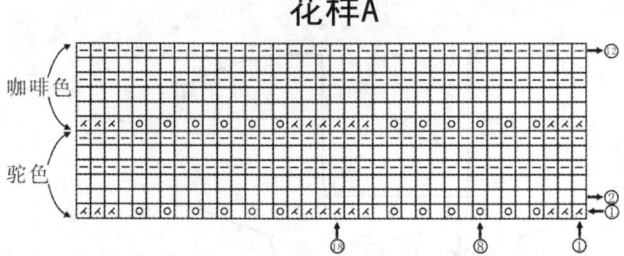

花样A

咖啡色

驼色

花样B

咖啡色

驼色

咖啡色

驼色

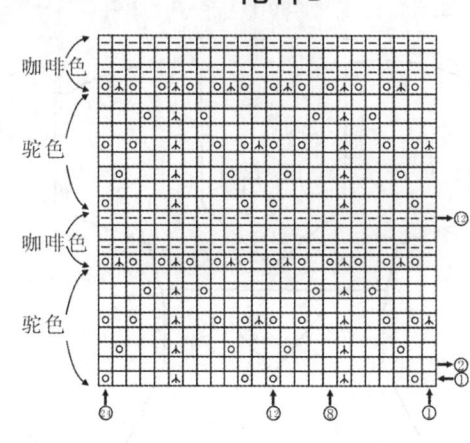

花样C

驼色

咖啡色

驼色

咖啡

花样D

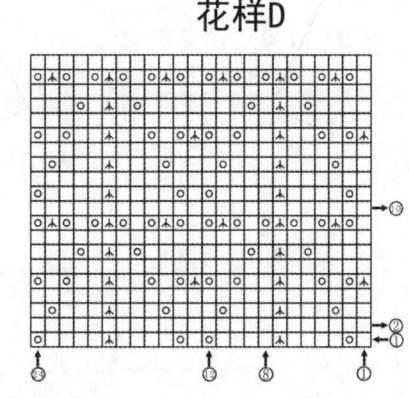

花样E

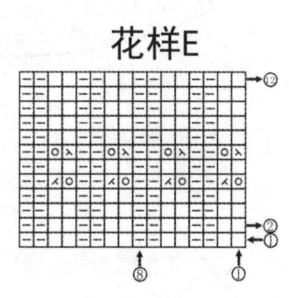

古典美人装

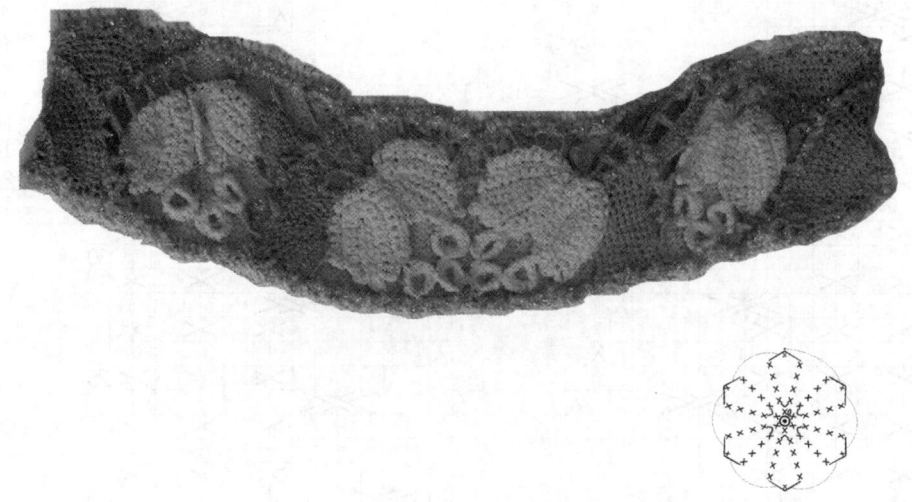

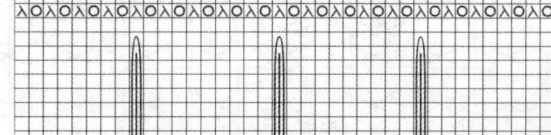

底边花样

□ = ☐

● = 

【成品规格】衣长66cm，下摆宽57cm

【工　　具】13号、14号棒针，缝衣针1根，1.5mm钩针

【编织密度】13号针：38针×40行=10cm²；14号针：38针×40行=10cm²

【材　　料】亚麻线鹅黄色线350g，灰色线50g，装饰线少许

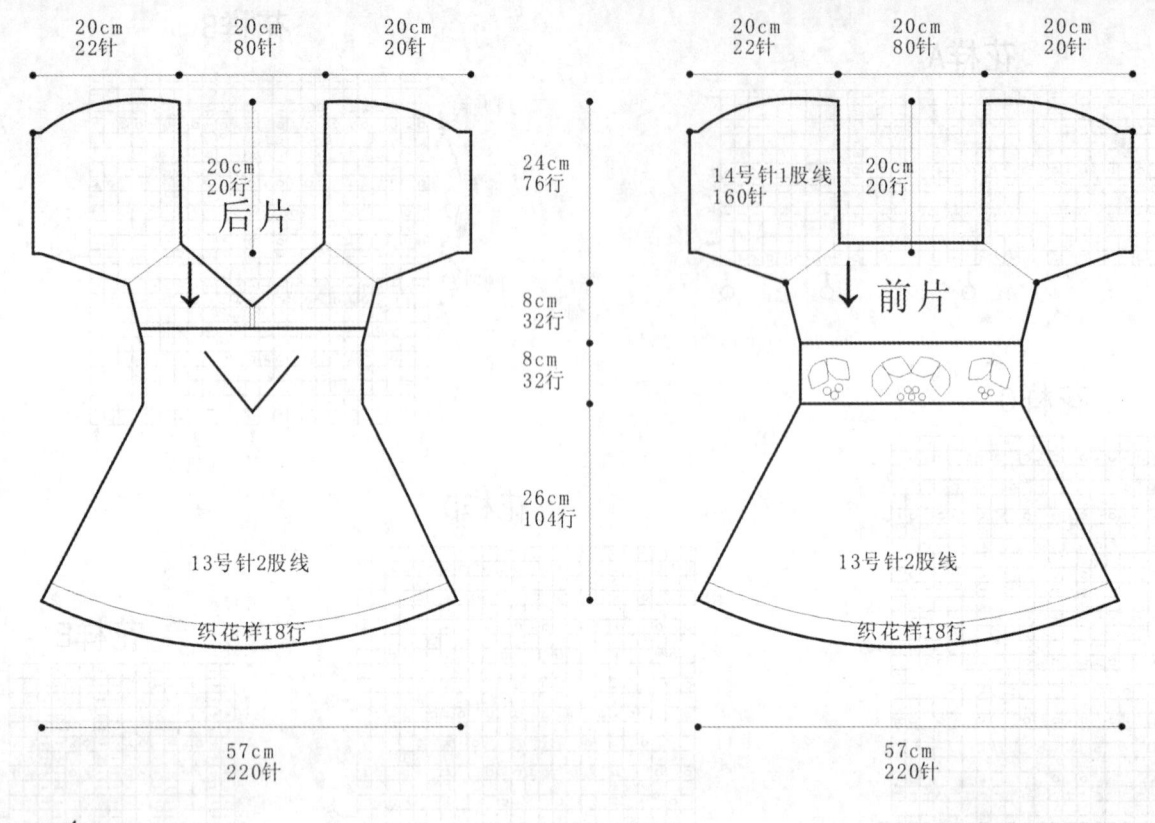

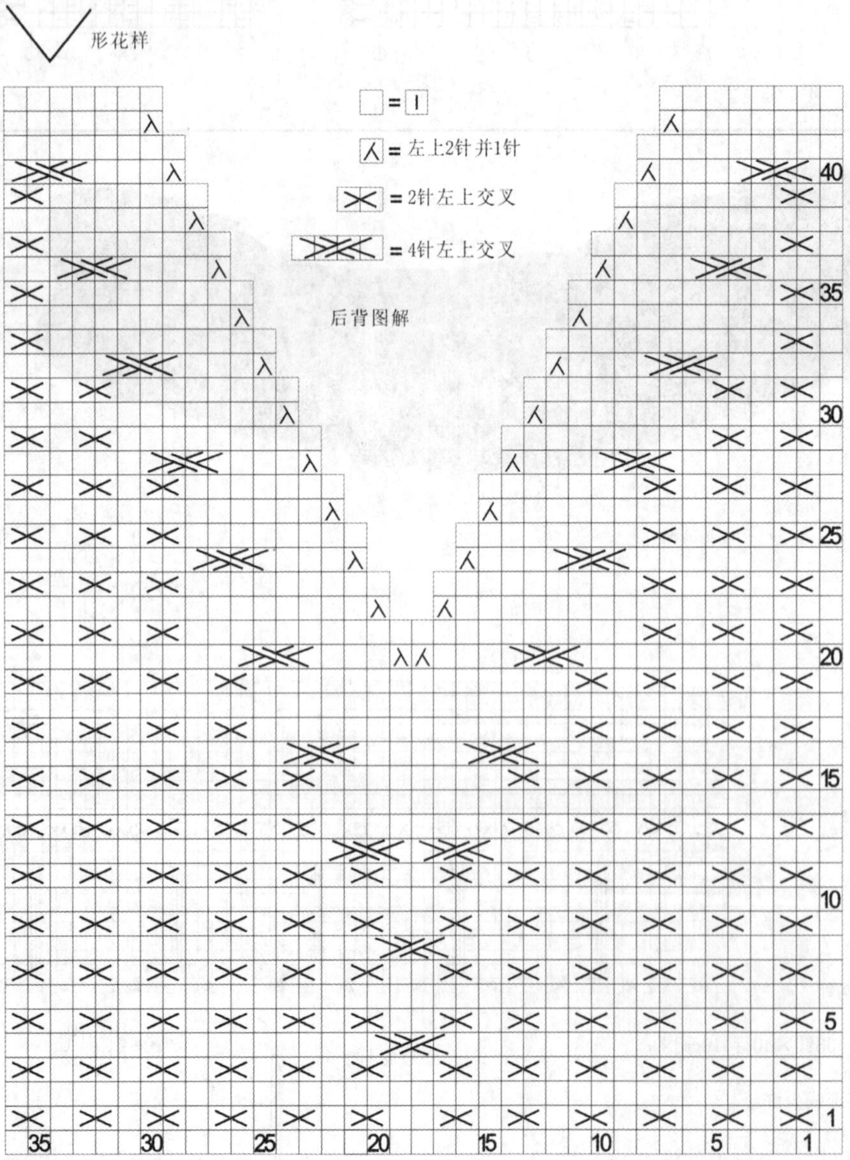

| 20cm | 20cm | 20cm |
|---|---|---|
| 22针 | 80针 | 20针 |

20cm
20行

后片

↓

24cm
76行

8cm
32行

8cm
32行

26cm
104行

13号针2股线

织花样18行

57cm
220针

| 20cm | 20cm | 20cm |
|---|---|---|
| 22针 | 80针 | 20针 |

14号针1股线
160针

20cm
20行

前片

↓

13号针2股线

织花样18行

57cm
220针

∨ 形花样

□ = 1

入 = 左上2针并1针

⨉ = 2针左上交叉

⨉⨉ = 4针左上交叉

后背图解

**衣服制作说明：**

衣服分几步完成，分别用13号和14号棒针，线分1股和2股。

1．圈织下摆。用13号棒针两股线，起440针织花样18行，开始织平针，每10针16行分散减针成扇形。至腰间后片织V形花样，上面织鱼骨花样中心织4针交叉点缀，平织32行后收针，按图示；前片停织平收，另用钩针钩葡萄叶6片，圆16个，用衬布先固定位置，然后固定在腰部位；用手绣做衔接；上面织平针14cm。

2．袖用14号棒针1股线挑织，共160针，织平针，袖口织花样。

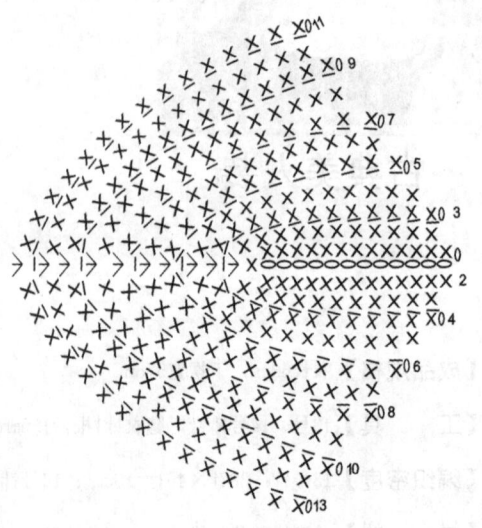

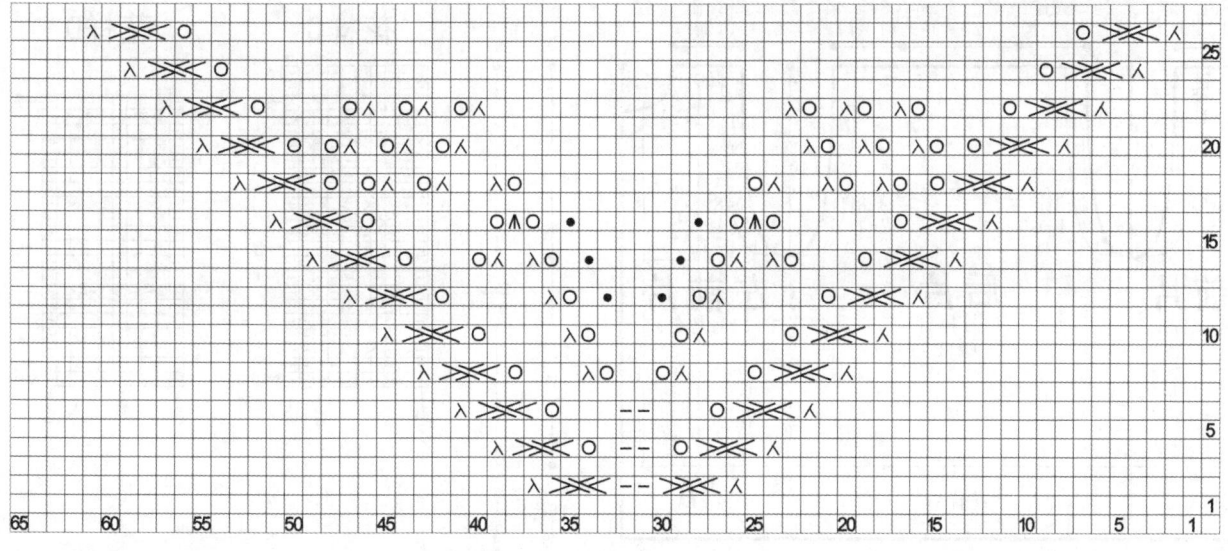

□=□

袖子花样

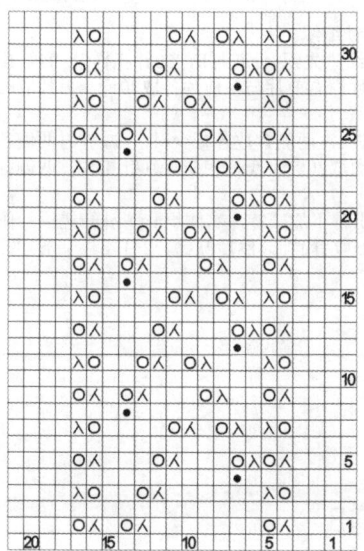

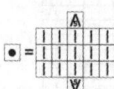
□=□
入=左上2针并1针
O=加针

• = | A V |

符号说明:

□  上针
□=□  下针
□  1针编出5针的加针(下挂下挂下)
⊠  左上3针并1针
⊠  1针编出3针的加针(下挂下)
⊠  右上2针与左下2针交叉
⊠  左上2针与右下2针交叉

2-1-3 行-针-次

⊠  右上1针与左下1针交叉
⊠  左上1针与右下1针交叉

亮丽时尚马甲

**帽子/衣襟制作说明:**
1. 棒针编织法,往返编织。
2. 编织帽子。沿着前后衣领边挑针编织,挑起44针编织花样A,共织46行的高度,收针断线,将帽顶缝合。
3. 挑织衣襟。衣襟是在帽子编织完成后挑织的,沿左右前片及帽边挑针起织,先织左前片衣襟及帽襟,挑起76针,编织花样A单罗纹针,织4行后,收针断线。同样的方法挑织右前片的衣襟,在右边衣襟要制作3个扣眼,方法是在一行收起两针,在下一行重起这两针,形成一个眼。

花样E

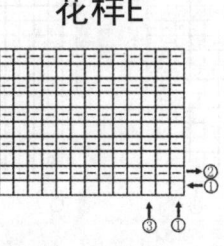

花样F

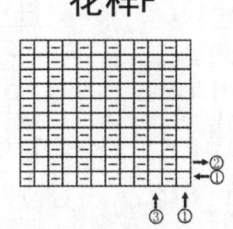

【成品规格】衣长52cm,下摆宽39cm

【工　　具】11号棒针

【编织密度】16针×19行=10cm²

【材　　料】西瓜红色棉线共500g,牛角扣3枚

花样A　　　　花样B

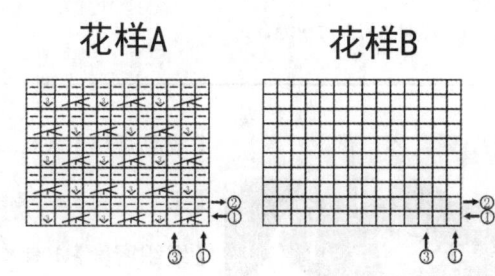

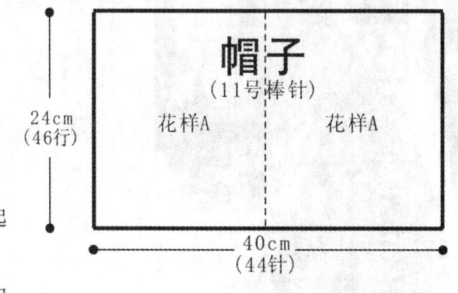

24cm
(46行)

帽子
(11号棒针)
花样A　　　　花样A

40cm
(44针)

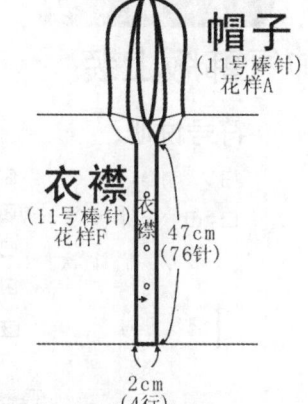

帽子
(11号棒针)
花样A

衣襟
(11号棒针)
花样F

47cm
(76针)

2cm
(4行)

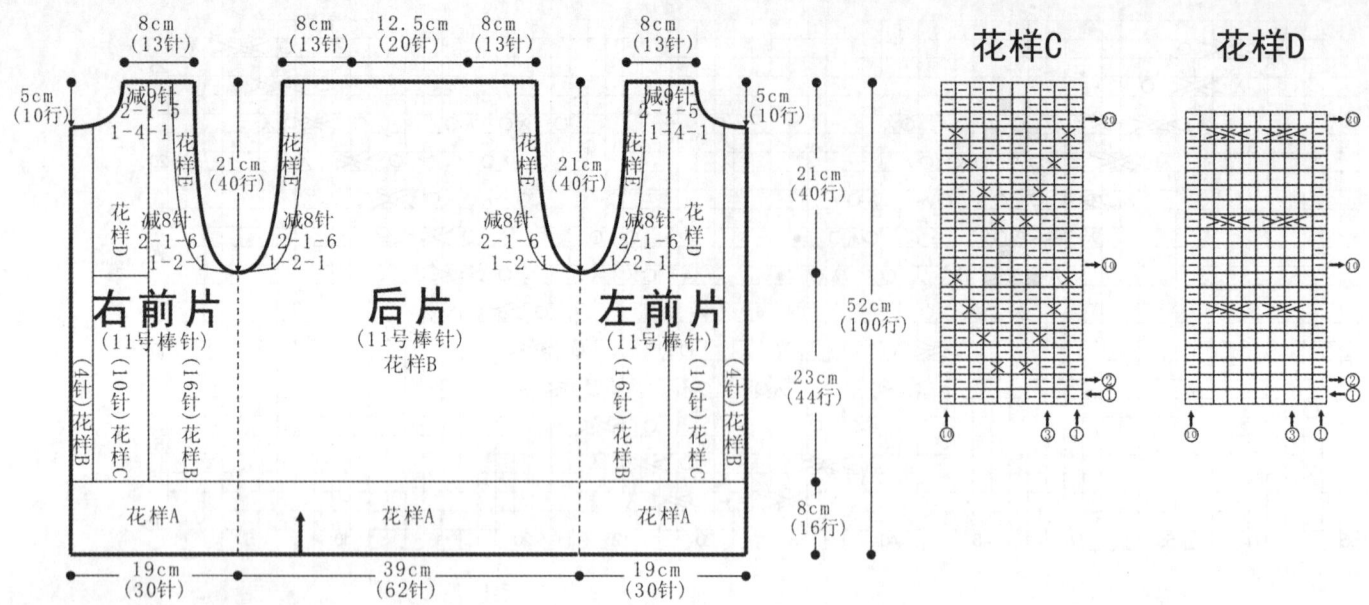

花样C  花样D

8cm
(13针)  8cm
(13针)  12.5cm
(20针)  8cm
(13针)  8cm
(13针)

5cm
(10行)  减9针
2-1-5
1-4-1  减9针
2-1-5
1-4-1  5cm
(10行)

花样  花样  花样  花样

21cm
(40行)  21cm
(40行)  21cm
(40行)

花样
D  减8针
2-1-6
1-2-1  减8针
2-1-6
1-2-1  减8针
2-1-6
1-2-1  减8针
2-1-6
1-2-1  花样
D

右前片  后片  左前片

(11号棒针)  (11号棒针)
花样B  (11号棒针)

52cm
(100行)

(4针)花样B  (10针)花样C  (16针)花样B  (16针)花样B  (10针)花样C  (4针)花样B  23cm
(44行)

花样A  花样A  花样A

8cm
(16行)

19cm
(30针)  39cm
(62针)  19cm
(30针)

## 前片/后片制作说明：

1. 棒针编织法。袖隆以下一片编织完成，袖隆起分为左前片、右前片、后片来编织。织片较大，可采用环形针编织。

2. 起织。双罗纹针起针法，起122针起织，起织花样A，共织16行，从第17行起，改为花样B与花样C组合编织，先织4针花样B，10针花样C，94针花样B，10针花样C，最后织4针花样B，重复往上编织至60行，从第61行起将织片分片，分为右前片、左前片和后片，右前片与左前片各取30针，后片取62针编织。先编织后片，而右前片与左前片的针眼用防解别针扣住，暂时不织。

3. 分配后身片的针数到棒针上，用11号针编织，起织时两侧需要同时减针织成袖隆，减针方法为1-2-1、2-1-6，两侧针数各减少8针，减针时两侧各织4针花样E搓板针，在花样B的两侧减针，减针后余下46针继续编织，两侧不再加减针，织至第100行时，中间留取20针不织，用防解别针扣住，两侧各收针13针，断线。

4. 左前片与右前片的编织，两者编织方法相同，但方向相反，以右前片为例，右前片的左侧为衣襟边，起织时不加减针，右侧织4针花样E搓板针作为袖边，袖隆减针方法为1-2-1、2-1-6，针数减少8针，余下22针继续编织，当衣襟侧编织至90行时，将衣襟侧收针4针，然后减针，2-1-5，余下13针，收针断线。

5. 前片与后片的两肩部对应缝合。

---

帅气韩版上装

**符号说明：**

□ 上针  ☒ 左并针

□=① 下针  ☑ 右并针

2-1-3　行-针-次  ◙ 镂空针

↑ 编织方向  ▣ 中上3针并1针

⊠ 右上1针与
左下1针交叉

▥▥▥ 右上3针与
左下3针交叉

【成品规格】衣长74cm，下摆宽39cm

【工　　具】8号棒针

【编织密度】10针×13.6行=10cm²

【材　　料】深灰色晴纶线500g，银丝线少许

花样B
（帽片图解）
虚线对应缝合

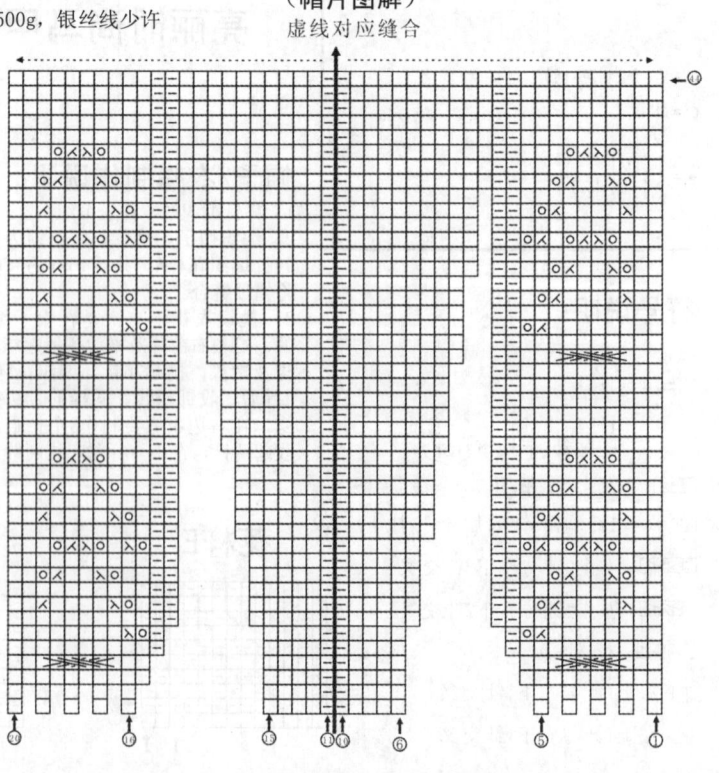

# 花样A
## （前片与后片图解）

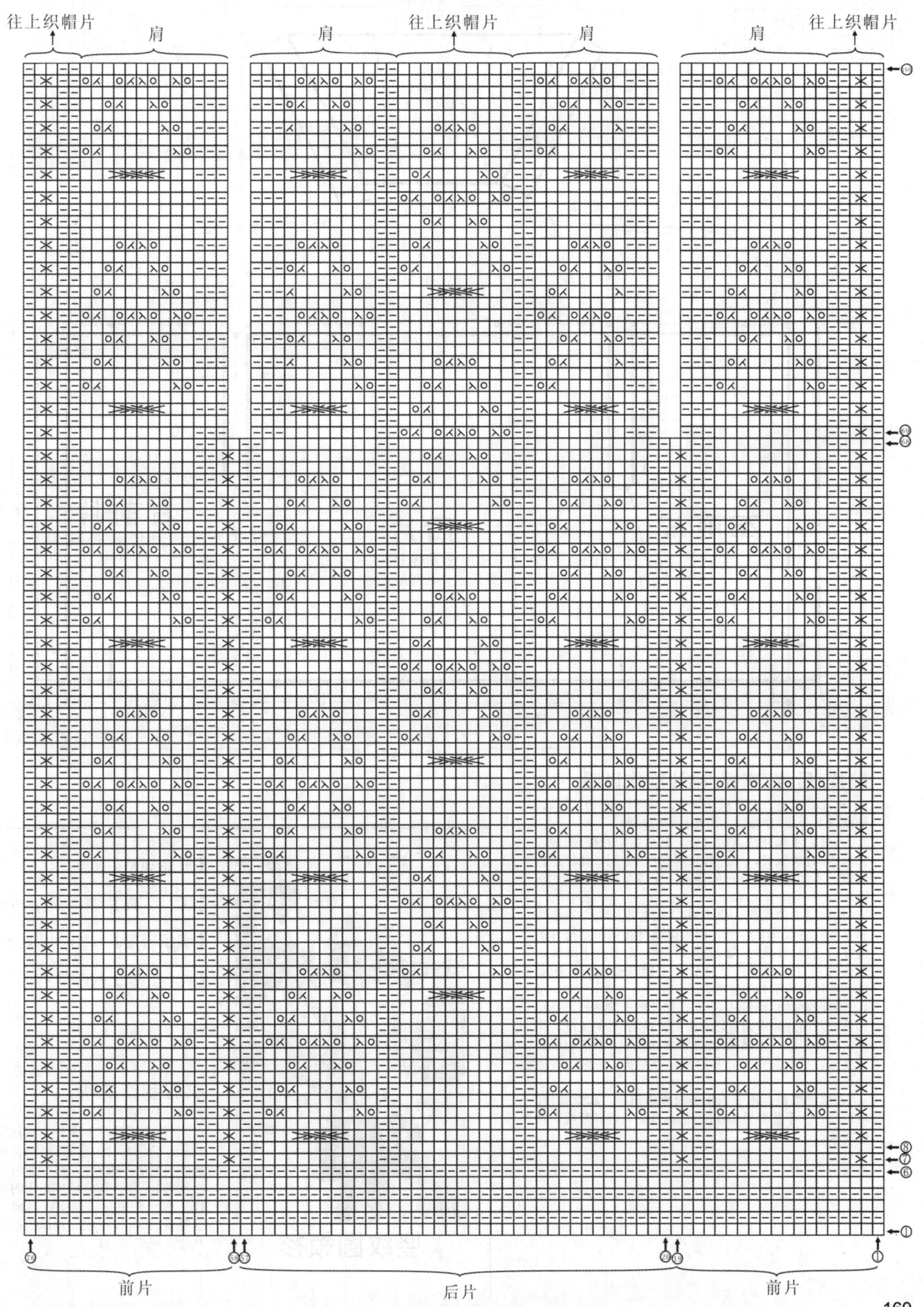

往上织帽片　肩　肩　往上织帽片　肩　肩　往上织帽片

前片　后片　前片

169

花样C（单罗纹针）

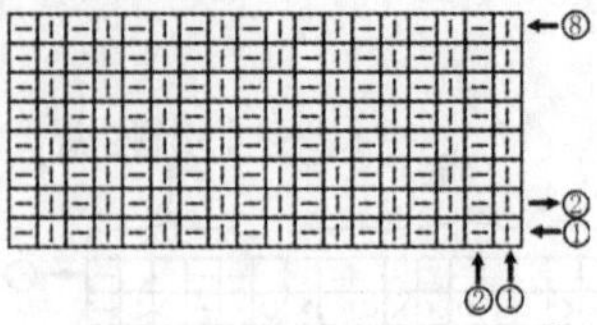

⑧→
②→
①→
2针一花样

# 帽片
（8号棒针）

47cm
（46针）

38行平坦
2-1-2
2-5-1

8行平坦
6-1-5

帽襟　　　　帽襟

32cm
（44行）

21cm
（20针）

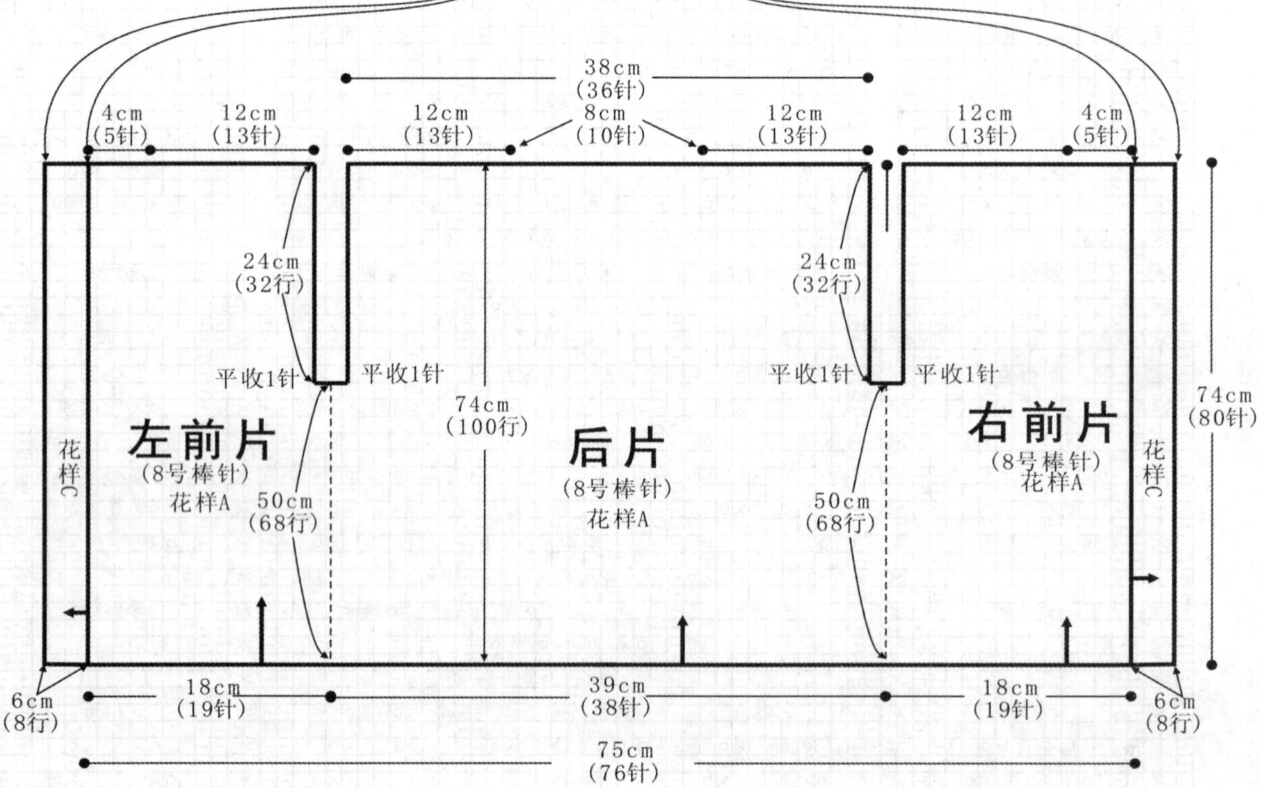

38cm
（36针）

4cm（5针）　12cm（13针）　12cm（13针）　8cm（10针）　12cm（13针）　12cm（13针）　4cm（5针）

24cm
（32行）　　　　　　　　　　　24cm
（32行）

平收1针　平收1针　　　　　　　平收1针　平收1针

74cm
（100行）

花样C　**左前片**
（8号棒针）
花样A

50cm
（68行）

**后片**
（8号棒针）
花样A

**右前片**
（8号棒针）
花样A

花样C

50cm
（68行）

74cm
（80针）

6cm
（8行）　18cm（19针）　　　39cm（38针）　　　18cm（19针）　6cm
（8行）

75cm
（76针）

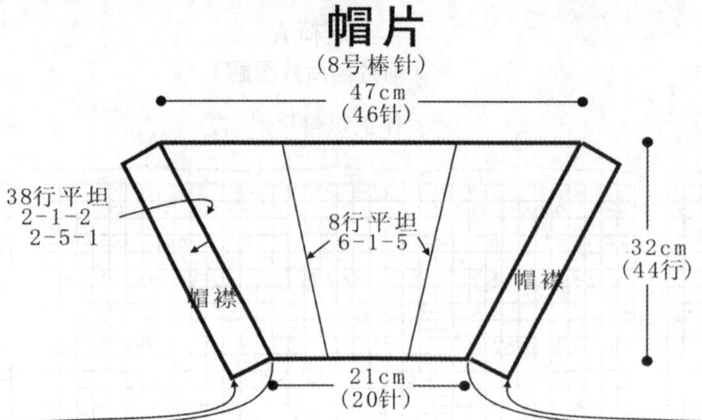

## 前片/后片/衣摆/袖片制作说明：

1. 棒针编织法。衣服织法简单，袖窿以下一片编织，袖窿以上分成3片编织。用特粗的线编织。

2. 起针。单起针法，起76针，然后参照花样A图解，先编织6行搓板针，下一行依照花样A分配好花样进行编织，不加减针织68行的高度，完成至袖窿以下的编织。

3. 袖窿以上的编织。分成3片，后片取38针，左前片和右前片各取19针。分片后袖窿减针很简单，每片的袖窿边收掉1针就行了，收掉1针后，后片余下36针，左前片与右前片各余下18针，不加减针织32行的高度。各片收掉所有的针数。

4. 帽片的编织。后片的中间选10针的宽度挑针，挑出10针，左前片和右前片近衣襟侧，挑出5针的宽度。帽片共20针起织，依照花样B图解加针编织，织成44行的高度后，针数共46针，将针数从中对折，将两边对应缝合。

5. 衣襟的编织。沿着衣服的衣襟边挑针，起织花样C双罗纹针，不加减针编织8行的高度后，收针断线。衣服完成。

**竖纹圆领衫**

【成品规格】见图

【工　具】26针×31行=10cm²

【编织密度】12号棒针，2.5mm钩针

【材　料】丝棉绒250g

## 衣服制作说明：

圈织。从底边开始，起190针共10组先织4行全平针，上面开始织花样织38cm。分前后片，前后各5花样，腋下前后各平收8针，然后在两侧加出袖各4花样，和前后片相连的花样针补成一个整花。往上织圆肩，收至每花7针时，平收。领口和袖口钩花边，完成。

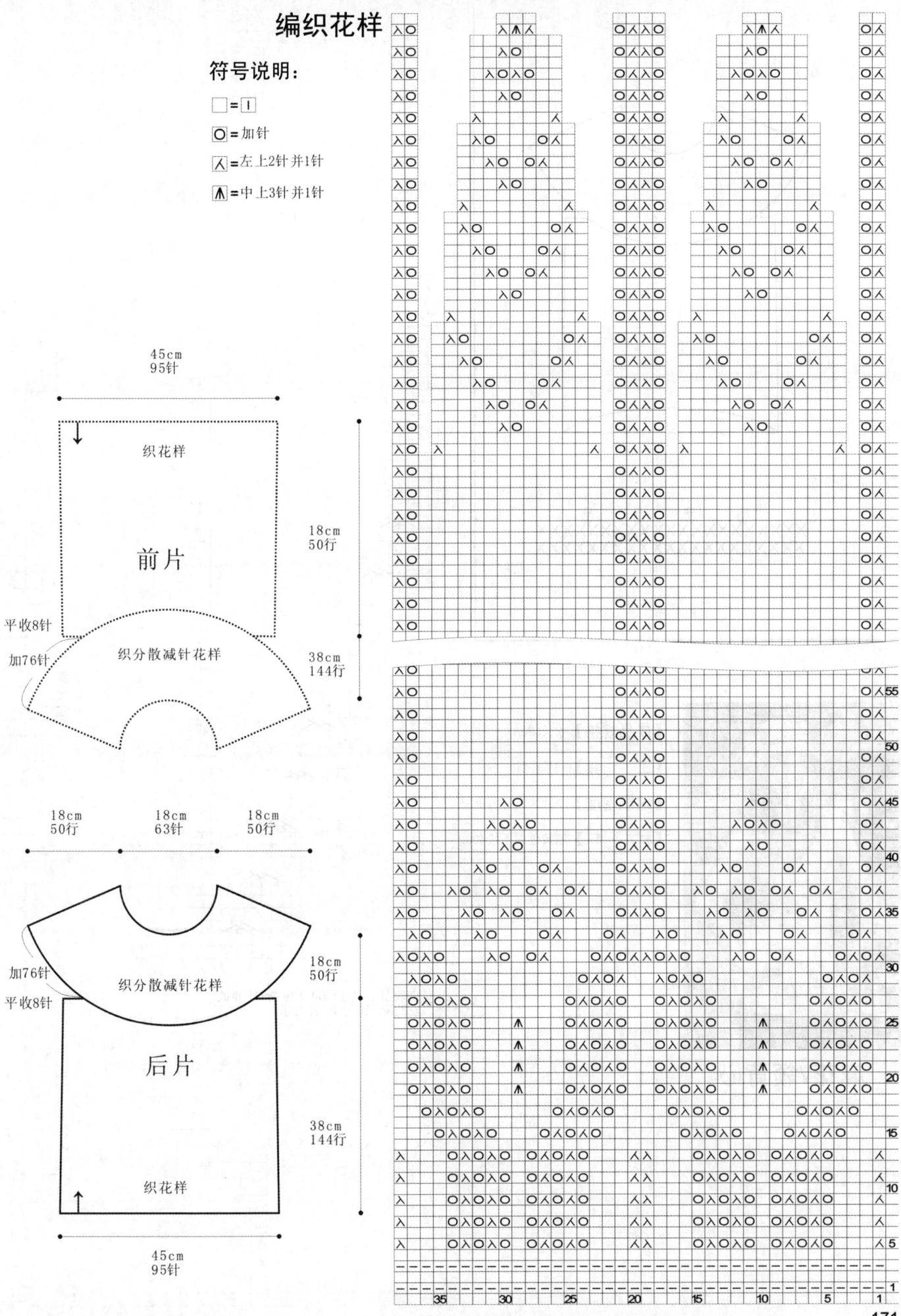

编织花样

符号说明：

☐ = ①

O = 加针

人 = 左上2针并1针

⋀ = 中上3针并1针

45cm
95针

↓
织花样

前片

18cm
50行

平收8针

加76针
织分散减针花样

38cm
144行

18cm
50行
18cm
63针
18cm
50行

加76针
织分散减针花样
平收8针

后片

18cm
50行

38cm
144行

织花样

↑

45cm
95针

领、袖边缘

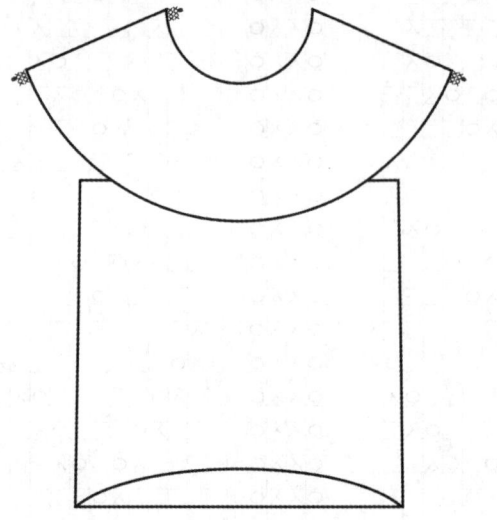

钩领边

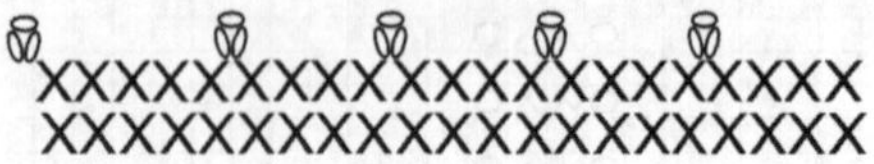

【成品规格】衣长68cm

【工 具】12号棒针

【编织密度】33针×33行=10cm²

【材 料】鹅黄色羊毛线400g

## 麻花V领背心

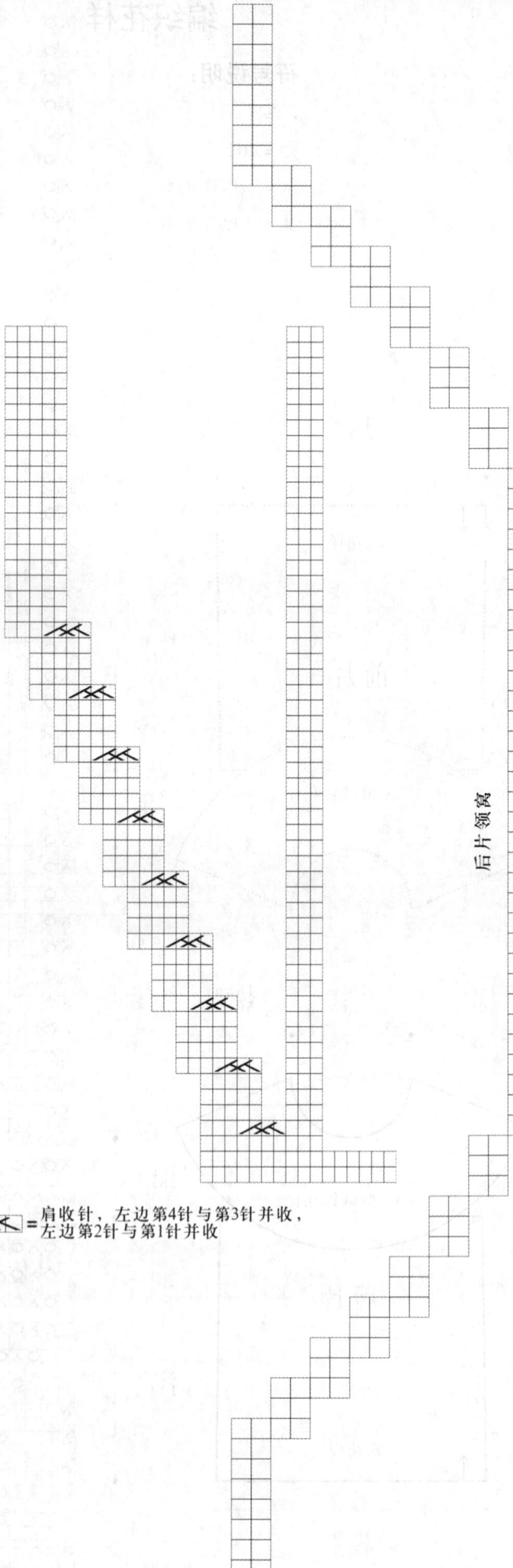

后片领窝

= 肩收针，左边第4针与第3针并收，
左边第2针与第1针并收

172

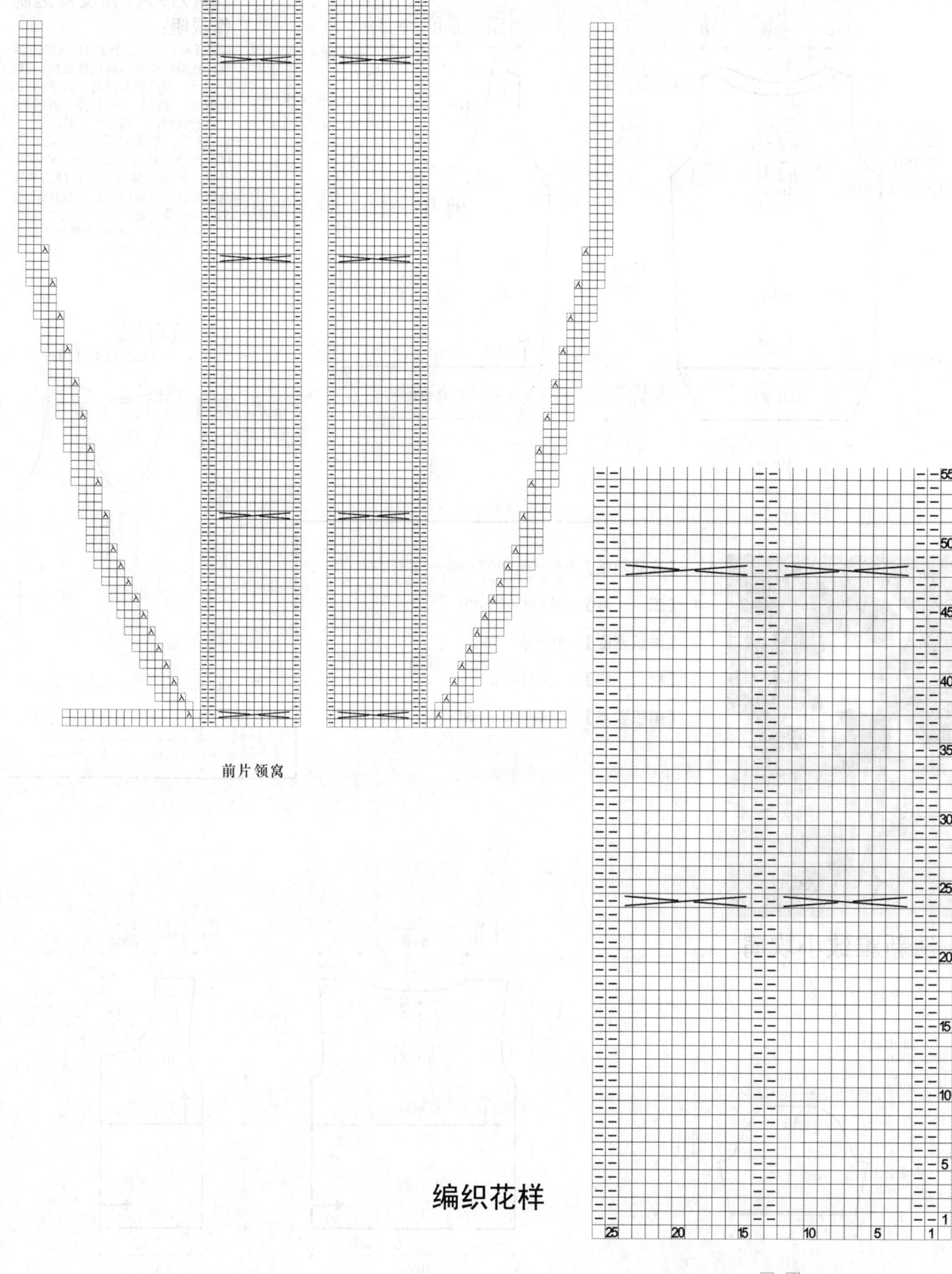

前片领窝

编织花样

1. 后片。起144针织10cm的双罗纹，然后织平针，每12针收1针共均收12针，织至快开挂时，腋下6针织双罗纹，开挂后一次收掉，然后每4行收2针收9次；肩各留下9针。

2. 前片。基本同后片，中心织花样，注意花样交叉要相对。两侧织平针，织至开领时，以花样为界在两侧收针，挂肩织完后，花样织5组半，绕后领窝缝合。

3. 领及袖边。挑出边缘织6行平针，任由卷曲；完成。

**后片**

5cm 13针 | 20cm 66针 | 5cm 13针

减针
2-2-5
2-3-2
平收34针

减针
4-2-9
平收6针

织双罗纹 10行 6针

40cm 132针

织平针

均收12针

10cm 132针

织双罗纹

10cm 144针

2cm 6行
19cm 62行

37cm 122行

10cm 34行

**前片**

5cm 13针 | 20cm 66针 | 5cm 13针

领边纽花织132行

21cm 84行

领减针
平织26行
4-1-9
2-1-11

织平针 织花样 120行 织平针

均收12针 53针 26针 53针

织双罗纹

10cm 144针

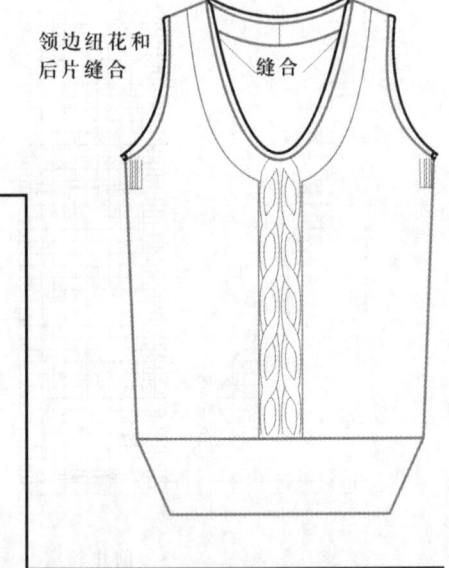

**领/袖边**

挑织6行平针即可

领边纽花和后片缝合

缝合

【成品规格】衣长48cm，下摆宽40cm，袖长15cm

【工　　具】14号棒针，2号钩针

【编织密度】30针×34行=10cm²

【材　　料】夹花丝棉350g

【编织要点】根据结构图进行编织。

## 清新雅致小坎肩

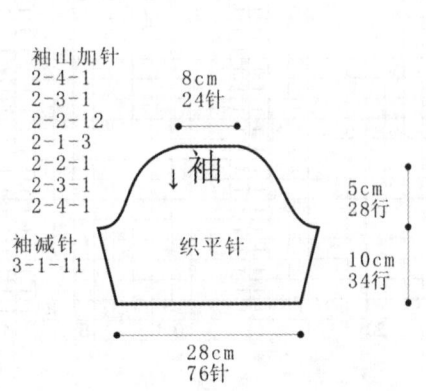

**袖**

袖山加针
2-4-1
2-3-1
2-2-12
2-1-3
2-2-1
2-3-1
2-4-1

8cm 24针

↓袖

袖减针
3-1-11

织平针

5cm 28行
10cm 34行

28cm 76针

**后片**

4cm 24针 | 22cm 66针 | 4cm 24针

减针
2-1-3
2-2-2
2-3-1
2-5-1

两侧减针
2-2-1
2-3-1

后片

织平针

织花样

19cm 64行
9cm 84行
20cm 48行

40cm 144针

**前片**

8cm 24针 | 11cm 33针

15cm 50行

前片

领减针
平织18行
2-1-11
2-2-4
2-3-1
平收11针

织平针

织花样

20cm 72针

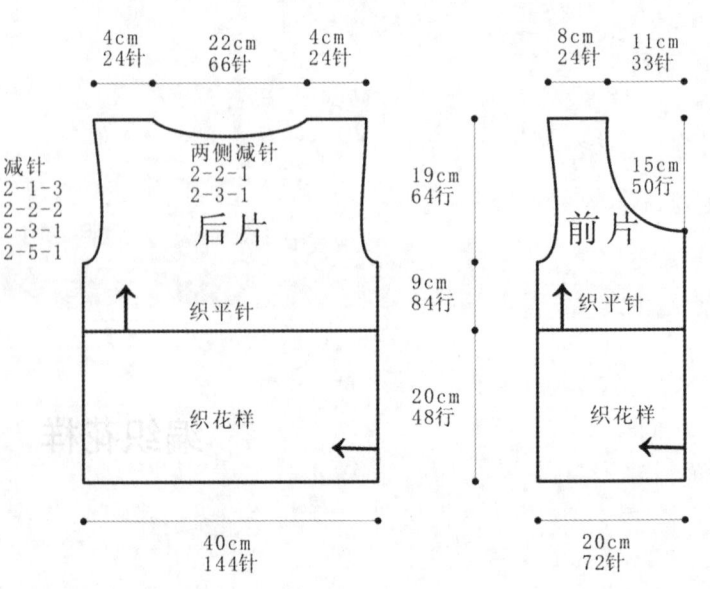

优雅竖纹上装

【成品规格】衣长57cm，下摆宽32cm

【工　　具】12号棒针

【编织密度】26针×32行=10cm²

【材　　料】浅紫色羊毛线共400g

符号说明：

□　　上针

□＝I　　下针

☑　　左上2针并1针

☒　　右上2针并1针

◎　　镂空针

2-1-3　行-针-次

## 前片/后片制作说明：

1. 棒针编织法，衣服分为前片、后片来编织完成。

2. 先织后片。下针起针法，起83针起织，起织花样B，共织122行后，第123行两侧开始袖窿减针，方法为1-4-1、2-1-4，各减8针，余下75针不加减针往上织至178行，第179行起，将织片中间留取23针不织，两侧减针织成后领，方法为2-1-2，各减2针，织至182行，最后两肩部各余下20针，收针断线。

3. 编织前片。下针起针法，起83针起织，起织花样B，共织122行后，第123行两侧开始袖窿减针，方法为1-4-1、2-1-4，各减8针，余下75针不加减针往上织至156行，第157行将织片中间1针留起不织，两侧分别编织。先织左片，左片的右侧需要减针织成前领，方法为2-1-13，共减13针，减针后余下20针，共织182行，收针断线。同样的方法相反方向编织右片。

4. 前片与后片的两侧缝对应缝合，两肩部对应缝合。

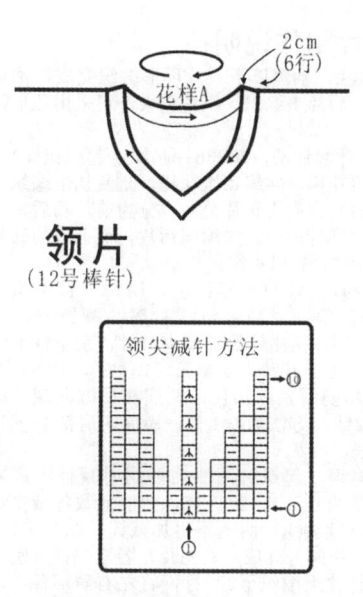

领片
（12号棒针）

领尖减针方法

## 衣领制作说明：

1. 棒针编织法，圈织。

2. 沿着前后衣领边挑针编织，挑织66针织花样A，领尖处一边织一边减针，减针方法如图所示，共织6行的高度，单罗纹针收针法收针断线。

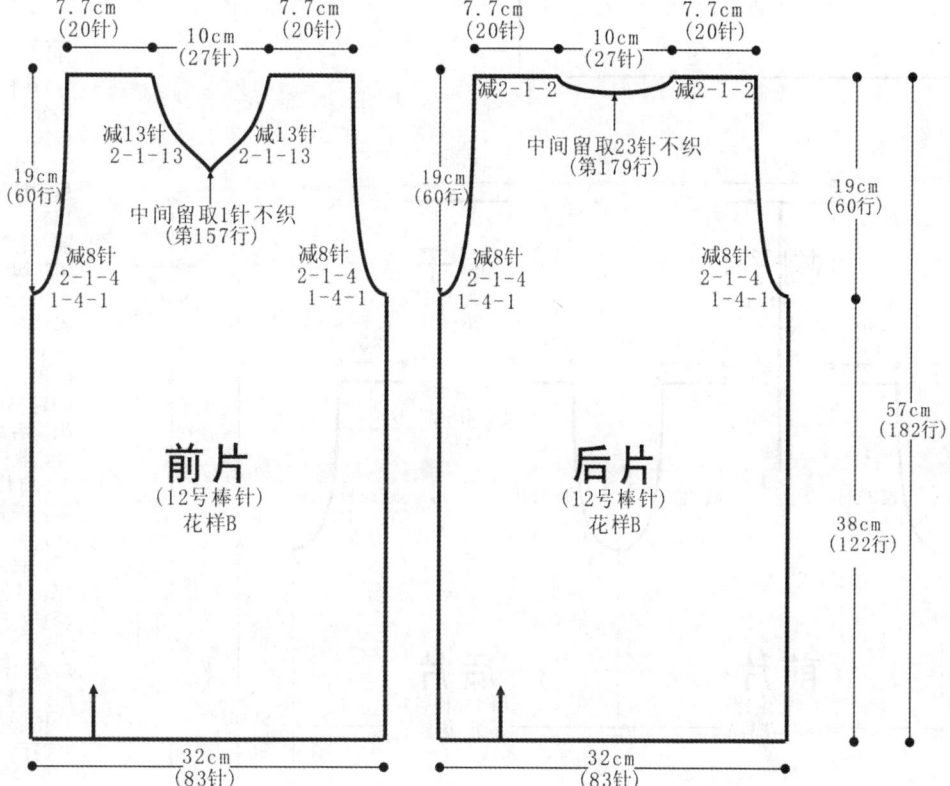

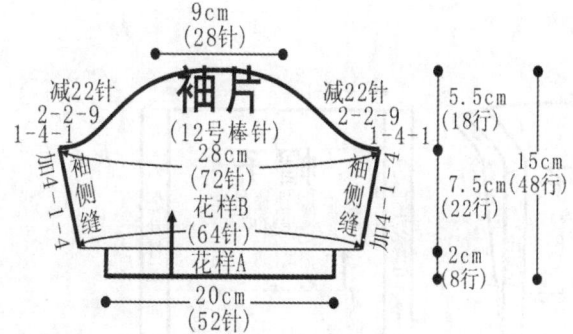

## 袖片制作说明：

1. 棒针编织法，编织两片袖片。从袖口起织。

2. 起52针，起织花样A，织8行后，第9行将织片均匀加针至64针，改织花样B，两侧同时加针，加4-1-4，两侧的针数各增加4针，织至30行时，将织片织成72针，接着就编织袖山，袖山减针编织，两侧同时减针，方法为1-4-1、2-2-9，两侧各减少22针，织至48行，最后织片余下28针，收针断线。

3. 同样的方法再编织另一袖片。

4. 缝合方法：将袖山对应前片与后片的袖窿线，用线缝合，再将两袖侧缝对应缝合。

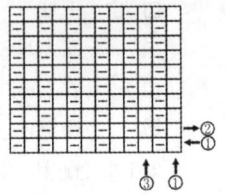

## 花样A
### （单罗纹针）

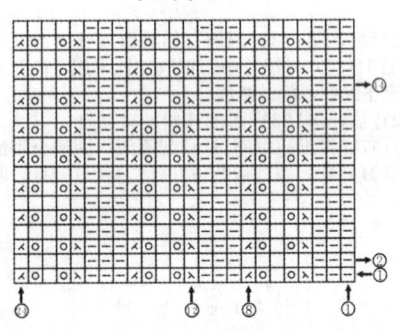

## 花样B

### 清新彩虹衣

【成品规格】衣长54cm，下摆宽36.5cm，袖长12cm

【工　　具】13号棒针

【编织密度】46针×42行=10cm²

【材　　料】天蓝色、浅蓝色、白色、浅红色、粉红色
棉线各100g

### 符号说明：

- ⊟　上针
- □=Ⅰ　下针
- ⊠　右上2针并1针
- ⊠　左上2针并1针
- ⊙　镂空针

2-1-3　行-针-次

### 前片/后片制作说明：

1. 棒针编织法，袖窿以下一片环形编织完成，袖窿起分为前片、后片来编织。织片较大，可采用环形针编织。

2. 起织。下针起针法，起336针起织，起织花样A，每28针为一组花样，共织12组花样，重复往上编织至146行，从第147行起将织片分片，分为前片和后片，前/后片各取168针编织。先编织后片，而前片的针眼用防解别针扣住，暂时不织。

3. 分配后身片的针数到棒针上，用13号针编织，起织时两侧需要同时减针织成袖窿，减针方法为1-5-1、2-1-16，两侧针数各减少21针，余下针继续编织，两侧不再加减针，织至第219行时，中间留取52针不织，用防解别针扣住，两端相反方向减针编织，各减少2针，方法为2-1-2，最后两肩部余下35针，收针断线。

4. 前片的编织，起织时两侧需要同时减针织成袖窿，减针方法为1-5-1、2-1-16，两侧针数各减少21针，余下针继续编织，两侧不再加减针，织至第188行，将织片从中间分开成左右两片，各取63针分别编织，不加减针往上编织至222行，将左右肩部各收针35针，中间余下28针，用防解别针扣住，留待挑织帽子。

5. 前片与后片的两肩部对应缝合。

6. 挑起左前片留起的28针，后片留起的56针及右前片留起的28针，共112针连起来编织，织花样B，织100行后，收针，将帽顶缝合。

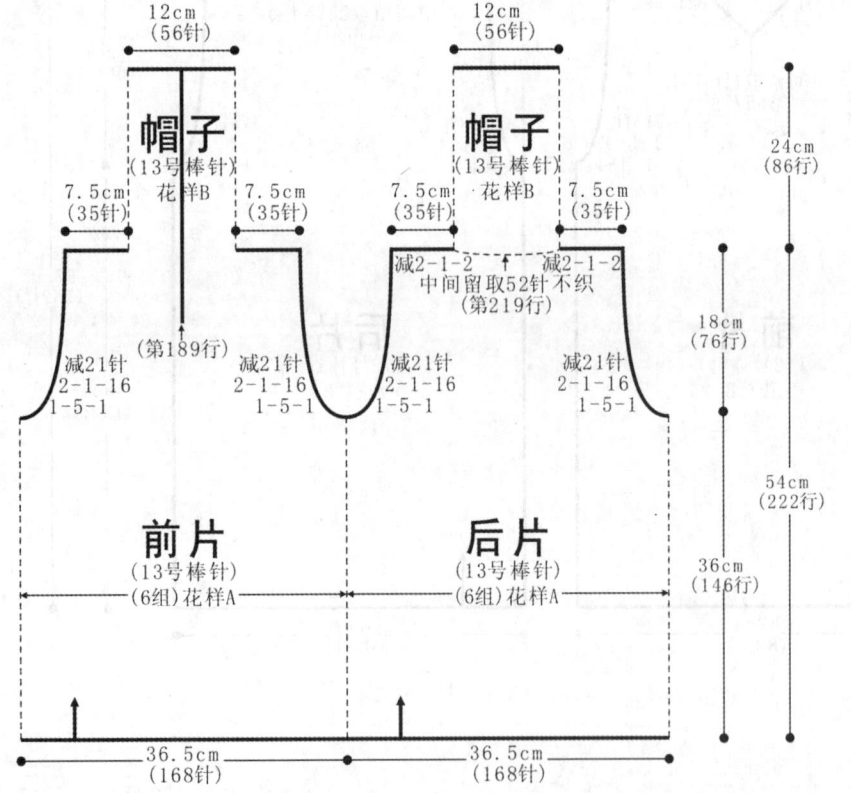

### 帽襟制作说明：

1. 起8针，起织花样D全下针，不加减针织232行后，收针断线。

2. 将织片合并成双层，缝合于帽襟边沿。

3. 编织一条长约80cm的绳子，穿入双层帽襟内。

4. 钩针沿领尖及帽襟钩织一行短针收边。

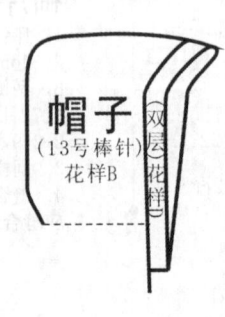

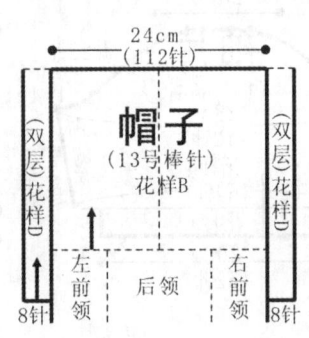

176

## 花样A

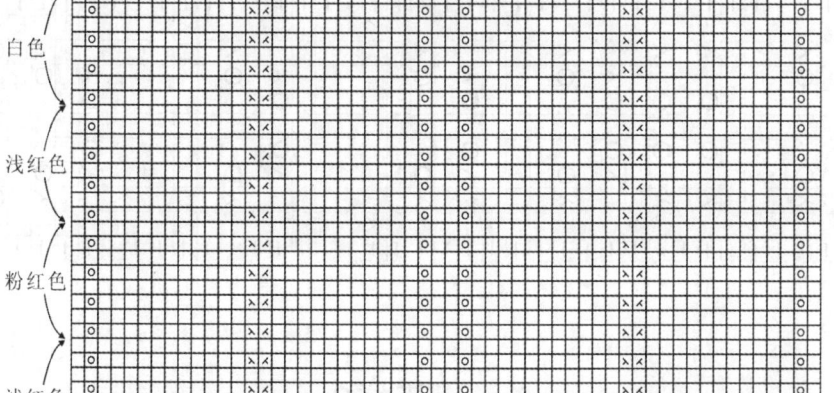

白色
浅红色
粉红色
浅红色
白色
浅蓝色
天蓝色
浅蓝色

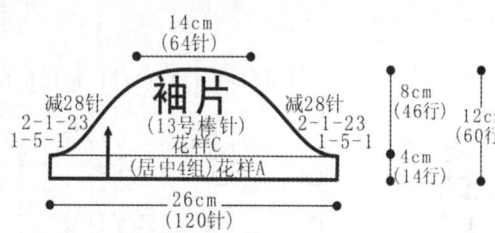

## 袖片

14cm
(64针)
减28针
2-1-23
1-5-1
8cm
(46行)
减28针
2-1-23
1-5-1
12cm
(60行)
花样C
(13号棒针)
4cm
(14行)
花样A
(居中4组)
26cm
(120针)

### 袖片制作说明：

1. 棒针编织法，环形编织两片袖片。从袖口起织。
2. 起120针，起织花样A，织14行后，第15行起，将织片留取10针作为袖底，往返编织袖山，编织花样C，两侧同时减针，方法为2-1-23，两侧各减少23针，织至60行，最后织片余下64针，收针断线。
3. 同样的方法再编织另一袖片。
4. 缝合方法：将袖山对应前片与后片的袖窿线，用线缝合。

## 修身款针织衫

**【成品规格】** 衣长65cm，下摆宽80cm

**【工　　具】** 26针×33行=10cm²

**【编织密度】** 11号棒针

**【材　　料】** 段染蕾丝线450g

### 花样D
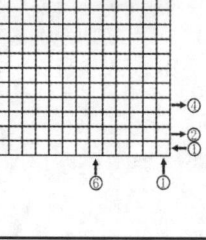

### 花样C
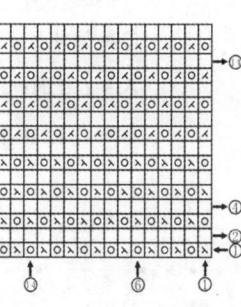

### 花样B
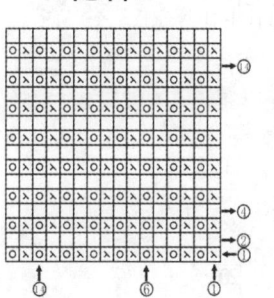

## 领结

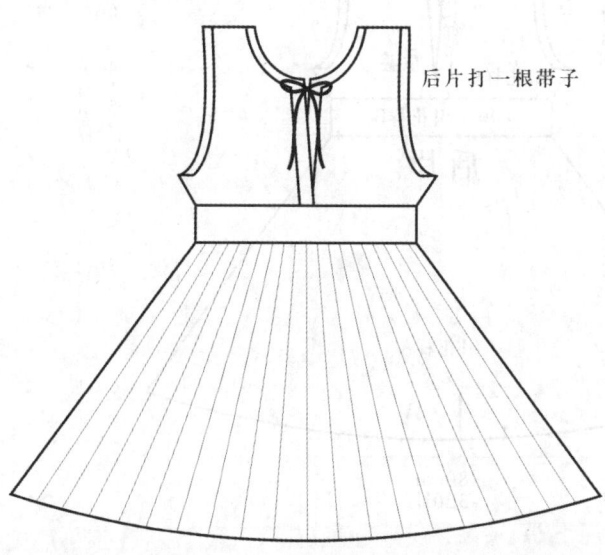

后片打一根带子

### 制作说明：

1. 后片。起320针，20组花、花样A，按图解阶梯式收针形成扇形。底边织5行弹性针后每花收2针，直织花样、织花样A52行，收至100针，织腰线处花样B6组，腰线以上织花样C。分左右两片织边缘重叠织花样C为边；直到完成。
2. 前片。基本同后片，腰线织完后直接往上织花样C。
3. 边缘。所有的边缘同衣身同织，均为6针，织花样D，最后打一针带子连接后领处，完成。

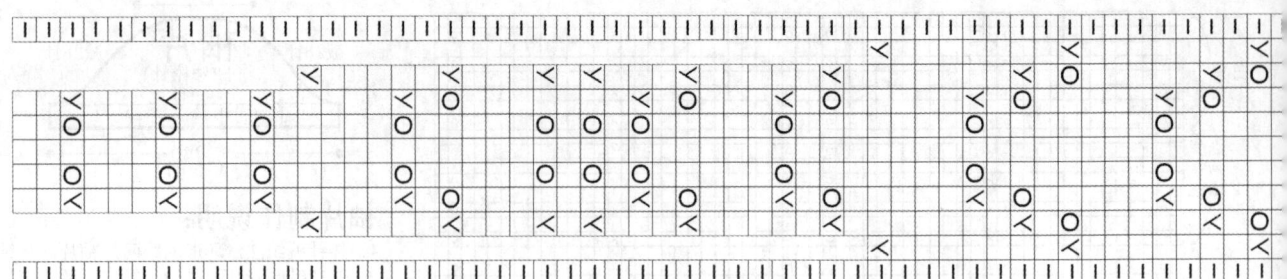

花样A

## 花样B

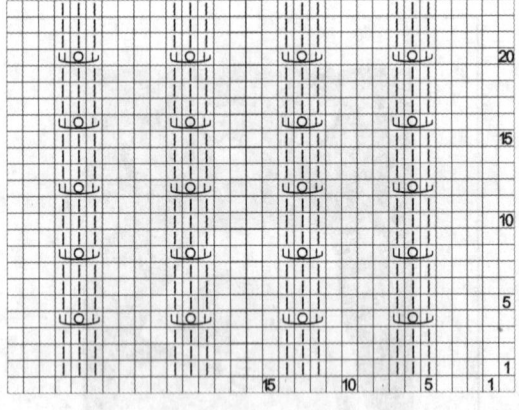

□ = □

把第3针盖过前面的2针，
1针下针，加1针，1针下针

## 花样C

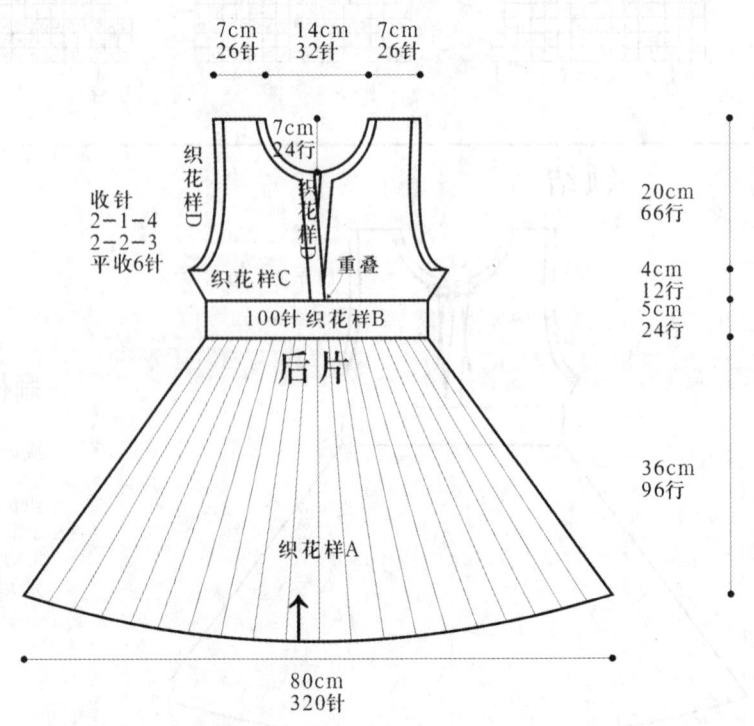

□ = □

○ = 加针

人 = 左上2针并1针

入 = 右上2针并1针

## 花样D

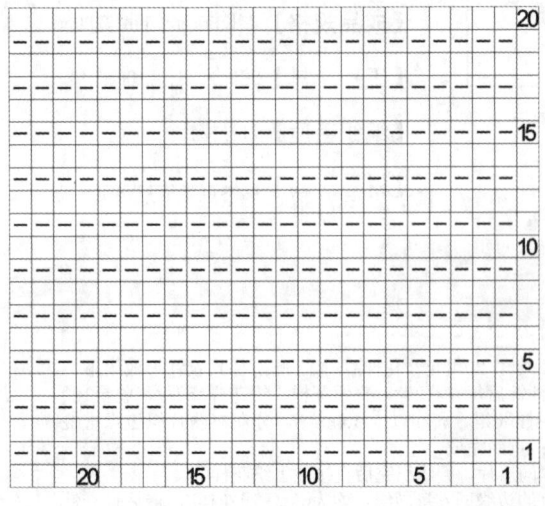

□ = □

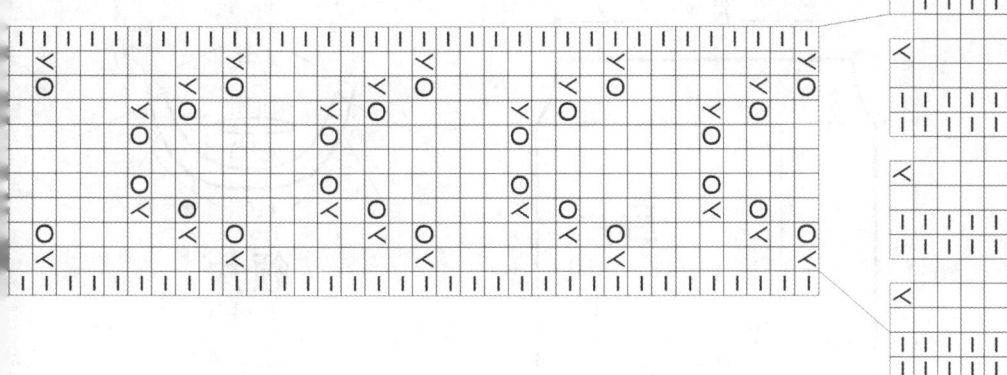

7cm 14cm 7cm
26针 32针 26针

7cm
24行

织花样D

织花样C

前片

100针织花样B

领减针
平织16行
2-1-3
2-2-1
平收6针

20cm
66行

4cm
12行
5cm
24行

36cm
96行

织花样A

80cm
320针

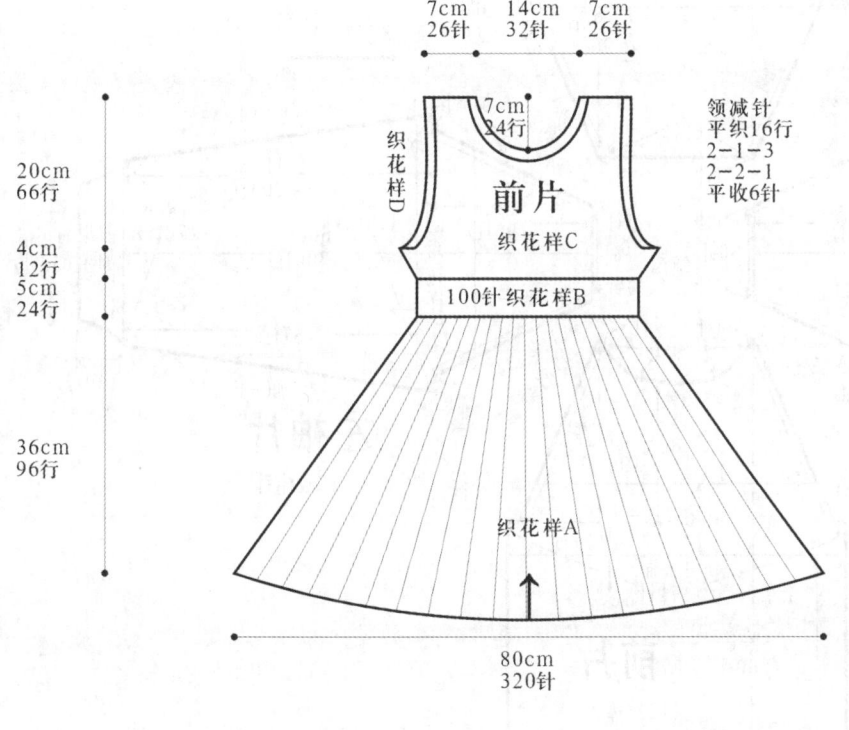

## 双色雪花上装

【成品规格】衣长57cm，下摆宽29cm

【工　　具】12号棒针，12号环形针

【编织密度】42针×50行=10cm²

【材　　料】紫色晴纶线400g，白色晴纶线100g

## 花样B
（雪花配色图案）

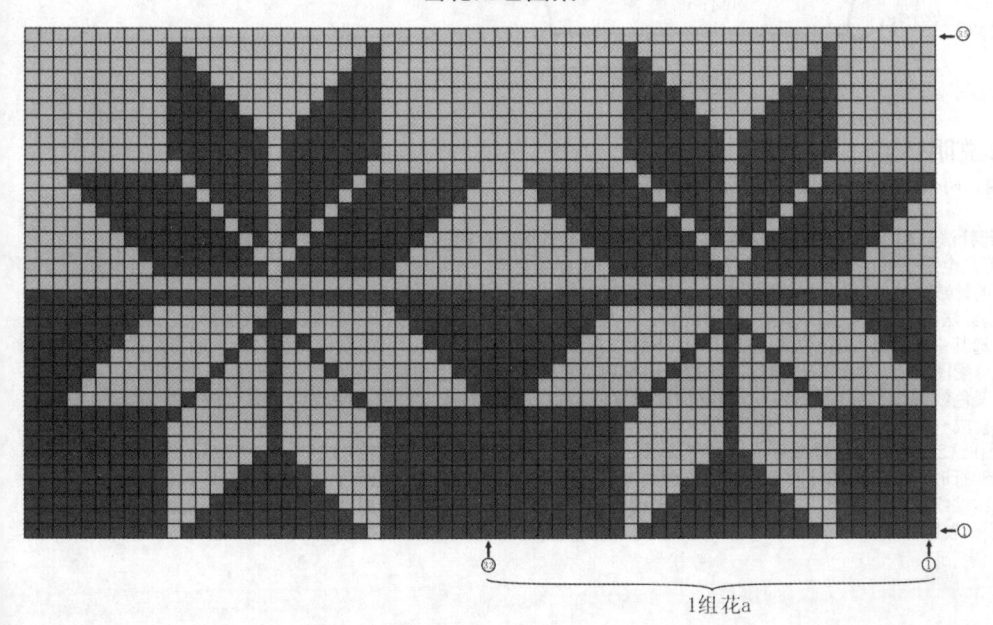

1组花a

## 花样A（双罗纹针）

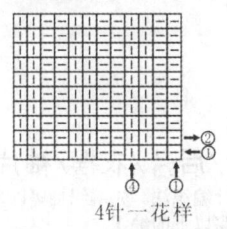

4针一花样

## 符号说明：

□　　上针

□=□　下针

2-1-3　行-针-次

↑编织方向

179

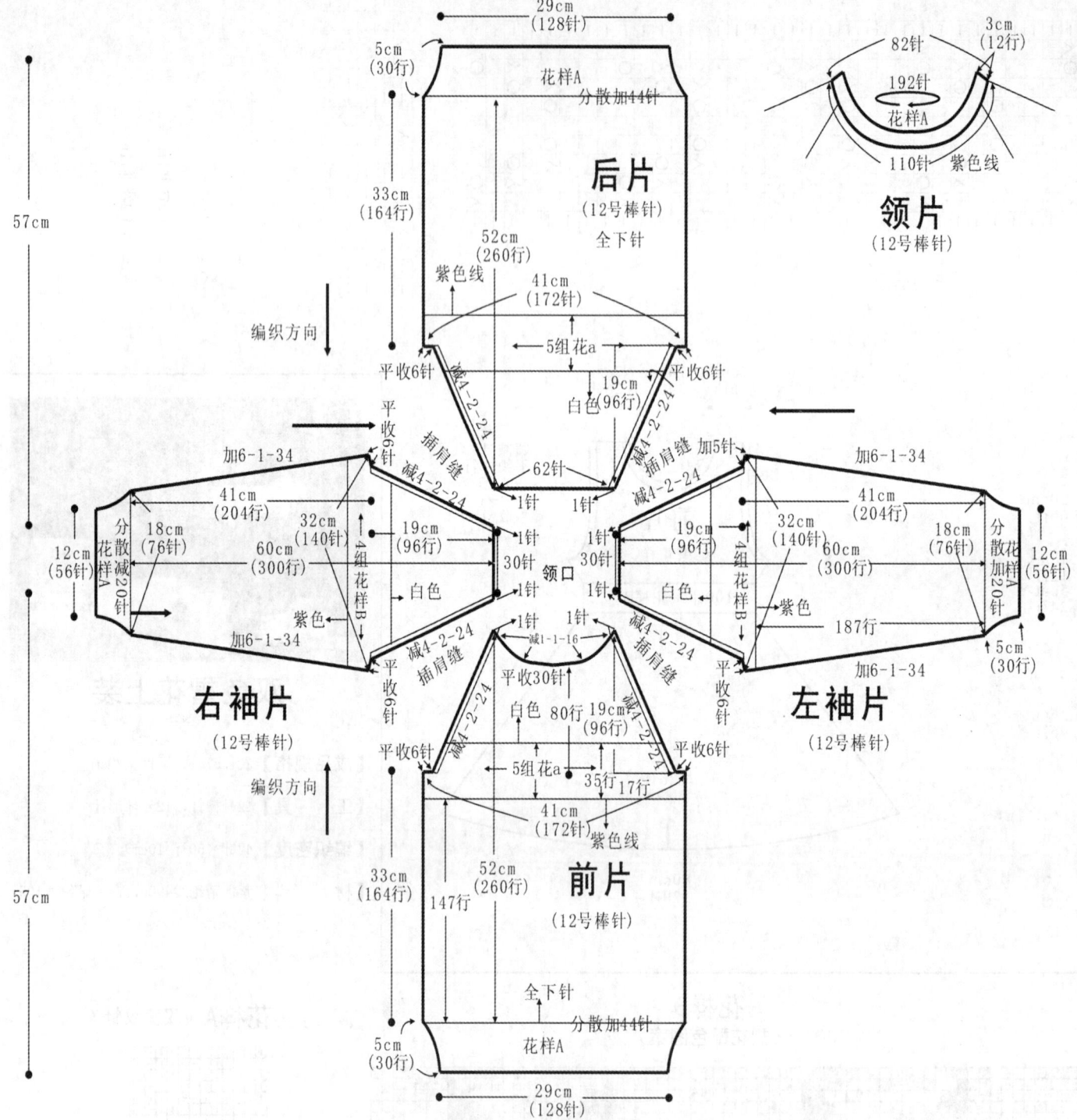

## 前片/后片/衣摆/袖片制作说明:

1. 棒针编织法。先编织袖窿以下的衣身,两个袖片,袖窿以上再连接成一片环织。

2. 袖窿以下的编织:

(1) 衣身的编织。用紫色线,双罗纹起针法,起256针,编织花样A双罗纹针,不加减针织29行的高度,在第30行里,分散加针,一圈加88针,一圈的针数变为344针,下一行起,全织下针,不加减针织147行。下一行开始分配花样,先用紫色线织12针下针,往后织5组花样B图案,然后再用紫色线织12针下针,余下的针数也分成5组花样A进行编织。依照图案编织17行,至袖窿下。

(2) 袖片的编织。用紫色线,双罗纹起针法,起56针,编织花样A双罗纹针,不加减针织29行的高度,在第30行里,分散加针,一圈加20针,一圈的针数加成76针,下一行里,选其中的2针作加针位置,袖身全织下针,在加针位置上,每织6行加1次针,加34针。袖身织成187行时,依照衣身的图案编织方法进行,分配图案后,加针编织继续,织17行图案后,完成至袖窿以下的袖片编织。

(3) 拼接。衣身部分,将图案两边,紫色线编织部分的12针,与袖身加针位置的12针,一针对应一针的拼接收针,另一边拼接方法相同,这样,将衣身和袖身的所有针数连接成一片,环织。

3. 选腋下的12针两边的2针作插肩缝,在这2针的两边进行减针,每织4行进行一次减针,每边减2针,图案织成18行后,以后的编织全用白色线。插肩缝减针减针24次。前片织成80行时,中间选30针收针,两边衣领边减针,每织1行减1针,减掉16针。后衣领不减针。将袖窿以下织成96行的高度。完成后,改用紫色线编织衣领,编织花样A双罗纹针,至前衣领时,挑针出来编织。一圈针数共192针,不加减针编织花样A双罗纹针共12行,完成后收针断线。衣服完成。

## 竹叶情短袖衫

**【成品规格】** 衣长56cm，下摆宽50cm，
袖长19cm

**【工　　具】** 12号棒针

**【编织密度】** 34.4针×50行=10cm²

**【材　　料】** 草绿色丝光棉线350g

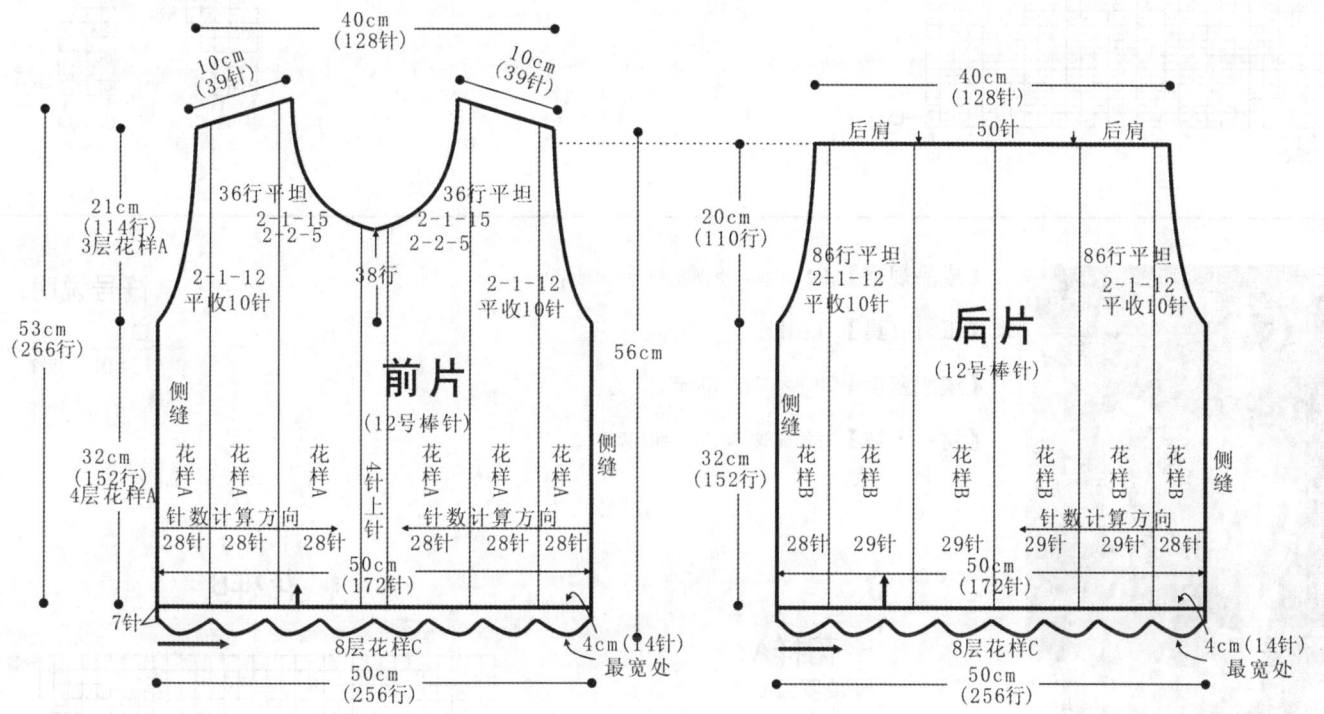

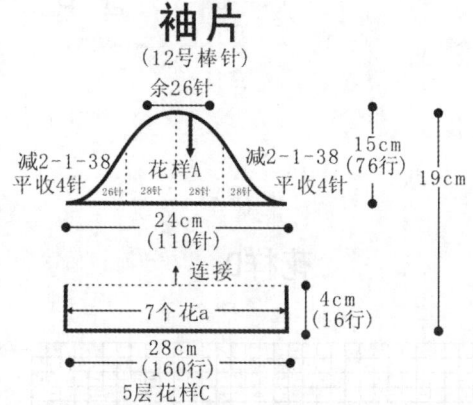

### 前片/后片/衣摆/袖片制作说明：

1. 棒针编织法。从衣摆起织，衣摆横织，再沿边挑针起织衣身，分成前片和后片单独编织，再编织两只袖片缝合上。

2. 前片的编织。起7针，编织花样C，在花样C的中间的搓板针部分进行加减针变化编织。32行为一个变化花样，共编织8组花样C，将最后的7针收针，沿着平整的一边，挑针起织衣摆，挑172针，然后分配花样，见结构图所示，先编织3组花样A，每组28针，然后织4针上针，再以花样A相反的花样顺序（中间的叶子花方向不相反）进行分配，共编织3组花样A，分配好花样后，不加减针往上编织，共织4层花样A，织成152行，至袖隆。然后进行袖隆减针，两边同时平收10针，然后两边同时各织2行减1针，共减12针，织成24行，然后再织14行后，进入前衣领减针，减针的位置在衣身中间的4针上针两边的镂空花样的内侧，编织时，将4针上针分成两半，从中间分开，将织片分成两半各自编织，2针上针与镂空花样的编织不变，在内侧的上针减针，每织2行减2针，共减5次，然后每织2行减1针，共减15次，织成40行，然后不加减针，再织36行后，至肩部，不收针，用防解别针扣住不织。同样的方法编织另一边。

3. 后片的编织。衣摆编织与前片相同，同样挑172针起织衣身，但在花样分配上不同，依照后片结构图分配，每组花样B由29针组成，分配后不加减针，编织152行的高度，至袖隆，袖隆的减针也与前片相同，但减针行织成24行后，不加减针编织86行的高度，完成后片的编织，最后一行不收针，两边各留39针不收针，中间算出50针收针，两边各留的39针与前片的肩部对应缝合。前后片的高度差，形成后衣领减针。

4. 将前片与后片的侧缝缝合。

5. 袖片的编织。袖口的起织与衣身的衣摆起织相同，先编织5组花样C，挑针时，挑出110针，两边各收掉4针，余下102针，两边同时减针，每织2行减1针，共减38针，织成76行，袖肩部余下26针，收针断线，相同的方法编织另一袖片。最后将两袖片的边缘，与衣身的袖隆边对应缝合。

## 花样A
（前片花样）

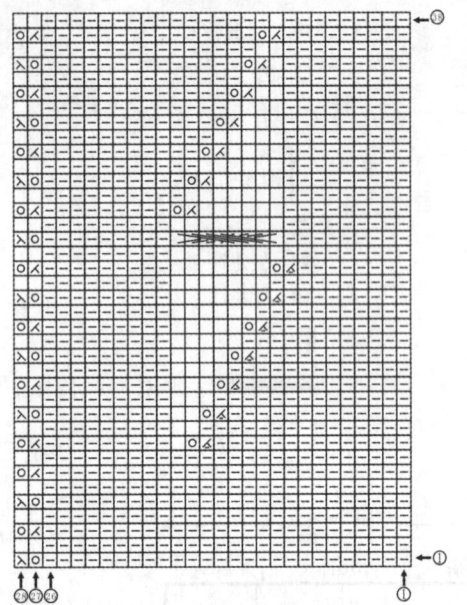

## 花样B

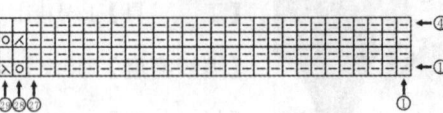

## 花样C
（衣摆和袖口花样）

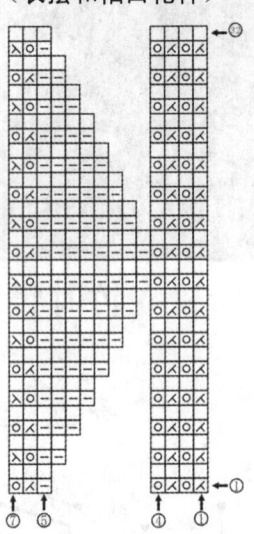

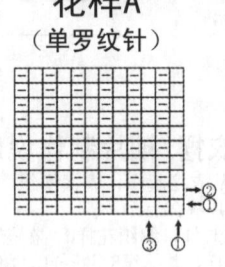

精美中袖小外套

【成品规格】衣长46cm，下摆宽38cm，袖长30cm

【工　　具】11号棒针

【编织密度】20针×28行=10cm²

【材　　料】蓝色棉线共500g，纽扣7枚

## 花样A
（单罗纹针）

## 花样B

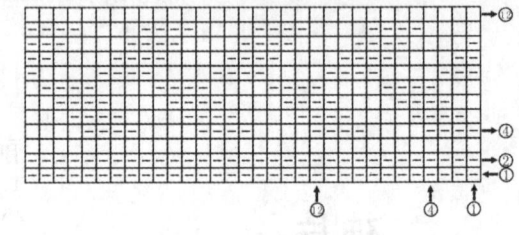

## 花样C

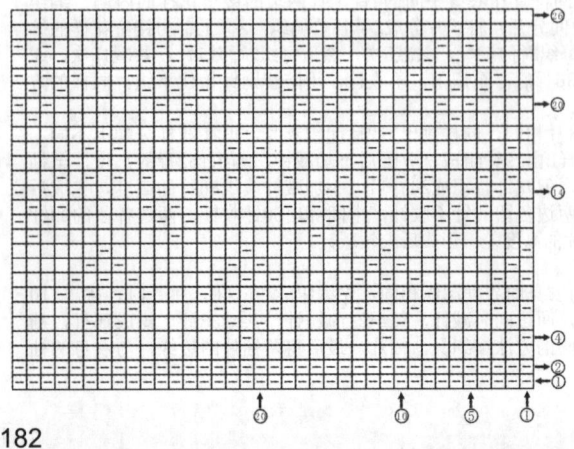

## 花样D

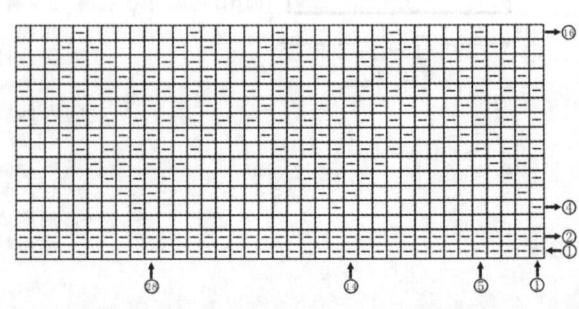

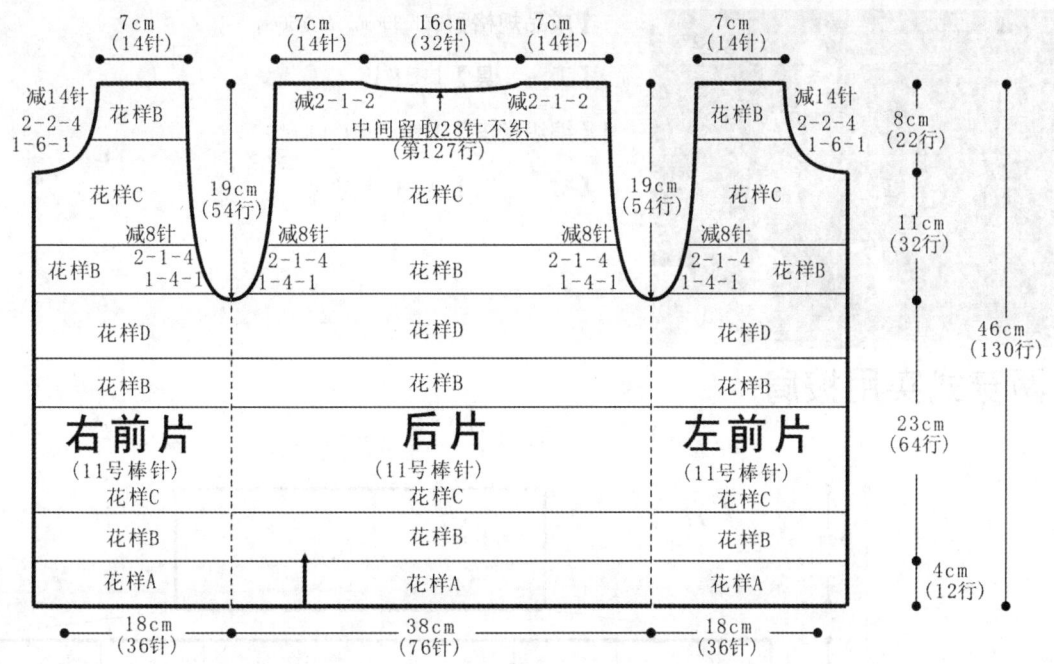

前片/后片制作说明：

1. 棒针编织法。袖窿以下一片编织完成，袖窿起分为左前片、右前片、后片来编织。织片较大，可采用环形针编织。
2. 起织。单罗纹针起针法，起148针起织，起织花样A单罗纹针，共织12行，从第13行起，改织花样B，花样B共织12行，然后改织花样C，花样C共织26行，然后改为编织12行花样D，再织16行花样D，重复往上编织，织至76行，从第77行起将织片分片，分为右前片、左前片和后片，右前片与左前片各取36针，后片取76针编织。先编织后片，而右前片与左前片的针眼用防解别针扣住，暂时不织。
3. 分配后身片的针数到棒针上，用11号针编织，起织时两侧需要同时减

针织成袖窿，减针方法为1-4-1、2-1-4，两侧针数各减少8针，余下针继续编织，两侧不再加减针，织至第127行时，中间留取28针不织，用防解别针扣住，两端相反方向减针编织，各减少2针，方法为2-1-2，最后两肩部余下14针，收针断线。
4. 左前片与右前片的编织，两者编织方法相同，但方向相反，以右前片为例，右前片的左侧为衣襟边，起织时不加减针，右侧要减针织成袖窿，减针方法为1-4-1、2-1-4，针数减少8针，余下28针继续编织，当衣襟侧编织至32行时，开始前领减针，方法为1-6-1、2-2-4，共减14针，余下14针继续往上编织至54行，收针断线。
5. 前片与后片的两肩部对应缝合。

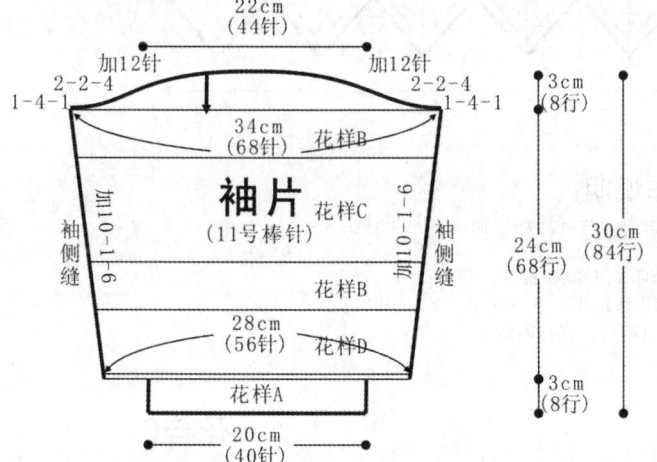

袖片制作说明：

1. 棒针编织法，编织两片袖片。从袖窿顶部挑针起织。
2. 挑起44针，起织全下针，一边织一边两侧加针方法，为2-2-4、1-4-1，共织8行，将织片加至68针圈织，先织12行花样B，再织26行花样C，再织12行花样B，再织16行花样D，最后织2行上针，编织时袖底减针编织，方法为10-1-6，共织68行，共减12针，最后余下56针，第77行将织片将匀减针至40针，改织花样A，织8行后，收针断线。
3. 同样的方法再编织另一袖片。

领片/衣襟制作说明：

1. 棒针编织法，往返编织。
2. 沿着前后衣领边挑针编织，挑起72针编织花样A，共织6行的高度，收针断线。
3. 衣襟是在衣领片编织完成后挑织的，沿两侧衣襟边分别挑起76针，编织花样A，织6行的高度，收针断线。注意在右边衣襟要制作7个扣眼，方法是在一行收起两针，在下一行重起这两针，形成一个眼。

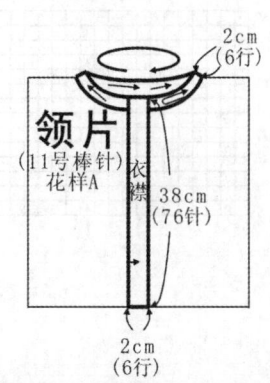

【成品规格】衣长39cm，衣宽56cm

【工　　具】13号棒针

【编织密度】33针×30行=10cm²

【材　　料】灰色棉线共350g

## 两穿式实用披肩

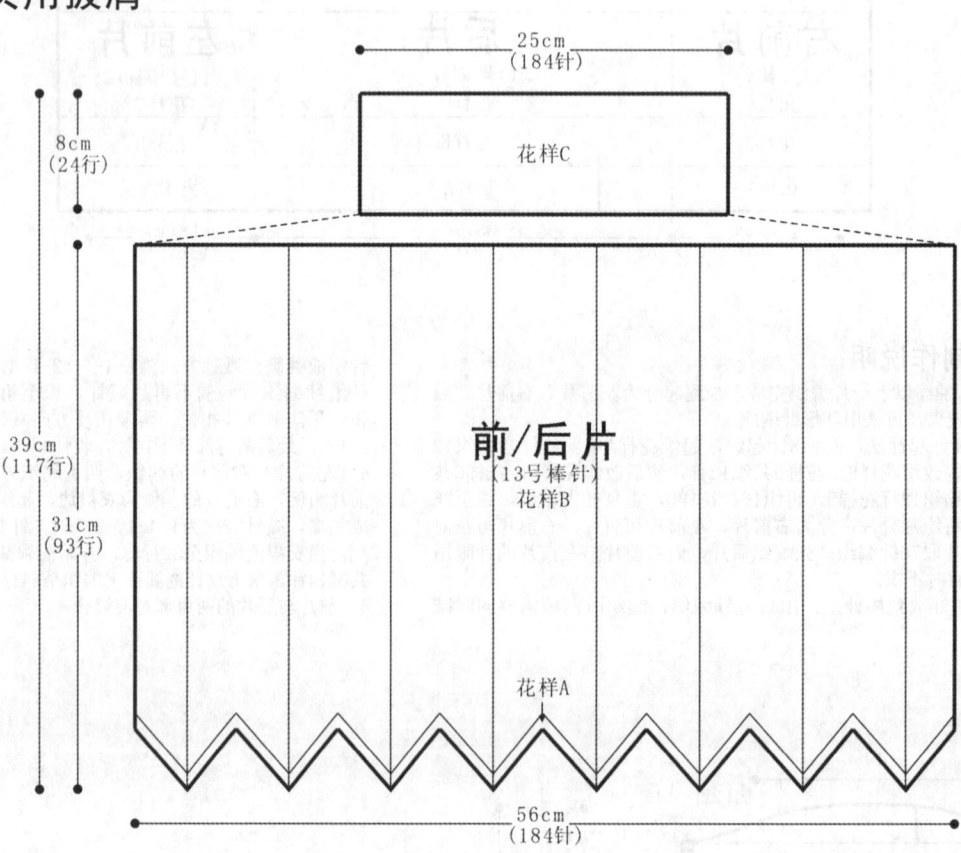

前片/后片制作说明：

1. 棒针编织法，衣服由一片环形编织而成。从下往上织。

2. 起织，起368针，编织花样A搓板针，织4行后，改织花样B，每23针为一组单元花，共16组花样B，织93行后，改织花样C，织至117行，收针断线。

花样A　　　　花样B　　　　花样C

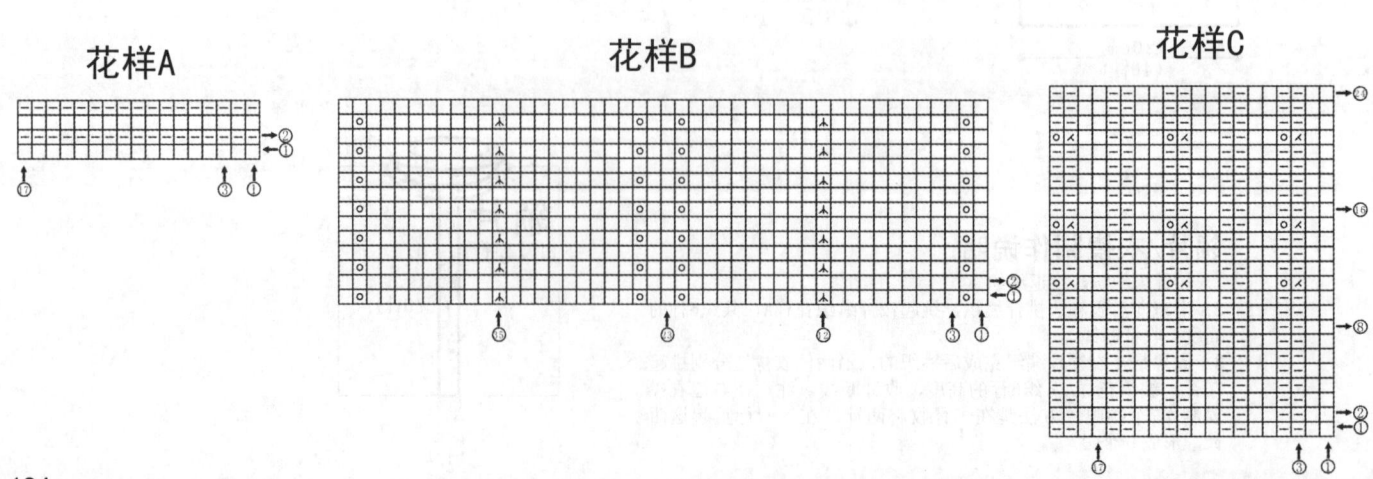

【成品规格】见图

【工　　具】18针×29行=10cm²

【编织密度】10号环针和棒针

【材　　料】丝棉线200g

## 编织要点：

1. 起54针织花样，在一侧每2行加1针加25次，然后每2行收1针收25次，一个三角形成；同样方法再进行一次，平收，与起针处缝合；身片完成。

2. 起38针织一长方形，两侧各4针织交叉针为边，中间织花4组；织两片。

3. 将两条长形对折，分别与每个三角的两条边缝合，完成。

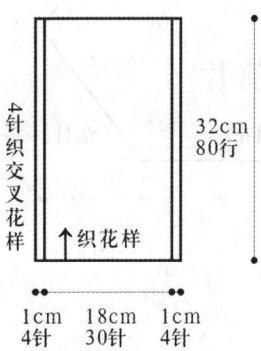

4针织交叉花样

↑织花样

32cm
80行

1cm    18cm    1cm
4针    30针    4针

## 特色V领上装

## 编织花样

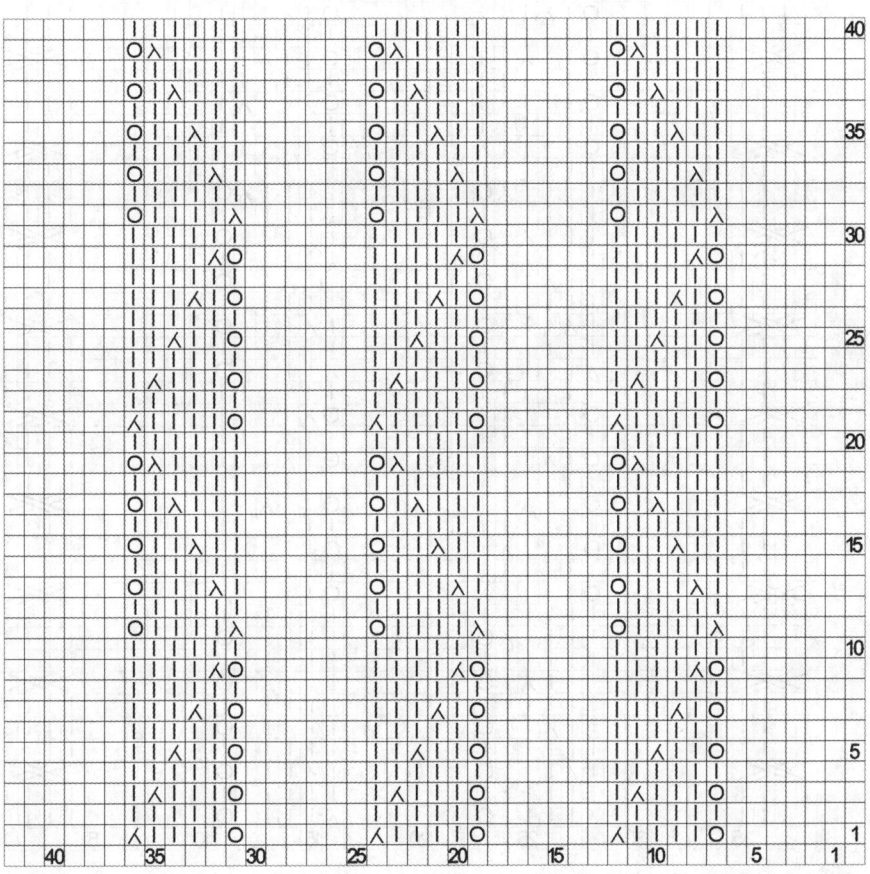

□ = —

○ = 加针

人 = 左上2针并1针

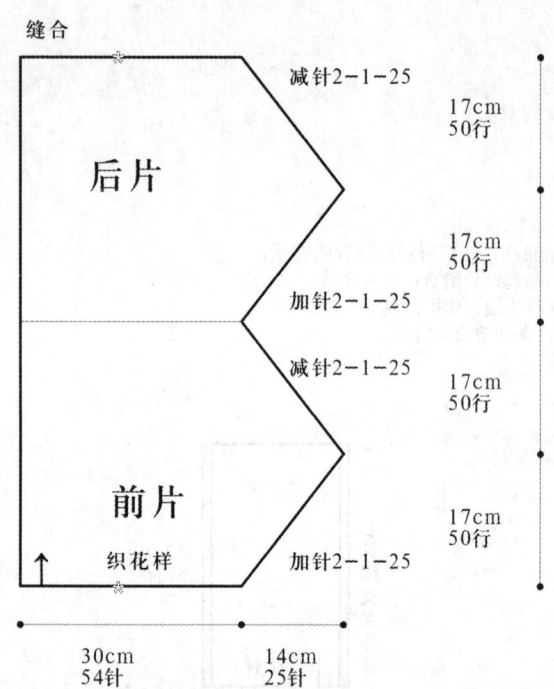

缝合

减针2-1-25

17cm
50行

后片

17cm
50行

加针2-1-25

减针2-1-25

17cm
50行

前片

17cm
50行

织花样

加针2-1-25

30cm
54针

14cm
25针

对折两个长方形，与身缝合

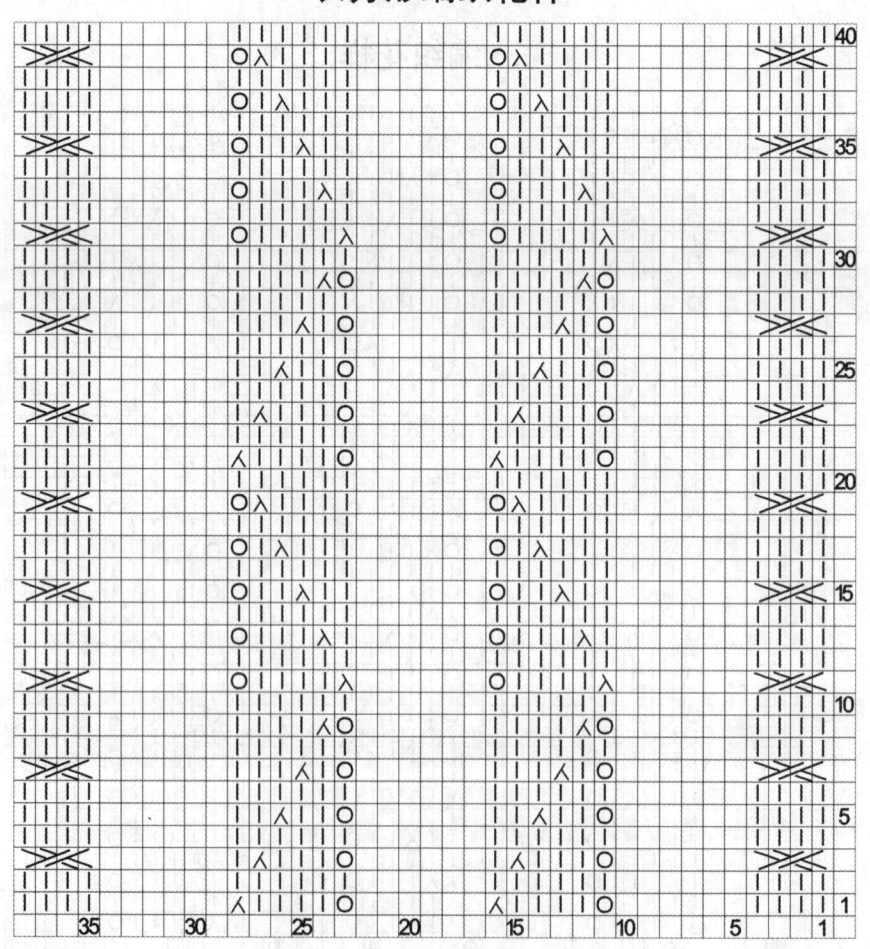

缝合　缝合

## 长方形编织花样

40

35

30

25

20

15

10

5

1

35　　30　　25　　20　　15　　10　　5　　1

□ = —

▨ = 4针左上交叉

# 前片和后片编织花样

收针

加针

## 圆摆小开衫

【成品规格】衣长54cm，下摆宽40cm

【工　　具】4号棒针，2mm钩针

【编织密度】36针×38行=10cm²

【材　　料】丝羊毛线400g，纽扣4枚

编织要点：

1. 后片。用别色线起140针织平针，织14cm后开挂，后领窝深5cm。
2. 前片。基本同后片，前片领深10cm。
3. 袖。织平针，底边织双罗纹。
4. 拆掉别色线，用针将底边的针穿起来织下摆，中心花样56针，两侧42针，先织6行，然后两边织对称加针扇形花样，织76行平收。将梯形的两条边与前片缝合。用钩针边缘钩2行短针，缝上纽扣，完成。

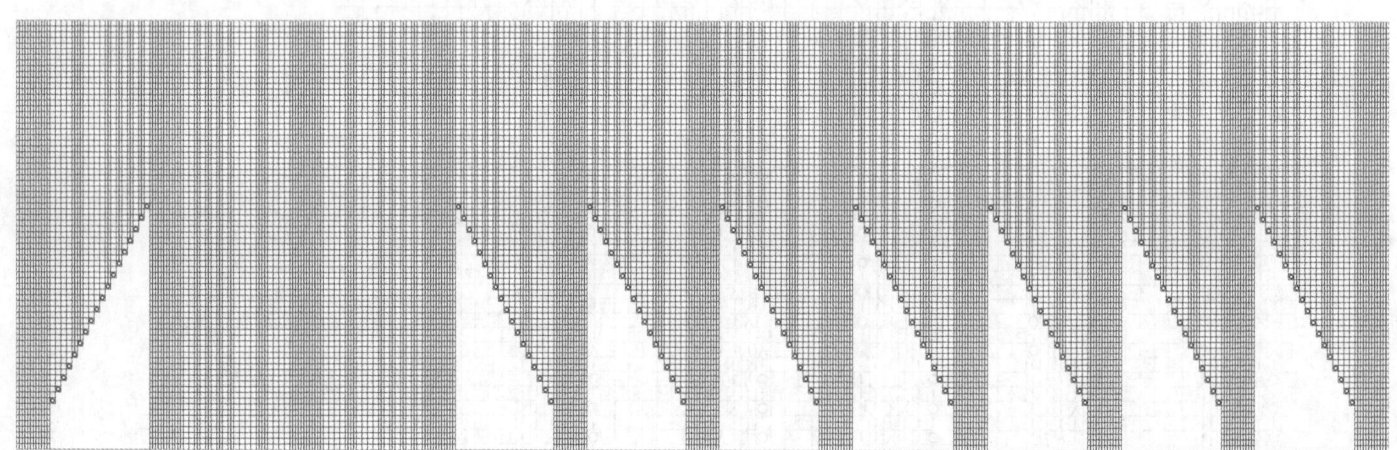

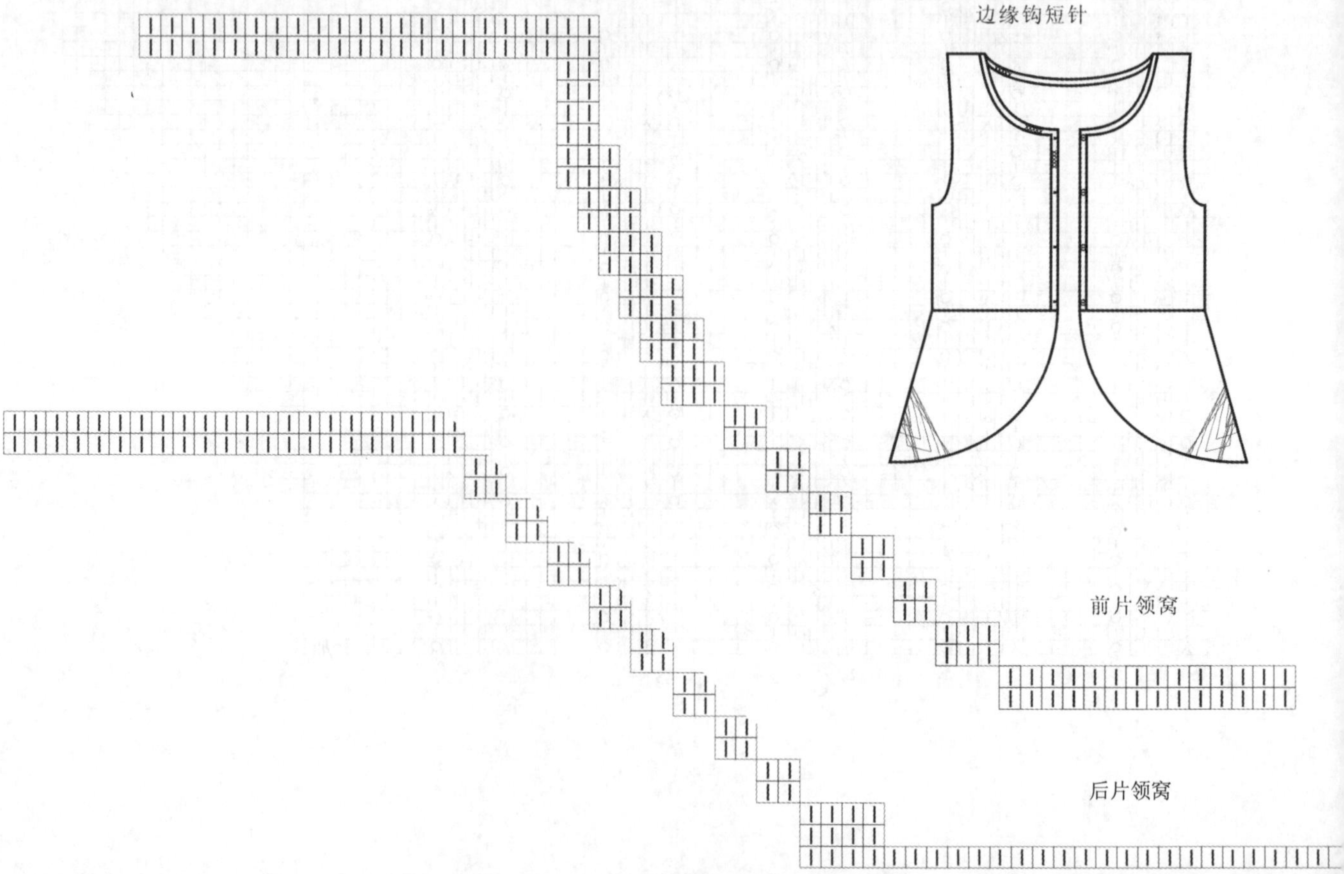

边缘钩短针

前片领窝

后片领窝

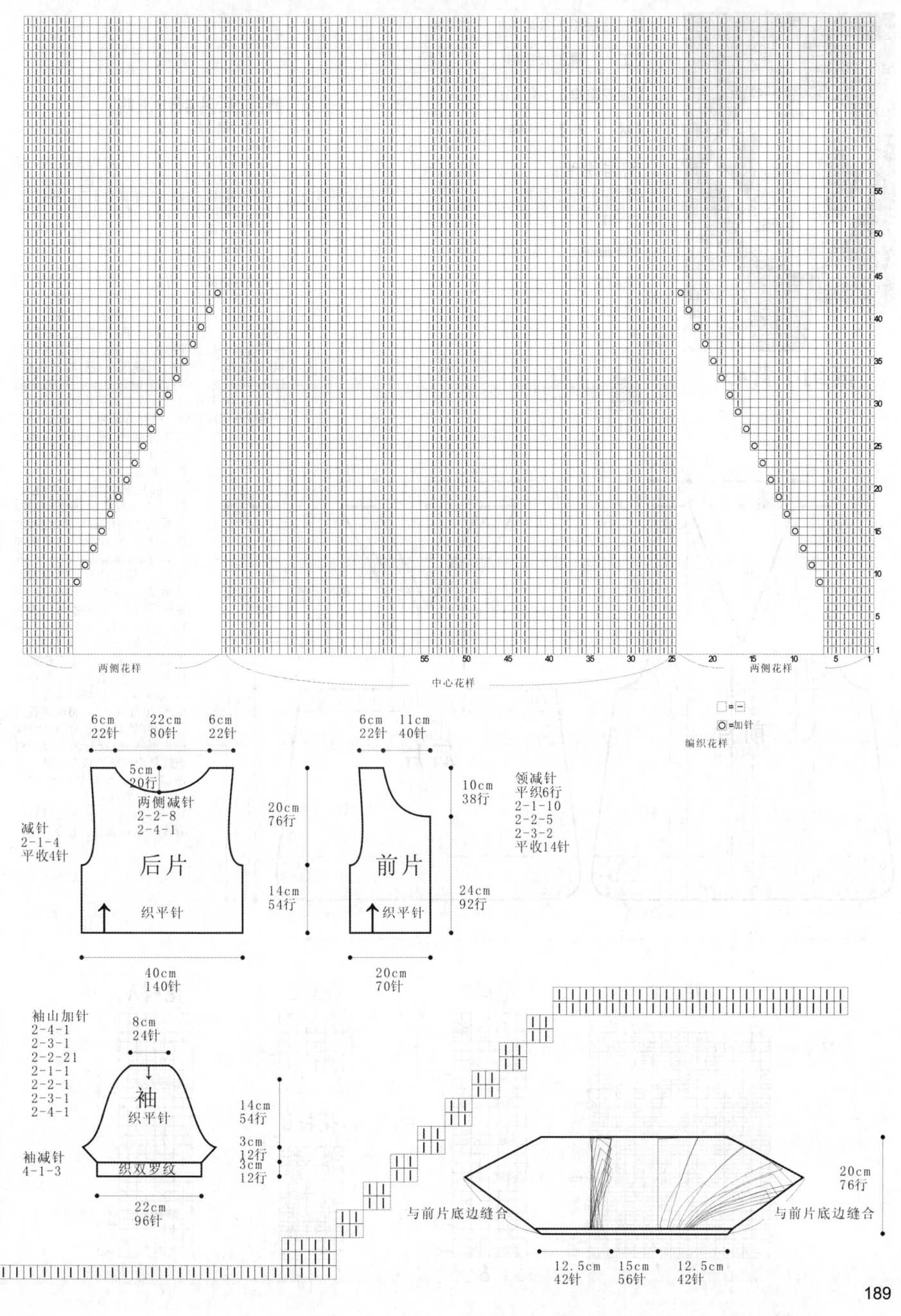

55
50
45
40
35
30
25
20
15
10
5
1

两侧花样

中心花样

55 50 45 40 35 30 25 20 15 10 5 1

两侧花样

□ = [一]

○ =加针

编织花样

6cm 22cm 6cm
22针 80针 22针

6cm 11cm
22针 40针

5cm
20行

两侧减针
2-2-8
2-4-1

减针
2-1-4
平收4针

后片

织平针

40cm
140针

20cm
76行

14cm
54行

前片

织平针

10cm
38行

24cm
92行

20cm
70针

领减针
平织6行
2-1-10
2-2-5
2-3-2
平收14针

袖山加针
2-4-1
2-3-1
2-2-21
2-1-1
2-2-1
2-3-1
2-4-1

8cm
24针

14cm
54行

3cm
12行

3cm
12行

袖

织平针

织双罗纹

袖减针
4-1-3

22cm
96针

与前片底边缝合

12.5cm 15cm 12.5cm
42针 56针 42针

与前片底边缝合

20cm
76行

**简约小背心**

【成品规格】衣长54cm，下摆宽36cm

【工　　具】12号棒针

【编织密度】28针×31行=10cm²

【材　　料】杏色棉线共400g

符号说明：

□　上针

□=□　下针

右上4针与
左下4针交叉

右上2针与
左下2针交叉

左上2针与
右下2针交叉

回　镂空针

回　左上2针并1针

3针3行浮针的中心延伸

2-1-3　行-针-次

**前片/后片制作说明：**

1. 棒针编织法，衣服分为前片、后片单独编织完成。

2. 先织前片。下针起针法，起100针起织，起织花样E单罗纹针，织2行，第3行起改织花样A与花样B组合，方法为先织20针上针，再织7针花样B，间隔19针上针，再织8针花样A，再织19针上针间隔，再织7针花样B，最后20针上针，重复往上编织，一边织一边两侧加针，方法为2-2-2、2-1-3，各加7针，织至12行，两侧衣摆开始减针，方法为10-1-7，减针后不加减针至90行的高度，两侧开始袖窿减针，减针方法为1-8-1、2-1-7，两侧各减15针，编织方法为：先织4针花样C，再织8针上针间隔，然后重复衣摆的花样编织，另一侧袖窿对称编织4针花样C，重复往上编织，减针时两侧各4针花样C不变，上针部分减针。织至100行的高度，将织片从中间分开成左右两片分别编织，中间减针织成前领，减针方法为2-1-21，减针后不回减针往上编织至168行的高度，两肩部各余下14针，收针断线。

3. 后片的编织，下针起针法，起100针起织，起织花样E单罗纹针，织2行，第3行起改织花样D，一边织一边两侧加针，方法为2-2-2、2-1-3，各加7针，织至12行，两侧衣摆开始减针，方法为10-1-7，织至80行的高度，将织片改为花样C花样D花样E组合编织，编织方法为：先织36针花样E，再织4针花样C，6针花样D，8针花样C，6针花样D，4针花样C，最后36针花样E，重复往上编织10行的高度，将两侧各36针花样E收针，中间28针继续往上编织至118行的高度，将织片从中间分开成左右两片分别编织，各取14针，织50行后，收针断线。

4. 前片与后片的两侧缝对应缝合，两肩部对应缝合。

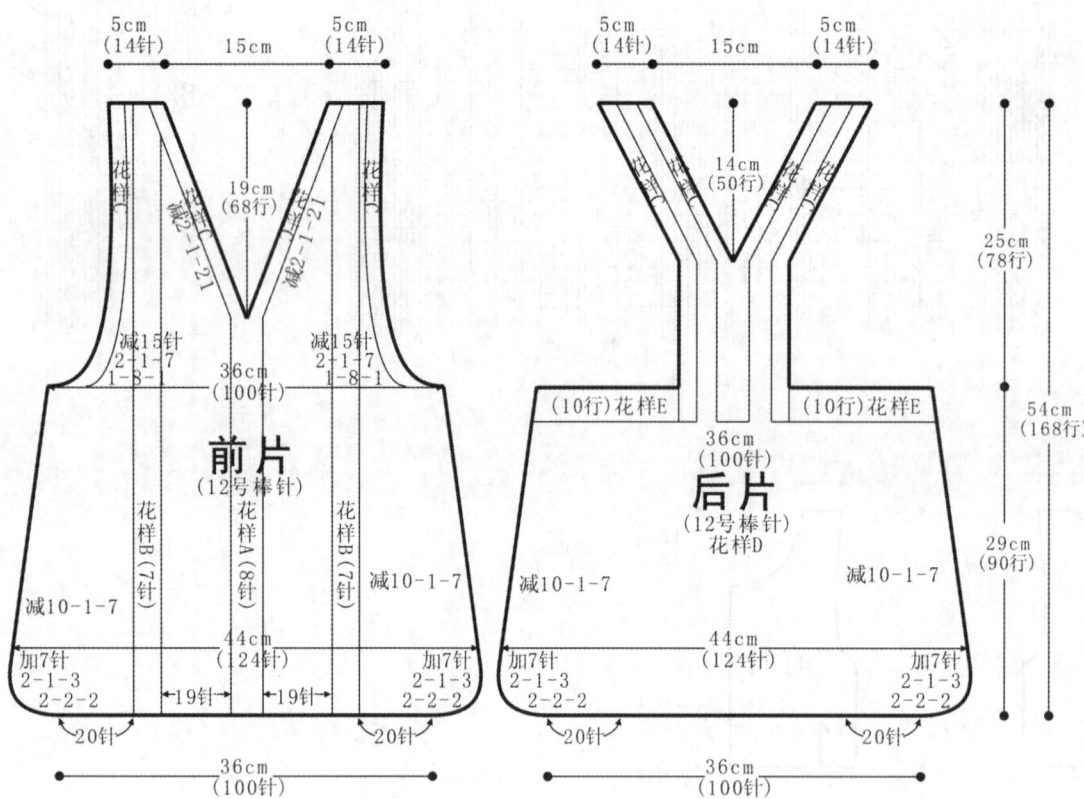

5cm（14针）　15cm　5cm（14针）

19cm（68行）

减2-1-21

减15针 2-1-7 1-8-1

36cm（100针）

减15针 2-1-7 1-8-1

**前片**
（12号棒针）

花样B（7针）　花样A（8针）　花样B（7针）

减10-1-7　　　减10-1-7

44cm（124针）

加7针 2-1-3 2-2-2　19针　19针　加7针 2-1-3 2-2-2

20针　20针

36cm（100针）

5cm（14针）　15cm　5cm（14针）

14cm（50行）

25cm（78行）

（10行）花样E　（10行）花样E

36cm（100针）

**后片**
（12号棒针）
花样D

54cm（168行）

减10-1-7　　　减10-1-7

44cm（124针）

29cm（90行）

加7针 2-1-3 2-2-2　20针　20针　加7针 2-1-3 2-2-2

36cm（100针）

**花样D**

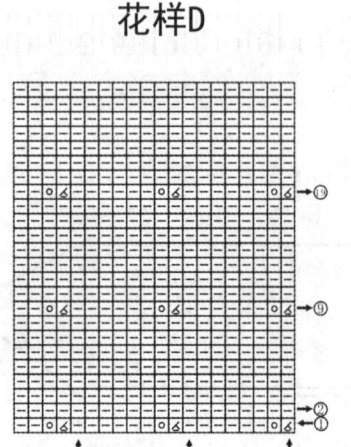

**花样C**

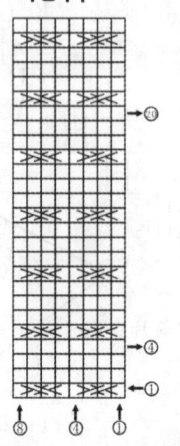

**花样E**

**花样A**

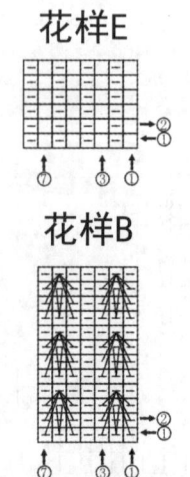

**花样B**

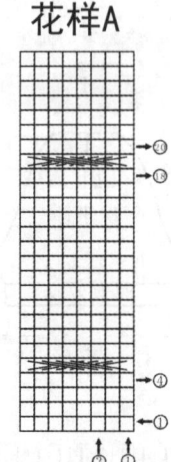

**时尚带帽马甲**

【成品规格】衣长58cm，下摆宽45cm

【工　　具】11号棒针

【编织密度】18针×24行=10cm²

【材　　料】鹅黄色棉线共500g

**符号说明：**

⊟　　　上针

□=⊡　下针

▨▨▨▨▨▨▨▨　右上4针与左下4针交叉

▨▨▨▨▨▨▨▨▨▨▨▨▨▨▨▨　右上8针与左下8针交叉

▨▨▨▨▨▨▨▨　11针并1针

2-1-3　行-针-次

花样D

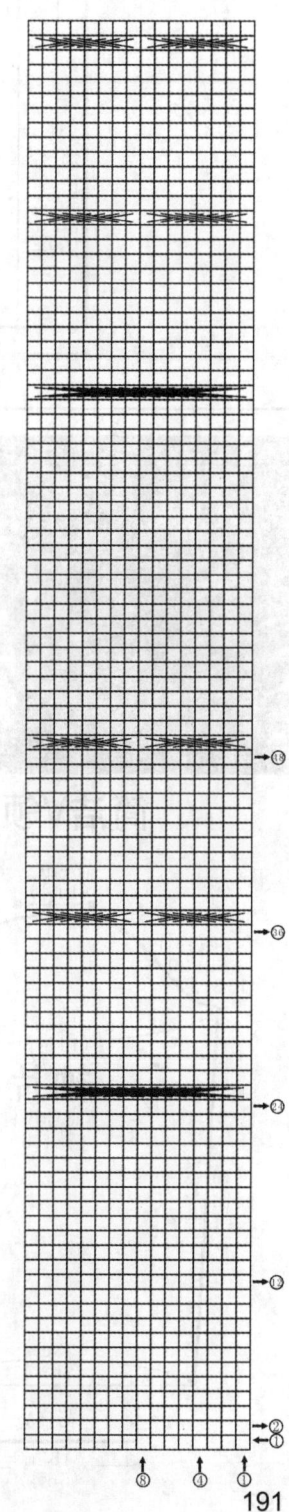

**前片/后片制作说明：**

1．棒针编织法。袖窿以下一片编织完成，袖窿起分为左前片、右前片、后片来编织。织片较大，可采用环形针编织。

2．起织。下针起针法，起176针起织花样A、花样B、花样C、花样D组合花样，花样分布如结构图所示，重复往上编织至84行，从第85行起，将织片分片，分为右前片、左前片和后片，右前片与左前片各取47针，后片取82针编织。先编织后片，而右前片与左前片的针眼用防解别针扣住，暂时不织。

3．分配后身片的针数到棒针上，用11号针编织，两侧各织6针花样A作为袖窿边，中间70针继续编织花样B、花样C、花样D组合，织至140行的总高度，将左右两肩部各收针23针，中间36针不织，用防解别针扣住，留待编织帽子。

4．左前片与右前片的编织，两者编织方法相同，以右前片为例，右前片的左侧仍编织6针花样A作为衣襟边，右侧编织6针花样A作为袖窿边，中间35针编织花样B、花样C组合，如结构图所示，织至140行的总高度，将右侧肩部收针24针，左侧23针不织，用防解别针扣住，留待编织帽子。左前片织至140行的总高度，将左侧肩部收针24针，右侧23针不织，用防解别针扣住，留待编织帽子。

5．前片与后片的两肩部对应缝合。

6．挑起左前片留起的23针，后片留起的36针及右前片留起的23针，共82针连起来编织，编织花样A、花样B、花样C、花样D组合花样，如结构图所示，两侧帽襟仍然编织6针花样A，重复往上编织56行后，收针，将帽顶缝合。

**花样B**

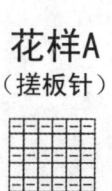

**花样A**
（搓板针）

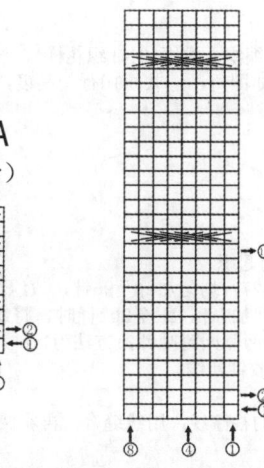

**花样C**

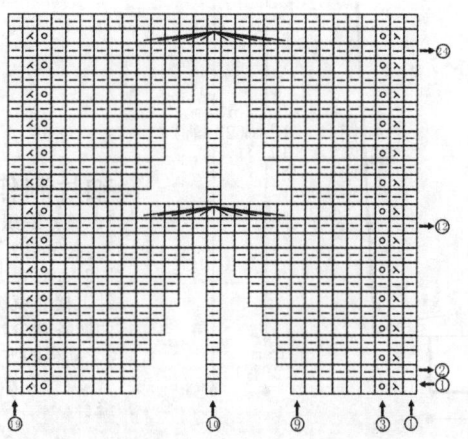

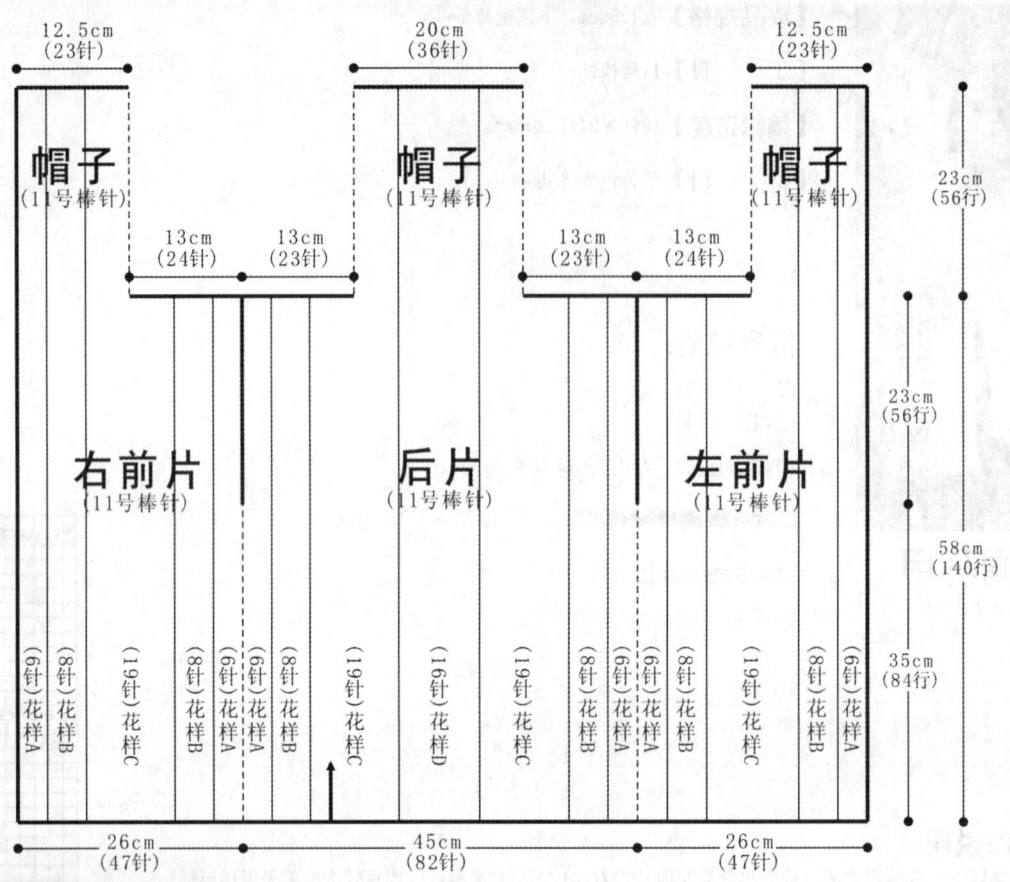

帽子
(11号棒针)

12.5cm
(23针)

帽子
(11号棒针)

20cm
(36针)

帽子
(11号棒针)

12.5cm
(23针)

13cm
(24针)

13cm
(23针)

13cm
(23针)

13cm
(24针)

右前片
(11号棒针)

后片
(11号棒针)

左前片
(11号棒针)

23cm
(56行)

23cm
(56行)

58cm
(140行)

35cm
(84行)

(6针)花样A
(8针)花样B
(19针)花样C
(8针)花样B
(6针)花样A
(6针)花样A
(8针)花样B
(19针)花样C
(16针)花样D
(19针)花样C
(8针)花样B
(6针)花样A
(6针)花样A
(8针)花样B
(19针)花样C
(8针)花样B
(6针)花样A

26cm
(47针)

45cm
(82针)

26cm
(47针)

简洁V领毛衣

**【成品规格】** 衣长65cm，下摆宽53cm，袖长58cm

**【工　　具】** 13号棒针

**【编织密度】** 29针×42行=10cm²

**【材　　料】** 浅灰色羊毛线共600g

符号说明：

⊟　　上针

□=⊡　下针

2-1-3　行-针-次

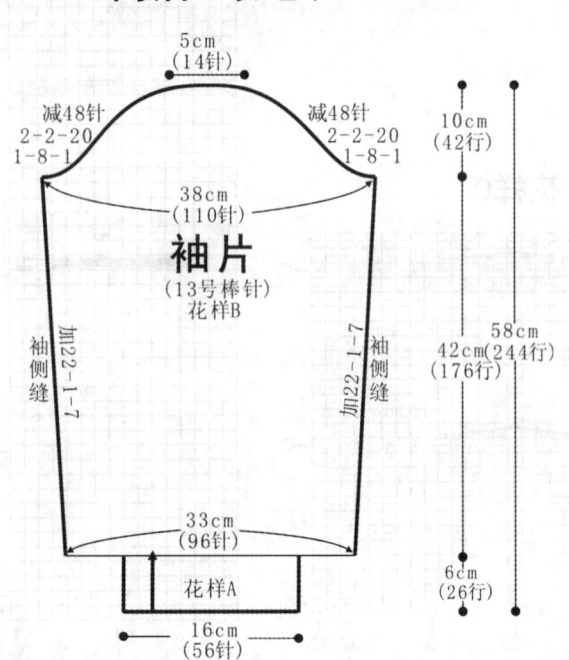

袖片
(13号棒针)
花样B

5cm
(14针)

减48针
2-2-20
1-8-1

减48针
2-2-20
1-8-1

38cm
(110针)

10cm
(42行)

袖侧缝 加22-1-7

加22-1-7 袖侧缝

58cm
42cm(244行)
(176行)

33cm
(96针)

花样A

16cm
(56针)

6cm
(26行)

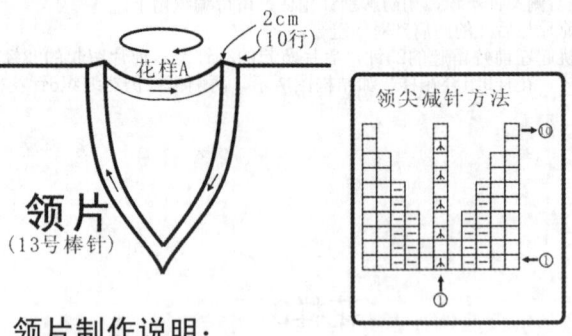

领片
(13号棒针)

2cm
(10行)

花样A

领尖减针方法

**领片制作说明：**

1. 棒针编织法，圈织。
2. 沿着前后衣领边挑针编织，挑织161针织花样A，领尖处一边织一边减针，减针方法如图所示，共织10行的高度，双罗纹针收针法收针断线。

**袖片制作说明：**

1. 棒针编织法，编织两片袖片。从袖口起织。
2. 起56针，起织花样A，织26行后，第27行均匀加针至96针，改织花样B，两侧同时加针，加22-1-7，两侧的针数各增加7针，织至202行时，将袖片织成110针，接着就编织袖山，袖山减针编织，两侧同时减针，方法为1-8-1、2-2-20，两侧各减少48针，最后织片余下14针，收针断线。
3. 同样的方法再编织另一袖片。
4. 缝合方法：将袖山对应前片与后片的袖窿线，用线缝合，再将两袖侧缝对应缝合。

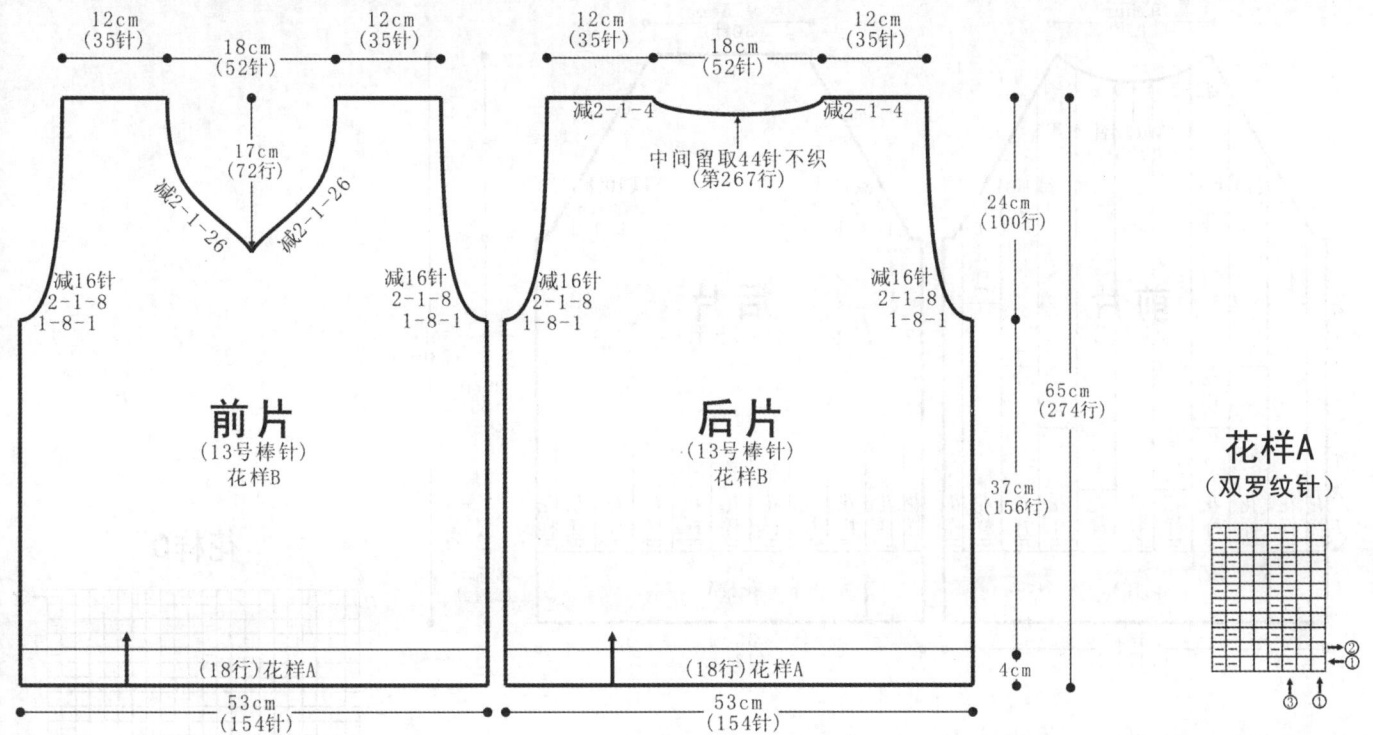

12cm (35针) 　18cm (52针) 　12cm (35针)

12cm (35针) 　18cm (52针) 　12cm (35针)

17cm (72行)

减2-1-26　减2-1-26

减16针 2-1-8 1-8-1

减16针 2-1-8 1-8-1

**前片**
(13号棒针)
花样B

减2-1-4　中间留取44针不织 (第267行)　减2-1-4

减16针 2-1-8 1-8-1

减16针 2-1-8 1-8-1

**后片**
(13号棒针)
花样B

24cm (100行)

65cm (274行)

37cm (156行)

4cm

(18行)花样A

(18行)花样A

53cm (154针)

53cm (154针)

**花样A**
（双罗纹针）

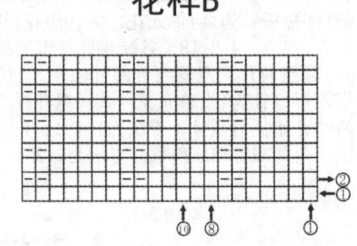

**花样B**

## 前片/后片制作说明：

1. 棒针编织法。衣服分为前片、后片来编织完成。
2. 先织后片。双罗纹针起针法，起154针起织，起织花样A，共织18行后，改织花样B，织至174行，第175行两侧开始袖窿减针，方法为1-8-1、2-1-8，各减16针，余下122针不加减针往上织至266行，第267行起，将织片中间留取44针不织，两侧减针织成后领，方法为2-1-4，各减4针，织至274行，最后两肩部各余下35针，收针断线。
3. 编织前片。双罗纹针起针法，起154针起织，起织花样A，共织18行后，改织花样B，织174行，第175行两侧开始袖窿减针，方法为1-8-1、2-1-8，各减16针，余下122针不加减针往上织至202行，第203行起，将织片从中间分开成左右两片分别编织。先织左片，左片的右侧需要减针织成前领，方法为2-1-26，减针后不加减针织至274行，最后肩部余下35针，收针断线。同样的方法相反方向编织右片。
4. 前片与后片的两侧缝对应缝合，两肩部对应缝合。

## 气质高领毛衣

## 符号说明：

□　上针

□=□　下针

▨▨▨▨　左上3针与右下2针交叉

2-1-3　行-针-次

【成品规格】衣长50cm，下摆宽35cm，插肩连袖长56cm

【工　　具】13号棒针

【编织密度】31.5针×46行=10cm²

【材　　料】灰色羊毛线共500g

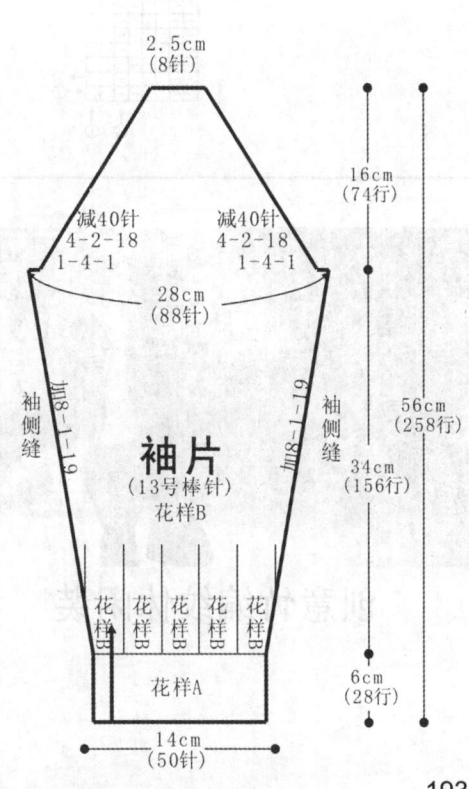

2.5cm (8针)

16cm (74行)

减40针 4-2-18 1-4-1

减40针 4-2-18 1-4-1

28cm (88针)

加8-1-19　袖侧缝

加8-1-19　袖侧缝

**袖片**
(13号棒针)
花样B

56cm (258行)

34cm (156行)

花样B 花样B 花样B 花样B 花样B

花样A

6cm (28行)

14cm (50针)

## 袖片制作说明：

1. 棒针编织法，编织两片袖片。从袖口起织。
2. 起50针，起织花样A，织28行后，第29行起改织花样B，每10针下针间隔1针搓板针为1组单元花，共3组花样B，居中排列，两侧编织下针，一边织一边两侧加针，加针方法为8-1-19，两侧的针数各增加19针，织至184行时，将织片织成88针，接着就编织插肩，插肩减针编织，两侧同时减针，方法为1-4-1、4-2-18，两侧各减少40针，最后织片余下8针，收针断线。
3. 同样的方法再编织另一袖片。
4. 缝合方法：将衣袖两侧插肩线分别对应前片与后片的插肩线，用线缝合，再将两袖侧缝对应缝合。

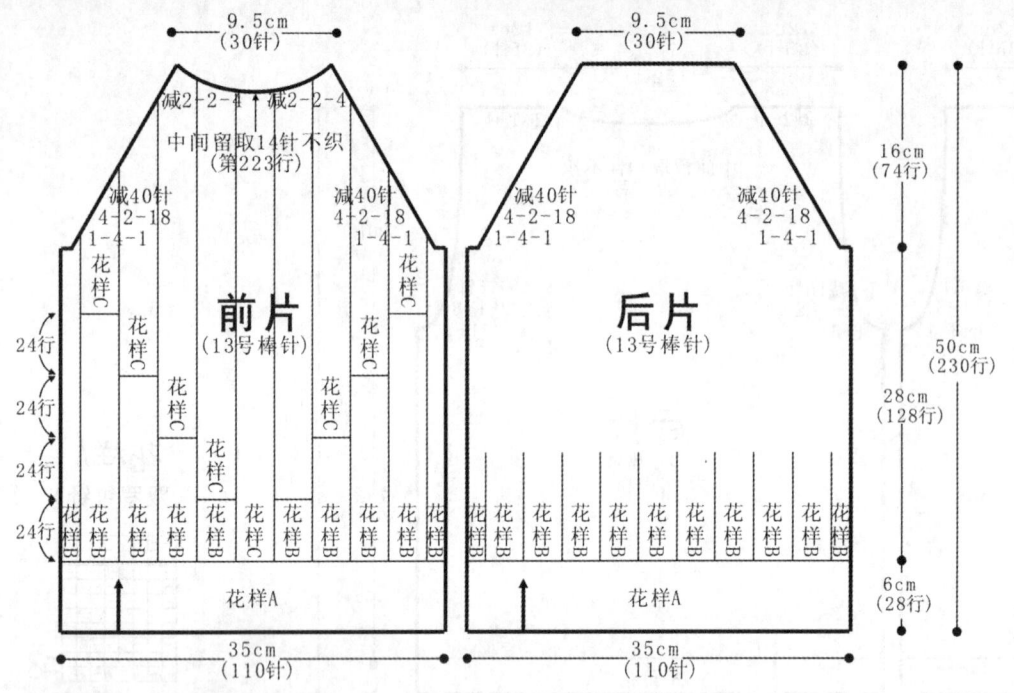

前片（13号棒针）

9.5cm（30针）

减2-2-4　减2-2-4

中间留取14针不织（第223行）

减40针 4-2-18 1-4-1　　减40针 4-2-18 1-4-1

花样C

24行　24行　24行　24行

花样B

花样A

35cm（110针）

后片（13号棒针）

9.5cm（30针）

减40针 4-2-18 1-4-1　　减40针 4-2-18 1-4-1

花样A

35cm（110针）

16cm（74行）

50cm（230行）

28cm（128行）

6cm（28行）

## 前片/后片制作说明：

1. 棒针编织法。衣服分为前片、后片来编织完成。

2. 先织后片。双罗纹针起针法，起110针起织，起织花样A，共织28行后，改织花样B，每10针下针间隔1针搓板针为1组单元花，共10组花样B，重复往上编织至156行，第157行起，两侧开始插肩减针，方法为1-4-1、4-2-18，各减40针，织至230行，织片余下30针，收针断线。

3. 编织前片。双罗纹针起针法，起110针起织，起织花样A，共织28行后，改织花样B与花样C组合编织，每11针为1组单元花，共10组花样，组合方法如结构图所示，重复往上编织至156行，第157行起，两侧开始插肩减针，方法为1-4-1、4-2-18，各减40针，织至222行，第223行起，织片中间留取14针不织，两侧减针织成前领，方法为2-2-4，两侧各减8针，织至230行，收针断线。

### 花样C

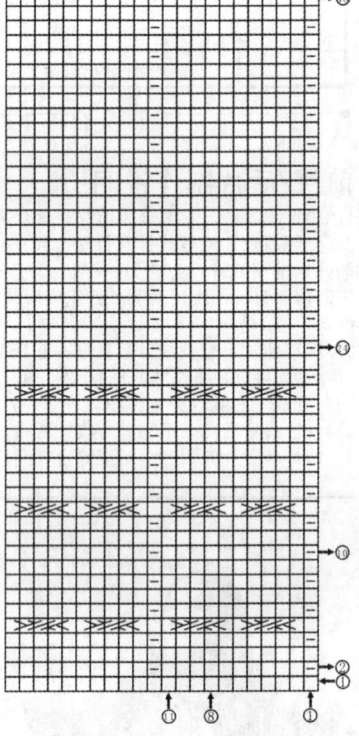

### 花样A（双罗纹针）

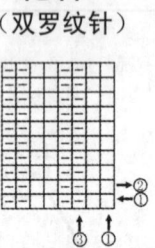

### 花样B

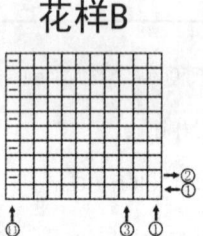

创意竹编纹休闲装

【成品规格】衣长57cm，下摆宽45cm，袖连肩长65cm

【工　　具】12号棒针

【编织密度】29.5针×35行=10cm²

【材　　料】咖啡色羊毛线共500g，红、白色线少量

### 符号说明：

□　　上针

□=□　下针

2-1-3　行-针-次

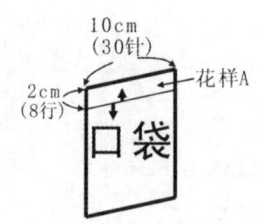

10cm（30针）

2cm（8行）

花样A

口袋

194

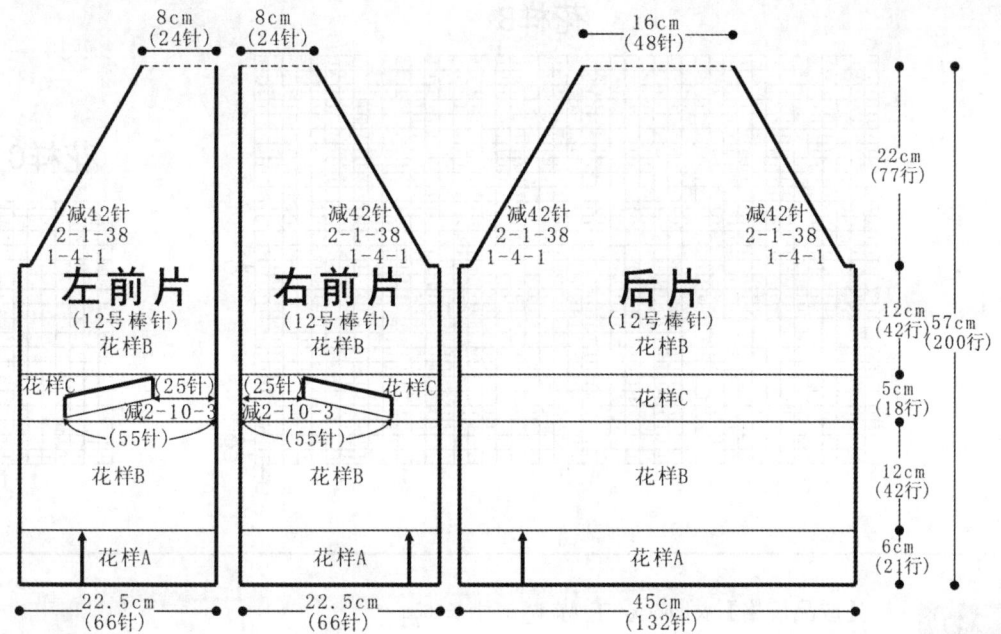

左前片
(12号棒针)
花样B

右前片
(12号棒针)
花样B

后片
(12号棒针)
花样B

8cm
(24针)

8cm
(24针)

16cm
(48针)

减42针
2-1-38
1-4-1

减42针
2-1-38
1-4-1

减42针
2-1-38
1-4-1

减42针
2-1-38
1-4-1

22cm
(77行)

12cm
(42行)

57cm
(200行)

花样C　　　　　　(25针)
减2-10-3
(55针)

(25针)　　　　　　花样C
减2-10-3
(55针)

花样C

5cm
(18行)

花样B

花样B

花样B

12cm
(42行)

花样A

花样A

花样A

6cm
(21行)

22.5cm
(66针)

22.5cm
(66针)

45cm
(132针)

## 前片/后片制作说明：
1. 棒针编织法。衣服分为左前片、右前片及后片来编织完成。
2. 先织后片。双罗纹针起针法，起132针起织，起织花样A，共织21行后，改织花样B，每22针为1组单元花，共6组花样B，重复往上编织至63行，改织花样C，花样C共18行，完成后改为编织花样B，织至123行，第124行起，两侧开始插肩减针，方法为1-4-1、2-1-38，各减42针，织至200行，织片余下48针，留待编织帽子。
3. 编织左前片。双罗纹针起针法，起66针起织，起织花样A，共织21行后，改织花样B，每22针为1组单元花，共6组花样B，重复往上编织至63行，改织花样C，花样C共18行，先织2行上针，然后将织片从右侧第55针的位置分开成两片编织，先织右片，右片的左侧一边织一边减针，方法为2-10-3，共织6行，织片余下25针，用防解别针扣住暂时不织，另起线编织左片11针，起针时右侧加针减针，方法为2-10-3，共织6行，织片加至41针，完成后与左片连起来编织，织至81行，第82行起改为编织花样B，织至123行，第124行起，左侧开始插肩减针，方法为1-4-1、2-1-38，减42针，织至200行，织片余下24针，留待编织帽子。
4. 同样的方法相反方向编织右前片。

## 袖片制作说明：
1. 棒针编织法，编织两片袖片。从袖口起织。
2. 双罗纹针起针法，起48针起织，起织花样A，共织21行后，第22行均匀加针至68针，改织花样B，每22针为1组单元花，共3组花样B，一边织一边两侧加针，方法为6-1-21，重复往上编织至105行，改织花样C，花样C共18行，完成后改为编织花样B，织至151行，第152行起，两侧开始插肩减针，方法为1-4-1、2-1-38，各减42针，织至228行，织片余下26针，留待编织帽子。
3. 同样的方法再编织另一袖片。
4. 缝合方法：将衣袖两侧插肩线分别对应前片与后片的插肩线，用线缝合，再将两袖侧缝对应缝合。

袖片
(12号棒针)
花样B

9cm
(26针)

花样B

减42针
2-1-38
1-4-1

减42针
2-1-38
1-4-1

22cm
(77行)

37cm
(110针)

8cm
(28行)

花样C

5cm
(18行)

65cm
(228行)

袖侧缝 加6-1-21

袖侧缝 加6-1-21

23cm
(68针)

24cm
(84行)

花样A

6cm
(21行)

22cm
(48针)

## 帽子及衣襟制作说明：
1. 棒针编织法，往返编织。
2. 沿着前后衣领边及袖顶挑针编织。挑织148针织花样B，共织95行的高度，将织片从中间分开成左右两片，分别编织，中间减针，方法为2-1-5，两片各减5针，织至105行，最后各留下69针，缝合帽顶。
3. 帽子编织完成后挑织衣襟，沿左右前片及帽子襟边挑针起织，挑起的针数要比衣服本身稍多些，编织花样A，织6行后收针断线。

## 口袋制作说明：
1. 棒针编织法，编织两个口袋。
2. 在左前片内里，沿着织片留起的袋口，挑针环织，挑起60针，编织全下针，不加减针织42行的高度，收针，将袋底缝合。
3. 在左前片外部，沿袋口挑针起织袋边，挑起30针，编织花样A，织8行后，收针，将袋边两侧与前片缝合。如结构图所示。
4. 同样的方法，相反方向编织右前片的口袋。

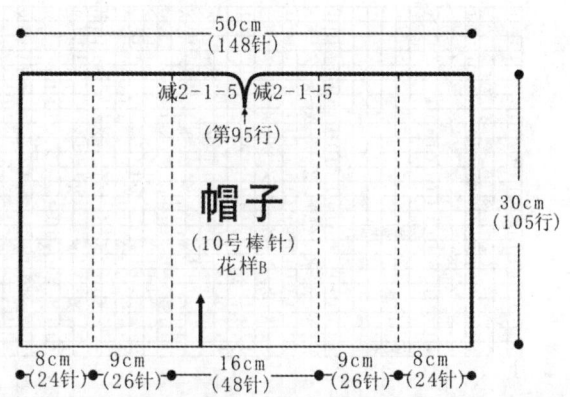

50cm
(148针)

减2-1-5 减2-1-5
(第95行)

帽子
(10号棒针)
花样B

30cm
(105行)

8cm
(24针)

9cm
(26针)

16cm
(48针)

9cm
(26针)

8cm
(24针)

花样B

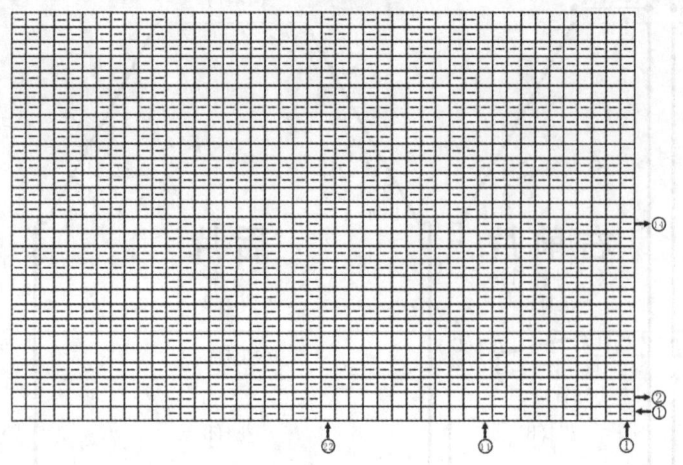

花样A
（双罗纹针）

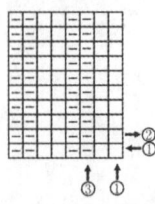

花样C

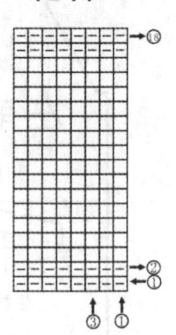

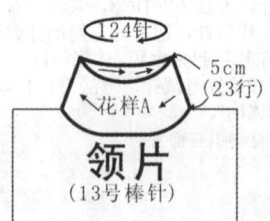
运动款毛衣

【成品规格】衣长66cm，下摆宽47cm，袖长56cm

【工　　具】13号棒针

【编织密度】36针×46行=10cm²

【材　　料】黑色羊毛线共600g

符号说明：

□　　上针

□=回　下针

区　　右上1针与左下1针交叉

区区区区区区区区　右上3针与左下3针交叉

2-1-3　行-针-次

领片
（13号棒针）

领片制作说明：
1. 棒针编织法，圈织。
2. 沿着前后衣领边挑针编织，挑起124针编织花样A，共织46行的高度，向内与起针合并成双层衣领，收针断线。

花样C

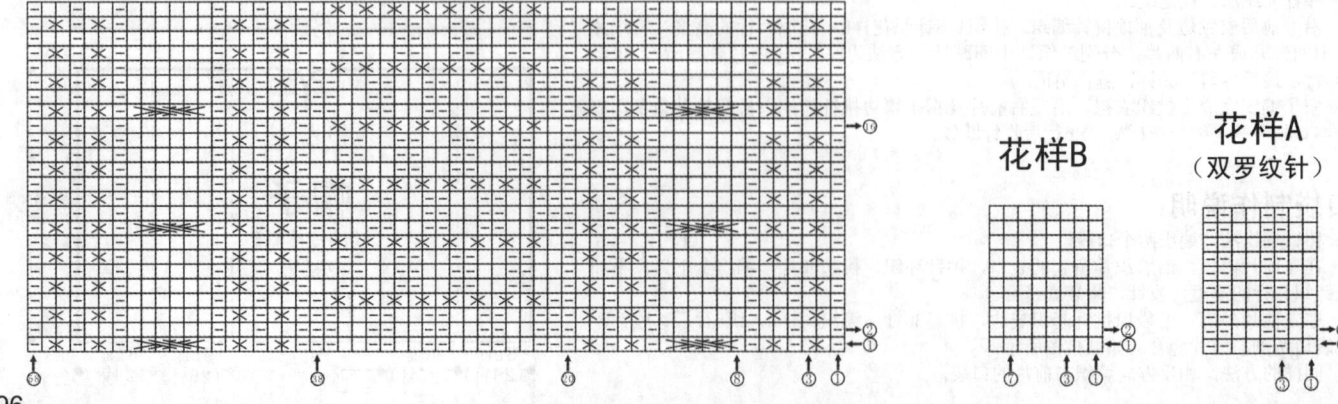

花样B

花样A
（双罗纹针）

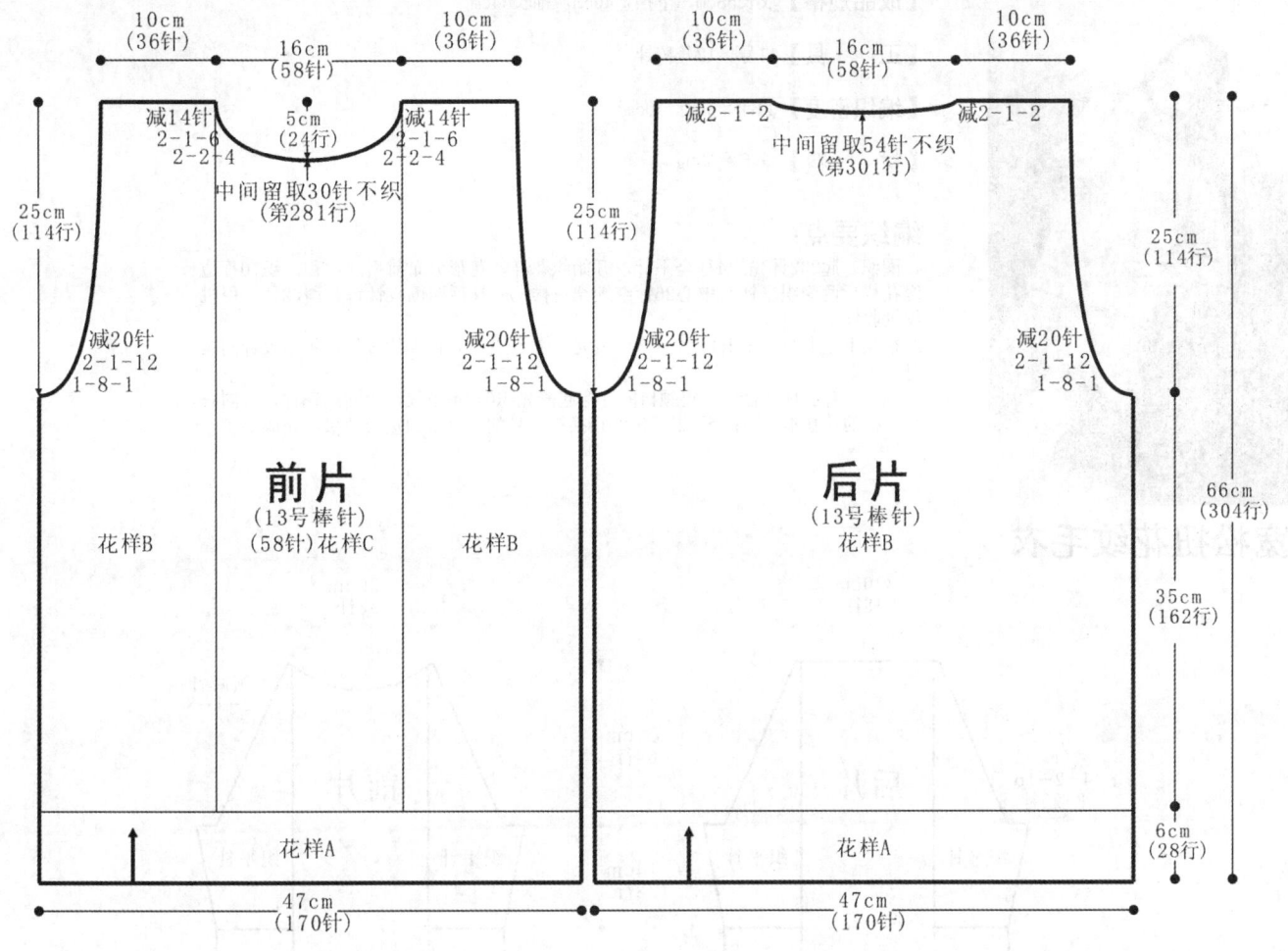

10cm
(36针)
16cm
(58针)
10cm
(36针)

减14针
2-1-6
2-2-4
5cm
(24行)
减14针
2-1-6
2-2-4

中间留取30针不织
(第281行)

25cm
(114行)

减20针
2-1-12
1-8-1

减20针
2-1-12
1-8-1

前片
(13号棒针)
(58针)花样C

花样B

花样B

花样A

47cm
(170针)

10cm
(36针)
16cm
(58针)
10cm
(36针)

减2-1-2
减2-1-2

中间留取54针不织
(第301行)

25cm
(114行)

减20针
2-1-12
1-8-1

减20针
2-1-12
1-8-1

25cm
(114行)

后片
(13号棒针)
花样B

66cm
(304行)

35cm
(162行)

花样A

6cm
(28行)

47cm
(170针)

10cm
(36针)

减50针
2-2-13
2-1-16
1-8-1

减50针
2-2-13
2-1-16
1-8-1

38cm
(136针)

13cm
(60行)

袖片
(13号棒针)
花样B

加8-1-20
袖侧缝

加8-1-20
袖侧缝

56cm
(258行)

37cm
(170行)

花样A

6cm
(28行)

26.5cm
(96针)

**前片/后片制作说明：**

1. 棒针编织法。衣服分为前片、后片来编织完成。
2. 先织后片。双罗纹针起针法，起170针起织，起织花样A，共织28行后，改织花样B，织至190行，第191行两侧开始袖窿减针，方法为1-8-1、2-1-12，各减20针，余下130针不加减针往上织至300行，第301行起，将织片中间留取54针不织，两侧减针织成后领，方法为2-1-2，织至304行，最后两肩部各余下36针，收针断线。
3. 编织前片。双罗纹针起针法，起170针起织，起织花样A，共织28行后，改织花样B、花样C组合，组合方法如图示，重复往上编织至190行，第191行两侧开始袖窿减针，方法为1-8-1、2-1-12，各减20针，余下130针不加减针往上织至280行，第281行起，将织片中间留取30针不织，两侧减针织成前领，方法为2-2-4、2-1-6，织至304行，最后两肩部各余下36针，收针断线。
4. 前片与后片的两侧缝对应缝合，两肩部对应缝合。

**袖片制作说明：**

1. 棒针编织法，编织两片袖片。从袖口起织。
2. 起96针，起织花样A，织28行后，改织花样B，两侧同时加针，加8-1-20，两侧的针数各增加20针，织至198行时，将织片织成136针，接着就编织袖山，袖山减针编织，两侧同时减针，方法为1-8-1、2-1-16、2-2-13，两侧各减少50针，最后织片余下36针，收针断线。
3. 同样的方法再编织另一袖片。
4. 缝合方法：将袖山对应前片与后片的袖窿线，用线缝合，再将两袖侧缝对应缝合。

【成品规格】衣长58cm，下摆宽40cm，袖长64cm

【工　　具】11号、12号棒针

【编织密度】30针×30行=10cm²

【材　　料】羊毛线550g

## 编织要点：

1. 圈织。起232针先织4行全平针，开始织花样，花形分布前后片对称；织70行边缘花样后两侧织平针，中心26针继续织花样；开挂后两侧收针每4行收2针，用机织袖收针法。

2. 袖从下往上织，先织4行全平针，中心26针织花样，两侧织上针，袖山收针同衣身。

3. 领。所有衣片缝合后，将领口的针穿起来先织6行单罗纹，上面织花样，与同衣片下摆的花基本相同；织3组，每20行换粗一号的针以达到宽松效果。完成。

### 宽松扭花纹毛衣

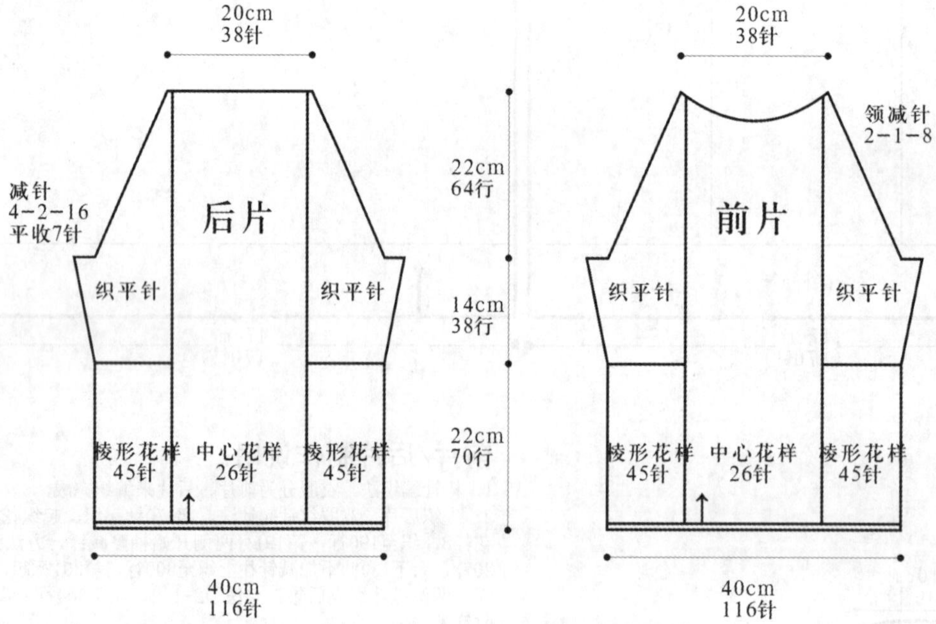

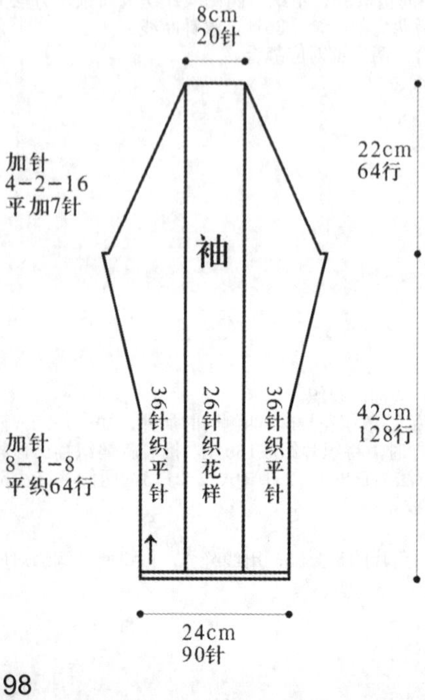

**后片**

20cm
38针

22cm
64行

14cm
38行

22cm
70行

减针
4-2-16
平收7针

织平针　　　织平针

棱形花样　中心花样　棱形花样
45针　　26针　　45针

40cm
116针

**前片**

20cm
38针

领减针
2-1-8

织平针　　　织平针

棱形花样　中心花样　棱形花样
45针　　26针　　45针

40cm
116针

**袖**

8cm
20针

22cm
64行

42cm
128行

加针
4-2-16
平加7针

加针
8-1-8
平织64行

36针织平针　26针织花样　36针织平针

24cm
90针

15cm
78行

织领花样

领部是将所有的针数圈起织单罗纹6行，再织花样3组，最后织6行全平针每织20行换粗一号的针。

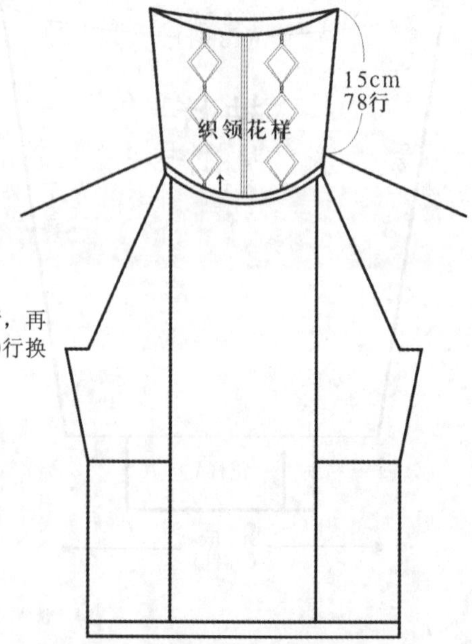

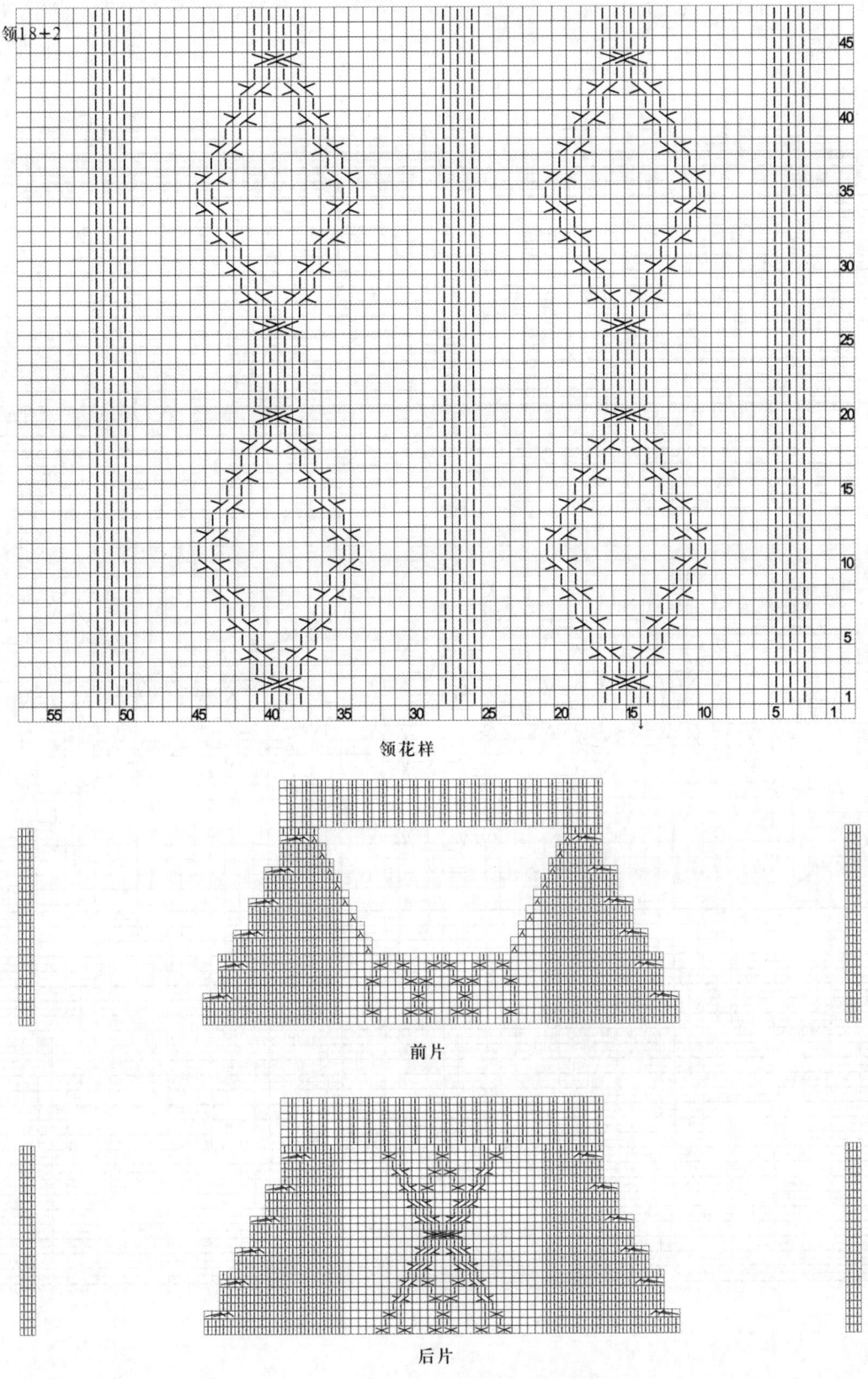

领18＋2

45

40

35

30

25

20

15

10

5

1

领花样

前片

后片

收针方法：用第4针和第2针并结，第3针和第1针并结；边缘两针为径

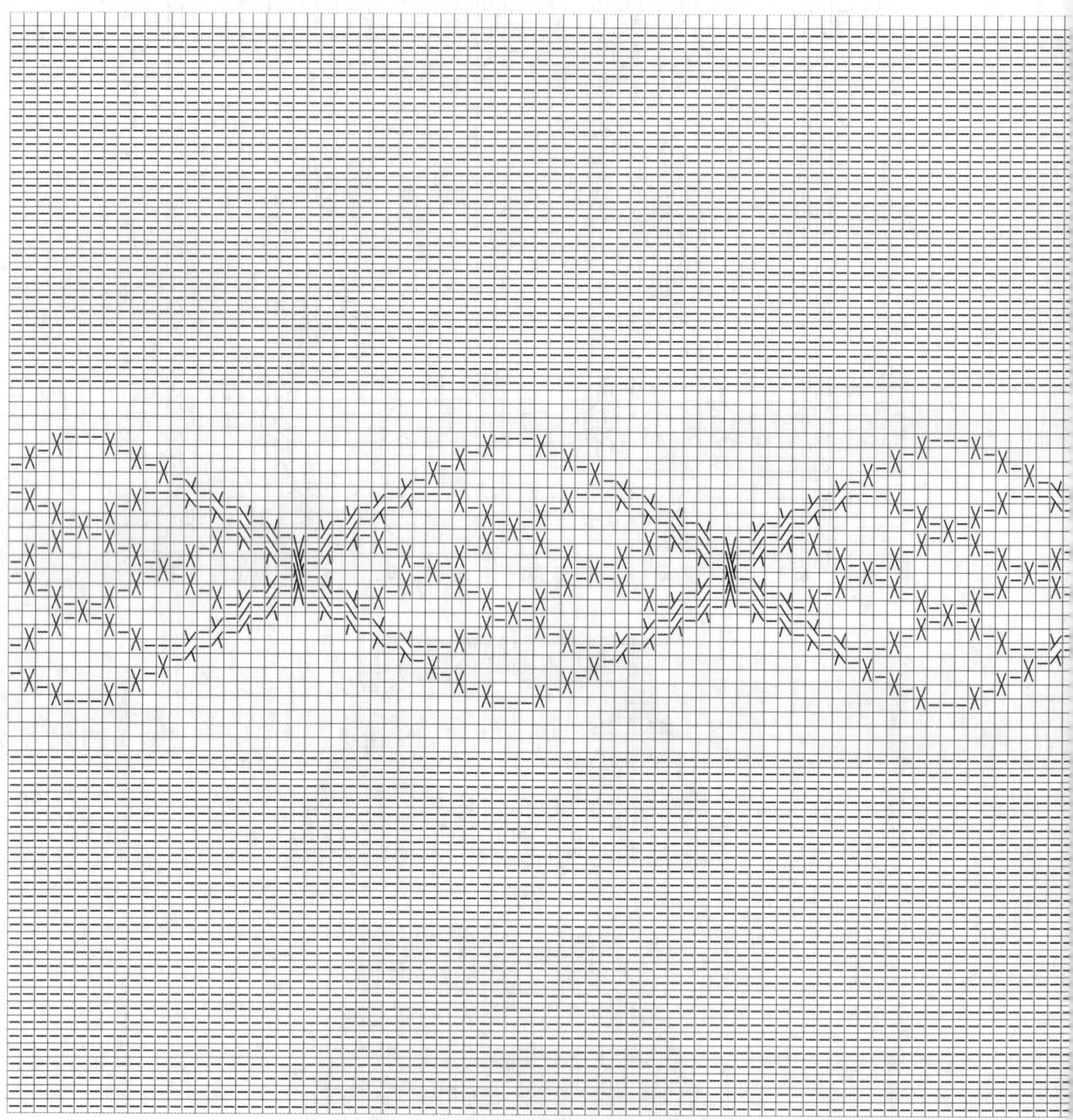

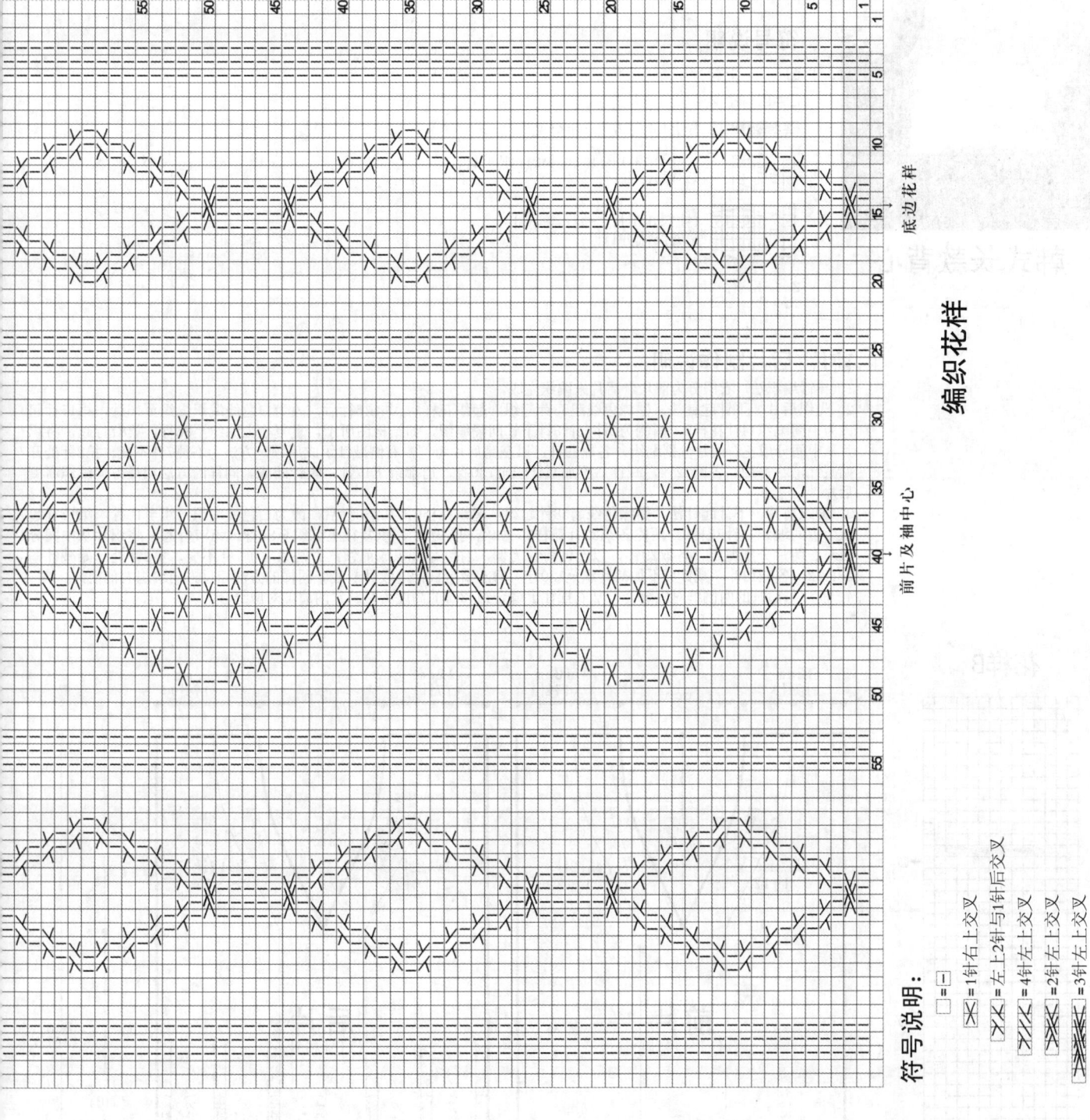

编织花样

底边花样

前片及袖中心

符号说明：

□ = □ 1针右上交叉

✕ = 1针右上交叉

✕✕ = 左上2针与1针后交叉

✕✕ = 4针左上交叉

✕✕ = 2针左上交叉

✕✕ = 3针左上交叉

韩式长款背心

【成品规格】衣长65cm，下摆宽39cm

【工　　具】11号棒针

【编织密度】15针×20行=10cm²

【材　　料】白色棉线共300g，墨绿色棉线50g

符号说明：

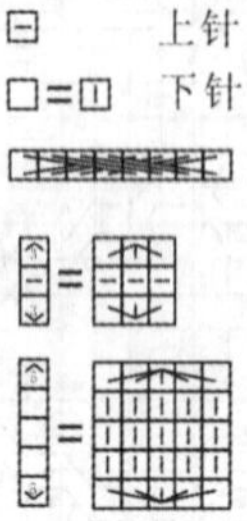

□　　上针

□=① 下针

▨▨▨ 右上4针与左下4针交叉

▨=▨　1针织出3针的加针，第2行织上针，
　　　　第3行3针并1针

▨=▨　1针织出5针，2~4行织下针，
　　　　第5行5针并1针

2-1-3　行-针-次

前片/后片制作说明：

1. 棒针编织法，衣服分为前片、后片来编织完成。
2. 先织后片。下针起针法，墨绿色线起58针起织，起织花样A，共织6行后，改为白色线编织，织至16行，第17行起改为中间编织14针花样B，两侧为2针上针8针下针间隔编织，如结构图所示，重复往上编织至86行，第87行起，将织片从中间分成左右两片分别编织，各取29针，以左侧后片为例，右侧减针织成后领，方法为右侧7针不变，第8针处开始减针，2-1-12，各减12针，减针后不加减针织至130行，肩部余下17针，收针断线。同样的方法相反方向编织右侧后片。
3. 编织前片。下针起针法，墨绿色线起58针起织，起织花样C，共织6行后，改为白色线编织，织至16行，第17行起改为中间编织14针花样B，两侧各织22针花样E，如结构图所示，重复往上编织至86行，第87行起，将织片从中间分成左右两片分别编织，各取29针，以左侧前片为例，右侧减针织成前领，方法为右侧7针不变，第8针处开始减针，2-1-12，各减12针，减针后不加减针织至130行，肩部余下17针，收针断线。同样的方法相反方向编织右侧前片。
4. 前片与后片的两侧缝对应缝合，从衣摆往上缝合约43cm的高度为侧缝。两肩部对应缝合。

花样B

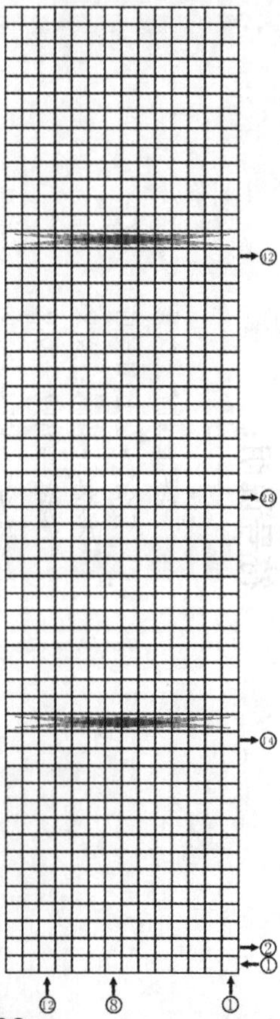

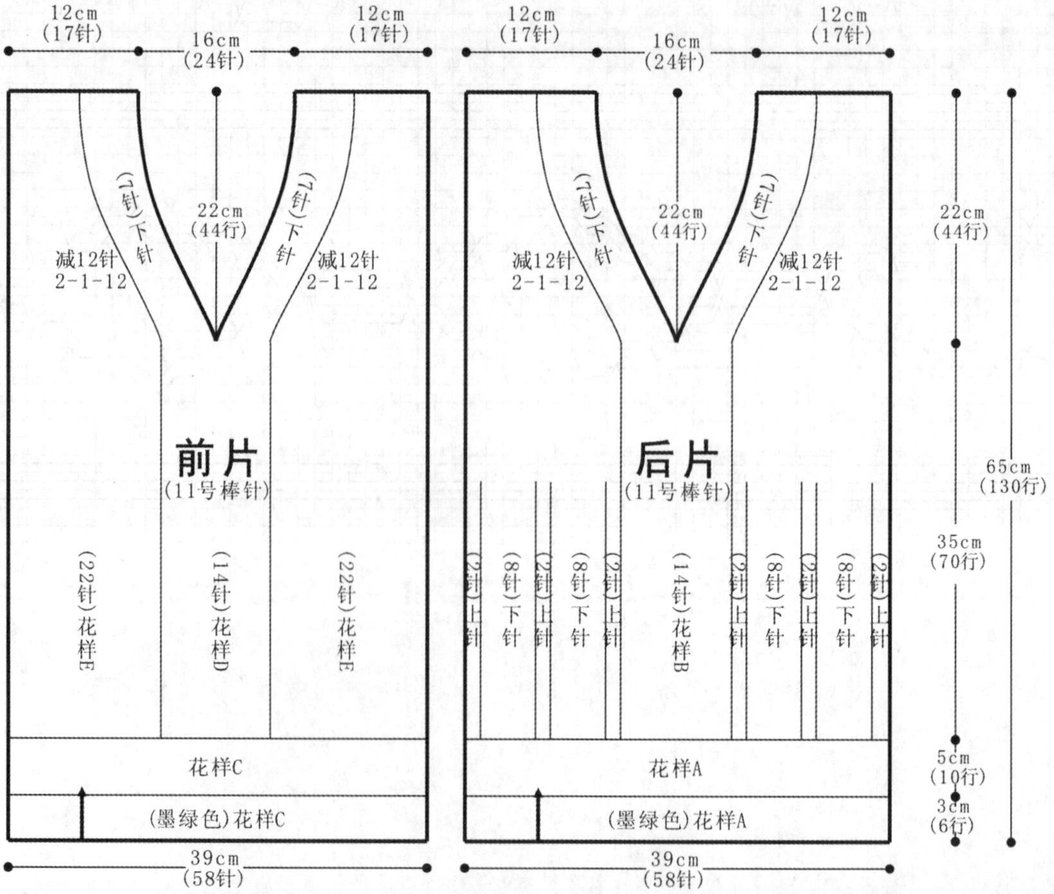

前片
(11号棒针)

后片
(11号棒针)

12cm
(17针)　16cm
(24针)　12cm
(17针)

12cm
(17针)　16cm
(24针)　12cm
(17针)

(1针)下针　22cm
(44行)　(1针)下针

(1针)下针　22cm
(44行)　(1针)下针

减12针
2-1-12　减12针
2-1-12

减12针
2-1-12　减12针
2-1-12

22cm
(44行)

(22针)花样E　(14针)花样D　(22针)花样E

(2针)上针 (8针)下针 (2针)上针 (8针)下针 (2针)上针 (14针)花样B (2针)上针 (8针)下针 (2针)上针 (8针)下针 (2针)上针

65cm
(130行)

35cm
(70行)

花样C　花样A

(墨绿色)花样C　(墨绿色)花样A

5cm
(10行)

3cm
(6行)

39cm
(58针)　39cm
(58针)

## 花样A

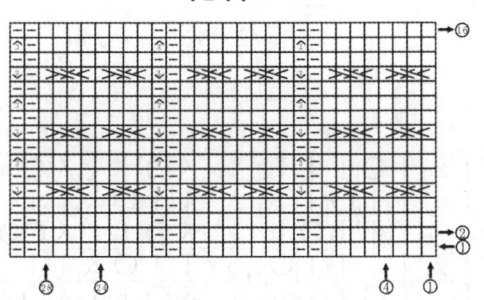

## 花样C

## 花样D

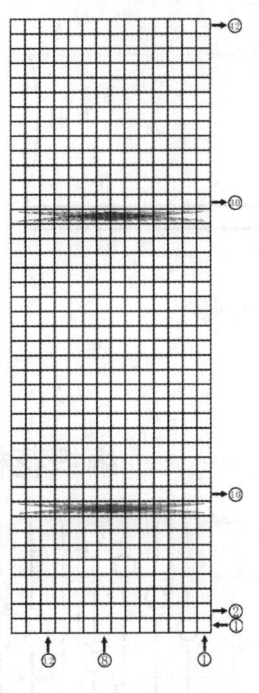

## 花样E

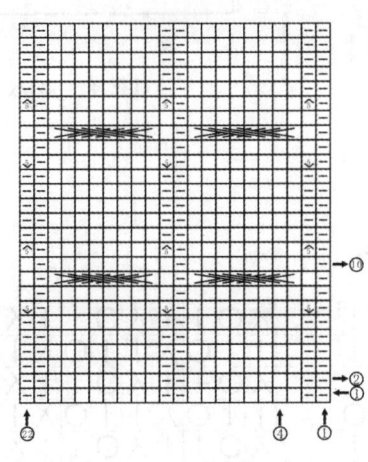

## 优雅小披肩

【成品规格】见图

【工　具】8号和10号棒针，6号钩针

【编织密度】18针×16行=10cm²

【材　料】黑色粗羊毛线300g

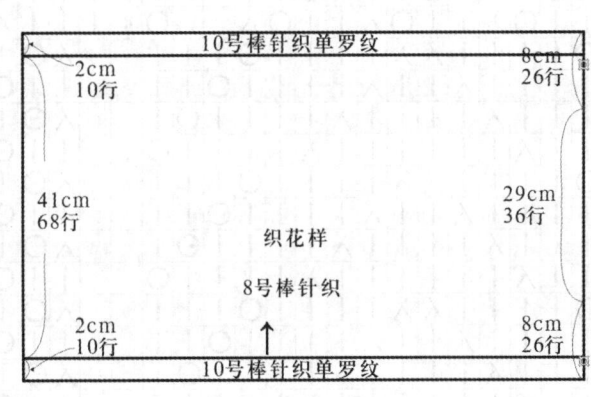

**编织要点：**

1．从底边起针织。用10号棒针起136针织2cm单罗纹，换8号棒针织花样，共8组花样织4层，再换10号棒针织单罗纹2cm作边，平收。

2．缝合。将衣片对折，留下袖洞，缝合两个底边。

3．用钩针沿袖口钩一圈花样，完成。

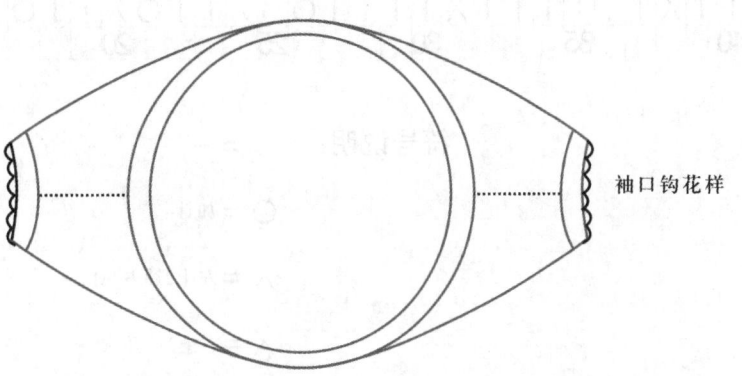

袖口钩花样　　　　　　　　　　　　袖口钩花样

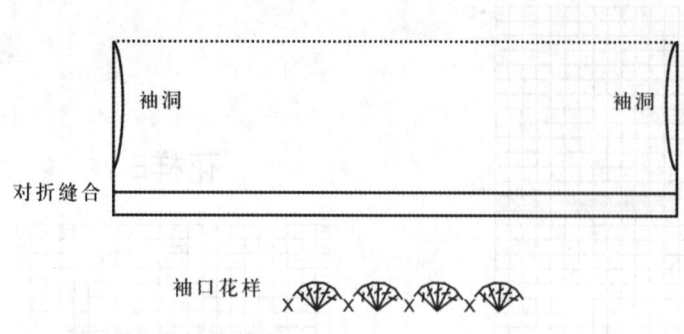

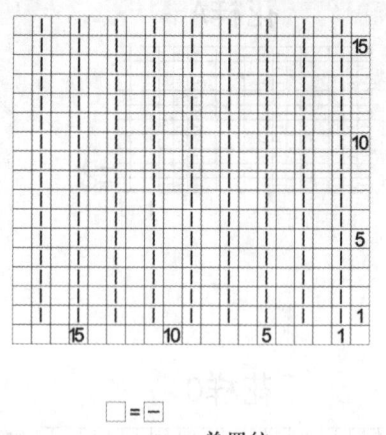

□＝─
单罗纹

袖口花样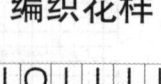

## 编织花样

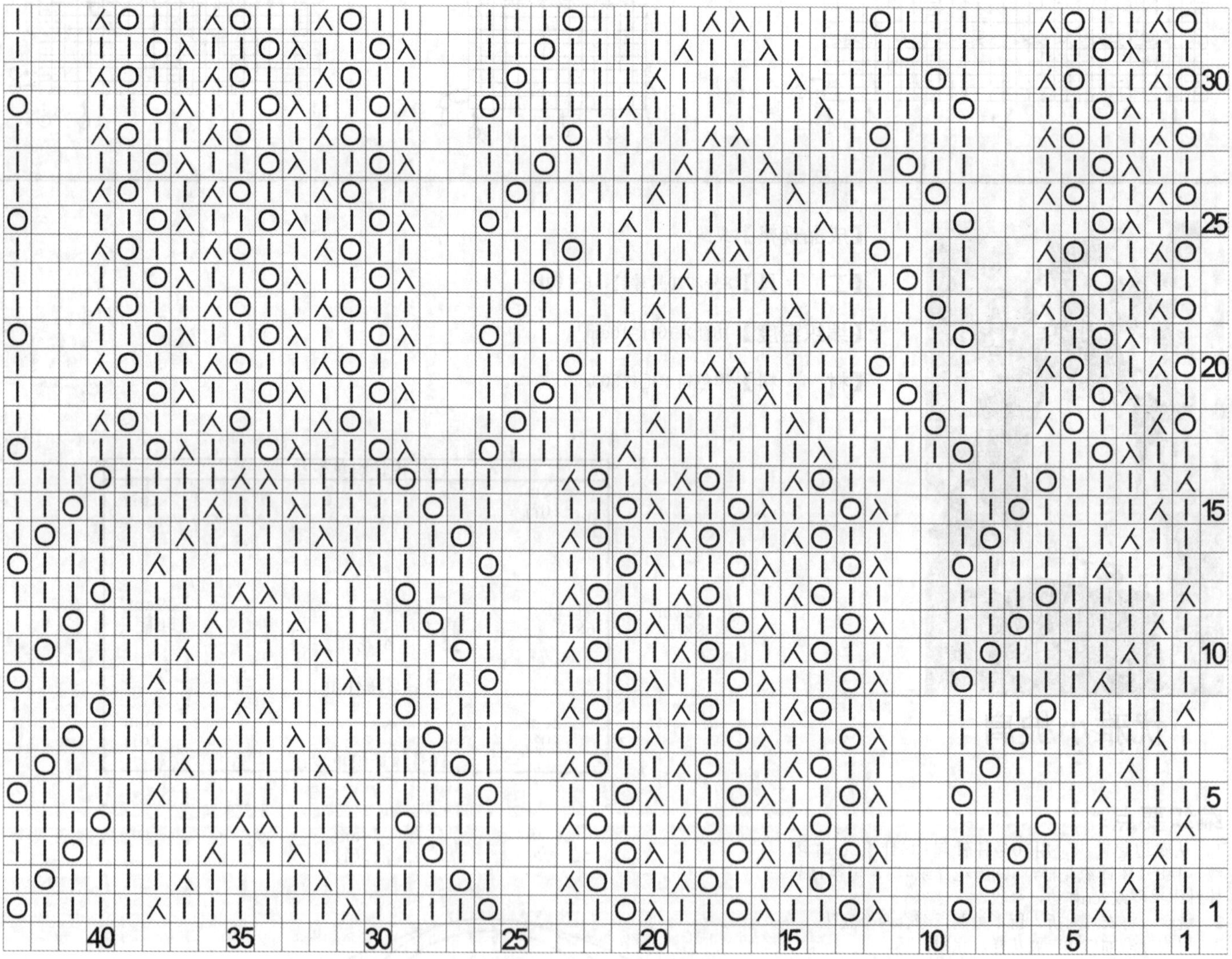

符号说明： □＝─

◯＝加针

人＝左上2针并1针

入＝右上2针并1针

**个性小披肩**

【成品规格】衣长44cm，袖长43cm

【工　　具】11号棒针

【编织密度】15针×20行=10cm²

【材　　料】蓝黑色棉线400g

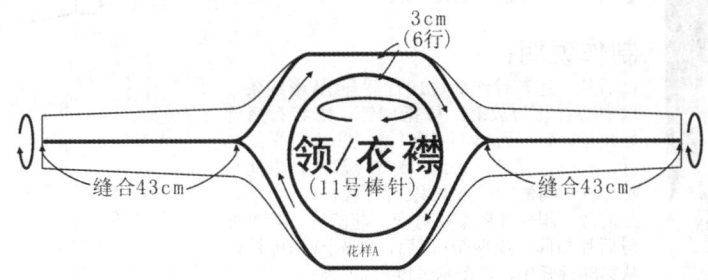

领/衣襟
（11号棒针）

3cm
（6行）

缝合43cm　　　　　缝合43cm

花样A

**领/衣襟片制作说明：**

1. 棒针编织法。圈织。
2. 沿着衣领、衣襟及衣摆边挑针编织，挑织264针织花样A，共织6行的高度，双罗纹针收针法收针断线。

花样A

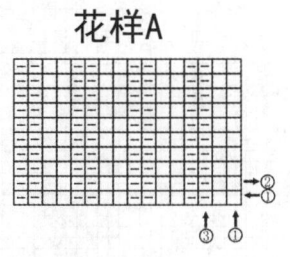

花样B

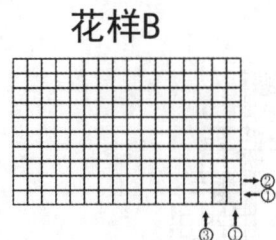

**符号说明：**

□　　上针

□=□　下针

2-1-3　行-针-次

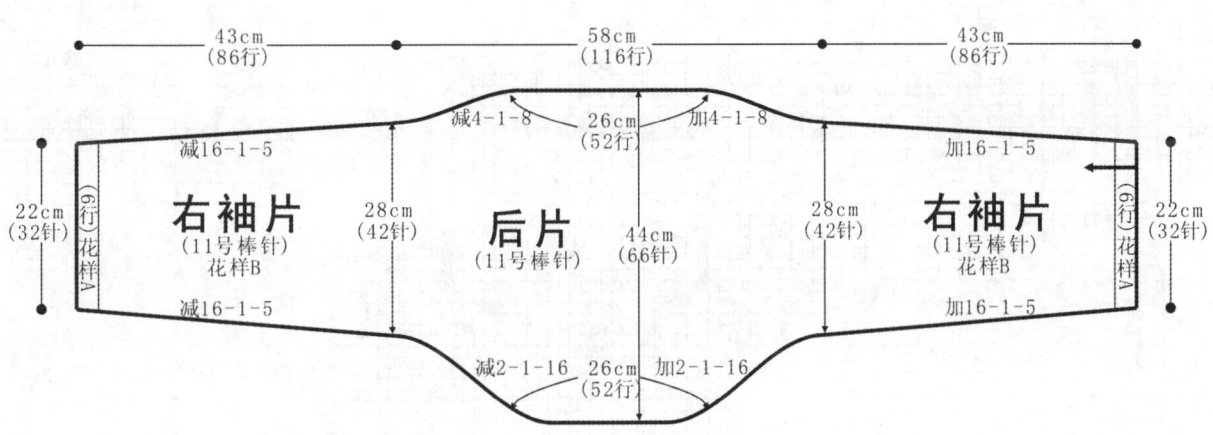

43cm
（86行）

58cm
（116行）

43cm
（86行）

减4-1-8　　26cm　　加4-1-8
　　　　　（52行）

减16-1-5

加16-1-5

22cm
（32针）

（6行）花样A

**右袖片**
（11号棒针）
花样B

28cm
（42针）

**后片**
（11号棒针）
花样B

44cm
（66针）

28cm
（42针）

**右袖片**
（11号棒针）
花样B

（6行）花样A

22cm
（32针）

减16-1-5

加16-1-5

减2-1-16　26cm　加2-1-16
　　　　（52行）

**前片/后片制作说明：**

1. 棒针编织法。衣服为一片横向编织完成，从右袖口往左织至左袖口完成。
2. 起织。双罗纹针起针法，起织32针，起织花样A双罗纹针，共织6行后，改织花样B全下针，一边织一边两侧加针，方法为16-1-5，织至86行，织片变为42针，右袖编织完成。接下来编织衣身后片。
3. 编织后片，起织时一边织一边两侧加针，织花样B，右侧加针方法为

4-1-8，左侧加针方法为2-1-16，如结构图所示，完成后不加减针将衣身编织至84行，开始减针编织，右侧减针方法为4-1-8，左侧减针方法为2-1-16，衣身织至116行，织片变为42针，接下来编织左袖。
4. 编织左袖，织花样B，起织时一边织一边两侧减针，方法为16-1-5，共织80行，织片减32针，改织花样A，不加减针织6行后，收针断线。

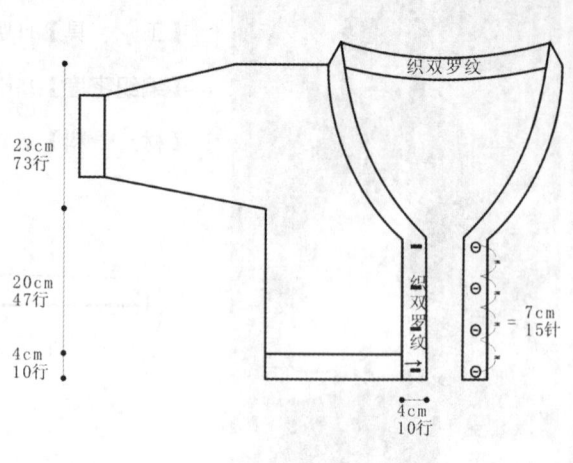
门襟

【成品规格】见图

【工　　具】9号棒针

【编织密度】18针×31行=10cm²

【材　　料】橙色粗毛线550g，纽扣4枚

## 制作说明：

1. 后片。起75针织底边10行后开织V形线条，以中心针往边放射，每花12针，织47行后开始加袖，每2行两侧各加6针，加9次，平织45行，开始递减针，每2行减6针减7次，中间平收43针，两侧27针再平织2行平收。

2. 前片。织两片图案相对应；起37针，除领外与后片相同；织两个V形后，第3个V形停针，从第38行开始，按图示过度出V形领。

3. 门襟、袖口。缝合前后片，门襟沿边挑织双罗纹10行，袖织8行，缝上纽扣，完成。

## 活力小圆球开衫

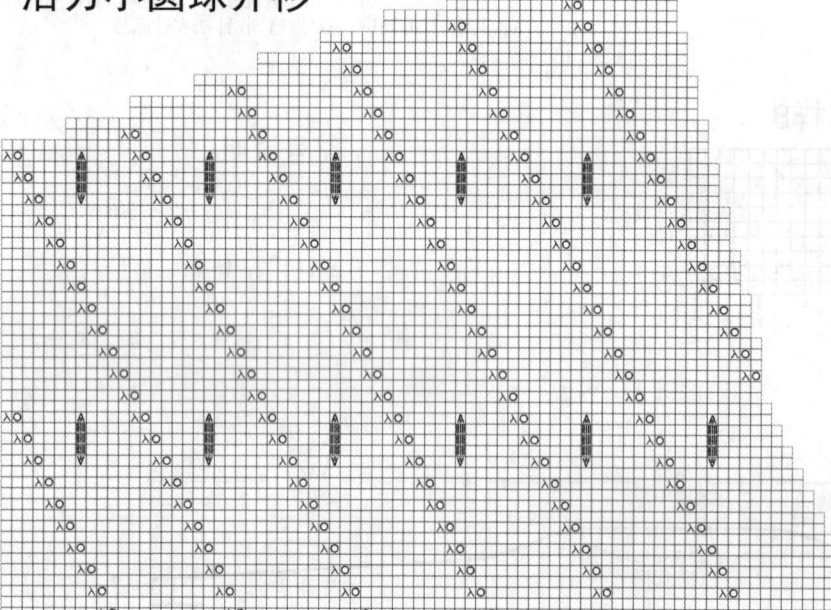

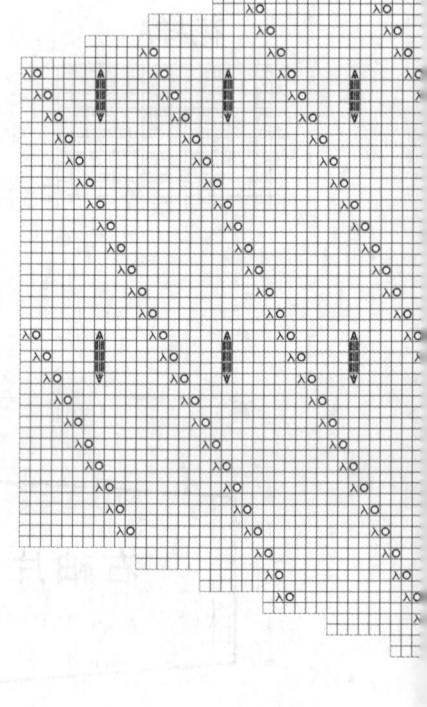

前片

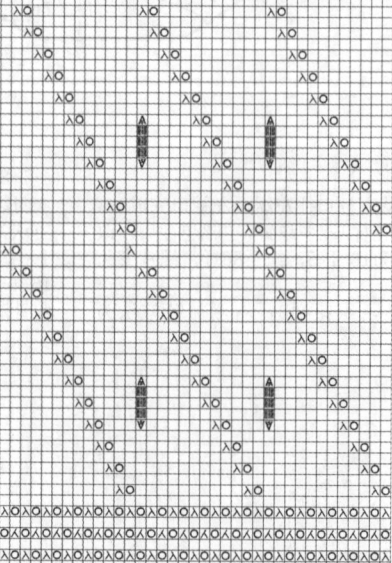

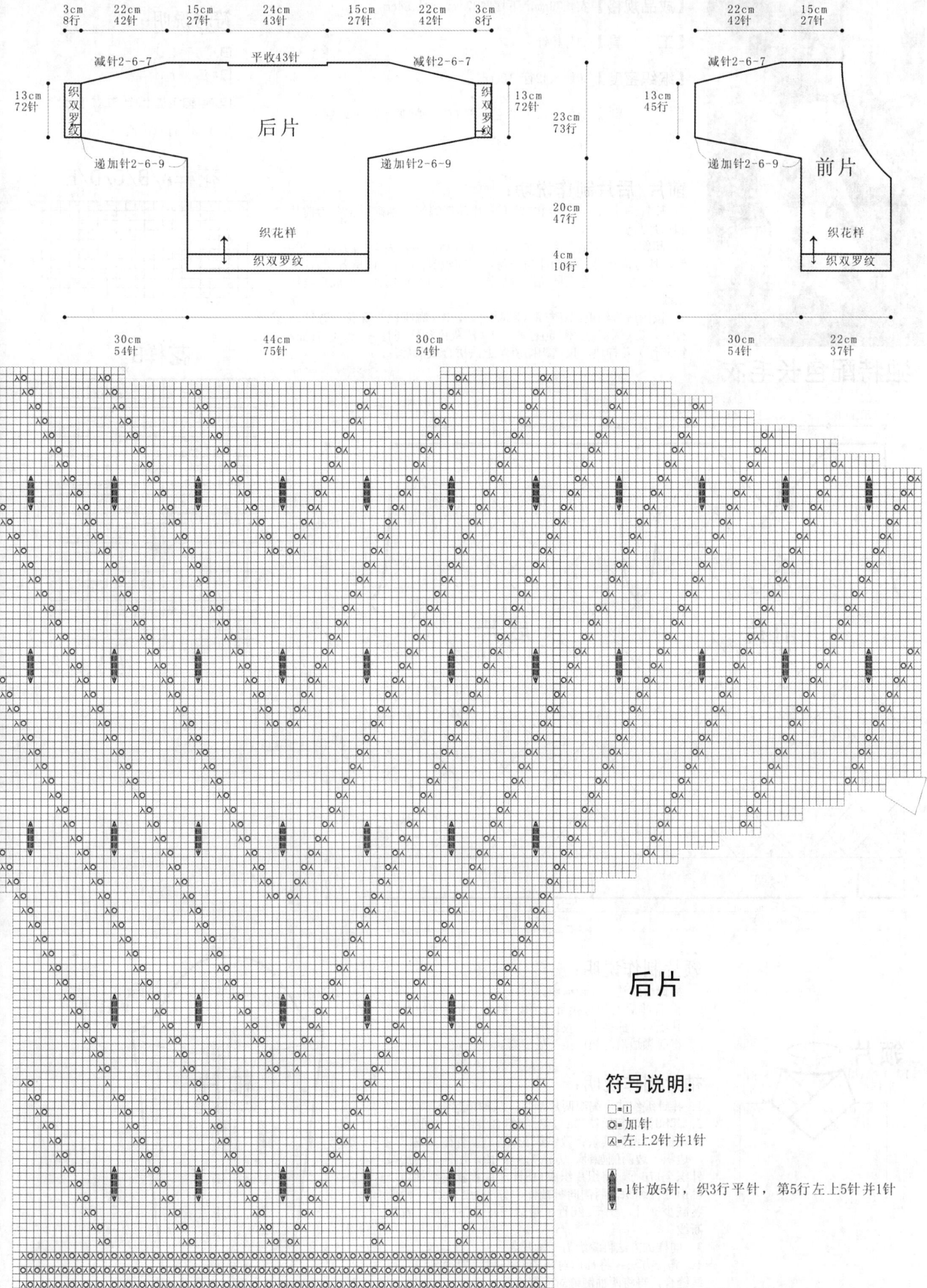

后片

符号说明：

□ = 上针

○ = 加针

☒ = 左上2针并1针

▲ = 1针放5针，织3行平针，第5行左上5针并1针

后片（上部尺寸标注）

| 3cm 8行 | 22cm 42针 | 15cm 27针 | 24cm 43针 | 15cm 27针 | 22cm 42针 | 3cm 8行 |

减针2-6-7　　平收43针　　减针2-6-7

13cm 72针　织双罗纹　　　　　　　　　　　　　　织双罗纹　13cm 72针

递加针2-6-9　　　　　　　　　　　　　递加针2-6-9

后片

织花样

织双罗纹

23cm 73行
20cm 47行
4cm 10行

30cm 54针　　44cm 75针　　30cm 54针

前片（尺寸标注）

| 22cm 42针 | 15cm 27针 |

减针2-6-7

13cm 45行

递加针2-6-9　　前片

织花样

织双罗纹

30cm 54针　　22cm 37针

207

【成品规格】衣长79cm，下摆宽27cm，袖长54cm

【工　　具】13号棒针

【编织密度】36针×42行=10cm²

【材　　料】灰色、白色羊毛线各200g，咖啡色羊毛线共400g

## 符号说明：

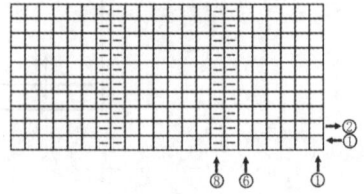

□　　　上针

□=□　下针

左上3针与右下3针交叉

2-1-3 行-针-次

## 前片/后片制作说明：

1. 棒针编织法。衣服袖窿以下一片环形编织，袖窿以上分为前片和后片来编织完成。

2. 起织。起192针环织花样A，织30行后，将织片均匀加针至200针，均分成10份，每20针为一份，中间织2针上针，两侧各织9针下针，一边织一边在上针的两侧加针，方法为2-1-13针，完成后收针断线。

3. 按图解方法编织花样A（咖啡色），B（咖啡色带麻花，22针28行），C（深灰色22针56行），D（浅灰色22针56行），E（白色22针56行）花样块，按结构图所示方法拼合成前后片。

## 花样A/B/C/D/E

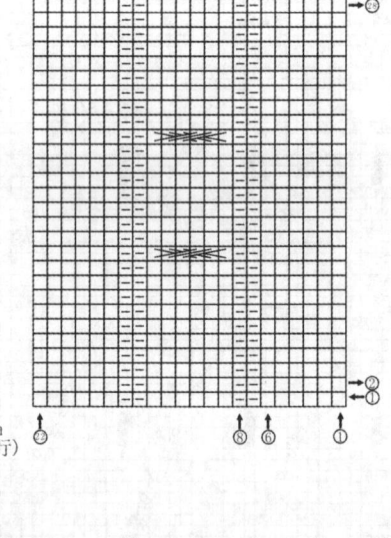

## 花样B

### 独特配色长毛衣

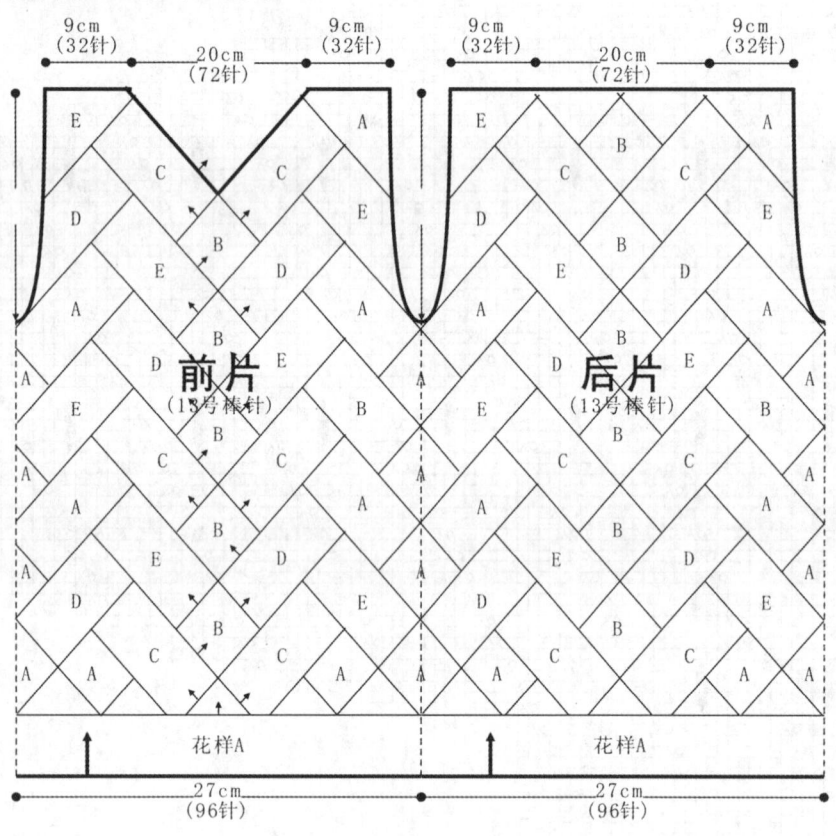

## 领片制作说明：

1. 棒针编织法，往返编织。

2. 沿着前后衣领边挑织编织，挑起160针编织花样A，共织34行的高度，收针断线。

3. 将前领边沿与领口接头处缝合。

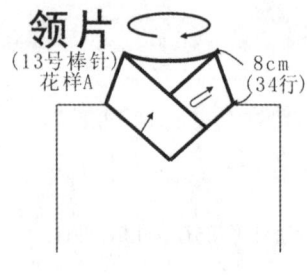

领片
（13号棒针）
花样A

8cm
（34行）

## 袖片制作说明：

1. 棒针编织法，编织两只袖片。从袖口起织。

2. 起80针，起织花样A与花样B组合编织，中间编织6针花样B，两侧其余针数编织花样A，重复往上编织，一边织一边两侧加针，方法为8-1-19，加针后不加减针织至176行，将织片织成118针，接着就编织袖山，袖山减针编织，两侧同时减针，方法为2-2-25，两侧各减少50针，织至226行，最后织片余下18针，收针断线。

3. 同样的方法再编织另一袖片。

4. 缝合方法：将袖山对应前片与后片的袖窿线，用线缝合，再将两袖侧缝对应缝合。

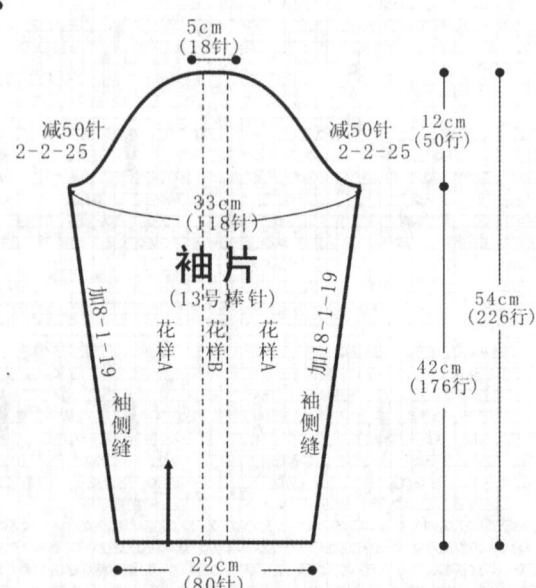